微分方程基本理论

赵爱民　李美丽　韩茂安　著

科学出版社

北京

内 容 简 介

　　本书是在作者多年主讲研究生"微分方程基本理论"课程讲稿的基础上整理而成的. 主要内容包括绪论(解的存在性、唯一性及对初值与参数的光滑依赖性)、边值问题和 Sturm 比较理论、稳定性理论基础、定性理论基础、平面分支理论初步和算子半群与发展方程理论基础等, 绝大部分章节都配有适量且难易兼顾的习题. 本书以现代数学观点介绍微分方程的经典理论, 同时简洁介绍了分支理论和发展方程的新方法和新进展.

　　本书可作为高等院校数学专业高年级本科生和研究生的常微分方程现代理论专业课程的教材和教师的参考书, 也可供相关专业的科研人员参考.

图书在版编目(CIP)数据

微分方程基本理论/赵爱民, 李美丽, 韩茂安著. —北京: 科学出版社, 2011

ISBN 978-7-03-032394-1

Ⅰ. ①微… Ⅱ. ①赵… ②李… ③韩… Ⅲ. ①微分方程 Ⅳ. ①O175

中国版本图书馆 CIP 数据核字(2011) 第 191834 号

责任编辑: 赵彦超　李　欣/责任校对: 陈玉凤
责任印制: 张　伟/封面设计: 王　浩

科 学 出 版 社 出版
北京东黄城根北街 16 号
邮政编码: 100717
http://www.sciencep.com

北京厚诚则铭印刷科技有限公司 印刷
科学出版社发行　　各地新华书店经销

*

2011 年 10 月第　一　版　开本: B5(720 × 1000)
2019 年 3 月第四次印刷　印张: 17 3/4
字数: 344 000

定价: 98. 00 元
(如有印装质量问题, 我社负责调换)

序

众所周知, 微分方程理论在数学及自然科学中占有非常重要的地位. 半个多世纪以来, 随着数学、自然科学、工程技术和计算机科学以及经济学等学科的蓬勃发展, 微分方程作为数学研究领域的一个重要分支和其他科学领域进行研究的得力工具, 日益受到人们的重视. 这也使得微分方程理论在高校及科研院所对培养数学及相关科学领域的教学与研究人才方面具有很重要的意义.

本书作为大学常微分方程课的后续教材, 系统地阐述了微分方程的基础理论、基本方法及一些应用. 作者除了介绍常微分方程理论和应用中的最核心部分内容, 如边值问题与 Sturm 比较理论、稳定性理论中的 Lyapunov 第二方法、线性系统稳定性判别、稳定性理论中的比较定理, 以及定性理论中的自治系统、奇点理论、极限环理论和动力系统外, 还着重介绍了许多理论和应用学科中都会用到或涉及到的分支理论基本内容与方法及半群理论、发展方程基本理论等. 这些内容都为读者在微分方程理论的进一步学习、研究, 以及阅读近期的学术文献等方面提供了必备的基础知识, 增强了读者的学习与研究能力. 本书的作者都是一直从事大学数学及相关专业本科生及研究生教学一线工作的. 他们长期在微分方程方面进行教学及科学研究, 并卓有成效. 书中除了介绍常微分方程最基本的内容及方法外, 还有机地融入了作者在多年教学及科学研究方面的经验及成果. 书中有许多对理论及方法的精辟论述. 通过富有启发性的例子和习题, 从正反两方面帮助读者掌握所介绍的内容精髓, 启发读者的创造性思维, 提高读者思考和解决问题的能力. 本书最后还附有丰富而全面的参考文献, 其中许多文献都是近年来的重要科研成果.

燕居让

2011 年 6 月于太原

前　言

　　本书是根据作者多年在山西大学、东华大学、上海师范大学开设的课程"微分方程基本理论"所用讲稿的基础上编写而成的.

　　微分方程的基本理论不但是数学学科研究生的重要理论基础, 同时也是常微分方程学科本身诸多近代研究方向赖以建立和获得迅猛发展的重要理论基础. 国内外已有不少介绍微分方程基础理论的经典教材和专著, 内容也各有特色. 然而, 由于常微分方程这门学科的不断发展, 也由于数学专业的硕士研究生以及其他理工科的研究生和科技工作者的学习和研究需要, 我们编著了这本教材. 本书的写作初衷是在保留经典、传统内容的前提下引入新的理论和方法, 而对经典理论尽量采用新的视角去处理. 本书注重揭示概念的实质, 阐述定理的主题思想和论证思路, 诠释理论在实际中的应用. 此外, 本书基于作者多年的教学实践和学术研究, 在对定理的论证和方法的分析中渗入作者的理解和领悟, 力求处理好经典内容与现代内容之间的渗透和衔接, 并将两者有机地结合在一起. 全书内容共 6 章, 以下作简要介绍.

　　第 1 章是绪论. 内容是常微分方程一般理论的最基本知识, 包括: 解的局部存在性、延拓性、微分积分不等式与比较定理、解的唯一性以及解对初值与参数的相依性等基本理论.

　　第 2 章是边值问题与 Sturm 比较理论. 常微分方程的边值问题是微分方程研究的经典课题, 与微分方程定性理论、稳定性理论具有同等的重要性, 其理论和方法是研究数学物理问题以及二阶偏微分方程的基本工具. 内容主要有: 二阶线性方程的边值问题、Sturm 比较理论、非线性边值问题、Sturm-Liouville 特征值问题.

　　第 3 章是稳定性理论基础. 无论是系统的初始状态或是方程组本身, 它们的微小变化都要影响到系统的每个运动. 这种影响对不同的运动来说也是不同的. 对一些运动, 这种影响并不显著, 对另一些运动, 这种影响可能很显著, 以致无论系统的初始状态或是方程组本身的变化多么小, 受干扰的运动与未受干扰的运动有时相差都很大. 第一类运动称为稳定的, 第二类运动称为不稳定的. 运动稳定性理论就是建立一些准则, 用以判断所考察的运动是稳定的还是不稳定的. 内容主要有: 稳定性概念、Lyapunov 第二方法、线性系统的稳定性、按线性近似决定的稳定性以及稳定性理论中的比较方法.

　　第 4 章是定性理论基础. 绝大多数复杂的微分方程不能用初等函数的积分表示通解, 因而需要直接根据微分方程的表达式来研究解的属性, 或探讨由微分方程所确定的曲线的分布与走向, 即解的定性性态. 该章介绍定性分析的基本理论和方法, 主要内容包括: 自治系统解的基本性质、平面极限集结构、平面奇点分析、一维周期系统、焦点与中心判定、极限环. 其中, 对周期解的稳定性、焦点与极限环的稳定性概念与判定进行统一的处理, 这一处理方式既新颖又自然.

　　第 5 章是平面分支理论初步. 近三十多年来, 微分方程分支理论发展十分迅速, 其方法也由初等分析发展到现代分析. 分支理论是探索在小参数扰动下系统所出现的各种定性性态, 它既不同于定性理论, 又可认为是定性理论的扩充与发展. 然而, 尽管分支理论十分丰富, 其最基本的现象仍然出现于平面系统. 该章介绍出现于平面微分方程中基本的分支现象和研究方法, 主要内容包括: 结构稳定系统与分支点、基本分支问题研究和近哈密顿系统的极限环分支.

　　第 6 章是算子半群与发展方程简介. 众所周知, 常微分方程初值问题是常微分方程一般理论的基本内容之一, 主要问题是解的存在性、唯一性和连续依赖性. 于是十分自然地, 人们把一个发展型偏微分方程写成一个抽象的常微分方程, 从而可以借助于常微分方程的处理方法来研究非线性发展型偏微分方程解的存在性、唯一性和连续依赖性, 这就是这章要研究的问题, 主要内容包括: 算子半群的概念与基本性质、抽象 Cauchy 问题、半线性发展方程和具解析半群的半线性方程.

　　本书的第 1, 2 章由赵爱民执笔, 第 3, 4 章的部分内容初稿由赵爱民提供, 第 3, 6 章由李美丽执笔, 第 4, 5 章由韩茂安执笔, 最后由李美丽、韩茂安修改定稿.

　　学习本书要求读者已经学过数学分析、线性代数、常微分方程、泛函分析等大学课程. 为了便于学生自学以及启发学生对此理论的兴趣, 本书着重介绍微分方程现代理论中最典型和最常用的方法和技巧. 此外, 书中还列举了一些例子, 绝大部分章节都配有习题.

　　由于作者水平有限, 书中不当及错漏之处在所难免, 恳请同行专家及读者不吝赐教.

作　者

2011 年 8 月

目　　录

第 1 章　绪　　论

1.1　预　备　知　识

1.1.1　泛函分析

向量空间或线性空间: 定义了加法和数乘运算的集合 X, 满足:

$$(a+b)+c = a+(b+c) \qquad \text{结合律}$$
$$a+b = b+a \qquad \text{交换律}$$
$$\exists\theta \in X, \quad \text{s.t. } a+\theta = a \qquad \text{零元素}$$
$$\forall a \in X, \quad \exists -a \in X, \quad \text{s.t. } a+(-a) = \theta \qquad \text{负元素}$$
$$\lambda(a+b) = \lambda a + \lambda b, \quad a,b \in X, \ \lambda \in R \qquad \text{分配律}$$
$$(\lambda + \mu)a = \lambda a + \mu a, \quad a \in X, \ \lambda, \mu \in R \qquad \text{分配律}$$
$$\lambda(\mu a) = (\lambda \mu)a, \quad a \in X, \ \lambda, \mu \in R \qquad \text{结合律}$$
$$1 \cdot a = a, \quad 0 \cdot a = \theta.$$

设 X 是一个实数域上的向量空间, 在 X 上定义一个实值函数 $\|x\|$ 满足:

(i) $\|\theta\| = 0$, 当 $x \neq \theta$ 时, 有 $\|x\| > 0$;

(ii) 对任意 $x \in X, \lambda \in R$, 都有 $\|\lambda x\| = |\lambda| \cdot \|x\|$;

(iii) 对任意 $x, y \in X$, 都有 $\|x+y\| \leqslant \|x\| + \|y\|$.

则称 $(X, \|\cdot\|)$ 为一个赋范线性空间, 简称 X 为一个赋范线性空间. 称 $\|x\|$ 为向量 x 的范数.

由范数可以定义一个距离函数 (度量)$\rho(x,y) = \|x-y\|$, 满足度量空间的公理:

(i) $\rho(x,x) = 0$, 当 $x \neq y$ 时, 有 $\rho(x,y) > 0$;

(ii) $\rho(x,y) = \rho(y,x)$;

(iii) $\rho(x,y) \leqslant \rho(x,z) + \rho(z,y)$.

利用这个距离函数, 可以把欧氏空间 R^n 中的内点、边界点、开集、闭集、区域、邻域、收敛等概念推广到一般的赋范线性空间 X 中.

设点列 $\{x_n\} \subset X$, 点 $x \in X$, 如果 $\lim\limits_{n\to\infty} \|x_n - x\| = 0$, 那么称点列 $\{x_n\}$(按范数) 收敛于 x, 记为 $\lim\limits_{n\to\infty} x_n = x$. 类似可以定义级数的收敛性.

空间 X 中的点列 $\{x_n\}$ 称为基本列或 Cauchy 列, 如果

$$\forall \varepsilon > 0, \quad \exists N, \quad \text{s.t. } \|x_n - x_m\| < \varepsilon, \quad m,n > N.$$

在 R^n 中, 任一 Cauchy 列都收敛于空间中的某一点. 但结论不是对所有的赋范线性

空间都成立, 它是某些空间特殊的性质, 称为完备性. 如果一个赋范线性空间中任一 Cauchy 列都收敛于空间中某一点, 那么称该空间为完备的. 完备的赋范线性空间称为 Banach 空间.

设 $\|\cdot\|_1$ 和 $\|\cdot\|_2$ 是线性空间 X 的两种范数, 如果存在正常数 α, β, 使对所有 $x \in X$ 都有

$$\|x\|_1 \leqslant \alpha \|x\|_2, \quad \|x\|_2 \leqslant \beta \|x\|_1,$$

那么称这两种范数是等价的. 空间中点列的收敛性在等价范数下是等价的.

设 X 是一个赋范线性空间, $A \subset X$ 是一个子集. 如果 A 中任何点列都有子列收敛于 A 中某一点, 那么称 A 为紧集. 如果 $\bar{A}$ 是紧集, 那么称 A 是相对紧集. 容易证明, 紧集都是有界闭集, 但一般情况下, 有界闭集未必是紧集. 特别地, 在 R^n 中, 一个集合是紧集当且仅当它是有界闭集.

设 X, Y 是两个赋范线性空间, $D \subset X$, 映射 $T : D \to Y$ 一般称为算子. 如果 $Y = R$, 那么称 T 为泛函. 如果 D 是 X 的一个线性子空间, 对任意 $x, y \in D$, $\lambda, \mu \in R$, 算子 T 满足 $T(\lambda x + \mu y) = \lambda T(x) + \mu T(y)$, 那么称 T 为线性算子. 如 $T(x)$ 通常记为 Tx.

称算子 $T : D \to Y$ 在点 x_0 连续, 如果

$$\forall \varepsilon > 0, \quad \exists \delta > 0, \quad \text{s.t. } x \in D, \quad \|x - x_0\| < \delta \Rightarrow \|Tx - Tx_0\| < \varepsilon.$$

或对任意点列 $\{x_n\} \subset D$, 如果 $\lim\limits_{n \to \infty} x_n = x_0$, 就有 $\lim\limits_{n \to \infty} Tx_n = Tx_0$.

称算子 T 在 D 上满足 Lipschitz 条件, 如果存在 $q > 0$, 使对任意 $x, y \in D$, 都有 $\|Tx - Ty\| \leqslant q\|x - y\|$. 显然, 满足 Lipschitz 条件的算子在 D 内每一点处都是连续的.

例 1.1.1　n 维向量空间 R^n. n 维向量空间可以多种形式赋范, 如下面三种:

$$\|\boldsymbol{a}\| = \sqrt{a_1^2 + a_2^2 + \cdots + a_n^2} \quad \text{(欧氏范数)},$$
$$\|\boldsymbol{a}\| = |a_1| + |a_2| + \cdots + |a_n|,$$
$$\|\boldsymbol{a}\| = \max_{1 \leqslant i \leqslant n} |a_i| \quad \text{(最大值范数)}.$$

这三种范数是等价的, R^n 在这三类范数下均为 Banach 空间.

例 1.1.2　设 D 是 R^n 中的紧集, $C(D)$ 表示所有 $D \to R^m$ 的连续函数组成的集合. 对任意 $f, g \in C(D)$, $\lambda \in R$, 定义加法和数乘运算如下:

$$(f + g)(x) = f(x) + g(x), \quad (\lambda f)(x) = \lambda f(x), \quad x \in D,$$

则 $C(D)$ 是一个线性空间. 常用的范数为

$$\|f\|_0 = \max \{|f(x)| : x \in D\} \quad \text{(最大值范数)},$$

或更一般地, 采用加权最大值范数:

$$\|f\|_1 = \max \left\{ |f(x)|p(x) : x \in D \right\},$$

其中 $|f(x)|$ 表示 R^m 上的向量范数, $p(x)$ 是 D 上定义的函数, 存在正数 α, β, 使 $\alpha \leqslant p(x) \leqslant \beta$. 易证 $\|\cdot\|_0$ 与 $\|\cdot\|_1$ 是等价的. $C(D)$ 是一个 Banach 空间. $C(D)$ 中点列的收敛性等价于函数列的一致收敛性.

Banach 压缩映象原理(contraction principle) 设 D 是 Banach 空间 X 的一个非空闭子集, 而 T 是 D 到其自身内的映象, 它在 D 内满足: 存在常数 $\alpha \in [0,1)$, 使对任意的 $x, y \in D$, 有

$$\|Tx - Ty\| \leqslant \alpha \|x - y\|,$$

则 T 在 D 内有唯一的不动点, 即存在唯一的 $x^* \in D$, 使 $Tx^* = x^*$.

Schauder 不动点定理 设 D 是 Banach 空间 X 的一个有界闭凸集, T 是 D 到其自身的任一全连续映象, 则 T 在 D 内存在不动点.

这里所谓 $T : D \to D$ 是全连续的, 是指 T 在 D 上连续, 且对 D 的任一有界子集 K, $T(K)$ 都是 D 中的相对紧集.

记 $C[a,b]$ 是 $[a,b]$ 上全体 n 维连续函数组成的集合, 关于 $C[a,b]$ 中的子集是否为相对紧的, 有下述定理.

Ascoli–Arzela 定理 设 $\{f(t)\}$ 是定义在 $\alpha \leqslant t \leqslant \beta$ 上的一致有界且等度连续的实函数族, 则从其中必可选取一个在 $\alpha \leqslant t \leqslant \beta$ 上一致收敛的函数列 $\{f_n(t)\}$.

定义在 $[\alpha, \beta]$ 上的函数族 $F = \{f(t)\}$ 称为一致有界的, 如果存在常数 $M > 0$, 使对任意 $f \in F, t \in [\alpha, \beta]$, 都有

$$|f(t)| \leqslant M.$$

定义在 $[\alpha, \beta]$ 上的函数族 $F = \{f(t)\}$ 称为等度连续的, 如果对任意的 $\varepsilon > 0$, 存在 $\delta > 0$, 使对任意 $f \in F$ 和 $t_1, t_2 \in [\alpha, \beta]$, 只要 $|t_1 - t_2| < \delta$, 就有

$$|f(t_1) - f(t_2)| < \varepsilon.$$

关于等度连续, 还有进一步的结论. 如果函数族还是连续可微的, 由中值定理知导函数族的一致有界性就可保证原函数族的等度连续性.

1.1.2 方程形式的统一

在《常微分方程》中已经知道, 对高阶方程或高阶方程组都可以通过变量替代化为一阶方程组

$$\begin{cases} \dfrac{\mathrm{d}x_1}{\mathrm{d}t} = f_1(t, x_1, x_2, \cdots, x_n), \\[2mm] \dfrac{\mathrm{d}x_2}{\mathrm{d}t} = f_2(t, x_1, x_2, \cdots, x_n), \\[1mm] \quad\cdots\cdots \\[1mm] \dfrac{\mathrm{d}x_n}{\mathrm{d}t} = f_n(t, x_1, x_2, \cdots, x_n), \end{cases} \tag{1.1.1}$$

其中 $f_i(i=1,2,\cdots,n)$ 是关于 $t,x_1,\cdots,x_n$ 的已知函数. 令

$$x = \begin{bmatrix} x_1 \\ \vdots \\ x_n \end{bmatrix}, \quad f(t,x) = \begin{bmatrix} f_1(t,x_1,\cdots,x_n) \\ \vdots \\ f_n(t,x_1,\cdots,x_n) \end{bmatrix},$$

利用向量函数的极限、连续、导数、积分等的定义, 方程组 (1.1.1) 可以写成如下的向量形式

$$\frac{\mathrm{d}x}{\mathrm{d}t} = f(t,x), \tag{1.1.2}$$

其中 $t \in R, x \in R^n, f: G \to R^n, G \subset R^{n+1}$ 是一个区域.

习　题　1.1

1. 写出与下列方程 (组) 等价的一阶微分方程组.

(1) $x'' + a^2 \sin x = 0$;

(2) $x'' + \dfrac{ax}{\sqrt{x^2+y^2}} = 0, \quad y'' + \dfrac{by}{\sqrt{x^2+y^2}} = 0.$

2. 利用 Ascoli-Arzela 定理证明: 若函数列 $\{\phi_n(t)\}$ 在有限区间 (α,β) 内是一致有界和等度连续的, 则它在 (α,β) 内存在一致收敛的子列. 举例说明当区间为无限区间时该结论不成立.

1.2　解的局部存在性定理

考虑方程组的初值问题

$$\frac{\mathrm{d}x}{\mathrm{d}t} = f(t,x), \quad x(\tau) = \xi, \tag{1.2.1}$$

其中 $f: G \to R^n, G \subset R^{n+1}$ 是一个区域, $(\tau,\xi) \in G$. 本章假设 G 是一个开的连通区域. 常微分方程论中一个基本问题便是: 求一个向量函数 $\varphi: (a,b) \to R^n$, 使之满足:

(i) $\tau \in (a,b)$ 且 $\varphi(\tau) = \xi$;

(ii) 当 $t \in (a,b)$ 时, $(t,\varphi(t)) \in G$;

(iii) 当 $t \in (a,b)$ 时, $\varphi(t)$ 可微且满足 $\varphi'(t) = f(t,\varphi(t))$.

满足上述条件的函数称为该初值问题的解.

关于初值问题解的存在性, 分为两步进行讨论. 首先在本节给出解的局部存在性的结论, 即解的定义区间比较小的情况. 下节将讨论解的延展, 即将解的定义区间尽可能的扩大. 下面给出两个解的局部存在性定理, 并用不动点定理给予证明.

定理 1.2.1(Peano)　若函数 $f(t,x)$ 在空间 R^{n+1} 中矩形区域

$$\bar{R}: \quad |t-\tau| \leqslant a, \quad |x-\xi| \leqslant b$$

上连续, 则初值问题 (1.2.1) *存在解*

$$x = \varphi(t), \quad |t - \tau| \leqslant h,$$

其中 $h = \min\{a, b/M\}, M = \max\{|f(t, x)|, (t, x) \in \bar{R}\}$.

证明 已经知道, 在 f 连续的条件下, 初值问题的解等价于积分方程

$$x(t) = \xi + \int_{\tau}^{t} f(s, x(s)) \mathrm{d}s \tag{1.2.2}$$

的连续解. 因此, 只要证明积分方程 (1.2.2) 在区间 $[\tau - h, \tau + h]$ 上存在解即可. 用 Schauder 不动点定理给出证明.

记 $C[\tau - h, \tau + h]$ 是在 $[\tau - h, \tau + h]$ 上全体连续函数所成的空间, 定义其元素的范数为

$$\|x\| = \max\{|x(t)|, t \in [\tau - h, \tau + h]\},$$

则 $C[\tau - h, \tau + h]$ 为一 Banach 空间. 取它的一个子集为

$$D = \{x \in C[\tau - h, \tau + h], x(\tau) = \xi, \|x - \xi\| \leqslant b\},$$

则容易验证 D 为非空有界凸闭集. 定义映象 $T : D \to C[\tau - h, \tau + h]$ 为

$$(T\varphi)(t) = \xi + \int_{\tau}^{t} f(s, \varphi(s)) \mathrm{d}s. \tag{1.2.3}$$

对任意的 $\varphi \in D$, 显然有 $T\varphi \in C[\tau - h, \tau + h], (T\varphi)(\tau) = \xi$, 且

$$|T(\varphi)(t) - \xi| = \left| \int_{\tau}^{t} f(x, \varphi(s)) \mathrm{d}s \right| \leqslant Mh \leqslant b,$$

因此 $T\varphi \in D$, 即 $T : D \to D$. 下面证明 T 的全连续性.

先证明 T 的连续性. 可以由连续性的定义, 采用点列的形式来证明. 设 $x^*, x_n \in D$ 满足 $x_n \to x^*$, 下面证明 $Tx_n \to Tx^*$. 事实上, 对任意的 $\varepsilon > 0$, 由 $f(t, x)$ 在闭区域 $[\tau - h, \tau + h] \times [\xi - Mh, \xi + Mh]$ 上连续知它是一致连续的, 从而存在 $\delta = \delta(\varepsilon) > 0$, 使当 $(t, x), (s, y) \in [\tau - h, \tau + h] \times [\xi - Mh, \xi + Mh]$, 且 $|t - s| < \delta, |x - y| < \delta$ 时, 有

$$|f(t, x) - f(s, y)| < \frac{\varepsilon}{h}.$$

而由 $x_n \to x^*$ 知, 对上述 $\delta > 0$, 存在自然数 N, 使当 $n > N$ 时,

$$\|x_n - x^*\| < \delta,$$

从而当 $n > N$ 时, 有

$$|(Tx_n)(t) - (Tx^*)(t)| = \left| \int_{\tau}^{t} [f(s, x_n(s)) - f(s, x^*(s))] \mathrm{d}s \right|$$

$$\leqslant \int_\tau^t |f(s, x_n(s)) - f(s, x^*(s))|\, \mathrm{d}s$$

$$\leqslant \left| \int_\tau^t \frac{\varepsilon}{h} \mathrm{d}s \right| \leqslant \frac{\varepsilon}{h} |t - \tau| \leqslant \varepsilon,$$

进而有 $\|Tx_n - Tx^*\| \leqslant \varepsilon$, 这就证明 $Tx_n \to Tx^*$ $(n \to \infty)$, 故 T 是连续的. 下面证明 $T(D)$ 是相对紧集. 由 Ascoli-Arzela 定理知只需证明它是一致有界且等度连续的. 一致有界性是显然的, 因为 $T(D) \subset D$ 是有界集. 而对任意的 $x \in D$ 和 $t_1, t_2 \in [\tau - h, \tau + h]$, 有

$$|(Tx)(t_1) - (Tx)(t_2)| = \left| \int_{t_1}^{t_2} f(s, x(s))\mathrm{d}s \right| \leqslant M|t_1 - t_2|,$$

由此可得 $T(D)$ 的等度连续性. Schauder 不动点定理的条件全部满足, 从而便得初值问题解的存在性. 定理证毕.

定理 1.2.2(Picard) 若函数 $f(t, x)$ 在空间 R^{n+1} 中闭区域 $\bar{R}$ 连续, 且关于 x 满足 Lipschitz 条件, 即存在正常数 L, 使当 $(t, x), (t, y) \in \bar{R}$ 时, 有

$$|f(t, x) - f(t, y)| \leqslant L|x - y|,$$

则初值问题 (1.2.1) 存在唯一解

$$x = \varphi(t), \quad |t - \tau| \leqslant h,$$

其中 h 的定义同定理 1.2.1.

证明 与定理 1.2.1 一样, 只要证明积分方程 (1.2.2) 在区间 $[\tau - h, \tau + h]$ 上存在唯一解即可. 下面用 Banach 压缩映象原理证明积分方程 (1.2.2) 在区间 $[\tau, \tau + h]$ 上存在唯一解. 解在区间 $[\tau - h, \tau]$ 上的存在唯一性是类似的, 这里略去.

用 $C[\tau, \tau + h]$ 表示定义在区间 $[\tau, \tau + h]$ 上的一切连续函数所构成的空间, 定义空间元素的范数为 $\|x\| = \max\{|x(t)| \mathrm{e}^{-2Lt} : t \in [\tau, \tau + h]\}$, 则它为一 Banach 空间. 考虑它的一个子集

$$D = \{x \in C[\tau, \tau + h] : x(\tau) = \xi, \|x - \xi\| \leqslant b\},$$

则 D 是一个非空闭子集. 由 (1.2.3) 式定义映象 $T : D \to C[\tau, \tau + h]$, 则与定理 1.2.1 一样可知 $T(D) \subset D$. 对任意的 $x, y \in D$, 有

$$\|Tx - Ty\| = \max_{t \in [\tau, \tau + h]} |(Tx)(t) - (Ty)(t)| \mathrm{e}^{-2Lt}$$

$$= \max_{t \in [\tau, \tau + h]} \left| \int_\tau^t [f(s, x(s)) - f(s, y(s))] \, \mathrm{d}s \right| \mathrm{e}^{-2Lt}$$

$$\leqslant \max_{t \in [\tau, \tau + h]} \int_\tau^t |f(s, x(s)) - f(s, y(s))| \mathrm{e}^{-2Lt} \mathrm{d}s$$

$$\leqslant \max_{t\in[\tau,\tau+h]} \int_{\tau}^{t} L|x(s)-y(s)|\mathrm{e}^{-2Ls}\mathrm{e}^{2L(s-t)}\mathrm{d}s$$

$$\leqslant \|x-y\| \max_{t\in[\tau,\tau+h]} \int_{\tau}^{t} L\mathrm{e}^{2L(s-t)}\mathrm{d}s$$

$$= \|x-y\| \max_{t\in[\tau,\tau+h]} \frac{1}{2}(1-\mathrm{e}^{-2L(t-\tau)})$$

$$\leqslant \frac{1}{2}\|x-y\|,$$

说明 $T: D \to D$ 是一个压缩映象, 由 Banach 压缩映象原理知 T 在 D 中存在唯一不动点, 这就证明了初值问题解的存在唯一性. 定理证毕.

利用定理 1.2.1 有如下结论.

推论 1.2.1 设 $f \in C(G)$, 则对任意 $(\tau, \xi) \in G$, 初值问题 (1.2.1) 有解存在.

称 $f(t,x)$ 在区域 G 内关于 x 满足局部 Lipschitz 条件, 如果对任意 $(\tau, \xi) \in G$, 都存在正数 a, b, L, 使得

$$\bar{R} = \{(t,x): |t-\tau| \leqslant a, |x-\xi| \leqslant b\} \subset G,$$

且对任意 $(t,x), (t,y) \in \bar{R}$, 成立

$$|f(t,x) - f(t,y)| \leqslant L|x-y|.$$

显然, 若 $f(t,x)$ 在 G 内关于 x 存在一阶连续偏导数 $f'_x(t,x)$, 则 $f(t,x)$ 在 G 内关于 x 满足局部 Lipschitz 条件.

利用定理 1.2.2 还有如下结论.

推论 1.2.2 设 $f \in C(G)$ 且 $f(t,x)$ 关于 x 在 G 内满足局部 Lipschitz 条件, 则对任意 $(\tau, \xi) \in G$, 初值问题 (1.2.1) 都有局部唯一解存在.

习 题 1.2

1. 设二元函数 $f(t,x)$ 在 $0 \leqslant t \leqslant a$, $-\infty < x < \infty$ 上连续, 且满足条件

$$|f(t,x) - f(t,y)| \leqslant \frac{K}{t}|x-y|, \quad t \in (0,a], \quad x,y \in R,$$

其中常数 $K \in (0,1)$. 证明对任意实数 ξ, 初值问题

$$x' = f(t,x), \quad x(0) = \xi$$

在 $[0,a]$ 上存在唯一解.

2. 设函数 $g(t)$ 在 $[0,a]$ 上连续, $K(t,x,y)$ 在 $0 \leqslant x \leqslant t \leqslant a$, $-\infty < y < \infty$ 上连续, 证明积分方程

$$u(t) = g(t) + \int_{0}^{t} K(t,x,u(x))\mathrm{d}x$$

在 $[0,a]$ 上至少存在一个连续解.

1.3 解 的 延 拓

考虑初值问题

$$x' = f(t, x), \quad x(\tau) = \xi, \tag{1.3.1}$$

其中 $f \in C(G)$, $(\tau, \xi) \in G$, $G \subset R^{n+1}$ 为一区域. 上节中已经知道, 初值问题 (1.3.1) 有解局部存在, 但解的定义区间到底有多大, 本节主要解决这一问题.

定义 1.3.1   设 $\varphi(t)$ 是初值问题 (1.3.1) 的定义在区间 (α, β) 上的一个解, $\tau \in [\alpha, \beta]$. 若存在问题 (1.3.1) 的另一个解 $\bar{\varphi}(t)$, 它在区间 $(\bar{\alpha}, \bar{\beta})$ 上有定义, 并满足:

(i) $(\alpha, \beta) \subset (\bar{\alpha}, \bar{\beta})$, 且 $(\alpha, \beta) \neq (\bar{\alpha}, \bar{\beta})$;

(ii) 当 $t \in (\alpha, \beta)$ 时有 $\bar{\varphi}(t) = \varphi(t)$.

则称解 $\varphi(t), t \in (\alpha, \beta)$ 是可延展的, 并称 $\bar{\varphi}(t)$ 是解 $\varphi(t)$ 在 $(\bar{\alpha}, \bar{\beta})$ 的一个延展. 反之, 如果不存在满足上述条件的解 $\bar{\varphi}(t)$, 那么称 $\varphi(t), t \in (\alpha, \beta)$ 是初值问题的一个饱和解, 称区间 (α, β) 为解的最大存在区间.

类似地, 可以定义右行饱和解和右行最大存在区间 $[\tau, \beta)$、左行饱和解和左行最大存在区间 $(\alpha, \tau]$.

下面给出解为饱和解的一个充要条件. 以右行饱和解为例说明.

定理 1.3.1   设 $G \subset R^{n+1}$ 为一个区域, $f \in C(G)$. 则问题 (1.3.1) 的一个解

$$x = \varphi(t), \quad t \in [\tau, \beta) \tag{1.3.2}$$

是右行饱和解的充要条件是 $(t, \varphi(t))$ 右行可任意靠近 G 的边界, 也即对 G 的任意有界闭子集 D, 存在 $t^* \in (\tau, \beta)$, 使

$$(t^*, \varphi(t^*)) \notin D.$$

证明   先证充分性. 反证法. 若 (1.3.2) 式不是问题 (1.3.1) 的右行饱和解, 则存在 $\tilde{\beta} > \beta$, 问题 (1.3.1) 有解 $\tilde{\varphi}(t)$ 在区间 $[\tau, \tilde{\beta})$ 有定义, 且当 $t \in [\tau, \beta)$ 时, 有 $\varphi(t) = \tilde{\varphi}(t)$. 于是知 $\lim\limits_{t \to \beta-} \varphi(t) = \tilde{\varphi}(\beta)$ 且 $(\beta, \varphi(\beta^-)) \in G$. 定义 $\varphi(\beta) = \tilde{\varphi}(\beta)$, 则 $K = \{(t, \varphi(t)) : t \in [\tau, \beta]\}$ 是 G 的一个紧子集. 与条件矛盾.

再证必要性. 仍用反证法. 设存在 G 的一个紧子集 D, 使 $\{(t, \varphi(t)) : t \in [\tau, \beta)\} \subset D$. 由 f 在 D 上连续知其有界, 即存在 $M > 0$, 使对任意 $(t, x) \in D$, 都有 $|f(t, x)| \leqslant M$. 由 D 的有界性知 $\beta < \infty$. 可证 $\lim\limits_{t \to \beta-} \varphi(t) = x^*$ 存在. 事实上, 因为对所有 $t \in [\tau, \beta)$, (1.2.2) 式成立, 故对任意的 $t_1, t_2 \in [\tau, \beta)$, 有

$$|\varphi(t_1) - \varphi(t_2)| = \left| \int_{t_2}^{t_1} f(s, \varphi(s) \mathrm{d}s \right| \leqslant M|t_1 - t_2|,$$

于是, 对任意 $\varepsilon > 0$, 存在 $\delta = \min\{\varepsilon/M, \beta - \tau\}$, 使当 $t_1, t_2 \in (\beta - \delta, \beta)$ 时, 有 $|\varphi(t_2) - \varphi(t_1)| < \varepsilon$, 由 Cauchy 收敛准则便知, 左极限 $\varphi(\beta - 0) = x^*$ 存在. 由 D 是闭集知还有 $(\beta, x^*) \in D$. 由 (β, x^*) 是 G 的内点知, 存在 $a > 0, b > 0$, 使

$$\{(t,x): |t-\beta| \leqslant a, |x-x^*| \leqslant b\} \subset G.$$

则由定理 1.2.1 知方程组 $x' = f(t,x)$ 过点 (β, x^*) 必存在一个解 $\psi(t)$, 它在某区间 $[\beta, \beta+h)$ 上有定义. 定义一个函数

$$\bar{\varphi}(t) = \begin{cases} \varphi(t), & t \in [\tau, \beta), \\ \psi(t), & t \in [\beta, \beta+h), \end{cases}$$

则容易验证 $\bar{\varphi}(t)$ 在 $[\tau, \beta+h)$ 上满足积分方程 (1.2.2), 从而 $\bar{\varphi}(t)$ 就是问题 (1.3.1) 的定义在 $[\tau, \beta+h)$ 上的一个解, 故 $\varphi(t)$ 可由 β 向右延展, 与 (1.3.2) 式是问题 (1.3.1) 的右行饱和解矛盾. 定理证毕.

关于解的延展结果, 有下面的定理, 其证明与下一节的定理 1.4.2 完全类似. 请读者给出.

定理 1.3.2 设 $f \in C(G)$, 则问题 (1.3.1) 的任一非饱和解都可延展成饱和解.

为了讨论饱和解的唯一性问题, 先给出一个关于解的整体唯一性定理.

定理 1.3.3 设 $f \in C(G)$, 如果对任意一点 $(\tau, \xi) \in G$, 初值问题 (1.3.1) 都局部地有唯一解存在, 那么初值问题 (1.3.1) 必有唯一的饱和解存在.

证明 饱和解的存在性已知, 下证唯一性. 设

$$x = \varphi(t), t \in (\alpha, \beta) \text{ 和 } x = \widetilde{\varphi}(t), t \in (\widetilde{\alpha}, \widetilde{\beta})$$

都是 (1.3.1) 式的饱和解, 下面证明这两个解相等.

如果存在 $t_1 \in (\alpha, \beta) \cap (\widetilde{\alpha}, \widetilde{\beta})$, 使 $\varphi(t_1) \neq \widetilde{\varphi}(t_1)$, 那么 $t_1 \neq \tau$. 不妨设 $t_1 > \tau$, 则存在 $\tau_1 \in [\tau, t_1)$, 使 $\varphi(\tau_1) = \widetilde{\varphi}(\tau_1)$, 且当 $t \in (\tau_1, t_1)$ 时, $\varphi(t) \neq \widetilde{\varphi}(t)$. 记 $\xi_1 = \varphi(\tau_1) = \widetilde{\varphi}(\tau_1)$, 则 $(\tau_1, \xi_1) \in G$, 从而方程 $x' = f(t,x)$ 满足初始条件 $x(\tau_1) = \xi_1$ 的解在某区间 $[\tau_1, \tau_1 + h]$ 上唯一, 而 $\varphi(t), \widetilde{\varphi}(t)$ 都是该初值问题的解, 矛盾. 这就说明在 $(\alpha, \beta) \cap (\widetilde{\alpha}, \widetilde{\beta})$ 内成立 $\varphi(t) = \widetilde{\varphi}(t)$.

如果 $\beta < \widetilde{\beta}$, 那么由定义知 $\varphi(t)$ 可由 β 向右延展, 这与 $\varphi(t)$ 是饱和解矛盾, 说明必有 $\beta \geqslant \widetilde{\beta}$. 同理必有 $\widetilde{\beta} \geqslant \beta$, 故 $\beta = \widetilde{\beta}$. 同理, $\alpha = \widetilde{\alpha}$. 这说证明了饱和解的唯一性. 定理证毕.

与定理 1.3.1 等价, 还有下面的定理.

定理 1.3.4 设 $f \in C(G)$, 则 $\varphi(t), t \in (\alpha, \beta)$ 是问题 (1.3.1) 的饱和解的充要条件为: 当 $t \to \alpha + 0$ 与 $t \to \beta - 0$ 时, 有

$$\lim \left\{ |M(t)| + [d(M(t), \partial G)]^{-1} \right\} = \infty, \qquad (1.3.3)$$

其中 $M(t) = (t, \varphi(t)) \in G$, $|M(t)| = \left(t^2 + \sum_{i=1}^{n} \varphi_i^2(t) \right)^{1/2}$.

证明 必要性. 设 $\varphi(t), t \in (\alpha, \beta)$ 是问题 (1.3.1) 的一个饱和解, 来证明 (1.3.3) 式成立. 采用反证法. 若不然, 不妨设当 $t \to \beta - 0$ 时, (1.3.3) 式不成立, 则必存在

一个单调增加趋于 β 的数列 $\{t_k\}$ 及正数 P, 使

$$|M(t_k)| + [d(M(t_k), \partial G)]^{-1} \leqslant P < \infty,$$

从而有

$$t_k^2 + \sum_{i=1}^{n} \varphi_i^2(t_k) \leqslant P^2, \quad d(M(t_k), \partial G) \geqslant \frac{1}{P}. \tag{1.3.4}$$

由 (1.3.4) 式可见, β 作为有界数列 $\{t_k\}$ 的极限是有限数, 而 $\{\varphi(t_k)\}$ 有界, 从而有收敛的子列, 不妨设 $\{\varphi(t_k)\}$ 本身收敛, 即 $\lim\limits_{k \to \infty} \varphi(t_k) = x^*$ 存在. 由 (1.3.4) 式知 $(\beta, x^*) \in G$. 下面进一步证明

$$\lim_{t \to \beta - 0} \varphi(t) = x^*. \tag{1.3.5}$$

即对充分小的 $\varepsilon > 0$, 存在 $T < \beta$, 使当 $t \in (T, \beta)$ 时, 有

$$|\varphi(t) - x^*| < \varepsilon. \tag{1.3.6}$$

为此, 取 $\varepsilon > 0$ 充分小, 使闭区域 $\bar{R} = \{(t, x) : |t - \beta| \leqslant \varepsilon, |x - x^*| \leqslant \varepsilon\} \subset G$. 令 $\widetilde{M} = \max\{|f(t, x)|, (t, x) \in \bar{R}\}$, 由前面讨论知, 存在 t_k, 使

$$|\varphi(t_k) - x^*| < \frac{\varepsilon}{2}, \quad \widetilde{M}(\beta - t_k) < \frac{\varepsilon}{2}, \tag{1.3.7}$$

则当 $t \in (t_k, \beta)$ 时, (1.3.6) 式成立. 若不然, 则存在 $\eta \in (t_k, \beta)$, 使 $|\varphi(\eta) - x^*| = \varepsilon$, 且当 $t \in (t_k, \eta)$ 时, $|\varphi(t) - x^*| < \varepsilon$. 于是, 结合 (1.3.7) 式知, 有

$$\begin{aligned}
\varepsilon &= |\varphi(\eta) - x^*| \\
&\leqslant |\varphi(\eta) - \varphi(t_k)| + |\varphi(t_k) - x^*| \\
&< \frac{\varepsilon}{2} + \left| \int_{t_k}^{\eta} f(s, \varphi(s)) \mathrm{d}s \right| \leqslant \frac{\varepsilon}{2} + M(\eta - t_k) < \frac{\varepsilon}{2} + \frac{\varepsilon}{2} = \varepsilon,
\end{aligned}$$

这是一个矛盾. 说明当 $t \in (t_k, \beta)$ 时, (1.3.6) 式成立, 从而 (1.3.5) 式成立. 由定理 1.3.1 知 $\varphi(t)$ 还可由 β 向右延展, 与饱和解矛盾.

充分性. 设 (1.3.3) 式成立, 往证 $\varphi(t), t \in (\alpha, \beta)$ 是饱和解. 利用反证法. 若 $\varphi(t)$ 还可由 β 向右延展, 则必有 $\beta < \infty$, $\varphi(\beta - 0) = \varphi(\beta)$ 有限, 且 $(\beta, \varphi(\beta)) \in G$. 于是, 当 $t \to \beta - 0$ 时,

$$d(M(t), \partial G) \to d(M(\beta), \partial G) > 0, \quad |M(t)| \to |M(\beta)| < \infty,$$

与 (1.3.3) 式矛盾. 定理证毕.

定理 1.3.4 在判断解的最大存在区间是有限区间或无限区间时非常有用. 下面给出它的一些特殊情形.

推论 1.3.1 设 $f \in C(R^{n+1})$, $\varphi(t), t \in (\alpha, \beta)$ 为初值问题 (1.3.1) 的饱和解, 则当 $t \to \alpha + 0$ 和 $t \to \beta - 0$ 时, 有

$$t^2 + \sum_{i=1}^{n} \varphi_i^2(t) \to \infty. \tag{1.3.8}$$

推论 1.3.2 设 $f \in C(R^{n+1})$, $\varphi(t), t \in (\alpha, \beta)$ 为初值问题 (1.3.1) 的饱和解, 若 $\varphi(t)$ 有界, 则有 $\alpha = -\infty, \beta = \infty$.

例 1.3.1 证明初值问题

$$x' = \frac{1}{1+t^2} \mathrm{e}^{-x^2 \sin^2 t}, \quad x(0) = 1$$

有唯一解存在, 且在整个 t 轴上有定义.

证明 函数 $f(t,x) = \dfrac{1}{1+t^2} \mathrm{e}^{-x^2 \sin^2 t}$ 在全平面 R^2 上连续可微, 从而满足局部 Lipschitz 条件, 于是由解的存在唯一性定理知初值问题的解唯一存在. 设初值问题的饱和解为 $x = \varphi(t), t \in (\alpha, \beta)$, 则有

$$\lim_{t \to \alpha} (t^2 + \varphi^2(t)) = \infty, \quad \lim_{t \to \beta} (t^2 + \varphi^2(t)) = \infty. \tag{1.3.9}$$

而由 $f(t,x) > 0$ 知, $\varphi(t)$ 在 (α, β) 上单调增加, 由方程知

$$\varphi'(t) = \frac{1}{1+t^2} \mathrm{e}^{-x^2 \sin^2 t} \leqslant \frac{1}{1+t^2},$$

从而对 $t \in (0, \beta)$, 有

$$1 \leqslant \varphi(t) \leqslant 1 + \int_0^t \frac{\mathrm{d}t}{1+t^2} = 1 + \arctan t \leqslant 1 + \frac{\pi}{2},$$

由 (1.3.9) 式知, 必有 $\beta = \infty$. 同样, 当 $t \in (\alpha, 0)$ 时, 有

$$1 \geqslant \varphi(t) \geqslant 1 + \int_0^t \frac{\mathrm{d}t}{1+t^2} \geqslant 1 - \frac{\pi}{2},$$

故有 $\alpha = -\infty$, 即解在整个 t 轴上有定义.

例 1.3.2 设二元函数 $f(t,x)$ 在全平面上连续. 证明对任意的 τ, 只要 $|\xi|$ 适当小, 初值问题

$$x' = (x^2 - \mathrm{e}^{2t}) f(t,x), \quad x(\tau) = \xi$$

的解必可延展到 $\tau \leqslant t < \infty$.

证明 和解的延展性定理比较知, 结论主要由方程中的函数 $x^2 - \mathrm{e}^{2t}$ 确定. 这里将利用初值问题的解和函数 $x = \pm \mathrm{e}^t$ 的位置关系来讨论. 设初值问题的右行饱和解为 $x = \varphi(t), t \in [\tau, \beta)$. 证明当 $|\xi|$ 充分小时, 必有 $\beta = \infty$. 先证明当 $|\xi| < \mathrm{e}^\tau$ 时, 有

$$|\varphi(t)| < \mathrm{e}^t, \quad t \in [\tau, \beta).$$

不失一般性, 证明 $\varphi(t) < \mathrm{e}^t, t \in [\tau, \beta)$. 采用反证法. 若不然, 则有 $t_1 \in (\tau, \beta)$, 使 $\varphi(t_1) = \mathrm{e}^{t_1}$, 且当 $t \in [\tau, t_1)$ 时, $\varphi(t) < \mathrm{e}^t$. 则由方程知有 $\varphi'(t_1) = 0$. 另一方面, 由导数的定义和极限的性质知, 有

$$\varphi'(t_1) = \lim_{t \to t_1 - 0} \frac{\varphi(t) - \varphi(t_1)}{t - t_1} \geqslant \lim_{t \to t_1 - 0} \frac{\mathrm{e}^t - \mathrm{e}^{t_1}}{t - t_1} = \mathrm{e}^{t_1},$$

这是一个矛盾. 故有 $|\varphi(t)| < \mathrm{e}^t, t \in [\tau, \beta)$.

由饱和解的特征知, 有

$$\infty = \lim_{t \to \beta - 0} (t^2 + \varphi^2(t)) \leqslant \lim_{t \to \beta - 0} (t^2 + \mathrm{e}^{2t}),$$

故必有 $\beta = \infty$.

例 1.3.3　证明初值问题

$$x' = tx + \mathrm{e}^{-x}, \quad x(t_0) = x_0$$

的右行最大存在区间为 $[t_0, \infty)$.

证明　设初值问题的右行饱和解为 $x = \varphi(t), t \in [t_0, \beta)$. 下面证明 $\beta = \infty$.

当 $t \in [t_0, \beta)$ 时, 由方程知, 有

$$\varphi'(t) - t\varphi(t) \geqslant 0,$$

不等式两边同乘以积分因子 $\mathrm{e}^{-t^2/2}$, 有

$$\left(\varphi(t)\mathrm{e}^{-t^2/2} \right)' \geqslant 0,$$

从而有

$$\varphi(t) \geqslant x_0 \exp\left(\frac{t^2 - t_0^2}{2} \right) \triangleq u(t).$$

再一次利用方程知, 对 $t \in [t_0, \beta)$, 有

$$\varphi'(t) - t\varphi(t) \leqslant \mathrm{e}^{-u(t)},$$

不等式两边同乘以积分因子 $\mathrm{e}^{-t^2/2}$, 有

$$\left(\varphi(t)\mathrm{e}^{-t^2/2} \right)' \leqslant \mathrm{e}^{-u(t)-t^2/2},$$

从而有

$$\varphi(t) \leqslant x_0 \exp\left(\frac{t^2 - t_0^2}{2} \right) + \mathrm{e}^{t^2/2} \int_{t_0}^{t} \mathrm{e}^{-u(s)-s^2/2} \mathrm{d}s \triangleq v(t),$$

即有

$$u(t) \leqslant \varphi(t) \leqslant v(t), \quad t \in [t_0, \beta).$$

由函数 $u(t), v(t)$ 的定义知, 它们在区间 $[t_0, \infty)$ 上连续. 故若 $\beta < \infty$, 则 $u(t), v(t)$ 都在区间 $[t_0, \beta)$ 上有界, 从而 $\varphi(t)$ 也在 $[t_0, \beta)$ 上有界, 于是 $t^2 + \varphi^2(t)$ 在 $[t_0, \beta)$ 上有界, 与 $\lim\limits_{t \to \beta - 0}(t^2 + \varphi^2(t)) = \infty$ 矛盾. 故有 $\beta = \infty$.

前面的例子都是讨论解的存在区间为无限区间时的情形. 下面讨论一个解的存在区间为有限区间的情形.

例 1.3.4　证明初值问题

$$x' = 1 + x^4, \quad x(0) = 0$$

的解的最大存在区间为有限区间.

证明　方程满足解的存在唯一性定理的条件, 初值问题的解唯一存在, 设其饱和解为 $x = \varphi(t), t \in (\alpha, \beta)$. 由方程右端的定号性知解是单调增函数, 于是, 当 $t \in (0, \beta)$ 时, 有 $\varphi(t) > 0$. 对 $t_1 \in (0, \beta)$, 由方程知, 有

$$\varphi'(t) > \varphi^4(t), \quad t \in [t_1, \beta),$$

从而有

$$\frac{\varphi'(t)}{\varphi^4(t)} > 1, \quad t \in [t_1, \beta).$$

对上式两边从 t_1 到 t 积分, 有

$$\frac{1}{3\varphi^3(t_1)} - \frac{1}{3\varphi^3(t)} > t - t_1, \quad t \in [t_1, \beta),$$

从而有

$$t < t_1 + \frac{1}{3\varphi^3(t_1)}, \quad t \in [t_1, \beta).$$

可见 $\beta < \infty$. 同理可证 $\alpha > -\infty$.

例 1.3.5　讨论下列初值问题解的最大存在区间

$$\begin{cases} x' = (x^2 - 2x - 3)\mathrm{e}^{t^2 + x^2}, \\ x(\tau) = \xi. \end{cases}$$

解　函数 $f(t, x) = (x^2 - 2x - 3)\mathrm{e}^{t^2 + x^2}$ 在全平面连续且有连续的一阶偏导数, 从而关于 x 满足局部 Lipschitz 条件, 由解的存在唯一性定理知对任意的 $(\tau, \xi) \in R^2$, 初值问题都有唯一的饱和解存在. 显然方程有两个特解 $y_1 = -1, y_2 = 3$. 它们在 $(-\infty, \infty)$ 有定义. 设初值问题的解为 $x = \varphi(t), t \in (\alpha, \beta)$. 下面对 ξ 的不同取值进行讨论.

(i) $\xi > 3$. 由解的唯一性知对所有 $t \in (\alpha, \beta)$, 都有 $\varphi(t) > 3$. 从而

$$\varphi'(t) = (\varphi^2(t) - 2\varphi(t) - 3)\mathrm{e}^{t^2 + \varphi^2(t)} > 0,$$

于是当 $t \in (\alpha, \tau)$ 时, 有 $3 < \varphi(t) < \xi$. 由饱和解的特征知必有 $\alpha = -\infty$. 而当

$t \in (\tau, \beta)$ 时,

$$\varphi'(t) = (\varphi^2(t) - 2\varphi(t) - 3)e^{t^2 + \varphi^2(t)} > (\varphi(t) - 3)^2,$$

从而有

$$\frac{\varphi'(t)}{(\varphi(t) - 3)^2} > 1.$$

对上式两边从 τ 到 t 积分, 就有

$$\frac{1}{\varphi(\tau) - 3} - \frac{1}{\varphi(t) - 3} > t - \tau,$$

于是, $t < \tau + \dfrac{1}{\xi - 3}$. 故 $\beta < \infty$.

(ii) $\xi = 3$. 由解的唯一性知, $\varphi(t) = 3, t \in (-\infty, \infty)$. 故此时 $\alpha = -\infty, \beta = \infty$.

(iii) $-1 < \xi < 3$. 由解的唯一性知, 对所有 $t \in (\alpha, \beta)$, 都有 $-1 < \varphi(t) < 3$. 从而必有 $\alpha = -\infty, \beta = \infty$.

(iv) $\xi = -1$. 同 (ii) 知, $\alpha = -\infty, \beta = \infty$.

(v) $\xi < -1$. 类似于 (i) 知, $\alpha > -\infty, \beta = \infty$.

例 1.3.6　设 $f(t, x)$ 在 $(\alpha, \beta) \times R^n$ 上连续, 且存在定义在 (α, β) 内的非负连续函数 $A(t), B(t)$, 使当 $(t, x) \in (\alpha, \beta) \times R^n$ 时, 有

$$|f(t, x)| \leqslant A(t)|x| + B(t),$$

则方程 $x' = f(t, x)$ 的每一个解都在 (α, β) 内有定义.

证明　设 $x = \varphi(t), t \in (a, b)$ 是方程的一个饱和解, 取 $\tau \in (a, b)$, 则有

$$\varphi(t) = \varphi(\tau) + \int_\tau^t f(s, \varphi(s))\mathrm{d}s,$$

于是, 当 $t \in [\tau, b)$ 时, 有

$$|\varphi(t)| \leqslant |\varphi(\tau)| + \int_\tau^t |f(s, \varphi(s))|\mathrm{d}s \leqslant |\varphi(\tau)| + \int_\tau^t (A(s)|\varphi(s)| + B(s))\mathrm{d}s.$$

记 $v(t) = |\varphi(\tau)| + \int_\tau^t (A(s)|\varphi(s)| + B(s))\mathrm{d}s$, 则 $|\varphi(t)| \leqslant v(t)$, 且当 $t \in [\tau, b)$ 时, 有

$$v'(t) = A(t)|\varphi(t)| + B(t) \leqslant A(t)v(t) + B(t),$$

移项, 并将不等式两边同乘以积分因子 $e^{-\int_\tau^t A(s)\mathrm{d}s}$, 有

$$\left(e^{-\int_\tau^t A(s)\mathrm{d}s}v(t)\right)' \leqslant B(t)e^{-\int_\tau^t A(s)\mathrm{d}s},$$

两边从 τ 到 t 积分, 并整理得

$$v(t) \leqslant v(\tau)e^{\int_\tau^t A(s)\mathrm{d}s} + \int_\tau^t B(s)e^{\int_s^t A(r)\mathrm{d}r}\mathrm{d}s.$$

于是

$$|\varphi(t)| \leqslant |\varphi(\tau)| \mathrm{e}^{\int_\tau^t A(s)\mathrm{d}s} + \int_\tau^t B(s)\mathrm{e}^{\int_s^t A(r)\mathrm{d}r}\mathrm{d}s.$$

若 $b < \beta$, 则 b 为有限数, 且由上式知 $|\varphi(t)|$ 有界, 从而与饱和解的特征矛盾. 故必有 $b = \beta$. 同理可证 $a = \alpha$.

此例说明对线性方程组来说, 解的存在区间为方程组的系数函数连续的区间.

习 题 1.3

1. 证明微分方程

$$x' = t^2 + x^2$$

的所有解的最大存在区间都是有限区间.

2. 设 $(\tau, \xi) \in R^2$, 证明初值问题

$$x' = (t - x)\mathrm{e}^{t|x|}, \quad x(\tau) = \xi$$

解的右行最大存在区间为 $[\tau, \infty)$.

3. 设 $f \in C(R^2)$, 且当 $x \neq 0$ 时, 成立 $xf(t,x) > 0$, $(\tau, \xi) \in R^2$. 证明当 $\tau < 0$ 且 $|\xi| < |\tau|$ 时, 初值问题

$$x' = (t^2 - x^2)f(t,x), \quad x(\tau) = \xi$$

解的最大存在区间为 $(-\infty, \infty)$.

4. 设函数 f 在平面区域 G 内连续, $(\tau, \xi) \in G$, $\phi(t)$ 与 $\psi(t)$ 在 (a,b) 内都是初值问题

$$x' = f(t,x), \quad x(\tau) = \xi \qquad\qquad (*)$$

的解, 且

$$\phi(t) \leqslant \psi(t), \quad t \in (a,b).$$

证明集合 $\{(t,x) : \phi(t) \leqslant x \leqslant \psi(t), a < t < b\} \cap G$ 被 $(*)$ 的解所充满.

1.4 微分积分不等式与比较定理

在上节的练习中已经看到, 有时需把微分方程化为不等式进行讨论. 本节主要讨论微分不等式的有关问题. 先看一些特殊情形.

例 1.4.1 求解微分不等式

$$x' + p(t)x \leqslant q(t), \qquad\qquad (1.4.1)$$

其中 $p(t), q(t)$ 在 (a,b) 内连续.

解 任取 $t_0 \in (a,b)$, 将方程两边同乘以积分因子 $\mathrm{e}^{\int_{t_0}^t p(s)\mathrm{d}s}$, 有

$$\left(x(t)\mathrm{e}^{\int_{t_0}^t p(s)\mathrm{d}s}\right)' \leqslant q(t)\mathrm{e}^{\int_{t_0}^t p(s)\mathrm{d}s}.$$

当 $t \in [t_0, b)$ 时, 对上式两边从 t_0 到 t 积分并整理, 有

$$x(t) \leqslant x(t_0)\mathrm{e}^{-\int_{t_0}^{t} p(s)\mathrm{d}s} + \int_{t_0}^{t} q(r)\mathrm{e}^{-\int_r^t p(s)\mathrm{d}s}\mathrm{d}r; \tag{1.4.2}$$

当 $t \in (a, t_0]$ 时, 同样可得

$$x(t) \geqslant x(t_0)\mathrm{e}^{-\int_{t_0}^{t} p(s)\mathrm{d}s} + \int_{t_0}^{t} q(r)\mathrm{e}^{-\int_r^t p(s)\mathrm{d}s}\mathrm{d}r. \tag{1.4.3}$$

注意到不等式的解 (1.4.2) 和 (1.4.3) 的右边正好是不等式 (1.4.1) 所对应的微分方程的解. 事实上, 这个结论对一般的方程也成立, 将在本节的后面给出具体的结果 (见定理 1.4.3). 和线性不等式有关的结论, 是著名的 Gronwall 不等式及其特例 Bellman 不等式.

例 1.4.2(Gronwall)　设 $f(t)$ 是定义在区间 $t \in [\tau, b]$ 上的非负可积函数, 而 $g(t)$ 和 $x(t)$ 是定义在 $[\tau, b]$ 上的绝对连续函数. 如果它们满足不等式

$$x(t) \leqslant g(t) + \int_{\tau}^{t} f(s)x(s)\mathrm{d}s, \quad t \in [\tau, b], \tag{1.4.4}$$

那么有

$$x(t) \leqslant g(\tau)\mathrm{e}^{\int_{\tau}^{t} f(s)\mathrm{d}s} + \int_{\tau}^{t} g'(s)\mathrm{e}^{\int_s^t f(r)\mathrm{d}r}\mathrm{d}s, \quad t \in [\tau, b]. \tag{1.4.5}$$

证明　设 $v(t) = g(t) + \displaystyle\int_{\tau}^{t} f(s)x(s)\mathrm{d}s$, 则由条件知 $v(t)$ 在区间 $[\tau, b]$ 上是绝对连续的, 从而是几乎处处可微的, 于是利用积分不等式知, 有

$$v'(t) = g'(t) + f(t)x(t) \leqslant g'(t) + f(t)v(t), \quad \text{a.e. } t \in [\tau, b].$$

同例 1.4.1 一样, 将上式两边同乘以积分因子 $\mathrm{e}^{-\int_{\tau}^{t} f(s)\mathrm{d}s}$, 积分并整理知 (1.4.5) 式成立.

应用较为普遍的是Bellman不等式:

设 $f(t)$ 和 $x(t)$ 是定义在 $[\tau, b]$ 上的非负连续函数, M, K 为非负常数, 如果

$$x(t) \leqslant M + K \int_{\tau}^{t} f(s)x(s)\mathrm{d}s, \quad t \in [\tau, b], \tag{1.4.6}$$

那么有

$$x(t) \leqslant M\mathrm{e}^{K\int_{\tau}^{t} f(s)\mathrm{d}s}, \quad t \in [\tau, b]. \tag{1.4.7}$$

和前面的结果比较知, 不必要求 $x(t)$ 和常数 M 的非负性.

下面讨论一般的结论. 先讨论关于单个方程 (即相空间为一维) 的情形.

定理 1.4.1(第一比较定理)　设 $f(t, x)$ 与 $F(t, x)$ 都是在平面区域 G 上连续的纯量函数, 且满足不等式

$$f(t,x) < F(t,x), \quad (t,x) \in G.$$

若 $\varphi(t)$ 和 $\Phi(t)$ 分别是一阶方程

$$x' = f(t,x), \quad x' = F(t,x)$$

过同一点 (τ, ξ) 的解, 则在它们的共同存在区间内必有

$$\operatorname{sgn}(t-\tau)\varphi(t) < \operatorname{sgn}(t-\tau)\Phi(t), \quad t \neq \tau. \tag{1.4.8}$$

证明 设 $\varphi(t)$ 和 $\Phi(t)$ 都在区间 (α, β) 内有定义, 令

$$g(t) = \Phi(t) - \varphi(t), \quad t \in (\alpha, \beta),$$

则由条件知, 有 $g(\tau) = 0$, $g'(\tau) > 0$, 从而由极限的保号性知, 存在 $t_1 \in (\tau, \beta)$, 使当 $t \in (\tau, t_1)$ 时, 有 $g(t) > 0$. 下面证明对所有 $t \in (\tau, \beta)$, 有 $g(t) > 0$. 若不然, 则存在 $t_2 \in (t_1, \beta)$, 使 $g(t_2) = 0$, 且当 $t \in (\tau, t_2)$ 时, 有 $g(t) > 0$. 于是, 由方程知

$$g'(t_2) = F(t_2, \Phi(t_2)) - f(t_2, \varphi(t_2)) = F(t_2, \Phi(t_2)) - f(t_2, \Phi(t_2)) > 0,$$

而由导数的定义及极限的性质知, 有

$$g'(t_2) = \lim_{t \to t_2 - 0} \frac{g(t) - g(t_2)}{t - t_2} = \lim_{t \to t_2 - 0} \frac{g(t)}{t - t_2} \leqslant 0,$$

这是一个矛盾, 说明 $g(t) > 0$ 对所有 $t \in (\tau, \beta)$ 成立.

同理可证 $g(t) < 0$ 对所有 $t \in (\alpha, \tau)$ 成立. 故 (1.4.8) 式成立. 定理证毕.

为了将上述第一比较定理推广到非严格不等式的情形 (第二比较定理), 先引入最大解和最小解的概念, 并证明它们的存在性.

考虑一阶方程的初值问题

$$x' = f(t,x), \quad x(\tau) = \xi, \tag{1.4.9}$$

其中 $f \in C(G)$, $(\tau, \xi) \in G$, G 是 (t,x) 平面上的某一区域. 根据 Peano 定理, 初值问题 (1.4.9) 有解存在. 如果解不唯一, 那么它就有一族解, 从直观上看, 这族解中必有一个最大者和最小者. 下面就来严格地证明这一点.

定义 1.4.1 设 $\varphi_M(t)$, $t \in \Delta$ 是初值问题 (1.4.9) 在某一区间 Δ 上有定义的一个解. 如果对于问题 (1.4.9) 的任一解 $\varphi(t)$, 当 t 属于 $\varphi_M(t)$ 和 $\varphi(t)$ 的共同存在区间时, 总有

$$\varphi_M(t) \geqslant \varphi(t),$$

那么称 $\varphi_M(t)$ 为初值问题 (1.4.9) 的定义在区间 Δ 上的最大解. 将上式中的不等号反向, 就定义了问题 (1.4.9) 的最小解 $\varphi_m(t)$.

关于最大最小解的存在性, 也采取先证明局部解的存在性, 再延展到饱和解的存在性. 而局部最大最小解的存在性, 通过极限的方法得到.

引理 1.4.1　设 $f(t,x)$ 在平面闭矩形 $\bar{R} = \{(t,x) : |t-\tau| \leqslant a, |x-\xi| \leqslant b\}$ 上连续, $M = \max\{|f(t,x)| \mid (t,x) \in \bar{R}\}$, $0 < h < \min\{a, b/M\}$. 则对充分小的 $\varepsilon > 0$, 初值问题

$$x' = f(t,x) + \varepsilon, \quad x(\tau) = \xi \qquad (1.4.9)^\varepsilon$$

的解 $\varphi^\varepsilon(t)$ 在 $|t-\tau| \leqslant h$ 上存在, 且当 $\varepsilon \to 0$ 时, $\varphi^\varepsilon(t)$ 在 $[\tau-h, \tau+h]$ 上一致收敛于 $\varphi^*(t)$, 其中 $\varphi^*(t)$ 是初值问题 (1.4.9) 的解, 且在 $[\tau-h, \tau]$ 上为最小解, 在 $[\tau, \tau+h]$ 上为最大解.

证明　记 $M_\varepsilon = \max\{|f(t,x) + \varepsilon| : (t,x) \in \bar{R}\}$, $h_\varepsilon = \min\{a, b/M_\varepsilon\}$, 则由 Peano 定理知问题 $(1.4.9)^\varepsilon$ 的解 $\varphi^\varepsilon(t)$ 在 $|t-\tau| \leqslant h_\varepsilon$ 上存在. 当 ε 满足 $(M+\varepsilon)h \leqslant b$ 时, 有

$$h_\varepsilon = \min\{a, b/M_\varepsilon\} \geqslant \min\{a, b/(M+\varepsilon)\} \geqslant h,$$

从而 $\varphi^\varepsilon(t)$ 在 $|t-\tau| \leqslant h$ 上有定义, 且满足 $|\varphi^\varepsilon(t) - \xi| \leqslant b$.

考虑函数族 $\{\varphi^\varepsilon : 0 < \varepsilon < b/h - M\}$, 易证它在区间 $[\tau-h, \tau+h]$ 上是一致有界且等度连续的. 由 Ascoli-Arzela 定理知, 存在点列 $\varepsilon_n \to 0$, 对应的函数列 $\{\varphi^{\varepsilon_n}(t)\}$ 在 $[\tau-h, \tau+h]$ 上一致收敛. 设 $\lim\limits_{n\to\infty} \varphi^{\varepsilon_n}(t) = \varphi^*(t)$. 由 $f(t,x)$ 的连续性知, $f(t, \varphi^{\varepsilon_n}(t))$ 在 $[\tau-h, \tau+h]$ 上一致收敛于 $f(t, \varphi^*(t))$. 于是, 由

$$\varphi^{\varepsilon_n}(t) = \xi + \int_\tau^t f(s, \varphi^{\varepsilon_n}(s)) \mathrm{d}s$$

知, $\varphi^*(t)$ 是初值问题 (1.4.9) 的解. 而由定理 1.4.1 知, 当 $\varepsilon < \varepsilon_n$ 时, 有

$$\begin{cases} \varphi^*(t) < \varphi^\varepsilon(t) < \varphi^{\varepsilon_n}(t), & t \in (\tau, \tau+h], \\ \varphi^*(t) > \varphi^\varepsilon(t) > \varphi^{\varepsilon_n}(t), & t \in [\tau-h, \tau), \end{cases}$$

于是知当 $\varepsilon \to 0$ 时, $\varphi^\varepsilon(t)$ 在 $[\tau-h, \tau+h]$ 上一致收敛于 $\varphi^*(t)$.

设 $\varphi(t)$ 是初值问题 (1.4.9) 的任一解, 则由定理 1.4.1 知

$$\varphi(t) < \varphi^\varepsilon(t), \quad t \in [\tau, \tau+h],$$

从而令 $\varepsilon \to 0$, 就有

$$\varphi(t) \leqslant \varphi^*(t), \quad t \in [\tau, \tau+h],$$

这说明 $\varphi^*(t)$ 在 $[\tau, \tau+h]$ 上是 (1.4.9) 式的最大解. 同样可证 $\varphi^*(t)$ 在 $[\tau-h, \tau]$ 是 (1.4.9) 式的最小解. 引理证毕.

完全类似地, 有下面的结果.

引理 1.4.2　设函数 $f(t,x)$ 在闭矩形 $\bar{R}$ 上连续, h 同引理 1.4.1. 则对充分小的 $\varepsilon > 0$, 初值问题

$$x' = f(t,x) - \varepsilon, \quad x(\tau) = \xi \qquad (1.4.9)_\varepsilon$$

的解 $\varphi_\varepsilon(t)$ 必在 $|t-\tau| \leqslant h$ 上有定义, 且当 $\varepsilon \to 0$ 时, $\varphi_\varepsilon(t)$ 在 $|t-\tau| \leqslant h$ 上一致收敛于某一函数 $\varphi_*(t)$, 而 $\varphi_*(t)$ 在 $\tau \leqslant t \leqslant \tau+h$ 上是问题 (1.4.9) 的最小解, 在 $\tau - h \leqslant t \leqslant \tau$ 上是问题 (1.4.9) 的最大解.

结合上面两个引理, 就有下面推论.

推论 1.4.1　设函数 $f(t,x)$ 在闭矩形 $\bar R$ 上连续, 则初值问题 (1.4.9) 必在区间 $|t-\tau| \leqslant h$ 上存在最大解和最小解.

将最大解和最小解延展, 就得下面定理.

定理 1.4.2　设 G 为某一平面区域, $f \in C(G)$, $(\tau,\xi) \in G$. 则初值问题 (1.4.9) 存在唯一的饱和最大解和唯一的饱和最小解.

证明　下面只证饱和最大解的存在性. 最小解的存在性同样可证. 由推论 1.4.1 知局部最大解和最小解存在. 今设初值问题 (1.4.9) 的所有最大解的集合为

$$\{\varphi_\lambda(t),\ t \in (\alpha_\lambda, \beta_\lambda):\ \lambda \in \Lambda\},$$

其中 Λ 为某非空集合. 对任意 $\lambda_1, \lambda_2 \in \Lambda$, 如果 $t \in (\alpha_{\lambda_1}, \beta_{\lambda_1}) \cap (\alpha_{\lambda_2}, \beta_{\lambda_2})$, 那么由最大解的定义知必有 $\varphi_{\lambda_1}(t) = \varphi_{\lambda_2}(t)$. 记 $(\alpha, \beta) = \bigcup_{\lambda \in \Lambda}(\alpha_\lambda, \beta_\lambda)$.

在 (α, β) 上定义一个函数 $\varphi(t)$：当 $t \in (\alpha_\lambda, \beta_\lambda)$ 时, $\varphi(t) = \varphi_\lambda(t)$, 则该函数就是初值问题 (1.4.9) 的饱和最大解, 且是唯一的.

事实上, 对初值问题 (1.4.9) 的任一解 $\psi(t)$, 在它和 $\varphi(t)$ 的共同存在区间内的任一点 t, 必存在 $\lambda \in \Lambda$, 使 $t \in (\alpha_\lambda, \beta_\lambda)$, 从而有 $\psi(t) \leqslant \varphi_\lambda(t) = \varphi(t)$. 这就说明 $\varphi(t)$ 是问题 (1.4.9) 的最大解.

若 (α, β) 不是 $\varphi(t)$ 的右行最大存在区间, 则必有 $\varphi(\beta) = \varphi(\beta - 0)$ 存在且 $(\beta, \varphi(\beta)) \in G$, 于是, 由推论 1.4.1 知, 方程 $x' = f(t,x)$ 过点 $(\beta, \varphi(\beta))$ 有右行最大解 $x = \varphi^*(t)$, $t \in [\beta, \beta+h]$. 定义函数

$$\widetilde{\varphi}(t) = \begin{cases} \varphi(t), & t \in (\alpha, \beta), \\ \varphi^*(t), & t \in [\beta, \beta+h), \end{cases}$$

则 $\widetilde{\varphi}(t)$ 也是 (1.4.9) 式的一个最大解. 若不然, 则 (1.4.9) 式存在解 $\psi(t)$ 及 $t_1 \in (\alpha, \beta+h)$, 使 $\psi(t_1) > \widetilde{\varphi}(t_1)$. 由 $\widetilde{\varphi}(t)$ 的定义知, $t_1 \in [\beta, \beta+h)$, 且当 $t \in (\alpha, \beta]$ 时, 有 $\psi(t) \leqslant \widetilde{\varphi}(t)$. 于是, 存在 $t_2 \in [\beta, t_1]$, 使当 $t \in (\alpha, t_2]$ 时, $\psi(t) \leqslant \widetilde{\varphi}(t)$ 且 $\psi(t_2) = \widetilde{\varphi}(t_2)$. 再定义函数

$$\widetilde{\psi}(t) = \begin{cases} \widetilde{\varphi}(t), & t \in [\beta, t_2], \\ \psi(t), & t \in (t_2, t_1], \end{cases}$$

则 $\widetilde{\psi}(t)$ 也是方程 $x' = f(t,x)$ 的过点 $(\beta, \varphi(\beta))$ 的解, 且有 $\widetilde{\psi}(t_1) > \varphi^*(t_1)$, 这与 $\varphi^*(t)$ 是问题的最大解矛盾. 这就说明 $\widetilde{\varphi}(t)$ 也是 (1.4.9) 式的一个最大解, 在区间

$(\alpha, \beta + h)$ 有定义. 这与 (α, β) 的定义矛盾, 故 (α, β) 是 (1.4.9) 式的最大解的右行最大存在区间. 同理可证它也是最大解的左行最大存在区间.

显然上述饱和最大解是唯一的. 定理证毕.

有了初值问题的最大解和最小解, 下面讨论微分不等式. 它是前面例 1.4.1 的一般化.

定理 1.4.3　设 G 是平面区域, $f \in C(G)$, 函数 $\varphi(t)$ 在区间 $\tau \leqslant t < b$ 上连续, 右导数 $D_+\varphi(t)$ 存在, $(t, \varphi(t)) \in G$ 且满足

$$D_+\varphi(t) \leqslant f(t, \varphi(t)), \quad \varphi(\tau) \leqslant \xi, \tag{1.4.10}$$

则有

$$\varphi(t) \leqslant \varphi_M(t), \quad t \in [\tau, b), \tag{1.4.11}$$

其中 $\varphi_M(t)$ 是初值问题 (1.4.9) 在 $[\tau, b)$ 有定义的右行最大解.

证明　首先证明不等式 (1.4.11) 在 τ 的某右邻域内成立. 选取 $a > 0, b > 0$, 使 $\bar{R} = \{(t, x) : |t - \tau| \leqslant a, |x - \xi| \leqslant b\} \subset G$. 由引理 1.4.1 知, 对充分小的 $\varepsilon > 0$, 问题 $(1.4.9)^\varepsilon$ 的每一个解 $\varphi^\varepsilon(t)$ 都在某区间 $[\tau, \tau + h]$ 上有定义, 并当 $\varepsilon \to 0$ 时一致趋于 $\varphi_M(t)$. 今往证, 对这样的 $\varepsilon > 0$, 当 $t \in [\tau, \tau + h]$ 时, 有

$$\varphi(t) \leqslant \varphi^\varepsilon(t). \tag{1.4.12}$$

事实上, 若不然, 则存在 $t_1 \in (\tau, \tau + h)$, 使 $\varphi(t_1) > \varphi^\varepsilon(t_1)$. 从而, 由函数的连续性知, 必有 $t_2 \in [\tau, t_1)$, 使 $\varphi(t_2) = \varphi^\varepsilon(t_2)$, 且当 $t \in (t_2, t_1)$ 时, 有 $\varphi(t) > \varphi^\varepsilon(t)$. 于是, 由导数定义及极限的性质知, 有

$$D_+\varphi(t_2) = \lim_{t \to t_2+} \frac{\varphi(t) - \varphi(t_2)}{t - t_2} \geqslant \lim_{t \to t_2+} \frac{\varphi^\varepsilon(t) - \varphi^\varepsilon(t_2)}{t - t_2} = D_+\varphi^\varepsilon(t_2).$$

另一方面, 由微分不等式 (1.4.10) 知, 有

$$D_+\varphi(t_2) \leqslant f(t_2, \varphi(t_2)) = f(t_2, \varphi^\varepsilon(t_2)) < f(t_2, \varphi^\varepsilon(t_2)) + \varepsilon = D_+\varphi^\varepsilon(t_2),$$

这是一个矛盾. 故 (1.4.12) 式对 $t \in [\tau, \tau + h]$ 成立. 在 (1.4.12) 式中令 $\varepsilon \to 0$, 便知 (1.4.11) 式对 $t \in [\tau, \tau + h]$ 成立.

下面证明 (1.4.11) 式对整个 $t \in [\tau, b)$ 成立. 若不然, 设使 (1.4.11) 式成立的区间的右端点的上确界为 b', 则有 $b' < b$, 且 $\varphi(b') \leqslant \varphi_M(b')$. 以 $(b', \varphi_M(b'))$ 代替 (τ, ξ) 重复前面的证明, 便又得一个区间 $[b', b'']$, 使在其上 (1.4.11) 式成立, 从而 (1.4.11) 式在 $[\tau, b'']$ 上成立, 这与 b' 的定义矛盾. 定理得证.

类似地, 可以证明下面的结论.

定理 1.4.3(1)　设 G 是平面区域, $f \in C(G)$, 函数 $\varphi(t)$ 在区间 $\tau \leqslant t < b$ 上连续, 右导数 $D_+\varphi(t)$ 存在, $(t, \varphi(t)) \in G$, 且满足

$$D_+\varphi(t) \geqslant f(t,\varphi(t)), \quad \varphi(\tau) \geqslant \xi,$$

则有

$$\varphi(t) \geqslant \varphi_m(t), \quad t \in [\tau, b),$$

其中 $\varphi_m(t)$ 是初值问题 (1.4.9) 在 $[\tau, b)$ 上的右行最小解.

定理 1.4.3(2) 设 G 是某平面区域, $f \in C(G)$, 函数 $\varphi(t)$ 在区间 $a < t \leqslant \tau$ 上连续, 左导数 $D_-\varphi(t)$ 存在, $(t,\varphi(t)) \in G$, 且满足

$$D_-\varphi(t) \leqslant f(t,\varphi(t)), \quad \varphi(\tau) \geqslant \xi,$$

则有

$$\varphi(t) \geqslant \varphi_m(t), \quad t \in (a, \tau],$$

其中 $\varphi_m(t)$ 是初值问题 (1.4.9) 在 $(a, \tau]$ 的左行最小解.

定理 1.4.3(3) 设 G 是某平面区域, $f \in C(G)$, 函数 $\varphi(t)$ 在区间 $a < t \leqslant \tau$ 上连续, 左导数 $D_-\varphi(t)$ 存在, $(t,\varphi(t)) \in G$, 且满足

$$D_-\varphi(t) \geqslant f(t,\varphi(t)), \quad \varphi(\tau) \leqslant \xi,$$

则有

$$\varphi(t) \leqslant \varphi_M(t), \quad t \in (a, \tau],$$

其中 $\varphi_M(t)$ 是初值问题 (1.4.9) 在 $(a, \tau]$ 的左行最大解.

注 1.4.1 若定理 1.4.3 中, 把左右导数换成狄尼导数, 定理的结论仍然成立. 狄尼导数为

$$\bar{D}_+\varphi(t) = \limsup_{h \to 0+} \frac{\varphi(t+h) - \varphi(t)}{h}, \quad \underline{D}_-\varphi(t) = \liminf_{h \to 0-} \frac{\varphi(t+h) - \varphi(t)}{h}.$$

分别称为右上导数和左下导数.

和微分不等式对应, 有下面的积分不等式.

定理 1.4.4 设 G 为平面区域, $f \in C(G)$ 且 $f(t,x)$ 关于 x 单调不减. 函数 $\varphi(t)$ 在 $[\tau, b)$ 上连续, 且有 $(t,\varphi(t)) \in G$, $\left(t, \xi + \int_\tau^t f(s,\varphi(s))\mathrm{d}s\right) \in G$. 如果

$$\varphi(t) \leqslant \xi + \int_\tau^t f(s,\varphi(s))\mathrm{d}s, \quad t \in [\tau, b), \tag{1.4.13}$$

那么有

$$\varphi(t) \leqslant \varphi_M(t), \quad t \in [\tau, b),$$

其中 $x = \varphi_M(t)$ 是初值问题 (1.4.9) 在 $[\tau, b)$ 上的最大解.

证明 令

$$v(t) = \xi + \int_\tau^t f(s,\varphi(s))\mathrm{d}s, \quad t \in [\tau, b),$$

则 $(t, v(t)) \in G$, $v(\tau) = \xi$. 根据 $f(t,x)$ 关于 x 的单调性, 当 $t \in [\tau, b)$ 时, 有

$$v'(t) \leqslant f(t, v(t)),$$

从而由定理 1.4.3 便知结论成立. 定理证毕.

和微分不等式一样, 积分不等式也有下面几种情形.

定理 1.4.4(1)　设 G 为平面区域, $f \in C(G)$ 且 $f(t,x)$ 关于 x 单调不减. 函数 $\varphi(t)$ 在 $[\tau, b)$ 上连续且有 $(t, \varphi(t)) \in G$, $\left(t, \xi + \int_{\tau}^{t} f(s, \varphi(s))\mathrm{d}s\right) \in G$. 如果

$$\varphi(t) \geqslant \xi + \int_{\tau}^{t} f(s, \varphi(s))\mathrm{d}s, \quad t \in [\tau, b),$$

那么有

$$\varphi(t) \geqslant \varphi_m(t), \quad t \in [\tau, b),$$

其中 $x = \varphi_m(t)$ 是初值问题 (1.4.9) 的在 $[\tau, b)$ 上的最小解.

定理 1.4.4(2)　设 G 为平面区域, $f \in C(G)$ 且 $f(t,x)$ 关于 x 单调不增. 函数 $\varphi(t)$ 在 $(a, \tau]$ 上连续, 且有 $(t, \varphi(t)) \in G$, $\left(t, \xi + \int_{\tau}^{t} f(s, \varphi(s))\mathrm{d}s\right) \in G$. 如果

$$\varphi(t) \geqslant \xi + \int_{\tau}^{t} f(s, \varphi(s))\mathrm{d}s, \quad t \in (a, \tau],$$

那么有

$$\varphi(t) \geqslant \varphi_m(t), \quad t \in (a, \tau],$$

其中 $x = \varphi_m(t)$ 是初值问题 (1.4.9) 的在 $(a, \tau]$ 上的最小解.

定理 1.4.4(3)　设 G 为平面区域, $f \in C(G)$ 且 $f(t,x)$ 关于 x 单调不增. 函数 $\varphi(t)$ 在 $(a, \tau]$ 上连续, 且有 $(t, \varphi(t)) \in G$, $\left(t, \xi + \int_{\tau}^{t} f(s, \varphi(s))\mathrm{d}s\right) \in G$. 如果

$$\varphi(t) \leqslant \xi + \int_{\tau}^{t} f(s, \varphi(s))\mathrm{d}s, \quad t \in (a, \tau],$$

那么有

$$\varphi(t) \leqslant \varphi_M(t), \quad t \in (a, \tau],$$

其中 $x = \varphi_M(t)$ 是初值问题 (1.4.9) 的在 $(a, \tau]$ 上的最大解.

有了前面的工作, 可以得到第二比较定理.

定理 1.4.5(第二比较定理)　设 G 为某平面区域, $f, F \in C(G)$ 且满足不等式

$$f(t,x) \leqslant F(t,x),$$

而 $\varphi_m(t), \varphi(t), \varphi_M(t)$ 与 $\Phi_m(t), \Phi(t), \Phi_M(t)$ 分别是初值问题

$$x' = f(t,x), x(\tau) = \xi \quad \text{及} \quad x' = F(t,x), x(\tau) = \xi$$

的最小解、任一解、最大解, 则在这些解的公共定义区间上有

$$\varphi(t) \leqslant \Phi_M(t), \quad \varphi_m(t) \leqslant \Phi(t), \quad t > \tau,$$

$$\varphi(t) \geqslant \Phi_m(t), \quad \varphi_M(t) \geqslant \Phi(t), \quad t < \tau.$$

证明　事实上, 根据定理的条件有

$$\varphi'(t) = f(t, \varphi(t)) \leqslant F(t, \varphi(t)), \quad \varphi(\tau) = \xi$$

和

$$\Phi'(t) = F(t, \Phi(t)) \geqslant f(t, \Phi(t)), \quad \Phi(\tau) = \xi,$$

从而应用定理 1.4.3(1)~(3) 便得结论. 定理证毕.

下面, 将两个比较定理推广到方程组. 有两种推广, 一是比较方程组解 (作为向量) 的范数, 另一个是两个向量之间的比较. 首先讨论第一种比较. 为此需要讨论一个可微的向量函数的范数的可微性.

引理 1.4.3 设 $x(t)$ 是在任一点 t 处存在左右导数的 n 维实向量函数, 则 $D_+|x(t)|$ 与 $D_-|x(t)|$ 都存在, 且满足

$$-|D_\pm x(t)| \leqslant D_\pm|x(t)| \leqslant |D_\pm x(t)|. \tag{1.4.14}$$

证明 只证明右导数的情形, 左导数的情形是类似的.

设 $0 < h_1 < h_2$, 则由范数的性质有

$$|x(t) + h_1 D_+ x(t)| = \left| \frac{h_1}{h_2} \left(x(t) + h_2 D_+ x(t) \right) + \left(1 - \frac{h_1}{h_2} \right) x(t) \right|$$

$$\leqslant \frac{h_1}{h_2} |x(t) + h_2 D_+ x(t)| + \left(1 - \frac{h_1}{h_2} \right) |x(t)|,$$

由此可得

$$\frac{|x(t) + h_1 D_+ x(t)| - |x(t)|}{h_1} \leqslant \frac{|x(t) + h_2 D_+ x(t)| - |x(t)|}{h_2}.$$

另一方面, 还有

$$-|D_+ x(t)| \leqslant \frac{|x(t) + h D_+ x(t)| - |x(t)|}{h} \leqslant |D_+ x(t)|. \tag{1.4.15}$$

这说明 $\dfrac{|x(t) + h D_+ x(t)| - |x(t)|}{h}$ 在 $(0, \infty)$ 内关于 h 为单调有界函数, 从而当 $h \to 0$ 时的极限存在. 于是

$$\begin{aligned}
D_+|x(t)| &= \lim_{h \to 0+} \frac{|x(t+h)| - |x(t)|}{h} \\
&= \lim_{h \to 0+} \frac{|x(t) + h D_+ x(t) + o(h)| - |x(t)|}{h} \\
&= \lim_{h \to 0+} \frac{|x(t) + h D_+ x(t)| - |x(t)|}{h} \\
&\quad + \lim_{h \to 0+} \frac{|x(t) + h D_+ x(t) + o(h)| - |x(t) + h D_+ x(t)|}{h} \\
&= \lim_{h \to 0+} \frac{|x(t) + h D_+ x(t)| - |x(t)|}{h}.
\end{aligned}$$

再由 (1.4.15) 式知 (1.4.14) 式成立. 引理证毕.

利用上述引理, 可以得到和两个比较定理对应的结论.

定理 1.4.6 设 $G \subset R^{n+1}$, $D \subset R^2$, 当 $(t, x) \in G$ 时, 有 $(t, |x|) \in D$. $(\tau, \xi) \in G$, $f \in C(G)$, $F \in C(D)$, 满足

$$|f(t, x)| < F(t, |x|), \quad (t, x) \in G.$$

如果 $x(t), y(t)$ 分别是初值问题

$$\begin{cases} x' = f(t, x), \\ x(\tau) = \xi \end{cases} \quad \text{和} \quad \begin{cases} y' = F(t, y), \\ y(\tau) = |\xi| \end{cases}$$

在 (α, β) 有定义的解, 那么有

$$|x(t)| < y(t), \quad t \in (\tau, \beta);$$

$$|x(t)| > y(t), \quad t \in (\alpha, \tau).$$

证明 只证 $t \in (\tau, \beta)$ 的情形. 另一种情形是类似的, 这里略去.

记 $p(t) = y(t) - |x(t)|$, 则 $p(\tau) = 0$, 且

$$D_+ p(\tau) = y'(\tau) - D_+ |x(\tau)| \geqslant F(\tau, y(\tau)) - |x'(\tau)| = F(\tau, |\xi|) - |f(\tau, \xi)| > 0,$$

从而在 τ 的某右邻域内有 $p(t) > 0$ 成立. 下面说明 $p(t) > 0$ 对所有 $t \in (\tau, \beta)$ 都成立. 若不然, 则存在 $t^* \in (\tau, \beta)$, 使 $p(t^*) = 0$, 且当 $t \in (\tau, t^*)$ 时, 有 $p(t) > 0$. 由导数的定义及极限的性质知, 此时有 $D_- p(t^*) \leqslant 0$. 但由方程却有

$$\begin{aligned} D_- p(t^*) &= y'(t^*) - D_- |x(t^*)| \\ &\geqslant F(t^*, y(t^*)) - |x'(t^*)| = F(t^*, |x(t^*)|) - |f(t^*, x(t^*)| > 0, \end{aligned}$$

矛盾. 定理证毕.

定理 1.4.7 设 $G \subset R^{n+1}$, $D \subset R^2$, 当 $(t, x) \in G$ 时, 有 $(t, |x|) \in D$, $(\tau, \xi) \in G$. $f \in C(G)$, $F \in C(D)$ 满足

$$|f(t, x)| \leqslant F(t, |x|), \quad (t, x) \in G.$$

如果 $\varphi(t)$ 和 $\Phi(t)$ 当 $t \in (\alpha, \beta)$ 时分别是初值问题

$$\begin{cases} x' = f(t, x), \\ x(\tau) = \xi \end{cases} \quad \text{和} \quad \begin{cases} y' = F(t, y), \\ y(\tau) = |\xi| \end{cases}$$

的解, 并且 $\Phi(t)$ 在 $[\tau, \beta)$ 上是最大解, 在 $(\alpha, \tau]$ 上是最小解, 那么有

$$|\varphi(t)| \leqslant \Phi(t), \quad t \in [\tau, \beta),$$

$$|\varphi(t)| \geqslant \Phi(t), \quad t \in (\alpha, \tau].$$

定理的证明只需对 $|\varphi(t)|$ 应用微分不等式的结果即可. 这里略去.

本节的最后, 将比较结果和微分不等式推广到方程组. 为此, 需要定义向量不等式.

定义 1.4.2　设 $x = (x_1, x_2, \cdots, x_n)^{\mathrm{T}}, y = (y_1, y_2, \cdots, y_n)^{\mathrm{T}}$. 称 $x \leqslant y$, 如果 $x_i \leqslant y_i, i = 1, 2, \cdots, n$.

同样可以定义 $x < y$ 为 $x_i < y_i$ 对所有 $i = 1, 2, \cdots, n$ 成立.

定义 1.4.3　设 $f(t, x)$ 是 $n+1$ 维空间 R^{n+1} 的某区域 G 到 R^n 的连续函数. 称 $f(t, x)$ 关于 x 拟单调不减, 如果对任意的 $x, y \in G$, 当 $x \leqslant y$, 且 $x_i = y_i$ 时就有 $f_i(t, x) \leqslant f_i(t, y)$, 其中 $1 \leqslant i \leqslant n$.

同样可以定义拟单调不增.

定理 1.4.8　设 $f, F \in C(G)$, 至少有一个关于 x 拟单调不减, 满足

$$f(t, x) < F(t, x).$$

再设 $\varphi(t), \Phi(t), t \in [a, b]$ 分别是初值问题

$$\begin{cases} x' = f(t, x), \\ x(a) = \xi \end{cases} \quad \text{和} \quad \begin{cases} x' = F(t, x), \\ x(a) = \eta \end{cases}$$

的解, 且 $\xi \leqslant \eta$, 则有 $\varphi(t) \leqslant \Phi(t), t \in [a, b]$.

证明　用反证法. 设结论不成立, 则集合 $T = \{t \in [a, b], \varphi(t) \leqslant \Phi(t)$ 不成立$\}$非空有界, 从而有下确界, 记为 t_0. 于是, $\varphi(t_0) \leqslant \Phi(t_0)$, 且存在 i, 使 $\varphi_i(t_0) = \Phi_i(t_0)$, 在 t_0 的任何右邻域内都有点使得 $\varphi_i(t) > \Phi_i(t)$, 从而有 $\varphi_i'(t_0) \geqslant \Phi_i'(t_0)$. 由方程及函数的拟单调性, 就有

$$f_i(t_0, \varphi(t_0)) = \varphi_i'(t_0) \geqslant \Phi_i'(t_0) = F_i(t_0, \Phi(t_0)) \geqslant F_i(t_0, \varphi(t_0))$$

或

$$f_i(t_0, \Phi(t_0)) \geqslant f_i(t_0, \varphi(t_0)) = \varphi_i'(t_0) \geqslant \Phi_i'(t_0) = F_i(t_0, \Phi(t_0)),$$

与条件矛盾. 定理证毕.

定理 1.4.9　设 $f(t, x)$ 在 R^{n+1} 中区域

$$G: \quad t_0 \leqslant t \leqslant t_0 + a, \quad |x - \xi| \leqslant b$$

上连续, $f(t, x)$ 关于 x 拟单调不减, 则初值问题

$$x' = f(t, x), \quad x(t_0) = \xi \tag{1.4.16}$$

在区间 $t_0 \leqslant t \leqslant t_0 + h$ 上存在最大解 $\Phi(t)$, 其中 $h = \min\{a, b/M\}, M = \max\{|f(t, x)|, (t, x) \in G\}$.

证明　对任意的 $h' \in (0, h)$, 存在自然数 N, 使当 $n > N$ 时, 初值问题

$$x' = f^{(n)}(t, x), \quad x(t_0) = \xi$$

的解 $\varphi^{(n)}(t)$ 在区间 $t_0 \leqslant t \leqslant t_0 + h'$ 上存在, 其中 $f_i^{(n)}(t,x) = f_i(t,x) + 1/n$. 事实上, 由解的局部存在性定理知, $\varphi^{(n)}(t)$ 的存在区间为 $t_0 \leqslant t \leqslant t_0 + h''$, 其中 $h'' = \min\{a, b/(M + 1/n)\}$. 只要 $n > h'/(b - Mh')$, 就有 $h' < h''$, 即 $\varphi^{(n)}(t)$ 都在 $t_0 \leqslant t \leqslant t_0 + h'$ 上有定义.

容易证明, 函数列 $\varphi^{(n)}(t)$ 在区间 $[t_0, t_0 + h']$ 上一致有界且等度连续, 从而由 Ascoli–Arzela 定理知, 它存在一致收敛的子列, 不妨设为它自己, 且极限函数为 $\Phi(t)$. 再由 $f(t,x)$ 的连续性易证, $f^{(n)}(t, \varphi^{(n)}(t))$ 在 $[t_0, t_0 + h']$ 上一致收敛于函数 $f(t, \Phi(t))$. 于是, 由 $\varphi^{(n)}(t)$ 满足的积分方程

$$\varphi^{(n)}(t) = \xi + \int_{t_0}^t f^{(n)}(s, \varphi^{(n)}(s))\mathrm{d}s.$$

取极限, 令 $n \to \infty$, 就有

$$\Phi(t) = \xi + \int_{t_0}^t f(s, \Phi(s))\mathrm{d}s,$$

即 $\Phi(t)$ 是初值问题 (1.4.16) 的解. 由定理 1.4.8 知, 对初值问题 (1.4.16) 的任一解 $\varphi(t)$, 有

$$\varphi(t) \leqslant \varphi^{(n)}(t),$$

从而有

$$\varphi(t) \leqslant \Phi(t), t \in [t_0, t_0 + h'].$$

这就说明 $\Phi(t)$ 是初值问题的最大解. 由 $h' < h$ 的任意性知, $\Phi(t)$ 在 $[t_0, t_0 + h]$ 上有定义. 定理证毕.

定理 1.4.10　设函数 $f : [a,b] \times R^n \to R^n$ 连续, $f(t,x)$ 关于 x 拟单调不减, $\Phi(t), t \in [a,b]$ 是初值问题

$$x' = f(t,x), \quad x(a) = \xi \tag{1.4.17}$$

的最大解. 如果函数 $\varphi : [a,b] \to R^n$ 连续, 每个分量都有右导数, 满足

$$D_+\varphi(t) \leqslant f(t, \varphi(t)), \quad \varphi(a) \leqslant \xi, \tag{1.4.18}$$

那么有

$$\varphi(t) \leqslant \Phi(t), \quad t \in [a,b]. \tag{1.4.19}$$

证明　首先证明 (1.4.19) 式在点 a 的某邻域 $[a, a + \delta]$ 成立. 事实上, 对充分大的 n, 初值问题

$$x' = f^{(n)}(t,x), \quad x(a) = \xi$$

的解 $\varphi^{(n)}(t)$ 都在 $[a, a + \delta]$ 上存在, 其中 $f^{(n)}(t,x)$ 的定义同定理 1.4.9 的证明中. 由定理 1.4.9 知, 有

$$\lim_{n \to \infty} \varphi^{(n)}(t) = \Phi(t).$$

下面证明在 $[a, a+\delta]$ 上有 $\varphi(t) \leqslant \varphi^{(n)}(t)$ 成立. 用反证法. 若不然, 则集合 $T = \{t \in [a, a+\delta], \varphi(t) \leqslant \varphi^{(n)}(t)$ 不成立$\}$非空有界, 从而有下确界, 记为 t_0. 则有 $\varphi(t_0) \leqslant \varphi^{(n)}(t_0)$, 存在某 i, 使 $\varphi_i(t_0) = \varphi_i^{(n)}(t_0)$, $D_+\varphi(t_0) \geqslant D_+\varphi^{(n)}(t_0)$. 于是, 由 (1.4.17) 式、(1.4.18) 式及 $f(t, x)$ 关于 x 的拟单调性, 有

$$D_+\varphi_i^{(n)}(t_0) \leqslant D_+\varphi_i(t_0) \leqslant f_i(t_0, \varphi(t_0))$$
$$\leqslant f_i(t_0, \varphi^{(n)}(t_0)) < f_i^{(n)}(t_0, \varphi^{(n)}(t_0)) = D_+\varphi_i^{(n)}(t_0),$$

这是一个矛盾. 这就说明 (1.4.19) 式在区间 $[a, a+\delta]$ 上成立.

最后证明 (1.4.19) 式在区间 $[a, b]$ 上成立. 若不然, 设 (1.4.19) 式成立的最大区间是 $[a, b']$, $b' < b$, 则有 $\varphi(b') \leqslant \Phi(b')$. 重复上述证明过程, 可证在某区间 $[b', b'+\delta]$ 上成立 (1.4.19) 式, 这与 b' 的定义矛盾. 定理证毕.

利用上述微分不等式, 可得如下的第二比较定理.

定理 1.4.11　设 $G \subset R^{n+1}$, $(\tau, \xi) \in G$, $f, F \in C(G)$, 且满足

$$f(t, x) \leqslant F(t, x), \quad (t, x) \in G, \tag{1.4.20}$$

$F(t, x)$ 关于 x 拟单调不减. 如果 $\varphi(t), \Phi(t)$ 分别是初值问题

$$\begin{cases} x' = f(t, x), \\ x(\tau) = \xi \end{cases} \quad 和 \quad \begin{cases} x' = F(t, x), \\ x(\tau) = \xi \end{cases}$$

的解, 且 $\Phi(t)$ 在 $t > \tau$ 上还是最大解, 那么有

$$\varphi(t) \leqslant \Phi(t), \quad t \geqslant \tau.$$

习　题　1.4

1. 证明引理 1.4.2.

2. 证明定理 1.4.3(2).

3. 设函数 $f(t, x)$ 在平面区域 $G = \{(t, x) : t \in [\tau, b), x \in R\}$ 上连续, $\phi(t)$ 和 $\psi(t)$ 在 $[\tau, b)$ 上一阶连续可微, 且满足

$$\phi'(t) \leqslant \psi'(t) + f(t, \phi(t)), \quad \phi(\tau) \leqslant \psi(\tau).$$

证明

$$\phi(t) \leqslant \psi(t) + \Phi(t), \quad t \in [\tau, b),$$

其中 $\Phi(t)$ 是方程 $x' = f(t, x + \psi(t))$ 的满足初始条件 $x(\tau) = 0$ 的在 $[\tau, b)$ 上有定义的最大解.

4. 设 G 与 H 是平面区域, $f, g \in C(G)$, $h \in C(H)$, $\alpha, \beta \in R$, 对任意 $(t, x), (t, y) \in G$, 都有 $(t, \alpha x + \beta y) \in H$, 且

$$\alpha f(t,x) + \beta g(t,y) \leqslant h(t, \alpha x + \beta y).$$

若 $u(t)$, $v(t)$ 和 $w(t)$ 在 $[\tau, b]$ 上分别为初值问题

$$\begin{cases} x' = f(t,x), \\ x(\tau) = \xi, \end{cases} \quad \begin{cases} y' = g(t,y), \\ y(\tau) = \eta \end{cases} \quad \text{和} \quad \begin{cases} z' = h(t,z), \\ z(\tau) = \alpha\xi + \beta\eta \end{cases}$$

的解, 则有

$$\alpha u(t) + \beta v(t) \leqslant w(t), \quad t \in [\tau, b].$$

1.5 解的唯一性定理

考虑初值问题

$$x' = f(t,x), \quad x(\tau) = \xi, \tag{1.5.1}$$

其中, $f \in C(G)$, $(\tau, \xi) \in G$, $G \subset R^{n+1}$. 由 Peano 定理知, (1.5.1) 式存在解. 如果 $f(t,x)$ 关于 x 还满足局部 Lipschitz 条件, 那么 (1.5.1) 式的解还是唯一的. Lipschitz 条件不是解唯一的必要条件. 它有许多改进. 下面介绍其中著名的 Kamke 一般唯一性定理. 先给出局部唯一性的一些条件, 它们也反映了人们对唯一性的研究过程.

设函数 $f(t,x)$ 是在闭区域 $|t - \tau| \leqslant a, |x - \xi| \leqslant b$ 上连续的向量函数. 初值问题 (1.5.1) 的解存在唯一的充分条件有:

1. Lipschitz 条件: 存在常数 $k > 0$, 使

$$|f(t,x) - f(t,y)| \leqslant k|x - y|.$$

2. Resenbelett 条件: 存在常数 $k \in (0,1)$, 使当 $t \neq \tau$ 时, 有

$$|f(t,x) - f(t,y)| \leqslant \frac{k}{|t - \tau|}|x - y|.$$

3. Negumo 条件: 当 $t \neq \tau$ 时, 有

$$|f(t,x) - f(t,y)| < \frac{1}{|t - \tau|}|x - y|.$$

4. Perron 条件: 当 $t \neq \tau$ 时, 有

$$|f(t,x) - f(t,y)| \leqslant \frac{1}{|t - \tau|}|x - y|.$$

5. Osgood 条件: 存在函数 $L(z)$ 在 $[0, \infty)$ 上连续单增, $L(0) = 0$, 且 $\int_0^c \frac{dz}{L(z)} = +\infty$, 使

$$|f(t,x) - f(t,y)| \leqslant L(|x - y|).$$

6. Tamarkin 条件: 存在函数 $L(z)$ 在 $[0, \infty)$ 连续, $L(0) = 0$, 当 $z > 0$ 时,

$L(z) > 0$, 且 $\displaystyle\int_0^c \frac{\mathrm{d}z}{L(z)} = +\infty$, 使

$$|f(t,x) - f(t,y)| \leqslant L(|x - y|).$$

7. Montel 条件: 存在函数 $L(z)$ 在 $[0,\infty)$ 连续, $L(0) = 0$, 当 $z > 0$ 时, $L(z) > 0$, 且 $\displaystyle\int_0^c \frac{\mathrm{d}z}{L(z)} = +\infty$, 函数 $\psi(t)$ 在 $(0,a]$ 上非负连续, 且积分 $\displaystyle\int_0^a \psi(t)\mathrm{d}t$ 有意义 (可能是瑕积分), 使当 $t \neq \tau$ 时, 有

$$|f(t,x) - f(t,y)| \leqslant L(|x-y|)\psi(|t - \tau|).$$

概括前面所有这些充分性条件的结论, 为下面的 Kamke 一般唯一性定理.

定理 1.5.1 设函数 $f(t,x)$ 在空间 R^{n+1} 中某一区域 $G = \{(t,x) : |t - \tau| < a, \ |x - \xi| < b\}$ 上连续, 存在一个函数 $w \in C((0,a) \times [0,2b), [0,\infty))$, 使当 (t,x), $(t,y) \in G$ 且 $t \neq \tau$ 时, 有

$$|f(t,x) - f(t,y)| \leqslant w(|t - \tau|, |x - y|), \tag{1.5.2}$$

且 $w(t,0) = 0$. 如果方程

$$z' = w(t,z) \tag{1.5.3}$$

满足条件

$$\lim_{t \to 0+} z(t) = 0, \qquad \lim_{t \to 0+} \frac{z(t)}{t} = 0 \tag{1.5.4}$$

的解唯一 (即只有零解), 那么问题 (1.5.1) 的解唯一.

证明 设 (1.5.1) 式有两个解 $\varphi(t)$ 和 $\psi(t)$, 它们都在同一区间 (α,β) 上有定义, 这里 $\alpha < \tau < \beta$. 下面证明在 $[\tau,\beta)$ 上 $\varphi(t) = \psi(t)$, 在区间 $(\alpha,\tau]$ 上的讨论是类似的, 将略去.

采用反证法. 若存在 $\sigma \in (0, \beta - \tau)$, 使 $\varphi(\tau + \sigma) \neq \psi(\tau + \sigma)$, 记 $y(t) = |\varphi(t + \tau) - \psi(t + \tau)|$, $\eta = y(\sigma)$, 则 $\eta > 0$. 设 $\rho(t)$ 是方程 (1.5.3) 的过点 (σ, η) 的左行饱和最小解, 下面证明 $\rho(t)$ 在 $(0,\sigma)$ 上有定义且满足 (1.5.4) 式, 从而和条件矛盾.

首先证明 $\rho(t)$ 在 $(0,\sigma]$ 上有定义. 设 $\rho(t)$ 在 $(\sigma', \sigma]$ 上有定义, 则由 $w(t,z)$ 的非负性知, $\rho(t)$ 在 $(\sigma', \sigma]$ 上单调不减, 又 $\rho(t) \geqslant 0$, 于是存在极限 $\rho(\sigma' + 0) = \displaystyle\lim_{t \to \sigma'} \rho(t)$, 由解的饱和性知, 有 $(\sigma', \rho(\sigma'+0))$ 应该位于区域 $(0,a) \times (0,\infty)$ 的边界上. 若 $\sigma' > 0$, 则有 $\rho(\sigma' + 0) = 0$, 此时方程 (1.5.3) 有解

$$z = \begin{cases} \rho(t), & t \in (\sigma', \sigma], \\ 0, & t \in (0, \sigma']. \end{cases}$$

这与 $(\sigma', \sigma]$ 是左行最大存在区间矛盾, 故必有 $\sigma' = 0$.

下面证明 $\rho(t)$ 满足 (1.5.4) 式. 由定理的条件知有

$$D_-y(t) \leqslant |\varphi'(t+\tau) - \psi'(t+\tau)|$$
$$= |f(t+\tau, \varphi(t+\tau)) - f(t+\tau, \psi(t+\tau))|$$
$$\leqslant w(t, |\varphi(t+\tau) - \psi(t+\tau)|) = w(t, y(t)), \quad t \in (0, \sigma],$$

从而由微分不等式的结论知有

$$y(t) \geqslant \rho(t), \quad t \in (0, \sigma),$$

由 $\lim\limits_{t \to 0} y(t) = y(0) = 0$ 知, $\lim\limits_{t \to 0+} \rho(t) = 0$. 再由 $0 \leqslant \dfrac{\rho(t)}{t} \leqslant \dfrac{y(t) - y(0)}{t}$ 及

$$\lim_{t \to 0+} \frac{y(t) - y(0)}{t} = D_+y(0) \leqslant |\varphi'(\tau) - \psi'(\tau)| = 0$$

知, 有 $\lim\limits_{t \to 0+} \dfrac{\rho(t)}{t} = 0$. 定理证毕.

说明   取 $w(t, z) = kz$, 便得 Lipschitz 条件. 取 $w(t, z) = \dfrac{z}{t}$, 便得 Resenbelett–Negumo–Perron 条件. 取 $w(t, z) = L(z)\psi(t)$, 便得 Osgood–Tamarkin–Montel 条件.

另外还有一类所谓单边唯一性定理, 它们不能为上述定理所包括.

定理 1.5.2   设 $f(t, x)$ 在空间 R^{n+1} 中某区域 $G = \{(t, x) : \tau \leqslant t \leqslant \tau + a, |x - \xi| \leqslant b\}$ 上连续且满足不等式

$$(f(t, x) - f(t, y)) \cdot (x - y) \leqslant 0, \tag{1.5.5}$$

上式中 "·" 表示向量的内积. 则初值问题 (1.5.1) 的右行解是唯一的.

证明   设 $\varphi(t), \psi(t)$ 为问题 (1.5.1) 的两个右行解, 它们共同的存在区间为 $[\tau, t_1)$. 令

$$\delta(t) = |\varphi(t) - \psi(t)|^2 = (\varphi(t) - \psi(t)) \cdot (\varphi(t) - \psi(t)),$$

则有 $\delta(\tau) = 0$, 且当 $t \in [\tau, t_1)$ 时, $\delta(t) \geqslant 0$. 而由条件又有

$$\delta'(t) = 2(\varphi(t) - \psi(t)) \cdot (\varphi'(t) - \psi'(t))$$
$$= 2(\varphi(t) - \psi(t)) \cdot (f(t, \varphi(t)) - f(t, \psi(t))) \leqslant 0,$$

从而当 $t \in [\tau, t_1)$ 时, 有 $\delta(t) \leqslant \delta(\tau) = 0$. 故必有

$$\varphi(t) - \psi(t) = 0, \quad t \in [\tau, t_1).$$

定理证毕.

进一步, 还有下面的结论.

定理 1.5.3   设 $f(t, x)$ 在空间 R^{n+1} 中区域 G 上连续且满足不等式

$$(f(t, x) - f(t, y)) \cdot (x - y) \leqslant \frac{|x - y|^2}{t - \tau}, \tag{1.5.6}$$

上式中 "·" 表示向量的内积. 则初值问题 (1.5.1) 的右行解是唯一的.

证明 设 $\varphi(t), \psi(t)$ 为问题 (1.5.1) 的两个右行解, 它们共同的存在区间为 $[\tau, t_1]$. 令

$$\delta(t) = |\varphi(t) - \psi(t)|^2 = (\varphi(t) - \psi(t)) \cdot (\varphi(t) - \psi(t)),$$

则有 $\delta(\tau) = 0$, 且当 $t \in [\tau, t_1]$ 时, $\delta(t) \geqslant 0$. 而由条件又知, 当 $t \in (\tau, t_1)$ 时, 有

$$\begin{aligned}
\delta'(t) &= 2(\varphi(t) - \psi(t)) \cdot (\varphi'(t) - \psi'(t)) \\
&= 2(\varphi(t) - \psi(t)) \cdot (f(t, \varphi(t)) - f(t, \psi(t))) \leqslant \frac{2|\varphi(t) - \psi(t)|^2}{t - \tau} = \frac{2\delta(t)}{t - \tau},
\end{aligned}$$

注意到 $(t - \tau)^2 > 0$, 就有

$$\frac{\delta'(t)}{(t - \tau)^2} - \frac{2\delta(t)}{(t - \tau)^3} \leqslant 0,$$

即

$$\left(\frac{\delta(t)}{(t - \tau)^2} \right)' \leqslant 0.$$

可见函数 $\dfrac{\delta(t)}{(t - \tau)^2}$ 在区间 (τ, t_1) 内不增. 而由洛必达法则有

$$\begin{aligned}
\lim_{t \to \tau+} \frac{\delta(t)}{(t - \tau)^2} &= \lim_{t \to \tau+} \frac{|\varphi(t) - \psi(t)|^2}{(t - \tau)^2} \\
&= \lim_{t \to \tau+} \frac{2(\varphi(t) - \psi(t))}{2(t - \tau)} \cdot (f(t, \varphi(t)) - f(t, \psi(t))) \\
&= \lim_{t \to \tau+} (f(t, \varphi(t)) - f(t, \psi(t)))^2 = 0,
\end{aligned}$$

知当 $t \in (\tau, t_1)$ 时, 有

$$\frac{\delta(t)}{(t - \tau)^2} \leqslant \lim_{t \to \tau+} \frac{\delta(t)}{(t - \tau)^2} = 0,$$

故有 $\delta(t) = 0$. 定理证毕.

习 题 1.5

1. 设常数 $\alpha > 0$, 讨论值问题

$$x' = |x|^\alpha, \quad x(0) = 0$$

的解的唯一性.

2. 设函数 $f \in C(R)$, $f(0) = 0$, 且当 $x \neq 0$ 时, 有 $f(x) > 0$, 证明初值问题

$$x' = f(x), \quad x(0) = 0$$

解唯一的充要条件是: 对任意 $C \in R \backslash \{0\}$, 都有 $\displaystyle\int_0^C \frac{\mathrm{d}x}{f(x)} = \infty$.

3. 设 G 为 R^{n+1} 中某区域, 函数 $f(t,x)$ 在 G 内关于 x 满足局部 Lipschitz 条件 (不要求 f 的连续性), $(\tau,\xi) \in G$. 证明初值问题

$$x' = f(t,x), \quad x(\tau) = \xi$$

至多存在一个解.

4. 给出与定理 1.5.3 类似的初值问题左行解唯一的充分条件并证明之.

1.6　解对初值与参数的相依性

考虑初值问题

$$x' = f(t,x,\lambda), \quad x(\tau) = \xi, \tag{1.6.1}$$

其中 $t \in R$, $x \in R^n$, $\lambda \in R^k$, $f \in C(G)$, $G \subset R^{n+k+1}$ 是某一区域, $(\tau,\xi,\lambda) \in G$. 显然, 初值问题 (1.6.1) 的解是和 t,τ,ξ,λ 都有关的一个函数 $\varphi(t,\tau,\xi,\lambda)$. 一般来说, $\varphi(t,\tau,\xi,\lambda)$ 应该是 (t,τ,ξ,λ) 的一个连续函数. 本节主要目的是证明这个事实, 并进一步讨论它的可微性.

例 1.6.1　初值问题

$$x' = \lambda x, \quad x(\tau) = \xi$$

的解是 $x = \xi \mathrm{e}^{\lambda(t-\tau)}$, 它是 t,τ,ξ,λ 的连续函数.

在具体讨论前, 先将问题进行简化. 在问题 (1.6.1) 中, 含有初始条件和参数. 可以将问题化为只含有初值的问题, 也可将问题化为只含有参数的问题.

对初值问题 (1.6.1), 作变换

$$s = t - \tau, \quad u = x - \xi,$$

则问题就化为

$$\frac{\mathrm{d}u}{\mathrm{d}s} = g(s,u,\tau,\xi,\lambda), \quad u(0) = 0,$$

其中 $g(s,u,\tau,\xi,\lambda) = f(s+\tau, u+\xi, \lambda)$, 问题就变为固定的初始条件, 解只与参数 τ,ξ,λ 有关.

反过来, 在问题 (1.6.1) 中, 将参数 λ 也视为 t 的未知函数 (常函数), 就将问题化为不含参数的形式了. 事实上, 记 $y = (x,\lambda)^{\mathrm{T}}$, $g(t,y) = (f(t,x,\lambda),0)^{\mathrm{T}}$, $\eta = (\xi,\lambda)^{\mathrm{T}}$, 则问题 (1.6.1) 就变为

$$y' = g(t,y), \quad y(\tau) = \eta.$$

下面只讨论不含参数的情形, 即考虑初值问题

$$x' = f(t,x), \quad x(\tau) = \xi, \tag{1.6.2}$$

其中, $f \in C(G)$, $(\tau,\xi) \in G$, $G \subset R^{n+1}$ 是某一区域. 设对任意的 $(\tau,\xi) \in G$, 初值问题 (1.6.2) 都存在唯一的饱和解 $x = \varphi(t,\tau,\xi)$, 它的存在区间记为 $w_- < t < w_+$, 显然, $w_\pm = w_\pm(\tau,\xi)$ 是由初始数据 (τ,ξ) 唯一确定的.

引理 1.6.1 设函数列 $\{\varphi_k(t)\}$ 在 $[a,b]$ 上一致有界且等度连续, 如果它的所有一致收敛子列都有相同的极限 $\varphi(t)$, 那么 $\{\varphi_k(t)\}$ 在 $[a,b]$ 上一致收敛于 $\varphi(t)$.

证明 若不然, 则存在 $\varepsilon_0 > 0$ 及 $\{\varphi_k(t)\}$ 的一个子列 $\{\varphi_{k_l}(t)\}$, 使

$$\max_{t\in[a,b]} |\varphi_{k_l}(t) - \varphi(t)| \geqslant \varepsilon_0.$$

而函数列 $\{\varphi_{k_l}(t)\}$ 在 $[a,b]$ 上满足 Ascoli-Arzela 定理的条件, 从而有在 $[a,b]$ 上一致收敛的子列 $\{\varphi_{k_{l_i}}(t)\}$. 设其极限为 $\psi(t)$, 则有 $\max_{t\in[a,b]} |\psi(t) - \varphi(t)| \geqslant \varepsilon_0$. 但 $\{\varphi_{k_{l_i}}(t)\}$ 也是 $\{\varphi_k(t)\}$ 的子列, 从而应有 $\psi(t) = \varphi(t)$, 矛盾. 引理证毕.

引理 1.6.2 设 $H \subset R^{n+1}$ 为有界闭区域, $f \in C(H)$, $(\tau_k, \xi_k), (\tau, \xi) \in H$, 且当 $k \to \infty$ 时, $(\tau_k, \xi_k) \to (\tau, \xi)$. 若初值问题

$$x' = f(t, x), \quad x(\tau_k) = \xi_k$$

的解 $\varphi_k(t)$ 和初值问题 (1.6.2) 的解 $\varphi(t)$ 都在闭区间 $[a,b]$ 上有定义; 且 $\varphi(t)$ 还是 (1.6.2) 式的唯一解, 则 $\{\varphi_k(t)\}$ 在 $[a,b]$ 上一致收敛于 $\varphi(t)$.

证明 由于 $t \in [a,b]$ 时, $(t, \varphi_k(t)) \in H$, $\{\varphi_k(t)\}$ 在 $[a,b]$ 上是一致有界且等度连续的. 由引理 1.6.1, 只需证明 $\{\varphi_k(t)\}$ 的任一在 $[a,b]$ 上一致收敛子列的极限都是 $\varphi(t)$. 设 $\{\varphi_{k_i}(t)\}$ 在 $[a,b]$ 上一致收敛于 $\psi(t)$, 则对 $t \in [a,b]$, 有 $(t, \psi(t)) \in H$. 因为 f 在有界闭域 H 上连续, 所以 f 有界且一致连续. 于是存在 $M > 0$, 使 $|f(t,x)| \leqslant M$ 对 $(t,x) \in H$ 成立. 同时, 对任给 $\varepsilon > 0$, 存在 $\delta > 0$, 使当 $(t,x), (t,y) \in H$ 且 $|x - y| \leqslant \delta$ 时, 有 $|f(t,x) - f(t,y)| < \dfrac{\varepsilon}{2(b-a)}$. 而由 $\{\varphi_{k_i}(t)\}$ 的收敛性及 $\tau_{k_i} \to \tau$ 知, 对上述 $\varepsilon > 0$, 存在自然数 K, 使当 $k_i > K$ 时, 有 $|\tau_{k_i} - \tau| < \dfrac{\varepsilon}{2M}$, 且 $\max_{t\in[a,b]} |\varphi_{k_i}(t) - \psi(t)| < \delta$. 于是

$$\left| \int_{\tau_{k_i}}^t f(s, \varphi_{k_i}(s)) \mathrm{d}s - \int_\tau^t f(s, \psi(s)) \mathrm{d}s \right|$$

$$\leqslant \left| \int_{\tau_{k_i}}^\tau f(s, \psi(s)) \mathrm{d}s \right| + \left| \int_{\tau_{k_i}}^t [f(s, \varphi_{k_i}(s)) - f(s, \psi(s))] \mathrm{d}s \right|$$

$$\leqslant M|\tau_{k_i} - \tau| + \int_a^b |f(s, \varphi_{k_i}(s)) - f(s, \psi(s))| \mathrm{d}s$$

$$< M\frac{\varepsilon}{2M} + \frac{\varepsilon}{2(b-a)}(b-a) = \varepsilon,$$

这就说明 $\displaystyle\int_{\tau_{k_i}}^t f(s, \varphi_{k_i}(s)) \mathrm{d}s$ 在 $[a,b]$ 上一致收敛于 $\displaystyle\int_\tau^t f(s, \psi(s)) \mathrm{d}s$. 由

$$\varphi_{k_i}(t) = \xi_{k_i} + \int_{\tau_{k_i}}^{t} f(s, \varphi_{k_i}(s)) \mathrm{d}s$$

两边取极限, 令 $k_i \to \infty$, 就知 $\psi(t)$ 也是初值问题 (1.6.2) 的解, 由解的唯一性知, 必有 $\psi(t) = \varphi(t)$. 引理证毕.

引理 1.6.3　设 $f \in C(G)$, $(\tau_0, \xi_0) \in G$, 初值问题 (1.6.2) 当 $\tau = \tau_0, \xi = \xi_0$ 时存在唯一的饱和解 $\varphi(t)$, $w_- < t < w_+$, 则对任意的 $[a, b] \subset (w_-, w_+)$, $\tau_0 \in [a, b]$, 只要 (τ, ξ) 充分靠近 (τ_0, ξ_0), 初值问题 (1.6.2) 的解 $\varphi(t, \tau, \xi)$ 都至少在 $[a, b]$ 上存在, 并一致地有

$$\lim_{(\tau, \xi) \to (\tau_0, \xi_0)} \varphi(t, \tau, \xi) = \varphi(t).$$

证明　显然, 只需证明: 对任意点列 $(\tau_m, \xi_m) \to (\tau_0, \xi_0)$, 当 m 充分大时, 对应解 $\varphi(t, \tau_m, \xi_m)$ 都在 $[a, b]$ 上存在, 并一致地有

$$\lim_{m \to \infty} \varphi(t, \tau_m, \xi_m) = \varphi(t). \tag{1.6.3}$$

证明的关键是解的存在区间, 一致收敛性由引理 1.6.2 可以保证. 不失一般性, 只讨论 $a = \tau_0$ 的情形.

选取充分小的 $\delta_2 > \delta_1 > 0$, 使管形区域

$$H_1: \quad \tau_0 - \delta_1 \leqslant t \leqslant b + \delta_1, \ |x - \varphi(t)| \leqslant \delta_1,$$

$$H_2: \quad \tau_0 - \delta_2 \leqslant t \leqslant b + \delta_2, \ |x - \varphi(t)| \leqslant \delta_2$$

都包含在区域 G 内, 即 $H_1 \subset H_2 \subset G$. H_1, H_2 都是有界闭域, $H_1 \cap \partial H_2 = \varnothing$, 于是, $d = \mathrm{dist}(H_1, \partial H_2) > 0$. 由 $f(t, x)$ 在 H_2 上连续有界知, 存在 $M > 0$, 使 $\max\limits_{(t,x) \in H_2} |f(t, x)| \leqslant M$. 对任意的 $(\tau, \xi) \in H_1$, 都有

$$\left\{ (t, x) \ \middle|\ |t - \tau| \leqslant \frac{d}{2}, |x - \xi| \leqslant \frac{d}{2} \right\} \subset H_2,$$

从而由解的存在性定理知, 初值问题 (1.6.2) 的解在区间 $|t - \tau| \leqslant h$ 上存在, 且积分曲线位于 H_2 内, 其中 $h = \min\{d/2, d/(2M)\}$. 于是, 对任意的 $\tilde{\tau} \in [\tau_0, b]$, 当 $|\tau - \tilde{\tau}| < h/2, |\xi - \varphi(\tilde{\tau})| < \delta_1$ 时, 对应初值问题 (1.6.2) 的解就在区间 $[\tilde{\tau}, \tilde{\tau} + h/2]$ 上存在, 且位于 H_2 内 (因为此时有 $[\tilde{\tau}, \tilde{\tau} + h/2] \subset [\tau - h, \tau + h]$).

现将区间 $[\tau_0, b]$ 分成 s 段:

$$\tau_0 = t_0 < t_1 < t_2 < \cdots < t_i < t_{i+1} < \cdots < t_s = b,$$

使每段的长度满足 $t_{i+1} - t_i \leqslant h/2$. 记 $x_i = \varphi(t_i)$, 则 $(t_i, x_i) \in H_1$, 且是积分曲线上的点.

对于 (τ_0, ξ_0), 由 $(\tau_m, \xi_m) \to (\tau_0, \xi_0)$ 知, 存在 N_1, 使当 $m > N_1$ 时, 满足 $|\tau_m - \tau_0| < h/2, |\xi_m - \xi_0| < \delta_1$, 从而对应的解 $\varphi(t, \tau_m, \xi_m)$ 在区间 $[\tau_0, t_1]$ 上存在, 再由引理 1.6.2 知, (1.6.3) 式在区间 $[\tau_0, t_1]$ 上一致成立.

由上述讨论知 $(t_1, \varphi(t_1, \tau_m, \xi_m)) \to (t_1, x_1)$, 重复上述讨论知存在 N_2, 使当 $m > N_2$ 时, 对应解 $\varphi(t, \tau_m, \xi_m)$ 都在区间 $[\tau_0, t_2]$ 上存在, 从而 (1.6.3) 式在区间 $[\tau_0, t_2]$ 上一致成立.

以此类推, 最后必存在自然数 N, 使当 $m > N$ 时, $\varphi(t, \tau_m, \xi_m)$ 在区间 $[\tau_0, b]$ 上存在, 且 (1.6.3) 式一致成立. 引理证毕.

定理 1.6.1 设 $f \in C(G)$, 并对每一点 $(\tau, \xi) \in G$, 初值问题 (1.6.2) 都存在唯一的饱和解 $\varphi(t, \tau, \xi), t \in (w_-, w_+)$, 则有

(1) $\Omega = \{(t, \tau, \xi) \mid w_-(\tau, \xi) < t < w_+(\tau, \xi), (\tau, \xi) \in G\} \subset R^{n+2}$ 是一个区域;

(2) $\varphi(t, \tau, \xi)$ 在 Ω 内连续.

证明 任取 $(\bar{t}, \bar{\tau}, \bar{\xi}) \in \Omega$, 即 $w_-(\bar{\tau}, \bar{\xi}) < \bar{t} < w_+(\bar{\tau}, \bar{\xi}), (\bar{\tau}, \bar{\xi}) \in G$. 选取 $\delta_1 > 0$, 使 $w_-(\bar{\tau}, \bar{\xi}) < \bar{t} - \delta_1 < \bar{t} + \delta_1 < w_+(\bar{\tau}, \bar{\xi})$. 则根据引理 1.6.3 知, 存在 $\delta_2 > 0$, 使当 $\|(\tau, \xi) - (\bar{\tau}, \bar{\xi})\| < \delta_2$ 时, 初值问题 (1.6.2) 的解 $\varphi(t, \tau, \xi)$ 在区间 $[\bar{t} - \delta_1, \bar{t} + \delta_1]$ 上存在, 即有 $w_-(\tau, \xi) < \bar{t} - \delta_1 < \bar{t} + \delta_1 < w_+(\tau, \xi)$. 这就说明有

$$\{(t, \tau, \xi) \mid |t - \bar{t}| < \delta_1, \|(\tau, \xi) - (\bar{\tau}, \bar{\xi})\| < \delta_2\} \subset \Omega,$$

故 Ω 是空间 R^{n+2} 中的一个开集. 根据 G 的连通性易知 Ω 是连通的 (将证明留给读者), 故 Ω 是一个区域.

任给 $(\bar{t}, \bar{\tau}, \bar{\xi}) \in \Omega$, 下面证明 $\varphi(t, \tau, \xi)$ 在该点的连续性. 由 Ω 的定义知, 存在 $\eta > 0$, 使 $\varphi(t, \bar{\tau}, \bar{\xi})$ 在 $[\bar{t} - \eta, \bar{t} + \eta]$ 上有定义, 由引理 1.6.3 知, 当 $(\tau, \xi) \to (\bar{\tau}, \bar{\xi})$ 时, 在 $[\bar{t} - \eta, \bar{t} + \eta]$ 上一致地有 $\varphi(t, \tau, \xi) \to \varphi(t, \bar{\tau}, \bar{\xi})$. 于是, 对任给的 $\varepsilon > 0$, 必存在 $\delta_1 > 0$, 使当 $|\tau - \bar{\tau}| < \delta_1, |\xi - \bar{\xi}| < \delta_1$ 时, $\varphi(t, \tau, \xi)$ 在 $[\bar{t} - \eta, \bar{t} + \eta]$ 上有定义, 且满足 $|\varphi(t, \tau, \xi) - \varphi(t, \bar{\tau}, \bar{\xi})| < \dfrac{\varepsilon}{2}$. 再由 $\varphi(t, \bar{\tau}, \bar{\xi})$ 的连续性知, 存在 $\delta_2 \in (0, \eta)$, 使当 $|t - \bar{t}| < \delta_2$ 时, 有 $|\varphi(t, \bar{\tau}, \bar{\xi}) - \varphi(\bar{t}, \bar{\tau}, \bar{\xi})| < \dfrac{\varepsilon}{2}$. 取 $\delta = \min\{\delta_1, \delta_2\}$, 则当 $|t - \bar{t}| < \delta$, $|\tau - \bar{\tau}| < \delta, |\xi - \bar{\xi}| < \delta$ 时, 就有

$$|\varphi(t, \tau, \xi) - \varphi(\bar{t}, \bar{\tau}, \bar{\xi})| \leqslant |\varphi(t, \tau, \xi) - \varphi(t, \bar{\tau}, \bar{\xi})| + |\varphi(t, \bar{\tau}, \bar{\xi}) - \varphi(\bar{t}, \bar{\tau}, \bar{\xi})| < \varepsilon,$$

故 $\varphi(t, \tau, \xi)$ 是 Ω 上的连续函数. 定理证毕.

进一步, 还有如下定理.

定理 1.6.2 设 $G \subset R^{n+k+1}$ 为区域, $f \in C(G)$, 对任意 $(\tau, \xi, \lambda) \in G$, 初值问题 (1.6.1) 都存在唯一的饱和解 $\varphi(t, \tau, \xi, \lambda), \omega_-(\tau, \xi, \lambda) < t < \omega_+(\tau, \xi, \lambda)$. 则 $\varphi(t, \tau, \xi, \lambda)$ 作为 t, τ, ξ, λ 的函数在区域

$$\Omega = \{(t,\tau,\xi,\lambda) \mid \omega_-(\tau,\xi,\lambda) < t < \omega(\tau,\xi,\lambda), (\tau,\xi,\lambda) \in G\}$$

内是连续的.

下面考虑解 $\varphi(t,\tau,\xi)$ 作为 (t,τ,ξ) 的函数的可微性. 有两方面的问题: 一是可微的充分条件, 二是偏导数的计算. 先看第二个问题. 设 $\varphi(t,\tau,\xi)$ 关于 (t,τ,ξ) 的各个分量都有连续的一阶偏导数, 由解所满足的积分方程

$$\varphi(t,\tau,\xi) = \xi + \int_\tau^t f(s,\varphi(s,\tau,\xi))\mathrm{d}s \tag{1.6.4}$$

两边对 τ 求导, 就有

$$\frac{\partial \varphi(t,\tau,\xi)}{\partial \tau} = -f(\tau,\xi) + \int_\tau^t \frac{\partial f(s,\varphi(s,\tau,\xi))}{\partial x}\frac{\partial \varphi(s,\tau,\xi)}{\partial \tau}\mathrm{d}s.$$

这就说明 $\dfrac{\partial \varphi(t,\tau,\xi)}{\partial \tau}$ 是下列初值问题的唯一解

$$\frac{\mathrm{d}z}{\mathrm{d}t} = \frac{\partial f(t,\varphi(t,\tau,\xi))}{\partial x}z, \quad z(\tau) = -f(\tau,\xi). \tag{1.6.5}$$

同样, 由 (1.6.4) 式两边对 ξ_k 求导, 就有

$$\frac{\partial \varphi(t,\tau,\xi)}{\partial \xi_k} = e_k + \int_\tau^t \frac{\partial f(s,\varphi(s,\tau,\xi))}{\partial x}\frac{\partial \varphi(s,\tau,\xi)}{\partial \xi_k}\mathrm{d}s.$$

即说明 $\dfrac{\partial \varphi(t,\tau,\xi)}{\partial \xi_k}$ 是下列初值问题的唯一解

$$\frac{\mathrm{d}z}{\mathrm{d}t} = \frac{\partial f(t,\varphi(t,\tau,\xi))}{\partial x}z, \quad z(\tau) = e_k, \tag{1.6.6}$$

其中 $e_k = (0,\cdots,1,\cdots,0)^{\mathrm{T}}$ 为第 k 个分量为 1, 其余分量为 0 的向量.

为了证明 $\varphi(t,\tau,\xi)$ 关于 τ 及 ξ_k 的可微性, 先给出下面的引理, 它是微分中值定理在多元向量函数中的推广.

引理 1.6.4 设 $D = \{(t,x)\mid x \in K_t, t \in (a,b)\} \subset R^{n+1}$ 为一区域, 对每一个 $t \in (a,b)$, $K_t \subset R^n$ 为凸开集, 函数 $f : D \to R^n$ 连续且 $f(t,x)$ 关于 x 的各分量有连续的一阶偏导数, 则存在一个连续的 $n \times n$ 矩阵函数 J 在 $\{(t,x,y)\mid (x,y) \in K_t \times K_t, t \in (a,b)\}$ 上有定义, 且满足

(i) $f(t,x) - f(t,y) = J(t,x,y)(x - y)$;

(ii) $J(t,x,x) = \dfrac{\partial f(t,x)}{\partial x}$.

进一步, 若 f 为 C^k 函数, $k \geqslant 1$, 则 J 至少为 C^{k-1} 的.

证明 对任意的 $t \in (a,b)$, $x,y \in K_t$, 由于 K_t 是凸集, $\dfrac{\partial f}{\partial x}$ 连续, 函数 $F(s) =$

$f(t, sx + (1-s)y)$ 在 $[0,1]$ 上有定义且一阶连续可微, 于是有

$$
\begin{aligned}
f(t, x) - f(t, y) &= F(1) - F(0) \\
&= \int_0^1 \frac{\mathrm{d}F}{\mathrm{d}s} \mathrm{d}s \\
&= \int_0^1 \frac{\partial f(t, sx + (1-s)y)}{\partial x}(x - y)\mathrm{d}s \\
&= \int_0^1 \frac{\partial f(t, sx + (1-s)y)}{\partial x}\mathrm{d}s(x - y).
\end{aligned}
$$

令 $J(t, x, y) = \int_0^1 \dfrac{\partial f(t, sx + (1-s)y)}{\partial x}\mathrm{d}s$, 显然引理的结论成立. 引理证毕.

定理 1.6.3　设 $f \in C(G)$ 并 $f(t, x)$ 对 x 的各分量的偏导数连续, 则对每一点 $(\tau, \xi) \in G$, 初值问题 (1.6.2) 都存在唯一的饱和解 $\varphi(t, \tau, \xi)$, $t \in (w_-, w_+)$, 它作为 (t, τ, ξ) 的函数在 Ω 上是连续可微的, 其中 Ω 的定义同定理 1.6.1.

证明　由 $f_x \in C(G)$ 知, $f(t, x)$ 关于 x 满足局部 Lipschitz 条件, 从而定理 1.6.1 的结论成立, 即 $\varphi(t, \tau, \xi)$ 在 Ω 内连续. $\dfrac{\partial \varphi}{\partial t}$ 的存在性和连续性是显然的. 下面讨论 $\dfrac{\partial \varphi}{\partial \xi_k}$ 的存在性.

任取 $(t_0, \tau_0, \xi_0) \in \Omega$, 记

$$
x_0(t) = \varphi(t, \tau_0, \xi_0), x_h(t) = \varphi(t, \tau_0, \xi_0 + he_k), y_h(t) = \frac{x_h(t) - x_0(t)}{h},
$$

其中 h 是一纯量, e_k 是一 n 维向量, 它的第 k 个分量为 1, 其余分量为 0. 下面研究当 $h \to 0$ 时 $y_h(t)$ 的极限.

取实数 a, b, 使 $t_0, \tau_0 \in (a, b) \subset (\omega_-(\tau_0, \xi_0), \omega_+(\tau_0, \xi_0))$, 再取 $\delta > 0$, 使

$$
D := \{(t, x) \mid |x - x_0(t)| \leqslant \delta, t \in [a, b]\} \subset G.
$$

由引理 1.6.3 知, 当 $|h|$ 充分小时, $x_h(t)$ 在 $a < t < b$ 上有定义, 并在此区间上一致地有 $x_h(t) \to x_0(t)$, 当 $h \to 0$ 时, 从而存在 $\eta > 0$, 使当 $|h| < \eta$ 时, $(t, x_h(t)) \in D$. 由引理 1.6.4 知, 存在连续矩阵函数 $J(t, x, y)$, 使

$$
f(t, x_h(t)) - f(t, x_0(t)) = J(t, x_0(t), x_h(t))(x_h(t) - x_0(t)),
$$

于是

$$
y_h'(t) = \frac{1}{h}\left[f(t, x_h(t)) - f(t, x_0(t))\right] = J(t, x_0(t), x_h(t))y_h(t),
$$

又显然, 有 $y_h(\tau_0) = e_k$, 故当 $|h| < \eta$ 时, $y_h(t)$ 在 $[a, b]$ 上是初值问题

$$y' = J(t, x_0(t), x_h(t))y, \quad y(\tau_0) = e_k \tag{1.6.7}$$

的解.

现视问题 (1.6.7) 为以 h 为参数的一族初值问题, 由于其中方程是线性的, 且系数函数 $J(t, x_0(t), x_h(t))$ 关于 (t, h) 在 $[a, b] \times [-\eta, \eta]$ 上连续, 由定理 1.6.2 知, $y_h(t)$ 应是 h 的连续函数, 特别地, 当 $h \to 0$ 时, $\lim\limits_{h \to 0} y_h(t)$ 在 $[a, b]$ 上存在, 且恰好就是初值问题

$$y' = J(t, x_0(t), x_0(t))y, \quad y(\tau_0) = e_k$$

的解, 即初值问题 (1.6.6) 的解. 这就证明了 $\dfrac{\partial \varphi}{\partial \xi_k}$ 在点 (t_0, τ_0, ξ_0) 点的存在性. 由取点的任意性知, $\dfrac{\partial \varphi}{\partial \xi_k}$ 在 Ω 内存在, 且是初值问题 (1.6.6) 的解. 由解关于初值及参数的连续依赖性知, $\dfrac{\partial \varphi}{\partial \xi_k}$ 还是 (t, τ, ξ) 的连续函数.

类似地, 可以证明 $\dfrac{\partial \varphi}{\partial \tau}$ 存在连续且是初值问题 (1.6.5) 的解. 定理证毕.

同样, 还有下面定理.

定理 1.6.4 设 $G \subset R^{n+k+1}$ 为一区域, $f \in C(G)$, $f(t, x, \lambda)$ 关于 x 的及 λ 的各个分量有一阶连续偏导数, 则对每一点 $(\tau, \xi, \lambda) \in G$, 初值问题 (1.6.1) 都有唯一的饱和解 $\varphi(t, \tau, \xi, \lambda)$, $\omega_-(\tau, \xi, \lambda) < t < \omega_+(\tau, \xi, \lambda)$, 它作为 t, τ, ξ, λ 的函数在区域

$$\Omega = \{(t, \tau, \xi, \lambda) \mid \omega_-(\tau, \xi, \lambda) < t < \omega(\tau, \xi, \lambda), (\tau, \xi, \lambda) \in G\}$$

内是一阶连续可微的, 并且

$$\frac{\partial \varphi(t, \tau, \xi, \lambda)}{\partial \xi_k}, \quad \frac{\partial \varphi(t, \tau, \xi, \lambda)}{\partial \tau}, \quad \frac{\partial \varphi(t, \tau, \xi, \lambda)}{\partial \lambda_j}$$

分别为初值问题

$$\frac{\mathrm{d}z}{\mathrm{d}t} = \frac{\partial f(t, \varphi(t, \tau, \xi, \lambda), \lambda)}{\partial x}z, \quad z(\tau) = e_k, \tag{1.6.8}$$

$$\frac{\mathrm{d}z}{\mathrm{d}t} = \frac{\partial f(t, \varphi(t, \tau, \xi, \lambda), \lambda)}{\partial x}z, \quad z(\tau) = -f(\tau, \xi, \lambda) \tag{1.6.9}$$

和

$$\frac{\mathrm{d}z}{\mathrm{d}t} = \frac{\partial f(t, \varphi(t, \tau, \xi, \lambda), \lambda)}{\partial x}z + \frac{\partial f(t, \varphi(t, \tau, \xi, \lambda), \lambda)}{\partial \lambda_j}, \quad z(\tau) = 0 \tag{1.6.10}$$

的解.

习 题 1.6

1. 证明定理 1.6.1 中定义的集合 Ω 为一区域.

2. 证明定理 1.6.2.

3. 证明定理 1.6.4.

4. 证明在定理 1.6.4 的条件下, 在 Ω 内成立

$$\det\left(\frac{\partial\varphi(t,\tau,\xi,\lambda)}{\partial\xi}\right) = \exp\int_{\tau}^{t}\sum_{i=1}^{n}\frac{\partial f_j}{\partial x_j}\mathrm{d}s,$$

$$\frac{\partial\varphi(t,\tau,\xi,\lambda)}{\partial\tau} + \sum_{i=1}^{n}\frac{\partial\varphi(t,\tau,\xi,\lambda)}{\partial\xi_i}f_i(\tau,\xi,\lambda) = 0,$$

其中

$$\frac{\partial f_i}{\partial x_i} = \frac{\partial f_i(s,\varphi(s,\tau,\xi,\lambda))}{\partial x_i}, \quad i = 1, 2, \cdots, n.$$

第 2 章　边值问题和 Sturm 比较理论

2.1　二阶线性方程的边值问题

2.1.1　引言

考虑 n 阶方程

$$x^{(n)} = f(t, x, x', \cdots, x^{(n-1)}), \tag{2.1.1}$$

其中 $f : G \to R, G \subset R^{n+1}$ 为区域. 对任意 $(t_0, x_0, x_0^1, \cdots, x_0^{n-1}) \in G$, 与方程 (2.1.1) 相关的初始条件为

$$x(t_0) = x_0, x'(t_0) = x_0^1, \cdots, x^{(n-1)}(t_0) = x_0^{n-1}. \tag{2.1.2}$$

令 $y_1 = x, y_2 = x', \cdots, y_n = x^{(n-1)}$, $y = (y_1, y_2, \cdots, y_n)^{\mathrm{T}}$, $y_0 = (x_0, x_0^1, \cdots, x_0^{n-1})^{\mathrm{T}}$, $g_1(t, y) = y_2, g_2(t, y) = y_3, g_{n-1}(t, y) = y_n, g_n(t, y) = f(t, y_1, y_2, \cdots, y_n), g(t, y) = (g_1(t, y), g_2(t, y), \cdots, g_n(t, y))^{\mathrm{T}}$, 则初值问题 (2.1.1), (2.1.2) 就转化为 n 维空间中的初值问题

$$y' = g(t, y), \quad y(t_0) = y_0. \tag{2.1.3}$$

显然, $f \in C(G, R)$ 当且仅当 $g \in C(G, R^n)$. 于是, 由第 1 章的结论知, 如果 $f \in C(G, R)$, 那么初值问题 (2.1.1), (2.1.2) 存在饱和解. 如果 $f(t, u_1, u_2, \cdots, u_n)$ 关于 $u_1, u_2, \cdots, u_n$ 有一阶连续偏导数, 则初值问题的解唯一.

引理 2.1.1　设 $g(t, y)$ 在 $(\alpha, \beta) \times R^n$ 上连续, 且存在定义在 (α, β) 内的非负连续函数 $a(t), b(t)$, 使当 $(t, y) \in (\alpha, \beta) \times R^n$ 时, 有

$$|g(t, y)| \leqslant a(t)|y| + b(t),$$

则方程 $y' = g(t, y)$ 的每一个解都在 (α, β) 内有定义.

证明　设 $y = \varphi(t), t \in (\tilde{\alpha}, \tilde{\beta})$ 是方程的一个饱和解, 取 $\tau \in (\tilde{\alpha}, \tilde{\beta})$, 则有

$$\varphi(t) = \varphi(\tau) + \int_\tau^t g(s, \varphi(s)) \mathrm{d}s,$$

于是, 当 $t \in [\tau, \tilde{\beta})$ 时, 有

$$|\varphi(t)| \leqslant |\varphi(\tau)| + \int_\tau^t |g(s, \varphi(s))| \mathrm{d}s \leqslant |\varphi(\tau)| + \int_\tau^t (a(s)|\varphi(s)| + b(s)) \mathrm{d}s,$$

由 Gronwall 不等式知, 有

$$\left|\varphi(t)\right| \leqslant \left|\varphi(\tau)\right| e^{\int_\tau^t a(s)\mathrm{d}s} + \int_\tau^t b(s) e^{\int_s^t a(r)\mathrm{d}r}\mathrm{d}s.$$

如果 $\tilde{\beta} < \beta$, 那么 $\tilde{\beta}$ 为有限数, 且由上式知 $|\varphi(t)|$ 有界, 从而与饱和解的特征矛盾. 故必有 $\tilde{\beta} = \beta$. 同理可证 $\tilde{\alpha} = \alpha$.

考虑 n 阶线性方程

$$x^{(n)} + a_1(t)x^{(n-1)} + \cdots + a_{n-1}(t)x' + a_n(t)x = h(t), \tag{2.1.4}$$

其中 $a_1, a_2, \cdots, a_n, h \in C((a,b), R)$. 利用引理 2.1.1 可知方程 (2.1.4) 的所有解都在 (a,b) 内有定义. 且对给定的初始条件, 方程满足初始条件的解是唯一的.

本章主要考虑二阶线性微分方程

$$x'' + a(t)x' + b(t)x = g(t),$$

其中 $a(t), b(t), g(t)$ 为给定的实函数, 在某区间内连续, 从而初值问题的解唯一存在. 将方程两端乘以函数 $p(t) = \exp\left(\int a(t)\mathrm{d}t\right)$, 可将方程化为如下的形式

$$(p(t)x')' + q(t)x = h(t). \tag{2.1.5}$$

方程 (2.1.5) 对应的齐线性方程为

$$(p(t)x')' + q(t)x = 0. \tag{2.1.6}$$

称这样的方程为自共轭形式的方程. 记 $y = (x, p(t)x')^{\mathrm{T}}$, 则方程 (2.1.5) 可以写成

$$y' = \begin{bmatrix} 0 & \dfrac{1}{p(t)} \\ -q(t) & 0 \end{bmatrix} y + \begin{bmatrix} 0 \\ h(t) \end{bmatrix}.$$

如果 $p, q, h \in C((a,b), R)$ 且 $p(t) \neq 0$, 那么对任意 $t_0 \in (a,b)$, $x_0, x_0^1 \in R$, 方程 (2.1.5) 满足初始条件

$$x(t_0) = x_0, \quad x'(t_0) = x_0^1$$

的解在 (a,b) 内唯一存在. 此时, $x(t)$ 可能不是二阶可微的.

线性方程的解满足叠加原理. 若 $u(t), v(t)$ 都是方程 (2.1.6) 的解, c_1, c_2 是任意常数, 则 $c_1 u(t) + c_2 v(t)$ 仍是方程 (2.1.6) 的解. 如果 $w_1(t)$ 和 $w_2(t)$ 是方程 (2.1.5) 的两个解, 则 $w_1(t) - w_2(t)$ 是方程 (2.1.6) 的解.

设 $u(t), v(t)$ 都是方程 (2.1.6) 的解, 则由方程可得

$$(p(t)(uv' - u'v))' = 0,$$

从而存在常数 c, 使

$$u(t)v'(t) - u'(t)v(t) = \frac{c}{p(t)}. \tag{2.1.7}$$

因为二阶齐线性方程 (2.1.6) 存在两个线性无关解, 结合上式知 $u(t), v(t)$ 线性无关的充要条件为 $c \neq 0$. 此时方程的所有解为 $c_1 u(t) + c_2 v(t)$.

2.1.2   二阶线性方程的边值问题

考虑边值问题

$$
\begin{cases}
Lx \equiv (p(t)x')' + q(t)x = f(t), \\
R_1(x) \equiv \alpha_1 x(a) + \alpha_2 p(a)x'(a) = \eta_1, \\
R_2(x) \equiv \beta_1 x(b) + \beta_2 p(b)x'(b) = \eta_2,
\end{cases}
\tag{2.1.8}
$$

其中 $t \in J = [a, b]$, $p, q, f, \alpha_i, \beta_i$ 满足条件

$$
\begin{cases}
p \in C^1(J), \quad q, f \in C(J), \quad p(t) > 0, \\
\alpha_1^2 + \alpha_2^2 > 0, \quad \beta_1^2 + \beta_2^2 > 0.
\end{cases}
\tag{2.1.9}
$$

问题称为 Sturm 边值问题. 特别地, 当 $f = 0, \eta_i = 0$ 时, 对应的边值问题

$$
\begin{cases}
Lx \equiv (p(t)x')' + q(t)x = 0, \\
R_1(x) \equiv \alpha_1 x(a) + \alpha_2 p(a)x'(a) = 0, \\
R_2(x) \equiv \beta_1 x(b) + \beta_2 p(b)x'(b) = 0,
\end{cases}
\tag{2.1.10}
$$

称为 Sturm 齐次边值问题. 当 $\eta_i = 0$ 时, 对应的边值问题

$$
\begin{cases}
Lx \equiv (p(t)x')' + q(t)x = f(t), \\
R_1(x) \equiv \alpha_1 x(a) + \alpha_2 p(a)x'(a) = 0, \\
R_2(x) \equiv \beta_1 x(b) + \beta_2 p(b)x'(b) = 0,
\end{cases}
\tag{2.1.11}
$$

称为 Sturm 半齐次边值问题. 关于边值问题的解, 也满足叠加原理.

引理 2.1.2   设 u_1, u_2 是齐次边值问题 (2.1.10) 的解, v_1, v_2 是非齐次边值问题 (2.1.8) 的解, 则 $c_1 u_1 + c_2 u_2, v_1 - v_2$ 都是问题 (2.1.10) 的解.

边值问题解的存在性、唯一性和初值问题不同, 下面定理给出边值问题解存在唯一的充要条件.

定理 2.1.1   设 $u_1(t), u_2(t)$ 是齐次方程 $Lx = 0$ 的任一基本解组, 则边值问题 (2.1.8) 存在唯一解的充要条件为

$$
\Delta = \begin{vmatrix} R_1(u_1) & R_1(u_2) \\ R_2(u_1) & R_2(u_2) \end{vmatrix} \neq 0.
\tag{2.1.12}
$$

证明   设方程 $Lx = f(t)$ 有一个特解为 $u^*(t)$, 则该方程的通解为

$$
x = u^*(t) + c_1 u_1(t) + c_2 u_2(t),
$$

其中 c_1, c_2 为两个相互独立的任意常数. 这个解 x 满足 (2.1.8) 式中的边界条件, 当且仅当 c_1, c_2 满足线性方程组

$$\begin{cases} R_1(u_1)c_1 + R_1(u_2)c_2 = \eta_1 - R_1(u^*), \\ R_2(u_1)c_1 + R_2(u_2)c_2 = \eta_2 - R_2(u^*), \end{cases}$$

从而边值问题有唯一解存在的充要条件为线性方程组的系数行列式 $\Delta \neq 0$. 证毕.

注 2.1.1 条件 (2.1.12) 也是齐次边值问题 (2.1.10) 只有零解的充要条件.

注 2.1.2 由定理的证明过程可以看出, 边值问题可能有唯一解、有无穷多解、无解.

例 2.1.1 考虑边值问题

$$\begin{cases} u'' + u = g(t), \quad t \in [0, \pi], \\ R_1(u) \equiv u(0) + u'(0) = \eta_1, \quad R_2(u) \equiv u(\pi) = \eta_2. \end{cases}$$

对应齐次方程有一基本解组为 $\cos t, \sin t$, 由于

$$\begin{vmatrix} R_1(\cos t) & R_1(\sin t) \\ R_2(\cos t) & R_2(\sin t) \end{vmatrix} = \begin{vmatrix} 1 & 1 \\ -1 & 0 \end{vmatrix} = 1 \neq 0,$$

由定理 2.1.1 知边值问题有唯一解存在. 事实上, 当取 $g(t) = 1$, $\eta_i = 0$ 时, 对应方程的通解为

$$u = 1 + c_1 \cos t + c_2 \sin t,$$

由边值条件, 就有

$$\begin{cases} 1 + c_1 + c_2 = 0, \\ 1 - c_1 = 0, \end{cases} \implies \begin{cases} c_1 = 1, \\ c_2 = -2. \end{cases}$$

故边值问题有唯一解为 $u = 1 + \cos t - 2\sin t$.

例 2.1.2 考虑边值问题

$$\begin{cases} u'' + u = g(t), \quad t \in [0, \pi], \\ R_1(u) \equiv u(0) = \eta_1, \quad R_2(u) \equiv u(\pi) = \eta_2. \end{cases}$$

对应齐次方程有一基本解组为 $\cos t, \sin t$, 由于

$$\begin{vmatrix} R_1(\cos t) & R_1(\sin t) \\ R_2(\cos t) & R_2(\sin t) \end{vmatrix} = \begin{vmatrix} 1 & 0 \\ -1 & 0 \end{vmatrix} = 0,$$

故边值问题可能无解, 也可能有无穷多解. 事实上, 当 $g(t) = 0$, $\eta_i = 0$ 时, 边值问题有多穷解 $u = c\sin t$; 而当 $g(t) = 1$, $\eta_i = 0$ 时, 边值问题无解.

2.1.3　问题的转化

已经知道, 一个常微分方程的初值问题是等价于求解一个积分方程的问题. 对常微分方程的边值问题来说, 也试图把它转化成求解一个积分方程的问题, 以便更好地利用算子理论展开讨论. 下面研究如何实现这一转化.

1930 年左右, 物理学家 Dirac 引进了一个数学符号, 就是所谓的 Delta 函数 $\delta(t)$. 它的定义如下: 当 $t \neq 0$ 时, $\delta(t) = 0$; 而当 $t = 0$ 时, $\delta(0) = \infty$, 在含点 $t = 0$ 的任何区间 I 上有

$$\int_I \delta(t)\mathrm{d}t = 1 \quad \text{或} \quad \int_{-\infty}^{\infty} \delta(t)\mathrm{d}t = 1.$$

Delta 函数的一条重要性质是: 对任一 $f \in C(-\infty, \infty)$, 有

$$\int_{-\infty}^{\infty} f(s)\delta(t-s)\mathrm{d}s = \int_{t-\varepsilon}^{t+\varepsilon} f(s)\delta(t-s)\mathrm{d}s = f(t).$$

下面利用 Delta 函数对所考虑的问题作一番直观而粗糙的描述. 考虑半齐次边值问题 (2.1.11), 它满足条件 (2.1.9). 运用 Delta 函数, 方程可改写成

$$(p(t)x')' + q(t)x = \int_a^b \delta(t-s)f(s)\mathrm{d}s.$$

视积分为求和, 并假定边值问题

$$\begin{cases} (p(t)x')' + q(t)x = \delta(t-s), \\ R_1(x) = R_2(x) = 0 \end{cases} \tag{2.1.13}$$

的解为 $G(t, s)$, 其中 s 视为参数, 则由线性微分方程叠加原理, 边值问题 (2.1.11) 的解应该为

$$x(t) = \int_a^b G(t, s)f(s)\mathrm{d}s. \tag{2.1.14}$$

由于假定 $G(t, s)$ 是边值问题 (2.1.13) 的解, 从而当 $t \neq s$ 时, $G(t, s)$ 满足

$$\begin{cases} \dfrac{\partial}{\partial t}\left[p(t)\dfrac{\partial G}{\partial t}\right] + q(t)G = 0, & a \leqslant t < s, \\ R_1(G) = 0, \end{cases} \quad \begin{cases} \dfrac{\partial}{\partial t}\left[p(t)\dfrac{\partial G}{\partial t}\right] + q(t)G = 0, & s < t \leqslant b, \\ R_2(G) = 0. \end{cases}$$

$$\tag{2.1.15}$$

同时, 对任意的 $\varepsilon > 0$, 有

$$\int_{s-\varepsilon}^{s+\varepsilon} \frac{\partial}{\partial t}\left[p(t)\frac{\partial G}{\partial t}\right]\mathrm{d}t + \int_{s-\varepsilon}^{s+\varepsilon} q(t)G(t,s)\mathrm{d}t = \int_{s-\varepsilon}^{s+\varepsilon} \delta(t-s)\mathrm{d}t,$$

即

$$p(t)\frac{\partial G}{\partial t}\bigg|_{s-\varepsilon}^{s+\varepsilon} + \int_{s-\varepsilon}^{s+\varepsilon} q(t)G(t,s)\mathrm{d}t = 1.$$

令 $\varepsilon \to 0$, 则有

$$p(s)\left[G_t(s+0,s) - G_t(s-0,s)\right] = 1,$$

可见 $G(t,s)$ 又具有性质

$$G_t(s+0,s) - G_t(s-0,s) = \frac{1}{p(s)}. \tag{2.1.16}$$

下面证明确实存在满足 (2.1.15) 式和 (2.1.16) 式的函数 $G(t,s)$, 且 (2.1.11) 式的解可经它表示为 (2.1.14) 式. 这个函数就称为从属于边值问题 (2.1.10) 的 Green 函数.

引理 2.1.3 设条件 (2.1.9) 成立. 如果齐次边值问题 (2.1.10) 仅有零解, 那么必存在两个函数 $u(t), v(t)$, 满足

(i) $u, v \in C^2(J)$;

(ii) $Lu = 0$, $R_1(u) = 0$;

(iii) $Lv = 0$, $R_2(v) = 0$;

(iv) u 与 v 线性无关;

(v) $p(t)(uv' - u'v) = 1$.

证明 设 $u_1(t), u_2(t)$ 是方程 $Lu = 0$ 的一个基本解组, 则函数

$$u = R_1(u_2)u_1(t) - R_1(u_1)u_2(t), \quad v = R_2(u_2)u_1(t) - R_2(u_1)u_2(t)$$

满足 (i), (ii) 和 (iii).

下面证明 u, v 线性无关. 由 (2.1.10) 式仅有零解知 (2.1.12) 式成立, 从而 $R_1(u_1)$ 与 $R_1(u_2)$ 不同时为零. 而 u_1, u_2 线性无关, 从而 $u \neq 0$, 同样, $v \neq 0$. 若 u, v 线性相关, 则存在常数 $c \neq 0$, 使 $v(t) = cu(t)$. 从而由 (ii) 有 $R_1(v) = cR_1(u) = 0$. 结合 (iii) 与 (2.1.10) 式仅有零解矛盾. 故 (iv) 成立.

最后证明 (v) 成立. 由

$$\begin{aligned}
&[p(t)(u(t)v'(t) - u'(t)v(t))]' \\
&= (p(t)v'(t))'u(t) + p(t)v'(t)u'(t) - (p(t)u'(t))'v(t) - p(t)u'(t)v'(t) \\
&= -q(t)v(t)u(t) + q(t)u(t)v(t) = 0
\end{aligned}$$

知, 存在常数 c, 使 $p(t)(u(t)v'(t) - u'(t)v(t)) = c$. 由 u, v 线性无关知 $uv' - u'v \neq 0$, 从而 $c \neq 0$. 于是, $c^{-1}u(t), v(t)$ 就满足引理的结论. 引理证毕.

用 Q, Q_1, Q_2 分别表示 (t,s) 平面的正方形和三角形:

$$Q = \{(t,s) \mid a \leqslant t, s \leqslant b\},$$

$$Q_1 = \{(t,s) \mid a \leqslant t < s \leqslant b\}, \quad Q_2 = \{(t,s) \mid a \leqslant s < t \leqslant b\}.$$

定理 2.1.2　设条件 (2.1.9) 成立. 如果齐次边值问题 (2.1.10) 仅有零解, 那么存在唯一的函数 $G(t,s)$, 满足下列性质:

(i) $G(t,s)$ 在 Q 上有定义且连续;

(ii) 在 Q_1 和 Q_2 上有连续的偏导数 G_t, G_{tt};

(iii) 对固定的 $s \in J$, 作为 t 的函数, 当 $t \in J$ 且 $t \neq s$ 时, $LG(t,s) = 0$, 当 $s \in (a,b)$ 时, $R_1(G) = R_2(G) = 0$;

(iv) 在 Q 的对角线上, 即 $t = s$ 时, G_t 有第一类间断点, 且

$$G_t(s+0,s) - G_t(s-0,s) = \frac{1}{p(s)}, \quad s \in (a,b).$$

证明　设 u, v 是满足引理 2.1.3 要求的两个函数, 下面利用它们构造满足定理要求的函数 $G(t,s)$.

首先, 为使 G 具备 (iii) 中的 $LG = 0$, 则它必有形式

$$G(t,s) = \begin{cases} A_1(s)u(t) + B_1(s)v(t), & t \in [a,s), \\ A_2(s)u(t) + B_2(s)v(t), & t \in (s,b], \end{cases}$$

其中 $A_i(s), B_i(s)(i = 1,2)$ 是待定的系数.

其次, 为使 G 满足 (iii) 中的 $R_i(G) = 0(i = 1,2)$, 必须有

$$R_1(G) \equiv A_1(s)R_1(u) + B_1(s)R_1(v) = 0,$$

$$R_2(G) \equiv A_2(s)R_2(u) + B_2(s)R_2(v) = 0.$$

由引理 2.1.3 及定理 2.1.1 知, $R_1(u) = R_2(v) = 0, R_1(v) \neq 0, R_2(u) \neq 0$. 故必有

$$B_1(s) = 0, \quad A_2(s) = 0.$$

此即 $G(t,s)$ 必须为

$$G(t,s) = \begin{cases} A_1(s)u(t), & t \in [a,s), \\ B_2(s)v(t), & t \in (s,b]. \end{cases}$$

这样的 $G(t,s)$ 显然满足 (ii). 进一步, 为使 G 满足 (i) 和 (iv), $A_1(s), B_2(s)$, 还必须满足

$$\begin{cases} A_1(s)u(s) - B_2(s)v(s) = 0, \\ p(s)[B_2(s)v'(s) - A_1(s)u'(s)] = 1. \end{cases}$$

由此, 注意到 $p(uv' - u'v) = 1$, 解得 $A_1(s) = v(s), B_2(s) = u(s)$. 故

$$G(t,s) = \begin{cases} v(s)u(t), & a \leqslant t \leqslant s \leqslant b, \\ u(s)v(t), & a \leqslant s \leqslant t \leqslant b. \end{cases} \tag{2.1.17}$$

由 (2.1.17) 式定义的函数 $G(t,s)$ 就满足定理的结论. 下面说明这样的 $G(t,s)$ 的唯一性. 设 $\widetilde{u}$, $\widetilde{v}$ 也是一对满足引理 2.1.3 结论的函数, 则存在常数 c_{11}, c_{12}, c_{21}, c_{22}, 使

$$\widetilde{u} = c_{11}u(t) + c_{12}v(t), \quad \widetilde{v} = c_{21}u(t) + c_{22}v(t).$$

由于 $R_1(u) = R_2(v) = 0$, $R_1(v) \neq 0$, $R_2(u) \neq 0$, 由 $R_1(\widetilde{u}) = 0$ 及 $R_2(\widetilde{v}) = 0$ 便可得 $c_{12} = c_{21} = 0$, 即 $\widetilde{u} = c_{11}u$, $\widetilde{v} = c_{22}v$. 进一步, 由

$$p(t)[\widetilde{u}(t)\widetilde{v}'(t) - \widetilde{u}'(t)\widetilde{v}(t)] = c_{11}c_{22}p(t)[u(t)v'(t) - u'(t)v(t)] = c_{11}c_{22}$$

知 $c_{11}c_{22} = 1$. 故对应于 $\widetilde{u}$ 和 $\widetilde{v}$ 的函数 $G(t,s)$, 满足

$$G(t,s) = \begin{cases} \widetilde{v}(s)\widetilde{u}(t), & t \in [a,s], \\ \widetilde{u}(s)\widetilde{v}(t), & t \in [s,b] \end{cases} = \begin{cases} c_{11}c_{22}v(s)u(t), & t \in [a,s], \\ c_{11}c_{22}u(s)v(t), & t \in [s,b] \end{cases} = \begin{cases} v(s)u(t), & t \in [a,s], \\ u(s)v(t), & t \in [s,b]. \end{cases}$$

可见 $G(t,s)$ 与 u, v 的选取无关. 定理证毕.

定理 2.1.3   设条件 (2.1.9) 成立且齐次边值问题 (2.1.10) 仅有零解. 如果 $G(t,s)$ 是由定理 2.1.2 给出的函数, 那么半齐次边值问题 (2.1.11) 的解可由 (2.1.14) 式表示.

证明   注意到函数 $G(t,s)$ 在 $t = s$ 时的性质, 将 (2.1.14) 式改写为

$$x(t) = \int_a^t v(t)u(s)f(s)\mathrm{d}s + \int_t^b u(t)v(s)f(s)\mathrm{d}s.$$

于是

$$x'(t) = \int_a^t v'(t)u(s)f(s)\mathrm{d}s + \int_t^b u'(t)v(s)f(s)\mathrm{d}s.$$

从而

$$R_1(x) = \alpha_1 x(a) + \alpha_2 p(a)x'(a) = (\alpha_1 u(a) + \alpha_2 p(a)u'(a))\int_a^b v(s)f(s)\mathrm{d}s = 0,$$

同理, 可得 $R_2(x) = 0$. 故 $x(t)$ 满足边值条件.

进一步, 还有

$$\begin{aligned} (p(t)x'(t))' &= \int_a^t (p(t)v'(t))'u(s)f(s)\mathrm{d}s + p(t)v'(t)u(t)f(t) \\ &\quad + \int_t^b (p(t)u'(t))'v(s)f(s)\mathrm{d}s - p(t)u'(t)v(t)f(t) \\ &= -q(t)\int_a^t v(t)u(s)f(s)\mathrm{d}s - q(t)\int_t^b u(t)v(s)f(s)\mathrm{d}s \\ &\quad + p(t)(u(t)v'(t) - u'(t)v(t))f(t) \\ &= -q(t)x(t) + f(t). \end{aligned}$$

可见 $x(t)$ 满足方程 $Lx = f(t)$. 故 $x(t)$ 是边值问题 (2.1.11) 的解. 定理证毕.

将上述结果推广到非线性方程, 可得下面的结果.

推论 2.1.1　设 $f \in C(J \times R)$, (2.1.9) 式中的其他条件不变, 齐次边值问题 (2.1.10) 仅有零解, 则边值问题

$$
\begin{cases}
(p(t)x')' + q(t)x = f(t, x), & t \in J, \\
R_1(x) = 0, & R_2(x) = 0
\end{cases}
\tag{2.1.18}
$$

的解等价于下列积分方程的连续解

$$
x(t) = \int_a^b G(t, s) f(s, x(s)) \mathrm{d}s,
\tag{2.1.19}
$$

其中 $G(t, s)$ 是从属于边值问题 (2.1.10) 的 Green 函数.

对于一般的非齐次边值问题 (2.1.8), 也可以将它的解转化为一个积分方程的解. 为此, 先找一个二阶连续可微函数 $\Phi \in C^2(J)$, 使之满足 $R_1(\Phi) = \eta_1$, $R_2(\Phi) = \eta_2$, 这是容易办到的. 然后, 将 (2.1.8) 式的解表示成 $x = \Phi + y$, 则 y 满足

$$
Ly = h(t), \quad R_1(y) = R_2(y) = 0,
$$

其中 $h(t) = f(t) - L\Phi(t)$. 由定理 2.1.3, 就有

$$
x(t) = \Phi(t) + \int_a^b G(t, s) h(s) \mathrm{d}s.
$$

例 2.1.3　求从属于下列边值问题的 Green 函数

$$
\begin{cases}
x'' = 0, & t \in [0, 1], \\
x(0) = 0, & x(1) = 0.
\end{cases}
$$

解　齐次方程有一个基本解组为 $u = t, v = t - 1$, 它们显然满足引理 2.1.3 中的 (i)~(iv), 故由定理 2.1.3 知 Green 函数为

$$
G(t, s) = \begin{cases}
t(s - 1), & 0 \leqslant t \leqslant s \leqslant 1, \\
s(t - 1), & 0 \leqslant s \leqslant t \leqslant 1.
\end{cases}
$$

注意到 Green 函数的性质, 也可以由常数变易法求得. 如对例 2.1.3 中的边值问题, 可直接求方程 $x'' = f(t)$ 满足边值条件 $x(0) = x(1) = 0$ 的解的积分表示. 事实上, 由方程两边积分, 有

$$
x'(t) = x'(0) + \int_0^t f(s) \mathrm{d}s.
$$

再对上式两边积分, 交换积分顺序, 并注意到条件 $x(0) = 0$ 就得

$$x(t) = x(0) + x'(0)t + \int_0^t \mathrm{d}r \int_0^r f(s)\mathrm{d}s = x'(0)t + \int_0^t (t-s)f(s)\mathrm{d}s. \qquad (2.1.20)$$

令 $t = 1$, 再利用条件 $x(1) = 0$, 就有

$$x'(0) = \int_0^1 (s-1)f(s)\mathrm{d}s.$$

将此式再代回到 (2.1.20) 式中, 就有

$$\begin{aligned}
x(t) &= t\int_0^1 (s-1)f(s)\mathrm{d}s + \int_0^t (t-s)f(s)\mathrm{d}s \\
&= \int_0^t t(s-1)f(s)\mathrm{d}s + \int_t^1 t(s-1)f(s)\mathrm{d}s + \int_0^t (t-s)f(s)\mathrm{d}s \\
&= \int_0^t s(t-1)f(s)\mathrm{d}s + \int_t^1 t(s-1)f(s)\mathrm{d}s \\
&= \int_0^1 G(t,s)f(s)\mathrm{d}s.
\end{aligned}$$

同样可得 Green 函数 $G(t,s)$.

例 2.1.4 求从属于下列边值问题的 Green 函数

$$\begin{cases} x'' + x = 0, & t \in [0,1], \\ x(0) = x(1) = 0. \end{cases}$$

解 用常数变易法, 求方程 $x'' + x = f(t)$ 的满足边值条件 $x(0) = x(1) = 0$ 的解的积分表示式. 显见对应齐次方程有一基本解组为 $\cos t, \sin t$. 设所求解为

$$x(t) = c_1(t)\cos t + c_2(t)\sin t, \qquad (2.1.21)$$

并令

$$c_1'(t)\cos t + c_2'(t)\sin t = 0, \qquad (2.1.22)$$

代入方程 $x'' + x = f(t)$ 中可得

$$-c_1'(t)\sin t + c_2'(t)\cos t = f(t). \qquad (2.1.23)$$

联立 (2.1.22) 式和 (2.1.23) 式可解得

$$c_1'(t) = -f(t)\sin t, \quad c_2'(t) = f(t)\cos t.$$

由边值条件知有

$$c_1(0) = 0, \quad c_1(1)\cos 1 + c_2(1)\sin 1 = 0.$$

于是, 积分得

$$c_1(t) = -\int_0^t f(s)\sin s\,\mathrm{d}s. \qquad (2.1.24)$$

$$c_2(t) = c_2(1) - \int_t^1 f(s)\cos s\,\mathrm{d}s$$

$$= -\frac{\cos 1}{\sin 1}c_1(1) - \int_t^1 f(s)\cos s\,\mathrm{d}s$$

$$= \frac{\cos 1}{\sin 1}\int_0^1 f(s)\sin s\,\mathrm{d}s - \int_t^1 f(s)\cos s\,\mathrm{d}s. \qquad (2.1.25)$$

将 (2.1.24) 式和 (2.1.25) 式代入 (2.1.21) 式中, 就得所求积分表示为

$$x(t) = -\int_0^t f(s)\sin s\cos t\,\mathrm{d}s + \frac{\cos 1}{\sin 1}\int_0^1 f(s)\sin s\sin t\,\mathrm{d}s - \int_t^1 f(s)\cos s\sin t\,\mathrm{d}s$$

$$= \int_0^t \frac{\sin s\sin(t-1)}{\sin 1}f(s)\mathrm{d}s + \int_t^1 \frac{\sin t\sin(s-1)}{\sin 1}f(s)\mathrm{d}s$$

$$= \int_0^1 G(t,s)f(s)\mathrm{d}s.$$

于是知所求 Green 函数为

$$G(t,s) = \begin{cases} \dfrac{\sin s\sin(t-1)}{\sin 1}, & 0 \leqslant s \leqslant t \leqslant 1, \\[3mm] \dfrac{\sin t\sin(s-1)}{\sin 1}, & 0 \leqslant t \leqslant s \leqslant 1. \end{cases}$$

例 2.1.5　用积分表示下列边值问题的解

$$\begin{cases} x'' + f(t,x) = 0, & t \in [0,1], \\ x(0) = 0, & x'(1) = 0. \end{cases}$$

解　由方程两边积分, 各得

$$x'(t) = x'(0) - \int_0^t f(s,x(s))\mathrm{d}s,$$

再积分一次, 交换积分顺序并利用边值条件, 就有

$$x(t) = x'(0)t - \int_0^t (t-s)f(s,x(s))\mathrm{d}s$$

$$= \int_0^1 tf(s,x(s))\mathrm{d}s - \int_0^t (t-s)f(s,x(s))\mathrm{d}s$$

$$= \int_0^t sf(s,x(s))\mathrm{d}s + \int_t^1 tf(s,x(s))\mathrm{d}s$$

$$= \int_0^1 G(t,s)f(s,x(s))\mathrm{d}s,$$

其中 Green 函数为

$$G(t,s) = \begin{cases} s, & 0 \leqslant s \leqslant t \leqslant 1, \\ t, & 0 \leqslant t \leqslant s \leqslant 1. \end{cases}$$

习 题 2.1

1. 求从属于下列齐次边值问题的 Green 函数.

(1) $x'' = 0,\ x'(0) = 0, x(1) = 0$;

(2) $x'' - x = 0,\ x(0) = 0, x(1) = 0$;

(3) $x'' - 2x' + x = 0,\ x'(0) = 0, x'(1) = 0$.

2. 求与下列一阶周期边值问题等价的积分方程:

$$x' - x = f(t,x), \quad x(0) = x(1).$$

3. 求解边值问题

$$\begin{cases} x'' = 1, & t \in (1,2), \\ 2x(1) + 4x'(1) = 7, \\ x(2) + x'(2) = 5. \end{cases}$$

2.2 Sturm 比较理论

讨论二阶线性方程

$$(p(t)x')' + q(t)x = 0, \tag{2.2.1}$$

其中 $p, q \in C(J)$, 且 $p(t) > 0\ (t \in J)$. 则由解的存在唯一性定理知, 对任意的 $\tau \in J$, $\xi, \eta \in R$, 方程满足初始条件 $x(\tau) = \xi, x'(\tau) = \eta$ 的解 $x = \varphi(t)$ 在区间 J 内唯一存在. 下面讨论方程解的零点.

引理 2.2.1 齐次方程 (2.2.1) 的任何非零解在区间 J 内的零点都是孤立的, 即对方程每一个零点, 都存在一个邻域, 使其内没有方程的零点.

证明 设方程 (2.2.1) 有一个非零解

$$x = \varphi(t), \quad x \in J,$$

它有一个非孤立的零点 $t_0 \in J$, 则在 J 内有该解的一列零点 $t_n \neq t_0, n = 1, 2, \cdots$, 使 $t_n \to t_0 (n \to \infty)$. 注意到 $\varphi(t_n) = \varphi(t_0) = 0$, 由导数的定义及极限的性质, 有

$$\varphi'(t_0) = \lim_{n \to \infty} \frac{\varphi(t_n) - \varphi(t_0)}{t_n - t_0} = 0.$$

这就说明解 $x = \varphi(t)$ 满足初始条件 $x(t_0) = 0, x'(t_0) = 0$. 由解的唯一性知 $\varphi(t)$ 为零解, 与它是非零解矛盾. 故非零解的零点都是孤立的. 引理证毕.

如果方程 (2.2.1) 的非零解 $\varphi(t)$ 的零点多于一个, 由引理 2.2.1 可以将它们按大小顺序排列, 若 $t_1 < t_2$ 是方程的两个零点, 且在 (t_1, t_2) 内没有方程的零点, 则称它们为两个相邻的零点.

定理 2.2.1(Sturm 零点分离定理)　设 $x = \varphi(t)$ 和 $x = \psi(t)$ 是方程 (2.2.1) 的两个非零解, 且有零点, 则下述结论成立:

(1) 它们是线性相关的, 当且仅当它们有相同的零点;

(2) 它们是线性无关的, 当且仅当它们的零点是互相交错的.

证明　(1) 设它们线性相关, 则存在非零常数 c, 使

$$\varphi(t) = c\psi(t), \quad t \in J.$$

从而可见它们有相同的零点.

反之, 设它们有一个相同的零点 $t_0 \in J$, 则它们的 Wronsky 行列式

$$W(t) = \begin{vmatrix} \varphi(t) & \psi(t) \\ \varphi'(t) & \psi'(t) \end{vmatrix}$$

在 $t = t_0$ 处的值为 $W(t_0) = 0$, 从而可知它们是线性相关的.

(2) 设它们线性无关, 则它们没有相同的零点. 下面说明它们的零点还是交错的. 设 $t_1 < t_2$ 是 $\varphi(t)$ 的两个相邻零点, 不妨设当 $t \in (t_1, t_2)$ 时, 有 $\varphi(t) > 0$, 则由导数的定义及极限的性质可知, $\varphi'(t_1) \geqslant 0$, $\varphi'(t_2) \leqslant 0$. 再由 $\varphi(t)$ 是非零解知, 必有 $\varphi'(t_1) > 0, \varphi'(t_2) < 0$.

由 $\varphi(t), \psi(t)$ 是线性无关的, 它们的 Wronsky 行列式没有零点, 从而有

$$0 < W(t_1)W(t_2) = \begin{vmatrix} \varphi(t_1) & \psi(t_1) \\ \varphi'(t_1) & \psi'(t_1) \end{vmatrix} \cdot \begin{vmatrix} \varphi(t_2) & \psi(t_2) \\ \varphi'(t_2) & \psi'(t_2) \end{vmatrix} = \varphi'(t_1)\varphi'(t_2)\psi(t_1)\psi(t_2).$$

于是知 $\psi(t_1)\psi(t_2) < 0$. 由连续函数的介值定理知 $\psi(t)$ 在 (t_1, t_2) 内有零点.

同样, $\psi(t)$ 的两个相邻零点间也必有 $\varphi(t)$ 的零点. 若 $\varphi(t)$ 的两个相邻零点 t_1, t_2 间有 $\psi(t)$ 的两个零点 t_3, t_4, 则 $\psi(t)$ 的这两个相邻零点间还有 $\varphi(t)$ 的零点 $t_5 \in (t_3, t_4) \subset (t_1, t_2)$, 这与 t_1, t_2 是相邻零点矛盾. 故在 (t_1, t_2) 内 $\psi(t)$ 有唯一的零点. 这就证明了 $\varphi(t)$ 和 $\psi(t)$ 的零点是互相交错的.

反之, 若它们的零点是互相交错的, 则它们没有相同的零点, 从而它们线性无关. 定理证毕.

Sturm 零点分离定理说明, 对二阶齐线性方程而言, 若方程有一个非零解振动, 则方程的所有非零解振动 (即该解有无穷个零点, 且可以任意大). 若方程有一个非振动解, 则方程的所有非零解都是非振动的.

Sturm 比较定理和零点分离定理由 Sturm 于 1836 年首先提出来, 但比较定理考虑的是一类特殊的二阶齐线性方程, 后来又推广到一般的二阶齐线性方程和高阶方程. 下面介绍这方面的一些结果.

定理 2.2.2(Sturm 比较定理)　设 $x(t), y(t)$ 分别是二阶齐线性方程

$$x'' + q_1(t)x = 0, \tag{2.2.2}$$

$$y'' + q_2(t)y = 0 \tag{2.2.3}$$

的非零解, 其中 $q_1, q_2 \in C(J)$, 对 $t \in J$ 成立 $q_1 \leqslant q_2(t)$, 且在 J 的任一子区间上 $q_1 \neq q_2$. 如果 $\alpha < \beta \in J$ 是 $x(t)$ 的两个相邻零点, 那么 $y(t)$ 在 (α, β) 内至少有一个零点.

证明　不妨设 $t \in (\alpha, \beta)$ 时, 有 $x(t) > 0$, 从而有 $x'(\alpha) > 0$, $x'(\beta) < 0$. 将方程 (2.2.2) 两端同乘以 $y(t)$, (2.2.3) 式两端同乘以 $x(t)$, 然后两式相减, 可得

$$(x'y - xy')' = (q_2(t) - q_1(t))xy, \tag{2.2.4}$$

两边由 α 到 β 积分, 并注意到 $x(\alpha) = x(\beta) = 0$, 就有

$$x'(\beta)y(\beta) - x'(\alpha)y(\alpha) = \int_\alpha^\beta (q_2(t) - q_1(t))x(t)y(t)\mathrm{d}t. \tag{2.2.5}$$

若 $y(t)$ 在 (α, β) 内无零点, 不妨设当 $t \in (\alpha, \beta)$ 时, $y(t) > 0$, 则 (2.2.5) 式的右端为正, 左端非正, 矛盾. 故 $y(t)$ 在 (α, β) 内有零点, 定理证毕.

注 2.2.1　由定理 2.2.2 的证明可以看出, 若将定理中条件 "在 J 的任一子区间上 $q_1 \neq q_2$" 去掉, 则结论也变为 "$y(t)$ 在 $[\alpha, \beta]$ 上存在零点".

利用 Sturm 比较定理可以判断一些方程的振动性.

例 2.2.1　设 $Q(t)$ 在 $[a, \infty)$ 上连续且满足不等式

$$Q(t) \geqslant m, \quad t \in [a, \infty),$$

其中 $m > 0$ 为常数, 则微分方程

$$y'' + Q(t)y = 0 \tag{2.2.6}$$

的所有非零解振动.

证明　常系数二阶齐线性方程

$$x'' + mx = 0$$

有一个非零解 $x = \sin\sqrt{m}(x-a)$, 它有一系列零点 $a + \dfrac{k}{\sqrt{m}}\pi$, $k = 0, 1, 2, \cdots$. 由 Sturm 比较定理知, 方程 (2.2.6) 的任一非零解都有零点分别位于 $\left[a + \dfrac{k}{\sqrt{m}}\pi, a + \dfrac{k+1}{\sqrt{m}}\pi\right]$ 上, $k = 0, 1, 2, \cdots$, 从而方程为振动的.

进一步还可以证明方程(2.2.6)的任一非零解的两个相邻零点间的距离不超过 $\dfrac{\pi}{\sqrt{m}}$. 事实上, 若方程 (2.2.6) 有一个非零解 $\varphi(t)$ 有两个相邻零点 t_1, t_2, 使 $t_2 -$

$t_1 > \dfrac{\pi}{\sqrt{m}}$, 则存在 t_3, 使 $\left[t_3, t_3 + \dfrac{\pi}{\sqrt{m}}\right] \subset (t_1, t_2)$. 方程 $x'' + mx = 0$ 有一个非零

解 $\sin\sqrt{m}(t - t_3)$, $t_3, t_3 + \dfrac{\pi}{\sqrt{m}}$ 是它的两个相邻零点, 从而由比较定理知 $\varphi(t)$ 在

$\left[t_3, t_3 + \dfrac{\pi}{\sqrt{m}}\right]$ 上有零点, 从而说明 $\varphi(t)$ 在 (t_1, t_2) 内有零点, 与 t_1, t_2 是两个相邻

零点矛盾.

若将条件改为 $Q(x) > m$, 则上述结果还可以修正为方程 (2.2.6) 的任一非零解

的两个相邻零点间的距离小于 $\dfrac{\pi}{\sqrt{m}}$.

例 2.2.2　设 $Q(t)$ 在 $[a, \infty)$ 上连续且满足不等式

$$Q(t) \leqslant 0, \quad t \in [a, \infty),$$

则微分方程 (2.2.6) 是非振动的.

证明　若方程存在振动解 $\varphi(t)$, 设 t_1, t_2 是它的两个相邻零点, 则由 Sturm 比较定理知方程

$$x'' = 0$$

的任一非零解在 $[t_1, t_2]$ 上有零点, 但此方程有非零解 $x = 1$, 它没有零点, 矛盾. 说明方程 (2.2.6) 的任一非零解都不可能有两个零点, 当然是非振动的.

例 2.2.3　设 $q \in C(a, \infty)$ 且存在常数 $M > 0$, 使

$$q(x) \leqslant M, \quad x \in (a, \infty),$$

则方程

$$y'' + q(x)y = 0$$

的任一非零解 $y = \varphi(x)$ 的相邻零点距不小于 $\dfrac{\pi}{\sqrt{M}}$.

证明　设 $x_1 < x_2$ 是方程的两个相邻零点, 则由 Sturm 比较定理知, 方程

$$y'' + My = 0 \tag{2.2.7}$$

的任一非零解都在 $[x_1, x_2]$ 上有零点. 若 $x_2 - x_1 < \dfrac{\pi}{\sqrt{M}}$, 则存在 x_*, 使

$$x_* < x_1 < x_2 < x_* + \dfrac{\pi}{\sqrt{M}}.$$

由于方程 (2.2.7) 有一个非零解 $y = \sin\sqrt{M}(x - x_*)$, 它有两个相邻零点 $x_*, x_* + \dfrac{\pi}{\sqrt{M}}$, 从而它在 $[x_1, x_2]$ 上没有零点, 矛盾. 结论证毕.

若将条件改为 $Q(x) < M$, 则结论还可修正为方程非零解的两个相邻零点间的

距离大于 $\dfrac{\pi}{\sqrt{M}}$.

例 2.2.4 设 $Q \in C(R, R)$ 以 2π 为周期, 且存在非负整数 n, 使

$$n^2 < Q(x) < (n+1)^2,$$

则微分方程

$$y'' + Q(x)y = 0$$

的任何非零解都不是 2π 周期的.

证明 先设 $n > 0$. 则由例 2.2.1 和例 2.2.3 知方程的任一非零解振动, 且相邻零点距 d 满足 $d \in \left(\dfrac{\pi}{n+1}, \dfrac{\pi}{n} \right)$, 由前面的讨论知 $\varphi(t)$ 在两相邻零点的一阶导数是异号. 于是, 如果 $\varphi(t)$ 是以 2π 为周期的, 那么非零解有两个零点 t_0 和 $t_0 + 2\pi$, 且 $\varphi'(t_0) = \varphi'(t_0 + 2\pi)$. 从而, $\varphi(t)$ 在 $[t_0, t_0 + 2\pi]$ 上的零点必为奇数个, 设为 $t_0 < t_1 < \cdots < t_{2k+1} = t_0 + 2\pi$, 则它们的间距之和为 2π, 且满足

$$\frac{2k\pi}{n+1} < 2\pi < \frac{2k\pi}{n},$$

由此可得

$$n < k < n+1,$$

这与 k 是整数矛盾. 故 $\varphi(t)$ 不是 2π 周期的.

若 $n = 0$, 类似可证. 结论证毕.

Sturm 比较定理可以很容易推广到较一般的二阶齐线性方程.

定理 2.2.3 设 $x(t), y(t)$ 分别是二阶齐线性方程

$$x'' + a(t)x' + q_1(t)x = 0, \tag{2.2.8}$$

$$y'' + a(t)y' + q_2(t)y = 0 \tag{2.2.9}$$

的非零解, 其中 $a, q_1, q_2 \in C(J)$, 且 $t \in J$ 成立 $q_1(t) \leqslant q_2(t)$. 如果 $\alpha < \beta \in J$ 是 $x(t)$ 的两个相邻零点, 那么 $y(t)$ 在 $[\alpha, \beta]$ 上至少有一个零点.

证明 不妨设 $t \in (\alpha, \beta)$ 时有 $x(t) > 0$, 从而有 $x'(\alpha) > 0, x'(\beta) < 0$. 将方程 (2.2.8) 两端同乘以 $y(t)$, 方程 (2.2.9) 两端同乘以 $x(t)$, 然后两式相减, 可得

$$(x'y - xy')' + a(t)(x'y - xy') = (q_2(t) - q_1(t))xy, \tag{2.2.10}$$

将上式两端同乘以 $\exp\left(\displaystyle\int_\alpha^t a(s)\mathrm{d}s \right)$, 再从 α 到 β 积分, 注意到 $x(\alpha) = x(\beta) = 0$, 就有

$$\exp\left(\int_\alpha^\beta a(s)\mathrm{d}s \right) x'(\beta)y(\beta) - x'(\alpha)y(\alpha) = \int_\alpha^\beta \exp\left(\int_\alpha^t a(s)\mathrm{d}s \right)(q_2(t) - q_1(t))x(t)y(t)\mathrm{d}t.$$

若 $y(t)$ 在 $[\alpha, \beta]$ 上无零点, 不妨设 $y(t) > 0, t \in [\alpha, \beta]$, 则上式左端为负, 右端非负, 矛盾. 定理证毕.

注 2.2.2　若将方程 (2.2.8) 和 (2.2.9) 写成自共轭形式

$$(p(t)x')' + q_1(t)x = 0, \quad (p(t)y')' + q_2(t)y = 0,$$

则 (2.2.10) 式为

$$(p(t)(x'y - xy'))' = (q_2(t) - q_1(t))xy. \tag{2.2.11}$$

两边从 α 到 β 积分, 就可证明结论.

将 Sturm 比较定理推广到如下形式的二阶齐线性方程

$$(p_1(t)x')' + q_1(t)x = 0, \tag{2.2.12}$$

$$(p_2(t)y')' + q_2(t)y = 0 \tag{2.2.13}$$

时遇到了困难. 定理证明过程中重要的等式 (2.2.4) 和 (2.2.10) 变成了

$$(p_1(t)x'y - p_2(t)xy')' = (q_2(t) - q_1(t))xy + (p_1(t) - p_2(t))x'y'.$$

上式右端第二项有因子 $x'y'$. 这个困难被 Picone 克服了. 他发现了如下恒等式.

引理 2.2.2　设 $q \in C(J)$, $p \in C^1(J)$, $x, y \in C^2(J)$, 当 $t \in J$ 时有 $y(t) \neq 0$, 则有

$$\left(\frac{px^2y'}{y}\right)' = px'^2 - qx^2 - py^2\left[\left(\frac{x}{y}\right)'\right]^2 + \frac{x^2}{y}\left((py')' + qy\right), \tag{2.2.14}$$

$$(pxx')' = px'^2 - qx^2 + x[(px')' + qx]. \tag{2.2.15}$$

进一步, 若 x, y 分别是方程 (2.2.12) 和 (2.2.13) 的非零解, 且在 J 上有 $y(t) \neq 0$, 则有

$$\frac{\mathrm{d}}{\mathrm{d}t}\left[\frac{x}{y}(p_1x'y - p_2xy')\right] = (q_2 - q_1)x^2 + (p_1 - p_2)(x')^2 + p_2y^2\left[\left(\frac{x}{y}\right)'\right]^2. \tag{2.2.16}$$

定理 2.2.4(Sturm–Picone 比较定理)　设 $x(t)$, $y(t)$ 分别是方程 (2.2.12) 和 (2.2.13) 的非零解. $p_1, p_2 \in C^1(J)$, $q_1, q_2 \in C(J)$, 且满足

$$0 < p_2(t) \leqslant p_1(t), \quad q_2(t) \geqslant q_1(t), \quad t \in J. \tag{2.2.17}$$

如果 $\alpha, \beta \in J$ 是 $x(t)$ 的两个相邻零点, 那么 $y(t)$ 在 $[\alpha, \beta]$ 上有零点.

证明　如果 $y(t)$ 在 $[\alpha, \beta]$ 上无零点, 不妨设 $y(t) > 0, t \in [\alpha, \beta]$, 那么在 $[\alpha, \beta]$ 上成立 (2.2.16) 式, 从而两边从 α 到 β 积分, 利用 $x(\alpha) = x(\beta) = 0$, 便有

$$\int_\alpha^\beta \left[(q_2 - q_1)x^2 + (p_1 - p_2)(x')^2 + p_2y^2\left(\left(\frac{x}{y}\right)'\right)^2\right] \mathrm{d}t = 0.$$

从而必有

$$\left(\frac{x}{y}\right)' = 0,$$

由此可得 $y = cx$, 从而 $y(\alpha) = y(\beta) = 0$, 与 $y(t)$ 在 $[\alpha, \beta]$ 上无零点矛盾. 定理证毕.

1962 年 Leighton 利用变分学的一个基本恒等式, 在很一般的情况下证明了 Sturm 比较定理.

设 $p_1, p_2 \in C^1[\alpha, \beta]$, $q_1, q_2 \in C[\alpha, \beta]$, 定义空间

$$X = \{x \in C^1[\alpha, \beta], x(\alpha) = x(\beta) = 0\}$$

上的两个泛函为

$$J_i(x) = \int_\alpha^\beta \left(p_i(t)x'^2(t) - q_i(t)x^2(t)\right) \mathrm{d}t, \quad i = 1, 2,$$

则由分部积分法可得

$$\int_\alpha^\beta x(t) L_i[x](t)\mathrm{d}t + J_i(x) = p_i(t)x(t)x'(t)\Big|_\alpha^\beta, \quad i = 1, 2,$$

其中

$$L_i[x] = (p_i(t)x')' + q_i(t)x, \quad i = 1, 2.$$

引理 2.2.3 如果存在一个不恒等于零的函数 $x \in X$, 使得 $J_2(x) \leqslant 0$, 那么方程 $L_2 y = 0$ 的每一个解在 (α, β) 内至少有一个零点, 或与 $x(t)$ 相差一个常数因子.

证明 设方程 $L_2 y = 0$ 有一非零解 y, 在 (α, β) 内 $y(t) \neq 0$, 则由引理 2.2.2 知有恒等式

$$p_2 y^2 \left[\left(\frac{x}{y}\right)'\right]^2 + \left(\frac{p_2 x^2 y'}{y}\right)' = p_2 x'^2 - q_2 x^2,$$

两边从 α 到 β 积分, 就有

$$J_2(x) = \int_\alpha^\beta p_2 y^2 \left[\left(\frac{x}{y}\right)'\right]^2 \mathrm{d}t + \frac{p_2 x^2 y'}{y}\Big|_\alpha^\beta. \tag{2.2.18}$$

下面分三种情况讨论.

(i) $y(\alpha) \neq 0, y(\beta) \neq 0$. 则由 (2.2.17) 式和引理条件有

$$0 \geqslant J_2(x) = \int_\alpha^\beta \left[\left(\frac{x}{y}\right)'\right]^2 \mathrm{d}t \geqslant 0, \tag{2.2.19}$$

从而必有 $\left(\frac{x}{y}\right)' = 0$, 于是存在常数 k, 使 $y(t) = kx(t)$, 进而 $y(\alpha) = kx(\alpha) = 0$, $y(\beta) = kx(\beta) = 0$, 矛盾.

(ii) $y(\alpha) = y(\beta) = 0$. 此时必有 $y'(\alpha) \neq 0, y'(\beta) \neq 0$, 应用 L'Hospital 法则得

$$\lim_{t \to \beta-} \frac{p_2(t)x^2(t)y'(t)}{y(t)} = \lim_{t \to \beta-} \frac{2p_2(t)x(t)x'(t)y'(t) - q_2(t)x^2(t)y(t)}{y'(t)} = 0.$$

同样有

$$\lim_{t \to \alpha+} \frac{p_2(t)x^2(t)y'(t)}{y(t)} = 0.$$

于是由 (2.2.18) 式知, 有 (2.2.19) 式成立, 从而存在常数 k, 使 $y(t) = kx(t)$.

(iii) $y(\alpha) = 0, y(\beta) \neq 0$ 或 $y(\alpha) \neq 0, y(\beta) = 0$. 与 (i), (ii) 类似可得矛盾. 引理证毕.

定义泛函

$$V(x) = \int_\alpha^\beta [(p_1 - p_2)x'^2 + (q_2 - q_1)x^2] \mathrm{d}t.$$

定理 2.2.5　设 x 是方程 $L_1 x = 0$ 的一个非零解, α, β 是它的两个相邻零点. 如果 $V(x) \geqslant 0$, 那么方程 $L_2 y = 0$ 的每一个解在 (α, β) 内至少有一个零点, 或与 $x(t)$ 相差一个常数因子.

证明　由 $L_1 x = 0$ 及 $x(\alpha) = x(\beta) = 0$ 知, 有 $J_1(x) = 0$, 从而由 $J_1(x) - J_2(x) = V(x) \geqslant 0$ 知, $J_2(x) \leqslant 0$, 引理 2.2.3 的条件全部满足, 从而结论成立. 定理证毕.

1968 年, Leighton 得到了与方程解的一阶导数有关的几个比较定理.

定理 2.2.6　设 $x(t)$ 是方程 (2.2.12) 的一个非零解, 满足 $x(\alpha) = 0, x'(\beta) = 0$, $\alpha < \beta$, 且有

$$\int_\alpha^\beta \left[(p_1 - p_2)x'^2 + (q_2 - q_1)x^2\right] \mathrm{d}t \geqslant 0. \tag{2.2.20}$$

又设 $y(t)$ 是方程 (2.2.13) 的满足 $y(\alpha) = 0$ 的一个非零解, 则必存在 $\tau \in (\alpha, \beta]$, 使 $y'(\tau) = 0$. 如果 $\tau = \beta$, 那么有 $p_1 = p_2, q_1 = q_2$.

证明　若存在 $t^* \in (\alpha, \beta]$, 使 $y(t^*) = 0$, 则由微分中值定理知结论成立. 下面设当 $t \in (\alpha, \beta]$ 时, 有 $y(t) \neq 0$. 不妨设 $y(t) > 0$, 于是由引理 2.2.2 有

$$\frac{\mathrm{d}}{\mathrm{d}t}\left[\frac{x}{y}(p_1 x' y - p_2 x y')\right] = (q_2 - q_1)x^2 + (p_1 - p_2)(x')^2 + p_2 y^2 \left[\left(\frac{x}{y}\right)'\right]^2.$$

两边从 α 到 β 积分, 就有

$$-\frac{p_2(\beta)x^2(\beta)y'(\beta)}{y(\beta)} \geqslant 0,$$

从而必有 $y'(\beta) \leqslant 0$. 而由 $y(\alpha) = 0, y(t) > 0$ 知, 必有 $y'(\alpha) > 0$. 故由介值定理知, 存在 $\tau \in (\alpha, \beta]$, 使 $y'(\tau) = 0$.

若 $y'(\beta) = 0$, 则有

$$\int_{\alpha}^{\beta} \left[(q_2 - q_1)x^2 + (p_1 - p_2)(x')^2 + p_2 y^2 \left[\left(\frac{x}{y} \right)' \right]^2 \right] \mathrm{d}t = 0.$$

从而必有 $p_1 = p_2, q_1 = q_2$. 定理证毕.

定理 2.2.7 设 $p_1 \geqslant p_2 > 0, 0 < q_1 \leqslant q_2$. α, β 是方程 (2.2.12) 的一个非零解 $x(t)$ 的导函数 $x'(t)$ 的两个相邻零点. $y(t)$ 是方程 (2.2.13) 满足 $y(\alpha) = 0$ 的任一非零解, 则 $y'(t)$ 在 (α, β) 内有一零点.

证明 作变换 $u = p_1 x'$, $v = p_2 y'$, 则有

$$\left(\frac{u'}{q_1} \right)' + \frac{u}{p_1} = 0, \tag{2.2.21}$$

$$\left(\frac{v'}{q_2} \right)' + \frac{v}{p_2} = 0. \tag{2.2.22}$$

由于

$$\frac{1}{p_1} \leqslant \frac{1}{p_2}, \quad \frac{1}{q_1} \geqslant \frac{1}{q_2},$$

由定理 2.2.4 知 $v(t)$ 在 (α, β) 内有零点, 从而 $y'(t)$ 在 (α, β) 内有零点. 定理证毕.

由定理 2.2.7 易得如下的导函数零点分离定理.

定理 2.2.8 设 $p > 0, q > 0$, 则方程

$$(p(t)x')' + q(t)x = 0 \tag{2.2.23}$$

的两个线性无关解 x_1, x_2 的导函数的零点是互相交错的.

本节最后介绍常微分方程振动性的一个基本结果. 对于二阶线性方程 (2.2.23), 其中 $p \in C^1[0, \infty)$, $q \in C[0, \infty)$, 由 Sturm 零点分离定理知, 若方程有一个非零解振动, 则方程的所有非零解都是振动的. 这时, 称方程为振动的. 反之, 若方程存在一个非振动解, 则方程的所有非零解都是非振动. 称方程是非振动的. 由前面的例子知, 当 $p(t) = 1$ 时, 若 $q(t) \leqslant 0$, 则方程是非振动的; 若 $q(t) \geqslant m > 0$, 则方程是振动的. 下面讨论方程的振动性.

首先给出方程非振动解的一些性质.

引理 2.2.4 设方程 (2.2.23) 是非振动的, 则它必存在两个线性无关解 $x_1(t)$, $x_2(t)$, 满足

$$\lim_{t \to \infty} \frac{x_1(t)}{x_2(t)} = 0, \tag{2.2.24}$$

$$\int^{\infty} \frac{\mathrm{d}s}{p(s)x_1^2(s)} = \infty, \tag{2.2.25}$$

$$\int^{\infty} \frac{\mathrm{d}s}{p(s)x_2^2(s)} < \infty. \tag{2.2.26}$$

证明 设 $x(t), y(t)$ 是方程 (2.2.23) 的两个线性无关解, 则有

$$p(t)(x'(t)y(t) - x(t)y'(t)) = c \neq 0.$$

设当 $t \geqslant t_0$ 时, $x(t), y(t)$ 都没有零点, 则有

$$\left(\frac{x(t)}{y(t)}\right)' = \frac{c}{p(t)y^2(t)} \neq 0,$$

从而 $\dfrac{x(t)}{y(t)}$ 在 $[t_0, \infty)$ 是单调函数. 记 $\displaystyle\lim_{t \to \infty} \frac{x(t)}{y(t)} = L$. 下面分三种情况讨论.

(i) $L = 0$, 记 $x_1(t) = x(t), x_2(t) = y(t)$, 则 (2.2.24) 式成立;

(ii) $L = \infty$, 记 $x_1(t) = y(t), x_2(t) = x(t)$, 则 (2.2.25) 式成立;

(iii) $L \in R\backslash\{0\}$, 记 $x_1(t) = x(t) - Ly(t), x_2(t) = y(t)$, 则 (2.2.26) 式成立.

对满足 (2.2.24) 式的解 $x_1(t), x_2(t)$, 同样有

$$\left(\frac{x_1(t)}{x_2(t)}\right)' = \frac{c}{p(t)x_2^2(t)} \neq 0, \tag{2.2.27}$$

两边从 t_0 到 t 积分, 就有

$$c \int_{t_0}^{t} \frac{\mathrm{d}s}{p(s)x_2^2(s)} = \frac{x_1(t)}{x_2(t)} - \frac{x_1(t_0)}{x_2(t_0)},$$

令 $t \to \infty$, 就知 (2.2.26) 式成立. 与 (2.2.27) 式同样, 有

$$\left(\frac{x_2(t)}{x_1(t)}\right)' = \frac{c}{p(t)x_1^2(t)} \neq 0,$$

两边从 t_0 到 t 积分, 就有

$$c \int_{t_0}^{t} \frac{\mathrm{d}s}{p(s)x_1^2(s)} = \frac{x_2(t)}{x_1(t)} - \frac{x_2(t_0)}{x_1(t_0)},$$

令 $t \to \infty$, 就知 (2.2.25) 式成立. 引理证毕.

进一步还有如下引理.

引理 2.2.5　设方程 (2.2.23) 是非振动的, 则它的任意两个线性无关解 $x_1(t)$, $x_2(t)$, 满足

$$\int_{t_0}^{\infty} \frac{\mathrm{d}s}{p(s)(x_1^2(s) + x_2^2(s))} < \infty. \tag{2.2.28}$$

证明　由引理 2.2.4 知, 存在解 $z(t)$ 满足

$$\int_{t_0}^{\infty} \frac{\mathrm{d}s}{p(s)z^2(s)} < \infty.$$

于是对方程任意两个线性无关解 $x_1(t), x_2(t)$, 存在常数 c_1, c_2, 使

$$z(t) = c_1 x_1(t) + c_2 x_2(t).$$

显然 c_1, c_2 不全为零. 于是, 记 $\gamma = \max\{|c_1|, |c_2|\}$, 则有

$$z^2(t) \leqslant \gamma^2(|x_1(t)| + |x_2(t)|)^2 \leqslant 2\gamma^2(x_1^2(t) + x_2^2(t)).$$

从而

$$\int_{t_0}^{\infty} \frac{\mathrm{d}s}{p(s)(x_1^2(s) + x_2^2(s))} \leqslant 2\gamma^2 \int_{t_0}^{\infty} \frac{\mathrm{d}s}{p(s)z^2(s)} < \infty.$$

引理证毕.

定理 2.2.9 设 $p, q \in C[0, \infty)$, $p(t) > 0$. 如果存在 $t_0 > 0$, 使

$$\int_{t_0}^{\infty} \frac{\mathrm{d}s}{p(s)} = \infty, \quad \int_{t_0}^{\infty} q(s)\mathrm{d}s = \infty, \tag{2.2.29}$$

那么方程 (2.2.23) 振动.

证明 若方程 (2.2.23) 存在一个非振动解 $x(t)$, 不失一般性, 设为最终正解, 则存在 $t_0 > 0$, 使当 $t \in [t_0, \infty)$ 时, 有 $x(t) > 0$. 令

$$u(t) = -\frac{p(t)x'(t)}{x(t)},$$

则 $u(t)$ 满足

$$u'(t) = \frac{u^2(t)}{p(t)} + q(t) \geqslant q(t),$$

对上式两边从 t_0 到 t 积分, 有

$$u(t) - u(t_0) \geqslant \int_{t_0}^{t} q(s)\mathrm{d}s \to \infty, \quad t \to \infty,$$

可知, 存在 $T > t_0$, 使当 $t \in [T, \infty)$ 时, 有 $u(t) > 0$, 从而 $x'(t) < 0$. 于是 $x(t)$ 在 $[t_0, \infty)$ 有界. 设 $x_1(t), x_2(t)$ 是方程的两个线性无关解, 则它们都是非振动的, 从而都是有界的. 所以 $x_1^2(t) + x_2^2(t)$ 也是有界的正函数. 于是由条件就有

$$\int_{t_0}^{\infty} \frac{\mathrm{d}s}{p(s)(x_1^2(s) + x_2^2(s))} \geqslant \frac{1}{M} \int_{t_0}^{\infty} \frac{\mathrm{d}s}{p(s)} = \infty.$$

而由引理 2.2.5 知

$$\int_{t_0}^{\infty} \frac{\mathrm{d}s}{p(s)(x_1^2(s) + x_2^2(s))} < \infty,$$

矛盾. 故方程的所有解振动. 定理证毕.

习 题 2.2

1. 证明引理 2.2.2.

2. 设 $a(t), b(t)$ 为区间 I 上的连续函数且

$$b(t) \leqslant 0, \quad t \in I,$$

则方程

$$x'' + a(t)x' + b(t)x = 0$$

的非零解至多存在一个零点.

3. 设 $q(t)$ 在 $(0, \infty)$ 内连续且满足

$$q(t) \leqslant \frac{a}{t^2}, \quad t \in (0, \infty),$$

其中常数 $a < \frac{1}{4}$, 则方程

$$x'' + q(t)x = 0 \tag{*}$$

的非零解的零点集有界.

4. 设 $q(t)$ 在 $(0, \infty)$ 内连续且满足

$$q(t) \geqslant \frac{1}{4t^2}, \quad t \in (0, \infty),$$

则方程 $(*)$ 的所有非零解振动.

2.3 非线性边值问题

2.3.1 基本概念

考虑二阶非线性微分方程

$$y'' + f(t, y, y') = 0, \tag{2.3.1}$$

其中 f 在所定义的区域内连续. 边界条件分别为

$$y(a) = A, \quad y(b) = B, \tag{2.3.2}$$

$$y(a) = A, \quad y'(b) = m, \tag{2.3.3}$$

$$y'(a) = m, \quad y(b) = B, \tag{2.3.4}$$

边值问题 (2.3.1) 和 (2.3.2) 称为第一边值问题, (2.3.1) 式和 (2.3.3) 式, (2.3.1) 式和 (2.3.4) 式称为第二边值问题. 关于边值问题, 主要讨论解的存在性和唯一性.

例 2.3.1   讨论下列第一边值问题解的存在唯一性

$$\begin{cases} y'' + |y| = 0, \\ y(0) = 0, \quad y(b) = B. \end{cases}$$

解   先讨论如下初值问题的解

$$\begin{cases} y'' + |y| = 0, \\ y(0) = 0, \quad y'(0) = m. \end{cases}$$

情形 I: $m = 0$. 此时初值问题有唯一解 $y = 0$.

情形 II: $m < 0$. 可以证明, 在初值问题解的右行最大存在区间内, 有 $y(x) < 0$, 从而此时解满足方程

$$y'' - y = 0.$$

于是可求得初值问题的唯一解为

$$y = m \sinh t, \quad t \in [0, \infty).$$

情形Ⅲ：$m > 0$. 初值问题的解在原点的某右邻域内为正, 从而满足方程

$$y'' + y = 0.$$

于是可以求得

$$y = m \sin t, \quad t \in [0, \pi].$$

解由 $t = \pi$ 向右延展时, 满足

$$\begin{cases} y'' - y = 0, \\ y(\pi) = 0, \quad y'(\pi) = -m. \end{cases}$$

从而可求得

$$y = -m \sinh(t - \pi), \quad t \in [\pi, \infty).$$

故此时初值问题的解为

$$y = \begin{cases} m \sin t, & t \in [0, \pi], \\ -m \sinh(t - \pi), & t \in [\pi, \infty). \end{cases}$$

综合上述情况, 可知边值问题的解的情况为

$b < \pi$, $B \in R$, 唯一解.

$$b = \pi, \begin{cases} B > 0, & \text{无解}, \\ B = 0, & \text{无穷多解}, \\ B < 0, & \text{唯一解}. \end{cases}$$

$$b > \pi, \begin{cases} B > 0, & \text{无解}, \\ B = 0, & \text{唯一解}, \\ B < 0, & \text{两个解}. \end{cases}$$

这种由初值问题的解得到边值问题解的存在性的方法称为打靶法 (shooting method). 下面介绍一个较为一般的结论.

设 $f(t, y, z)$ 在 $[a, b] \times R^2$ 连续有界, 且关于 (y, z) 满足 Lipschitz 条件, 则第一边值问题 (2.3.1) 和 (2.3.2) 存在解.

设 $|f(t, y, z)| \leqslant N$, 由条件知方程 (2.3.1) 满足初始条件

$$y(a) = A, \quad y'(a) = m \tag{2.3.5}$$

的解 $y(t, m)$ 在 $[a, b]$ 上唯一存在, 且满足

$$y'(t,m) = y'(a,m) - \int_a^t f(s, y(s,m), y'(s,m))\mathrm{d}s \geqslant m - N(t-a),$$

由此可得

$$\begin{aligned}
y(t,m) &= y(a,m) + \int_a^t y'(s,m)\mathrm{d}s \\
&\geqslant A + \int_a^t (m - N(s-a))\mathrm{d}s = A + m(t-a) - \frac{N}{2}(t-a)^2.
\end{aligned}$$

同样可得

$$y(t,m) \leqslant A + m(t-a) + \frac{N}{2}(t-a)^2.$$

于是由解的唯一性及解关于初值的连续依赖性知, $y(b,m)$ 作为 m 的函数其值域为 R, 从而存在 $m_0 \in R$, 使 $y(b, m_0) = B$, 即对应的初值问题的解就是边值问题 (2.3.1) 和 (2.3.2) 的解.

2.3.2　两类边值问题之间的关系

下面讨论两类边值问题的解的存在性区间和唯一性区间之间的关系.

如果第一边值问题 (2.3.1) 和 (2.3.2) 存在两个解 $y_1(t)$ 与 $y_2(t)$, 则函数 $y_1(t) - y_2(t)$ 在区间 $[a,b]$ 上满足罗尔中值定理的条件, 从而存在 $c \in (a,b)$, 使得 $y_1'(c) = y_2'(c)$. 记 $y_1'(c) = m$, 则 $y_1(t)$ 和 $y_2(t)$ 分别是方程 (2.3.1) 满足第二类边界条件

$$y(a) = A, \quad y'(c) = m \tag{2.3.6}$$

和

$$y'(c) = m, \quad y(b) = B \tag{2.3.7}$$

的解. 于是证明了下述两类边值问题唯一性区间之间的关系.

定理 2.3.1　设 $a < c < b$. 如果对任意的 $c' \in (a, c]$, 所有的第二边值问题 (2.3.1) 和

$$y(a) = A, \quad y'(c') = m \tag{2.3.8}$$

的唯一性都成立, 且对任意的 $c' \in (c, b)$, 所有的第二边值问题 (2.3.1) 和

$$y'(c') = m, \quad y(b) = B \tag{2.3.9}$$

的唯一性也都成立, 则第一边值问题 (2.3.1) 和 (2.3.2) 的唯一性成立.

定理 2.3.1 表明, 第一边值问题的唯一性区间总是至少和两个第二边值问题的任何一个的唯一性区间一样大. 下面结合存在性来讨论.

设在区间 $[a,b]$ 上所有初值问题均有唯一解, $c \in [a,b]$, 对所有 $c' \in [a, c]$, 第二边值问题 (2.3.1) 和 (2.3.8) 均有唯一解. 记边值问题 (2.3.1) 和 (2.3.6) 的解为 $y_1(t,m)$, 则 $y_1'(t,m)$ 和 $y_1(t,m)$ 关于 m 都是严格单调增加的. 事实上, 如果 $m_1 < m_2$, 那么在 c 的某左邻域内有

$$y_1'(t, m_1) < y_1'(t, m_2). \tag{2.3.10}$$

上述不等式 $[a, c]$ 上成立. 若不然, 则存在 $c' \in [a, c)$, 使 $y_1'(c', m_1) = y_1'(c', m_2)$, 且 (2.3.10) 式在 $(c', c]$ 内成立. 若 $c' > a$, 则由第二边值问题解的唯一性知, $y_1(c', m_1) = y_1(c', m_2)$. 从而 $y_1(t, m_1)$ 与 $y_1(t, m_2)$ 在 c' 点满足相同的初始条件, 这与初值问题解的唯一性矛盾. 若 $c' = a$, 同样与初值问题解的唯一性矛盾. 故 (2.3.10) 式在 $[a, c]$ 上成立. 进一步, 当 $t \in [a, c]$ 时, 有

$$y_1(t, m_1) = A + \int_a^t y_1'(s, m_1)\mathrm{d}s < A + \int_a^t y_1'(s, m_2)\mathrm{d}s = y_1(t, m_2).$$

类似地, 如果对任意 $c' \in [c, b]$, 第二边值问题 (2.3.1) 和 (2.3.9) 都有唯一解, 那么边值问题 (2.3.1) 和 (2.3.7) 的解 $y_2(t, m)$ 关于 m 严格单调减少, $y_2'(t, m)$ 关于 m 严格单调增加.

注意到一个基本事实, 一个单调函数在一个区间上没有跳跃间断点, 则它在区间上连续. 于是, 如果对任意实数 C, 方程 (2.3.1) 分别满足边界条件

$$y(a) = A, \quad y(c) = C \tag{2.3.11}$$

和

$$y(c) = C, \quad y(b) = B \tag{2.3.12}$$

的解存在, 则函数 $y_1(c, m)$ 和 $y_2(c, m)$ 都是值域为 R 的单调函数, 从而为连续函数. 再利用这两个函数的单调性, 就知存在 $m_0 \in R$, 使得

$$y_1(c, m_0) = y_2(c, m_0). \tag{2.3.13}$$

定义函数

$$y(t) = \begin{cases} y_1(t, m_0), & t \in [a, c], \\ y_2(t, m_0), & t \in [c, b], \end{cases}$$

则这个函数就是第一边值问题 (2.3.1) 和 (2.3.2) 的解, 再注意到定理 2.3.1, 它还是唯一解. 于是有下面的结论.

定理 2.3.2 设 $c \in (a, b)$. 如果所有初值问题在 $[a, b]$ 上存在唯一解, 对于任意 $c' \in (a, c]$, 任意 $m \in R$, 第二边值问题 (2.3.1) 和 (2.3.8) 存在唯一解, 对于任意 $c' \in [c, b)$, 任意 $m \in R$, 第二边值问题 (2.3.1) 和 (2.3.9) 存在唯一解, 对于任意 $C \in R$, 第一边值问题 (2.3.1) 和 (2.3.11) 及 (2.3.1) 和 (2.3.12) 都存在唯一解, 则第一边值问题 (2.3.1) 和 (2.3.2) 存在唯一解.

2.3.3 Picard 迭代法

先讨论方程

$$y'' + f(t, y) = 0, \tag{2.3.14}$$

其中 $f \in C([a,b] \times R)$, 关于 y 满足 Lipschitz 条件, 即存在 $K > 0$, 使对任意 $(t, y_1), (t, y_2) \in [a, b] \times R$, 有

$$|f(t, y_1) - f(t, y_2)| \leqslant K|y_1 - y_2|. \tag{2.3.15}$$

设 $y(t)$ 是第一边值问题 (2.3.14) 和 (2.3.2) 的解, 则

$$w(t) = y(t) - l(t)$$

是边值问题

$$\begin{cases} w'' + F(t, w) = 0, \\ w(a) = 0, \ w(b) = 0 \end{cases}$$

的解, 其中

$$F(t, w(t)) = f(t, w(t) + l(t)), \quad l(t) = \frac{bA - aB + (B - A)t}{b - a}.$$

F 与 f 满足相同的 Lipschitz 条件. 不失一般性, 讨论边值问题 (2.3.14) 和

$$y(a) = 0, \quad y(b) = 0. \tag{2.3.16}$$

记

$$G(t, s) = \begin{cases} \dfrac{(b - t)(s - a)}{b - a}, & a \leqslant s \leqslant t \leqslant b, \\[3mm] \dfrac{(b - s)(t - a)}{b - a}, & a \leqslant t \leqslant s \leqslant b, \end{cases}$$

则第一边值问题 (2.3.14) 和 (2.3.16) 等价于

$$y(t) = \int_a^b G(t, s) f(s, y(s)) \mathrm{d}s, \quad t \in [a, b]. \tag{2.3.17}$$

令 X 为连续函数空间 $C[a, b]$, 范数为

$$\|u\| = \max_{t \in [a,b]} |u(t)|,$$

则 X 为一 Banach 空间. 定义 X 上的映射 T 为

$$Tu(t) = \int_a^b G(t, s) f(s, u(s)) \mathrm{d}s,$$

则对任意的 $u, v \in X$, 有

$$\begin{aligned} |Tu(t) - Tv(t)| &\leqslant \int_a^b G(t, s)|f(s, u(s)) - f(s, v(s))| \mathrm{d}s \\ &\leqslant \int_a^b G(t, s) K|u(s) - v(s)| \mathrm{d}s \\ &\leqslant K\|u - v\| \int_a^b G(t, s) \mathrm{d}s \\ &\leqslant \frac{K(b - a)^2}{8} \|u - v\|. \end{aligned}$$

于是当 $\dfrac{K(b-a)^2}{8} < 1$ 时, 边值问题 (2.3.14) 和 (2.3.16) 有唯一解存在. 这个结果不是最好的. 为了改进这个结果, 重新定义空间 X 的范数为

$$\|u\| = \max_{t \in [a,b]} \frac{|u(t)|}{w(t)},$$

其中 $w(t)$ 是在 $[a,b]$ 上严格正的待定函数. 在这个范数下, 有

$$\frac{|Tu(t) - Tv(t)|}{w(t)} \leqslant \frac{1}{w(t)} \int_a^b G(t,s)|f(s,u(s)) - f(s,v(s))|\mathrm{d}s$$

$$\leqslant \frac{1}{w(t)} \int_a^b G(t,s)Kw(s)\frac{|u(s) - v(s)|}{w(s)}\mathrm{d}s$$

$$\leqslant \frac{K}{w(t)}\|u - v\| \int_a^b G(t,s)w(s)\mathrm{d}s$$

$$\leqslant \alpha\|u - v\|,$$

其中

$$\alpha = K \max_{t \in [a,b]} \frac{1}{w(t)} \int_a^b G(t,s)w(s)\mathrm{d}s.$$

现在的问题是如何选择函数 $w(t)$, 使 $\alpha < 1$, 且区间 $[a,b]$ 尽可能大. 先考虑求这样的函数 $w_0(t)$, 它在 a, b 处为零, 在 (a,b) 内为正, 并且满足积分方程

$$K\frac{1}{w(t)} \int_a^b G(t,s)w(s)\mathrm{d}s = 1.$$

这等价于求解边值问题

$$\begin{cases} w'' + Kw = 0, \\ w(a) = 0, \quad w(b) = 0, \\ w(t) > 0, \quad t \in (a,b). \end{cases}$$

方程的通解为

$$w = C_1 \cos \sqrt{K}t + C_2 \sin \sqrt{K}t = \sqrt{C_1^2 + C_2^2} \sin(\sqrt{K}t + \theta),$$

再由边界条件, 就知问题有解的充分必要条件为存在自然数 n, 使

$$\sqrt{K}a + \theta = 2n\pi, \quad \sqrt{K}b + \theta = (2n+1)\pi,$$

也即

$$K = \frac{\pi^2}{(b-a)^2} \quad \text{或} \quad b - a = \frac{\pi}{\sqrt{K}}.$$

再回到第一边值问题 (2.3.14) 和 (2.3.16) 的存在性上来. 若 $b - a < \dfrac{\pi}{\sqrt{K}}$, 则存在

α, β, 使 $\alpha < a < b < \beta$ 且 $\beta - \alpha = \dfrac{\pi}{\sqrt{K}}$. 取 $w(t) = \sin\left(\dfrac{\pi(t-\alpha)}{\beta-\alpha}\right)$, 则 $w(t)$ 在 $[a, b]$ 上为正, 且存在 $t_0 \in [a, b]$, 使

$$K \max_{t \in [a,b]} \frac{1}{w(t)} \int_a^b G(t, s) w(s) \mathrm{d}s = \frac{K}{w(t_0)} \int_a^b G(t_0, s) w(s) \mathrm{d}s$$
$$< \frac{K}{w(t_0)} \int_\alpha^\beta G(t_0, s) w(s) \mathrm{d}s = 1.$$

故由 Banach 压缩映象原理知边值问题 (2.3.14) 和 (2.3.16) 有唯一解存在. 这就是下面的结果.

定理 2.3.3　设 $f(t, y)$ 在 $[a, b] \times (-\infty, \infty)$ 上连续且满足条件 (2.3.15). 若

$$\frac{K(b-a)^2}{\pi^2} < 1,$$

则第一边值问题 (2.3.14) 和 (2.3.16) 存在唯一解, 这结果是最优的.

证明　解的存在唯一性前面已给出证明, 下面只需说明结果是最好的. 事实上, 考虑边值问题

$$\begin{cases} y'' + ky = 0, \\ y(0) = 0, \quad y(b) = 0. \end{cases}$$

当 $\dfrac{kb^2}{\pi^2} = 1$ 时, 有两个解 $y = 0$ 和 $y = \sin\sqrt{k}t$. 解的唯一性不成立.

再考虑边值问题

$$\begin{cases} y'' + k(y+1) = 0, \\ y(0) = 0, \quad y(b) = 0. \end{cases}$$

当 $\dfrac{kb^2}{\pi^2} = 1$ 时, 问题无解. 故定理的结果是最优的. 定理证毕.

习　题　2.3

1. 利用打靶法讨论下面非线性边值问题解的存在性.

$$\begin{cases} x'' - |x| = 0, \\ x(0) = 0, \quad x(b) = B. \end{cases}$$

2. 考虑边值问题

$$\begin{cases} y'' + f(t, y, y') = 0, \quad t \in [a, b], \\ y(a) = 0, \quad y(b) = 0, \end{cases}$$

其中函数 $f(t, y, z)$ 在 $[a, b] \times R^2$ 上连续, 且满足 Lipschitz 条件

$$|f(t, y_2, z_2) - f(t, y_1, z_1)| \leqslant K|y_2 - y_1| + L|z_2 - z_1|.$$

边值问题的解等价于下面积分方程的解

$$y(t) = \int_a^b G(t,s)f(s, y(s), y'(s))\mathrm{d}s.$$

考虑函数空间 $X = C^1[a,b]$, 即 $[a,b]$ 上所有一阶连续可微函数组成的线性空间, 定义合适的范数 "$\|\cdot\|$", 使 $(X, \|\cdot\|)$ 成为一个 Banach 空间. 利用 Banach 压缩映象原理讨论边值问题解的存在性, 并说明所得结果是否为最好的.

2.4   Sturm-Liouville 特征值问题

先来看一个例子.

例 2.4.1   弦振动方程

考虑原长为 1, 两端固定的弹性弦的自由振动, 满足

$$\begin{cases} \dfrac{\partial^2 y}{\partial t^2} = a^2 \dfrac{\partial^2 y}{\partial x^2}, & (x,t) \in (0,1) \times (0,\infty), \\ y(0,t) = 0, \quad y(1,t) = 0, \\ y(x,0) = f(x), \quad \dfrac{\partial y(x,0)}{\partial t} = 0. \end{cases} \tag{2.4.1}$$

这是一个二阶偏微分方程的边值问题. 采用分离变量法求其解. 令

$$y(x,t) = u(x)\phi(t),$$

代入方程可得

$$u(x)\phi''(t) = a^2 \phi(t)u''(x),$$

或写成变量分离的形式

$$\frac{\phi''(t)}{\phi(t)} = a^2 \frac{u''(x)}{u(x)}.$$

由上式两端的特点知它们是常数, 设为 $-\lambda a^2$, 则得到两个常微分方程

$$u''(x) + \lambda u = 0, \quad \phi''(t) + \lambda a^2 \phi(t) = 0.$$

由边界条件可得

$$u(0) = 0, \quad u(1) = 0.$$

于是, 为了求出原问题的解, 就需要求解二阶常微分方程边值问题

$$\begin{cases} u''(x) + \lambda u = 0, & x \in [0,1], \\ u(0) = 0, \quad u(1) = 0. \end{cases} \tag{2.4.2}$$

问题 (2.4.2) 显然有零解. 现在要求的是问题的非零解. 经讨论可知, 当且仅当 $\lambda = n^2\pi^2$ 时, 边值问题 (2.4.2) 有非零解 $u_n(x) = \sin n\pi x$. 这里 $n = 1,2,\cdots$. 此时, 对应的关于 $\phi(t)$ 的二阶常微分方程的通解为

$$\phi_n(t) = c_n \cos n\pi a t + d_n \sin n\pi a t.$$

这样, 就得到了弦振动方程的满足边界条件的一列解

$$y_n(x, t) = (c_n \cos n\pi a t + d_n \sin n\pi a t) \sin n\pi x.$$

求和, 就知弦振动方程的满足边界条件的解为

$$y(x, t) = \sum_{n=0}^{\infty} (c_n \cos n\pi a t + d_n \sin n\pi a t) \sin n\pi x.$$

为使该解满足初始条件, 还需要

$$\sum_{n=0}^{\infty} c_n \sin n\pi x = f(x), \quad \sum_{n=0}^{\infty} d_n n\pi a \sin n\pi x = 0.$$

利用函数的 Fourier 级数理论, 可求得上述 c_n, d_n, 从而就得到了定解问题的解.

考虑边值问题

$$\begin{cases} L[y] + \lambda r(t) y = 0, & t \in [a, b], \\ R_1[y] = 0, \quad R_2[y] = 0, \end{cases} \tag{2.4.3}$$

其中 L, R_1, R_2 的定义见 2.1 节. 该问题称为 Sturm-Liouville 特征值问题. 使问题有非零解的复数 λ 称为该问题的特征值, 对应的非零解称为该问题的特征函数.

在下面的讨论中, 始终假设

$$p \in C^1[a, b], \quad q, r \in C[a, b], \quad p(t) > 0, \quad r(t) > 0, \quad \alpha_1^2 + \alpha_2^2 \neq 0, \quad \beta_1^2 + \beta_2^2 \neq 0. \tag{H}$$

关于 (2.4.3) 式的特征值和特征函数, 有下面两个基本结论.

定理 2.4.1   设条件 (H) 成立, 则 (2.4.3) 式的所有特征值都是实数.

证明   设 $\lambda = \alpha + i\beta$ 为 (2.4.3) 式的一个特征值, 对应的特征函数为复值函数 $y(t) = u(t) + iv(t)$. 下面证明 $\beta = 0$.

由边界条件, 有 $R_1[u] + iR_1[v] = 0$, $R_2[u] + iR_2[v] = 0$, 从而 $R_1[u] = R_1[v] = 0$, $R_2[u] = R_2[v] = 0$, 即

$$\begin{cases} \alpha_1 u(a) + \alpha_2 p(a) u'(a) = 0, \\ \alpha_1 v(a) + \alpha_2 p(a) v'(a) = 0, \end{cases} \quad \begin{cases} \beta_1 u(b) + \beta_2 p(b) u'(b) = 0, \\ \beta_1 v(b) + \beta_2 p(b) v'(b) = 0 \end{cases}$$

视其为分别关于 α_1, α_2 与 β_1, β_2 的线性方程组, 则它们有非零解, 从而系数行列式为零. 于是

$$p(a)(u(a)v'(a) - u'(a)v(a)) = 0, \quad p(b)(u(b)v'(b) - u'(b)v(b)) = 0. \tag{2.4.4}$$

由方程有

$$L[u] + iL[v] + (\alpha + i\beta) r(t)(u + iv) = 0,$$

从而有

$$L[u] + \alpha r(t)u - \beta r(t)v = 0, \quad L[v] + \alpha r(t)v + \beta r(t)u = 0.$$

由两式中消去 α, 就有

$$vL[u] - uL[v] = \beta r(t)(u^2 + v^2).$$

即有

$$-\frac{\mathrm{d}}{\mathrm{d}t}((p(t)(u(t)v'(t) - u'(t)v(t))) = \beta r(t)(u^2(t) + v^2(t)).$$

上式两边从 a 到 b 积分, 注意到 (2.4.4) 式, 就有

$$\beta \int_a^b r(t)(u^2(t) + v^2(t))\mathrm{d}t = 0.$$

而 $r(t)(u^2(t) + v^2(t)) > 0$, 故有 $\beta = 0$. 证毕.

定理 2.4.2 设条件 (H) 成立, 则 (2.4.3) 式对应于每个特征值的特征函数除了一个常数因子外是唯一确定的.

证明 设 $u(t), v(t)$ 是对应于特征值 λ 的两个特征函数, 则它们都是问题 (2.4.3) 的解. 由边界条件有

$$\begin{cases} \alpha_1 u(a) + \alpha_2 p(a)u'(a) = 0, \\ \alpha_1 v(a) + \alpha_2 p(a)v'(a) = 0. \end{cases}$$

视其为关于 α_1, α_2 的线性方程组, 则它有非零解, 从而系数行列式为零. 于是 $u(t), v(t)$ 线性相关. 证毕.

下面讨论 (2.4.3) 式的特征值的存在性.

选取 $\alpha \in [0, \pi)$, $\beta \in (0, \pi]$, 使

$$\alpha_1 \sin \alpha + \alpha_2 \cos \alpha = 0, \quad \beta_1 \sin \beta + \beta_2 \cos \beta = 0.$$

这样的 α, β 是唯一存在的. 设 $y = y(t)$ 是初值问题

$$\begin{cases} L[y] + \lambda r(t)y = 0, \\ y(a) = \sin \alpha, \quad p(a)y'(a) = \cos \alpha \end{cases} \tag{2.4.5}$$

的一个解, 令 $x = p(t)y'(t)$, 则 $(x(t), y(t))^{\mathrm{T}}$ 是方程组

$$\begin{cases} x' = -(q(t) + \lambda r(t))y, \\ y' = \dfrac{1}{p(t)}x \end{cases}$$

的满足初始条件 $x(a) = \cos \alpha$, $y(a) = \sin \alpha$ 的解. 由解的唯一性知, $x^2(t) + y^2(t) > 0$ 对所有 $t \in [a, b]$ 成立. 再令

$$x(t) = \rho(t) \cos \phi(t), \quad y(t) = \rho(t) \sin \phi(t),$$

则有

$$\phi' = \frac{1}{p(t)} + \left(q(t) - \frac{1}{p(t)} + \lambda r(t) \right) \sin^2 \phi, \tag{2.4.6}$$

$$\rho'(t) = \left(\frac{1}{p(t)} - q(t) - \lambda r(t) \right) \rho(t) \cos \phi(t) \sin \phi(t), \tag{2.4.7}$$

且 $\phi(a) = \alpha$, $\rho(a) = 1$. 反过来, 若 $\phi(t), \rho(t)$ 是方程组 (2.4.6), (2.4.7) 的满足初始条件 $\phi(a) = \alpha$, $\rho(a) = 1$ 的解, 则 $y = \rho(t) \sin \phi(t)$ 就是初值问题 (2.4.5) 的解.

问题 (2.4.5) 的解显然满足 $R_1[y] = 0$. 如果它还满足

$$y(b) = \rho(b) \sin \beta, \quad p(b)y'(b) = \rho(b) \cos \beta, \tag{2.4.8}$$

那么对应的 λ 就是问题 (2.4.3) 的特征值. 而 (2.4.8) 式等价于 (2.4.6) 式的解 $\phi(t)$ 满足 $\phi(b) = \beta + k\pi$. 下面证明存在满足这样要求的 $\lambda_k \in R$.

设 $\phi(t)$ 是方程 (2.4.6) 的一个解, 若存在 $t_0 \in [a, b]$, $k \in Z = \{0, 1, 2, \cdots\}$, 使 $\phi(t_0) = k\pi$, 则由方程有 $\phi'(t_0) = \dfrac{1}{p(t_0)} > 0$, 从而在 t_0 的某右邻域内有 $\phi(t) > k\pi$. 进一步知 $\phi(t) > k\pi$ 对所有 $t \in (t_0, b]$ 成立. 若不然, 存在 $t_1 \in (t_0, b]$, 使 $\phi(t_1) = k\pi$, 且 $\phi(t) > k\pi$ 对所有 $t \in (t_0, t_1)$ 成立. 于是必有 $\phi'(t_1) \leqslant 0$. 但由方程又有 $\phi'(t_1) = \dfrac{1}{p(t_1)} > 0$, 矛盾. 同样, 若存在 $t_0 \in (a, b]$, 使 $\phi(t_0) = k\pi$, 则当 $t \in [a, t_0)$ 时, 有 $\phi(t) < k\pi$. 于是有下面引理.

引理 2.4.1　对 $k \in Z = \{0, 1, 2, \cdots\}$, 方程 (2.4.6) 的每一个解 $\phi(t)$ 与直线 $y = k\pi$ 至多相交一次.

引理 2.4.2　若方程 (2.4.6) 的解 $\phi(t)$ 满足 $\phi(a) > 0$, 则对所有 $t \in [a, b]$ 都有 $\phi(t) > 0$.

方程 (2.4.6) 显然满足解关于初值与参数的连续依赖性定理与可微性定理的条件. 对 $\alpha \in [0, \pi)$, 方程 (2.4.6) 的满足初始条件 $\phi(a) = \alpha$ 的解记为 $\phi(t, \lambda)$, 则 $\phi_\lambda(t, \lambda)$ 是初值问题

$$u' = s(t)u + h(t), \quad u(a) = 0$$

的解, 其中

$$s(t) = 2 \left(q(t) - \frac{1}{p(t)} + \lambda r(t) \right) \sin \phi(t, \lambda) \cos \phi(t, \lambda), \quad h(t) = r(t) \sin^2 \phi(t, \lambda).$$

于是有

$$\phi_\lambda(t, \lambda) = \int_a^t h(t) \exp \left(\int_\tau^t s(\tau) \mathrm{d}\tau \right) \mathrm{d}t.$$

由于 $h(t)$ 在 $[a,b]$ 内非负且最多有有限个零点, 从而当 $t \in (a,b]$ 时, $\phi_\lambda(t,\lambda) > 0$. 于是有下面的结论.

引理 2.4.3 $\phi(b,\lambda)$ 是 λ 的单调增函数.

下面证明 $\phi(b,R) = (0,\infty)$.

任给 $0 < \varepsilon < \min\left\{\pi - \alpha, \dfrac{\pi}{2}\right\}$, 记

$$w(t) = \pi - \varepsilon - \frac{\pi - 2\varepsilon}{b-a}(t-a), \quad t \in [a,b],$$

则 $w(a) = \pi - \varepsilon \geqslant \alpha$, $w(b) = \varepsilon$, 且当 $t \in [a,b]$ 时, 有 $\varepsilon \leqslant w(t) \leqslant \pi - \varepsilon$, 从而 $\sin^2 w(t) \geqslant \sin^2 \varepsilon$. 于是, 当 $\lambda < 0$ 且 $|\lambda|$ 充分大时, 有

$$
\begin{aligned}
&\frac{1}{p(t)} + \left(q(t) - \frac{1}{p(t)} + \lambda r(t)\right)\sin^2 w(t) \\
&\leqslant \max_{t \in [a,b]} \frac{1}{p(t)} + \left(\max_{t \in [a,b]} |q(t)| + \lambda \min_{t \in [a,b]} r(t)\right)\sin^2 w(t) \\
&\leqslant \max_{t \in [a,b]} \frac{1}{p(t)} + \left(\max_{t \in [a,b]} |q(t)| + \lambda \min_{t \in [a,b]} r(t)\right)\sin^2 \varepsilon \\
&\leqslant -\frac{\pi - 2\varepsilon}{b-a} \\
&= w'(t).
\end{aligned}
$$

由微分不等式知, 有

$$w(t) \geqslant \phi(t,\lambda), \quad t \in [a,b],$$

从而 $\phi(b,\lambda) \leqslant w(b) = \varepsilon$. 说明 $\inf\limits_{\lambda \in R} \phi(b,\lambda) = 0$.

另一方面, 记 $A = \min\limits_{t \in [a,b]} p^{-1}(t)$, $B = 2^{-1} \min\limits_{t \in [a,b]} r(t)$, $C = \max\limits_{t \in [a,b]} (|q(t)| + p^{-1}(t))$. 则当 $\lambda > B^{-1}C$ 时, 有

$$
\begin{aligned}
\phi'(t,\lambda) &= p^{-1}(t) + \left(q(t) - p^{-1}(t) + \lambda r(t)\right)\sin^2 \phi(t,\lambda) \\
&\geqslant \min_{t \in [a,b]} p^{-1}(t) + \left(\lambda \min_{t \in [a,b]} r(t) - \max_{t \in [a,b]}\left(|q(t)| + p^{-1}(t)\right)\right)\sin^2 \phi(t,\lambda) \\
&\geqslant \min_{t \in [a,b]} \frac{1}{p(t)} + \frac{1}{2}\left(\lambda \min_{t \in [a,b]} r(t)\right)\sin^2 \phi(t,\lambda) \\
&= A + B\lambda \sin^2 \phi(t,\lambda).
\end{aligned}
$$

从而

$$\frac{\phi'(t,\lambda)}{A + B\lambda \sin^2 \phi(t,\lambda)} \geqslant 1.$$

上式两边从 a 到 b 积分, 就有

$$\int_{k\pi}^{\phi(b,\lambda)} \frac{1}{A + B\lambda \sin^2 \phi} \mathrm{d}\phi \geqslant b - a - \int_{\alpha}^{k\pi} \frac{1}{A + B\lambda \sin^2 \phi} \mathrm{d}\phi$$

$$\geqslant b - a - \int_{0}^{k\pi} \frac{1}{A + B\lambda \sin^2 \phi} \mathrm{d}\phi$$

$$= b - a - 2k \int_{0}^{\pi/2} \frac{1}{A + B\lambda \sin^2 \phi} \mathrm{d}\phi$$

$$\geqslant b - a - 2k \int_{0}^{\pi/2} \frac{1}{A + B\lambda \frac{\phi^2}{4}} \mathrm{d}\phi$$

$$\geqslant b - a - 2k \int_{0}^{\infty} \frac{1}{A + B\lambda \frac{\phi^2}{4}} \mathrm{d}\phi$$

$$= b - a - \frac{2k\pi}{\sqrt{AB\lambda}}.$$

于是, 对任意正整数 k, 存在充分大的 $\lambda > 0$, 使 $b - a - \dfrac{2k\pi}{\sqrt{AB\lambda}} > 0$, 从而 $\phi(b,\lambda) > k\pi$. 说明当 $\lambda \in R$ 时, $\phi(b,\lambda)$ 无上界.

综上所述, $\phi(b,\lambda)$ 当 $\lambda \in (-\infty, \infty)$ 时单调增加, 且值域为 $(0, \infty)$. 故对任意 $k = 0, 1, 2, \cdots$, 存在相应的 $\lambda_k \in R$, 使 $\phi(b, \lambda_k) = \beta + k\pi$. 由前面的讨论知, λ_k 就是问题 (2.4.3) 的特征值, $y_k(t) = \rho(t, \lambda_k) \sin \phi(t, \lambda_k)$ 就是对应的特征函数. 由 $\phi(b,\lambda)$ 的单调性还有

$$\lambda_0 < \lambda_1 < \cdots < \lambda_k < \cdots.$$

由 $\phi(a, \lambda_k) = \alpha$, $\phi(b, \lambda_k) = \beta + k\pi$ 及 $\phi(t, \lambda_k)$ 在 $[a, b]$ 上连续知, 对 $i = 1, 2, \cdots, k$, 存在 $t_i \in (a, b)$, 使 $\phi(t_i, \lambda_k) = i\pi$, 再由引理 2.4.1 知, 这样的 t_i 还是唯一的. 故可知特征函数 $y_k(t)$ 在 (a, b) 内恰有 k 个零点.

最后说明上述 $\lambda_k (k = 0, 1, 2, \cdots)$ 就是问题 (2.4.3) 的所有特征值. 设 λ_* 是问题 (2.4.3) 的特征值, 对应的特征函数为 $u(t)$, 则由边界条件有

$$\begin{cases} \alpha_1 u(a) + \alpha_2 p(a) u'(a) = 0, \\ \alpha_1 \sin \alpha + \alpha_2 \cos \alpha = 0. \end{cases}$$

由 α_1, α_2 不全为零知, 向量 $(u(a), p(a) u'(a))$ 与 $(\sin \alpha, \cos \alpha)$ 线性相关, 从而存在常数 C, $u(a) = C \sin \alpha$, $p(a) u'(a) = C \cos \alpha$. 于是 $C^{-1} u(t)$ 是初值问题 (2.4.5) 的一个解. 由前面的讨论知, 必存在某 k, 使 $u(t)$ 是对应于 λ_k 的特征函数, 故 $\lambda_* = \lambda_k$. 这样, 就得到了如下结论.

定理 2.4.3 边值问题 (2.4.3) 有可数多个特征值 λ_n $(n = 0, 1, 2, \cdots)$, 按其大小排列成

$$\lambda_0 < \lambda_1 < \lambda_2 < \cdots < \lambda_n < \cdots,$$

$\lim\limits_{n\to\infty} \lambda_n = \infty$, 对应于特征值 λ_n 的特征函数 $y_n(t)(n = 0, 1, 2, \cdots)$ 在区间 (a, b) 内恰好有 n 个零点.

习 题 2.4

1. 考虑特征值问题

$$\begin{cases} x'' + \lambda x = 0, & t \in (0, 1), \\ x(0) = 0, & x'(0) = 0, \end{cases}$$

求出它的特征值序列以及对应的特征函数序列.

2. 求解热传导方程边值问题

$$\begin{cases} \dfrac{\partial u}{\partial t} = \dfrac{\partial^2 u}{\partial x^2}, & (x, t) \in (0, \pi) \times (0, \infty), \\ \dfrac{\partial u}{\partial x}\Big|_{x=0} = 0, & \dfrac{\partial u}{\partial x}\Big|_{x=\pi} = 0. \end{cases}$$

3. 求边值问题

$$\begin{cases} x'' + \lambda x = 0, & t \in (0, 1), \\ x(0) + x'(0) = 0, & x(1) = 0 \end{cases}$$

的特征值与相应的特征函数.

4. 求解周期边值问题

$$\begin{cases} y'' + \lambda y = 0, & t \in (0, 1), \\ y(0) = y(1), & y'(0) = y'(1), \end{cases}$$

并比较它与 Sturm-Liouville 边值问题的异同.

第3章 稳定性理论基础

3.1 稳定性定义

3.1.1 基本概念

考虑 n 维空间中的微分方程

$$y' = g(t, y), \tag{3.1.1}$$

其中 $g \in C(G)$ 且满足解的唯一性条件, $G = I \times D$, $D \subset R^n$, $I = [\tau, \infty)$, $\tau \in R$. 设 $y = \varphi(t)$ 是方程 (3.1.1) 的一个给定解, 在区间 I 上有定义. 由解关于初值的连续性知, 对区间 I 的任意闭子区间 $[a, b] \subset I$, 有这样的事实:

$$\forall \varepsilon > 0, \quad \exists \delta = \delta(\varepsilon, t_0) > 0, \quad \text{s.t.} \ |y_0 - \varphi(t_0)| < \delta$$
$$\implies |y(t, t_0, y_0) - \varphi(t)| < \varepsilon, \quad t \in [a, b].$$

但是连续依赖性不能保证上述结果在区间 I 上成立, 因为 I 是一个无穷区间.

考虑它的稳定性, 就是讨论当初始状态发生微小扰动时, 对应初值问题的解 $y(t)$ 与给定解 $\varphi(t)$ 之间的改变 $|y(t) - \varphi(t)|$ 在整个区间 I 上是否可以任意小. 为了理论上对讨论的问题进行统一, 作变换

$$x = y - \varphi(t),$$

则方程 (3.1.1) 变为

$$x' = f(t, x), \tag{3.1.2}$$

其中 $f(t, x) = g(t, x + \varphi(t)) - \varphi'(t)$, 显然有 $f(t, 0) = 0$. 此时, 方程 (3.1.1) 的解 $\varphi(t)$ 对应于方程 (3.1.2) 的零解. 于是, 只需讨论方程 (3.1.2) 的零解的稳定性.

考虑方程 (3.1.2), 其中 $f \in C(I \times D, R^n)$, 保证方程 (3.1.2) 满足初始条件的解的唯一性. $f(t, 0) = 0$, 从而方程有零解. 方程 (3.1.2) 满足初始条件 $x(t_0) = x_0$ 的解记为 $x(t, t_0, x_0)$.

定义 3.1.1 方程 (3.1.2) 的零解称为稳定的, 如果对任意的 $\varepsilon > 0$, 任意的 $t_0 \in I$, 存在 $\delta = \delta(\varepsilon, t_0) > 0$, 使当 $|x_0| < \delta$ 时, 方程 (3.1.2) 的解 $x(t, t_0, x_0)$ 在 $[t_0, \infty)$ 上有定义且满足

$$|x(t, t_0, x_0)| < \varepsilon, \quad t \in [t_0, \infty). \tag{3.1.3}$$

如果方程 (3.1.2) 的零解不是稳定的, 那么称其为不稳定的.

定义 3.1.2 方程 (3.1.2) 的零解称为一致稳定的, 如果定义 3.1.1 中的 δ 与 t_0 无关, 即对任意的 $\varepsilon > 0$, 存在 $\delta = \delta(\varepsilon) > 0$, 使对任意的 $t_0 \in I$, 当 $|x_0| < \delta$ 时, 解 $x(t, t_0, x_0)$ 在 $[t_0, \infty)$ 上有定义且满足 (3.1.3).

定义 3.1.3 方程 (3.1.2) 的零解称为吸引的, 如果对任意的 $t_0 \in I$, 存在 $\sigma = \sigma(t_0) > 0$, 使当 $|x_0| < \sigma$ 时, 有解 $x(t, t_0, x_0)$ 在 $[t_0, \infty)$ 上有定义且满足

$$\lim_{t \to \infty} x(t, t_0, x_0) = 0. \tag{3.1.4}$$

即对任意的 $\varepsilon > 0$, 任意的 $t_0 \in I$, 存在 $\sigma = \sigma(t_0) > 0$, $T = T(\varepsilon, t_0, x_0) > 0$, 使当 $|x_0| < \sigma$ 时, 解 $x(t, t_0, x_0)$ 在 $[t_0, \infty)$ 存在且满足

$$|x(t, t_0, x_0)| < \varepsilon, \quad t \in [t_0 + T, \infty). \tag{3.1.5}$$

定义 3.1.4 方程 (3.1.2) 的零解称为一致吸引的, 如果定义 3.1.3 中的 σ 不依赖于 t_0, T 不依赖于 t_0, x_0, 仅依赖于 ε.

定义 3.1.5 如果定义 3.1.3 和定义 3.1.4 对 $\sigma = \infty$ 成立, 那么方程 (3.1.2) 的零解分别称为全局吸引、全局一致吸引的.

定义 3.1.6 方程 (3.1.2) 的解称为渐近稳定的, 如果它既是稳定的, 又是吸引的. 称为一致渐近稳定的, 如果它既是一致稳定的, 又是一致吸引的. 称为全局渐近稳定的, 如果它既是稳定的, 又是全局吸引的. 称为全局一致渐近稳定的, 如果它既是一致稳定的, 又是全局一致吸引的.

定义 3.1.7 方程 (3.1.2) 的零解称为指数渐近稳定的 (简称指数稳定), 如果存在正数 $\alpha > 0$, 对任意的 $\varepsilon > 0$, 存在 $\delta = \delta(\varepsilon) > 0$, 使当 $|x_0| < \delta, t_0 \in I$ 时, $x(t, t_0, x_0)$ 在 $[t_0, \infty)$ 存在且满足

$$|x(t, t_0, x_0)| < \varepsilon e^{-\alpha(t-t_0)}, \quad t \in [t_0, \infty).$$

上述稳定性的定义是 Lyapunov 意义下的稳定性定义, 其特点是:

(1) 稳定是一个局部概念 (全局渐近稳定除外), 只在解的一个邻域内研究扰动的影响.

(2) 稳定是在同步意义下讨论, 即在同一时刻比较零解和扰动解的差异.

(3) 稳定性涉及区间是无穷区间, 即要求不等式对所有 $t \geqslant t_0$ 成立.

(4) 稳定性仅考虑初始值对解的影响, 不考虑方程右端函数或参数的变化对解的影响.

由定义不难看出, 零解指数渐近稳定时必是一致渐近稳定的; 零解一致渐近稳定时必是渐近稳定、一致稳定和一致吸引的; 零解一致稳定时必是稳定的; 零解一

致吸引时必是吸引的, 反之则不一定成立. 下面通过一些例子来进一步熟悉稳定性概念并了解各种稳定性概念之间的差异.

例 3.1.1 (一致稳定但非渐近稳定)   考虑方程组

$$
\begin{cases}
x' = -y, \\
y' = x.
\end{cases}
$$

容易求得方程组满足初始条件

$$
x(t_0) = x_0, \quad y(t_0) = y_0
$$

的解为

$$
\begin{cases}
x(t) = x_0 \cos(t - t_0) - y_0 \sin(t - t_0), \\
y(t) = x_0 \sin(t - t_0) + y_0 \cos(t - t_0).
\end{cases}
$$

从而

$$
x^2(t) + y^2(t) = x_0^2 + y_0^2.
$$

可见, 任取 $\varepsilon > 0$, 取 $\delta = \varepsilon$, 则当 $\sqrt{x_0^2 + y_0^2} < \delta$ 时, 就有 $\sqrt{x^2(t) + y^2(t)} < \varepsilon$ 对所有 $t \geqslant t_0$ 成立, 故方程组的零解是一致稳定的, 但显然零解不是吸引的, 从而不是渐近稳定的.

例 3.1.2 (渐近稳定但非一致稳定)   考虑方程

$$
x' = (6t \sin t - 2t)x,
$$

它满足初始条件 $x(t_0) = x_0$ 的解为

$$
x(t) = x_0 \exp(6 \sin t - 6t \cos t - t^2 - 6 \sin t_0 + 6t_0 \cos t_0 + t_0^2) = x(t, t_0, x_0).
$$

可见有

$$
|x(t)| \leqslant |x_0| \exp(12 + 6|t_0| + t_0^2) \exp(-t^2 + 6|t|),
$$

显然对任意的 t_0, x_0, 都有 $\lim\limits_{t \to \infty} x(t) = 0$, 从而零解是全局吸引的. 同时, 注意到函数 $\exp(-t^2 + 6|t|)$ 在 $[t_0, \infty)$ 上有界, 即存在 $M > 0$, 使 $\exp(-t^2 + 6|t|) \leqslant M$ 对所有 $t \geqslant t_0$ 成立, 对任意的 $\varepsilon > 0$, 存在 $\delta = \varepsilon \exp(-12 - 6|t_0|t - t_0^2)M^{-1} > 0$, 使当 $|x_0| < \delta$ 时, 有 $|x(t, t_0, x_0)| < \varepsilon$ 对所有 $t \geqslant t_0$ 成立, 说明零解是稳定的, 从而是全局渐近稳定的. 但由于

$$
x((2n+1)\pi, 2n\pi, x_0) = x_0 \exp((4n+1)\pi(6 - \pi)) \to \infty \quad (n \to \infty),
$$

知零解不是一致稳定的.

例 3.1.3 (吸引但非一致吸引)   考虑方程

$$
x' = \frac{-x}{t+1}, \quad t \geqslant 0.
$$

方程满足初始条件 $x(t_0) = x_0$ 的解为 $x = x_0 \dfrac{t_0 + 1}{t + 1}$. 易见方程的零解是全局吸引的, 同时还是一致稳定的. 但对于任意 x_0, 任意 $T > 0$, 都有 $x(T + T + 1, T, x_0) = \dfrac{x_0}{2}$, 可见零解不是一致吸引的.

另有例子表明, 零解吸引但未必稳定. 见本节习题.

3.1.2 稳定性的几个等价命题

如果 (3.1.2) 右边不明显含 t, 我们将这种系统写为

$$x' = f(x), \tag{3.1.6}$$

并称它为自治系统, 此时 $f(0) = 0$. 如果 (3.1.2) 右边的确含 t, 则称该系统为非自治系统.

定理 3.1.1   若 (3.1.6) 是周期系统, 即存在 $\omega > 0$, 使得 $f(t + \omega, x) \equiv f(t, x)$, 则 (3.1.2) 的零解稳定与一致稳定等价.

证明   只需证稳定蕴涵一致稳定, 因为反之是显然的. 取 $I = [0, \infty)$. 对任意的 $\epsilon > 0$, 存在 $0 > \delta_1(\epsilon) < \epsilon$, 使对任意的 $t \geqslant \omega, |x_0| < \delta_1$, 有

$$|x(t, \omega, x_0)| < \epsilon. \tag{3.1.7}$$

对 $t_0 \in [0, \omega)$, 由解对初值的连贯依赖性, 存在 $\delta = \delta(\epsilon) > 0$, 使对任意的 $t_0 \leqslant t \leqslant \omega, |x_0| < \delta$, 有 $|x(t, t_0, x_0)| < \delta_1$, 特别有 $|x(\omega, t_0, x_0) < \delta_1|$. 注意到

$$x(t, t_0, x_0) = x(t, \omega, x(\omega, t_0, x_0)),$$

所以由 (3.1.7) 知对任意的 $t \geqslant t_0, x_0$ 满足 $|x_0| < \delta$, 成立 $|x(t, t_0, x_0)| < \epsilon$.

由周期性, 当 $k\omega \leqslant t_0 < (k + 1)\omega$ 时, $x(t, t_0, x_0) = x(t - k\omega, t_0 - k\omega, x_0) = x(\tau, \tau_0, x_0)$. 因此, 若 $|x_0| < \delta$, 则对任意的 $t_0 \geqslant 0, t \geqslant t_0$, 成立 $|x(t, t_0, x_0)| < \epsilon$, 即方程 (3.1.2) 的零解是一致稳定的.

推论 3.1.1   (3.1.6) 式的零解稳定与一致稳定等价.

因为自治系统可视为周期系统的特例.

定理 3.1.2   若存在 $\omega > 0$, 使得 $f(t + \omega, x) \equiv f(t, x)$, 则 (3.1.2) 的零解渐近稳定与一致渐近稳定等价.

证明   只需证渐近稳定蕴涵一致渐近稳定, 因为反之是显然的. 由定理的假设知, 存在 $\delta_0(t_0) > 0$, 使当 $|x_0| \leqslant \delta_0(t_0)$ 时 $x(t, t_0, x_0) \to 0 (t \to \infty)$.

下面分两步证明 (3.1.2) 的零解是一致吸引的. 首先证明, 对任意的 $\epsilon > 0$ 及 $t_0 \geqslant 0$, 存在 $T(\epsilon, t_0) > 0$, 使当 $|x_0| < \delta_0(t_0), t \geqslant t_0 + T(\epsilon, t_0)$ 时, 有 $|x(t, t_0, x_0)| < \epsilon$.

用反证法. 若上述结论不成立, 则存在 t_0^* 和 $\epsilon_0 > 0$, 以及点列 (τ_k, x_k), 满足 $|x_k| \leqslant \delta_0(t_0^*), \tau_k \to \infty$, 使得 $|x(\tau_k, t_0^*, x_k)| \geqslant \epsilon_0$. 不妨设 $x_k \to x_0^*$, 则 $|x_0^*| \leqslant \delta_0(t_0^*)$. 从而 $x(t, t_0^*, x_0^*) \to 0 (t \in \infty)$.

由定理 3.1.1 知 (3.1.2) 的零解是一致稳定的, 故对上述 $\epsilon_0 > 0$, 存在 $\delta_1 > 0$, 使得当 $t_0 \geqslant 0, t \geqslant t_0$ 且 $|x_0| \leqslant \delta_1$ 时成立 $|x(t, t_0, x_0)| < \epsilon_0$. 现设 m 为充分大的整数, 使得 $x(m\omega, t_0^*, x_0^*) < \delta_1$. 注意到当 $k \to \infty$ 时

$$x(m\omega, t_0^*, x_k) \to x(m\omega, t_0^*, x_0^*),$$

故当 k 充分大时必有 $|x(m\omega, t_0^*, x_k)| < \delta_1$. 于是, 利用

$$x(t, t_0^*, x_k) = x(t - m\omega, 0, x(m\omega, t_0^*, x_k))$$

可知, 当 k 充分大且 $t - m\omega \geqslant 0$ 时必有 $|x(t, t_0^*, x_k)| < \epsilon_0$, 特别地, 当 k 充分大时必有 $|x(\tau_k, t_0^*, x_k)| < \epsilon_0$. 这与前面 ϵ_0 的定义矛盾.

其次证明上述的 $T(\epsilon, t_0)$ 和 $\delta_0(t_0)$ 可取得与 t_0 无关. 由上述第一步的结论, 存在 $\delta_0 > 0$, 使得当 $|x_0| < \delta_0$ 时, 对任给的 $\epsilon > 0$, 有 $T(\epsilon) > 0$, 使当 $t \geqslant 0 + T(\epsilon)$ 时成立 $|x(t, 0, x_0)| < \epsilon$.

由解对初值的连续依赖性, 存在 $\delta_1 > 0$, 使当 $|x_0| < \delta_1, 0 \leqslant t_0 < \omega$ 时, 有 $|x(0, t_0, x_0)| < \delta_0$. 从而利用 $x(t, t_0, x_0) = x(t, 0, x(0, t_0, x_0))$, 可知当 $0 \leqslant t_0 < \omega, |x_0| < \delta_1, t \geqslant t_0 + T(\epsilon)$ 时 $|x(t, t_0, x_0)| < \epsilon$.

与前一定理的证明类似, 当 $k\omega \leqslant t_0 < (k+1)\omega$ 时, $x(t, t_0, x_0) = x(t - k\omega, t_0 - k\omega, x_0) = x(\tau, \tau_0, x_0)$. 因此, 若 $|x_0| < \delta_1, \tau \geqslant \tau_0 + T(\epsilon)$(即 $t \geqslant t_0 + T(\epsilon)$), 则有 $|x(t, t_0, x_0)| < \epsilon$. 因此方程 (3.1.2) 的零解是一致吸引的. 即为所证.

推论 3.1.2　(3.1.6) 式的零解渐近稳定与一致渐近稳定等价.

习　题　3.1

1. 在相空间 R^n 中给出 $x' = f(t, x), f(t, 0) = 0$ 的零解稳定、渐近稳定、不稳定的几何解释.

2. 试讨论方程 $x^1 = -x^2$ 的零解的稳定性.

3. 用定义说明方程 $x' = -x + x^2$ 的零解是指数渐近稳定但非全局渐近稳定.

4. 用定义说明方程组 $\begin{cases} x' = -\alpha x, \\ y' = -\alpha y \end{cases}$

的零解当 $\alpha > 0$ 时是一致渐近稳定的, 当 $\alpha < 0$ 时是不稳定的.

5. 用定义说明方程组 $\begin{cases} x' = f(x) + y, \\ y' = -3x, \end{cases}$　其中

$$f(x) = \begin{cases} -8x, & x > 0, \\ 4x, & -1 < x \leqslant 0, \\ -x - 5, & x \leqslant -1 \end{cases}$$

的零解是全局吸引的, 但不是稳定的.

3.2 Lyapunov 第二方法

前面给出了微分方程零解稳定的概念, 并举了一些例子来说明不同稳定性定义之间的区别和联系. 这些例子都是通过求出微分方程解析解的方法来论述零解是否稳定. 下面引入 Lyapunov 第二方法, 或称直接法并用来研究零解的稳定性. 这个方法的特点是: 不需要去求方程组解的表达式, 而利用某种所谓 Lyapunov 函数, 直接利用方程组的表达式判定方程组零解的稳定性.

3.2.1 Lyapunov 函数

考虑非自治系统

$$x' = f(t, x), \tag{3.2.1}$$

其中 $f \in C(I \times \Omega, R^n)$, $I = [\tau, \infty)$, $\tau \in R$, 且满足解的唯一性条件, $\Omega \subset R^n$ 是一个区域, $0 \in \Omega$, $f(t, 0) = 0$. 为了讨论系统 (3.2.1) 零解的稳定性, 先给出一些关于辅助函数的结论.

设 $h \in (0, \infty)$, $B_h = \{x \in R^n \mid |x| \leqslant h\}$. 始终假设 $B_h \subset \Omega$. 称一个函数 $V : I \times \Omega \to R$ 是一个 V 类函数, 如果 $V(t, x)$ 在 $I \times \Omega$ 内一阶连续可微 (即所有一阶偏导数都连续), 且 $V(t, 0) = 0, t \in I$. $W(x)$ 是 B_h 上定义的连续可微函数.

定义 3.2.1 一个 V 类函数 $V(t, x)$ 称为正定的, 如果存在 $h > 0$ 及 B_h 上的正定函数 $W(x)$, 即在 B_h 上, $W(x)$ 连续, $W(x) \geqslant 0$, 且 $W(x) = 0$ 仅有零解 $x = 0$, 使

$$V(t, x) \geqslant W(x), \quad (t, x) \in I \times B_h. \tag{3.2.2}$$

一个 V 类函数 $V(t, x)$ 称为半正定的, 如果

$$V(t, x) \geqslant 0, \quad (t, x) \in I \times B_h. \tag{3.2.3}$$

如果 V 类函数 $-V(t, x)$ 是 (半) 正定的, 那么称 $V(t, x)$ 是 (半) 负定的. 一个 V 类函数 $V(t, x)$ 称为具有无穷小上界, 如果存在 $h > 0$ 及 B_h 上的正定函数 $W(x)$, 使

$$|V(t, x)| \leqslant W(x), \quad (t, x) \in I \times B_h. \tag{3.2.4}$$

例 3.2.1 函数

$$W(x, y) = 2x^2 + y^2 + 2xy, \qquad \text{正定};$$

$$W(x, y) = x^2 + y^2 - 2xy, \qquad \text{半正定};$$

$$V(t, x, y) = e^{-t}(x^2 + y^2), \qquad \text{半正定};$$

$$V(t, x, y) = (1 + e^{-t})(x^2 + y^2), \quad \text{正定}.$$

例 3.2.2 函数

$$V(t,x) = \sin[(x_1 + x_2 + \cdots + x_n)t], \quad \text{没有无穷小上界};$$

$$V(t,x) = \frac{x_1^1 + \cdots + x_n^2}{t}\{2 + \sin[(x_1 + \cdots + x_n)t]\}, \ t \geqslant 1, \quad \text{具有无穷小上界}.$$

定义 3.2.2　一个连续纯量函数 $a(r) \in C([0,h], R^+)$ 或 $a(r) \in C(R^+, R^+)$ 称为是 K 类函数 (记为 $a \in K$), 若 $a(0) = 0$, 且是严格递增的, 其中 $R^+ = [0, \infty)$.

关于函数的定号性, 有下面的结果.

引理 3.2.1　连续函数 $W : B_h \to R$ 正定的充分必要条件是, 存在 $a, b \in K$, 使对某 $h_0 \in (0, h]$ 有

$$a(|x|) \leqslant W(x) \leqslant b(|x|), \quad x \in B_{h_0}. \tag{3.2.5}$$

证明　充分性显然. 下面证明必要性.

设函数 $W(x)$ 正定. 定义函数 $a, b : [0, h] \to R^+$ 分别为

$$a(r) = \frac{r}{h} \min_{r \leqslant |x| \leqslant h} W(x), \quad r \in [0, h],$$

$$b(r) = r + \max_{0 \leqslant |x| \leqslant r} W(x), \quad r \in [0, h],$$

则 $a, b \in K$, 且 (3.2.5) 式成立.

事实上, 易见 $a(0) = 0$, $b(0) = 0$. 对任意 $r_1, r_2 \in [0, h]$, $r_1 < r_2$, 有

$$a(r_1) = \frac{r_1}{h} \min_{r_1 \leqslant |x| \leqslant h} W(x) \leqslant \frac{r_1}{h} \min_{r_2 \leqslant |x| \leqslant h} W(x) < \frac{r_2}{h} \min_{r_2 \leqslant |x| \leqslant h} W(x) = a(r_2),$$

故 $a(r)$ 严格单调增加. 下面证明其连续性. 由于 $W(x)$ 在 B_h 上连续, 从而一致连续, 于是对任意的 $\varepsilon > 0$, 存在 $\delta = \delta(\varepsilon) > 0$, 使当 $x_1, x_2 \in B_h$ 且 $|x_1 - x_2| < \delta$ 时, 有 $|W(x_1) - W(x_2)| < \varepsilon$. 而当 $r_1, r_2 \in [0, h]$ 且 $0 \leqslant r_2 - r_1 < \delta$ 时, 有

$$0 \leqslant \min_{r_2 \leqslant |x| \leqslant h} W(x) - \min_{r_1 \leqslant |x| \leqslant h} W(x) = \min_{r_2 \leqslant |x| \leqslant h} W(x) - W(x_0)$$

$$\leqslant W\left(\frac{\max\{r_2, |x_0|\}}{|x_0|} x_0\right) - W(x_0) < \varepsilon,$$

其中 x_0 是函数 $W(x)$ 在 $r_1 \leqslant |x| \leqslant h$ 上的最小值点, $\dfrac{\max\{r_2, |x_0|\}}{|x_0|} x_0 \in \{x \in R^n \mid r_2 \leqslant |x| \leqslant h\}$, 且

$$\left|\frac{\max\{r_2, |x_0|\}}{|x_0|} x_0 - x_0\right| \leqslant \max\{r_2, |x_0|\} - |x_0| \leqslant r_2 - r_1 < \delta.$$

可见函数 $\min\limits_{r \leqslant |x| \leqslant h} W(x)$ 在 $[0, h]$ 上连续, 从而 $a(r)$ 在 $[0, h]$ 上连续. 这就证明了 $a \in K$. 同理可证 $b \in K$. (3.2.5) 式成立是显然的. 引理证毕.

结合引理 3.2.1 和定义 3.2.1, 有如下结论.

V 类函数 $V(t,x)$ 正定的充分必要条件是存在 $a \in K$, 使

$$V(t,x) \geqslant a(|x|), \quad (t,x) \in I \times B_h. \tag{3.2.6}$$

$V(t,x)$ 具有无穷小上界的充分必要条件是存在 $b \in K$, 使

$$|V(t,x)| \leqslant b(|x|), \quad (t,x) \in I \times B_h. \tag{3.2.7}$$

对 V 类函数 $V(t,x)$, 它沿着系统 (3.2.1) 的全导数为

$$V'(t,x) \triangleq \left. \frac{\mathrm{d}V}{\mathrm{d}t} \right|_{(3.2.1)} = \frac{\partial V}{\partial t} + \frac{\partial V}{\partial x} \cdot f(t,x). \tag{3.2.8}$$

3.2.2 基本定理

下面给出 Lyapunov 稳定性的一些基本结果.

定理 3.2.1 若存在 V 类函数 $V(t,x)$ 及 $a \in K$, 使对某 $h > 0$ 及任意 $(t,x) \in I \times B_h$, 有

(i) $V(t,x) \geqslant a(|x|)$ (V 正定);

(ii) $V'(t,x) \leqslant 0$ (全导数半负定).

则系统 (3.2.1) 的零解是稳定的.

证明 对任意的 $\varepsilon > 0$, 由 V 的连续性及 $V(t_0,0) = 0$ 知, 存在 $\delta = \delta(t_0, \varepsilon) > 0$, 使当 $|x_0| < \delta$ 时, 有 $V(t_0, x_0) < a(\varepsilon)$. 而在解 $x(t, t_0, x_0)$ 的右行最大存在区间 $[t_0, \beta)$ 内, 有 $\dfrac{\mathrm{d}V(t, x(t, t_0, x_0))}{\mathrm{d}t} \leqslant 0$, 从而有

$$a(|x(t, t_0, x_0)|) \leqslant V(t, x(t, t_0, x_0)) \leqslant V(t_0, x_0) < a(\varepsilon).$$

由 a 的单调性便知, 在 $[t_0, \beta)$ 内有 $|x(t, t_0, x_0)| < \varepsilon$, 再由解的饱和性知, 必有 $\beta = \infty$. 故 (3.2.1) 式的零解稳定. 定理证毕.

定理 3.2.2 若存在 V 类函数 $V(t,x)$ 及 $a, b \in K$, 使对某 $h > 0$ 及任意 $(t,x) \in I \times B_h$, 有

(i) $a(|x|) \leqslant V(t,x) \leqslant b(|x|)$;

(ii) $V'(t,x) \leqslant 0$.

则系统 (3.2.1) 的零解是一致稳定的.

证明 对任意的 $\varepsilon > 0$, 存在 $\delta = \delta(\varepsilon) > 0$, 使 $b(\delta) < a(\varepsilon)$. 当 $|x_0| < \delta$ 时, 在解 $x(t, t_0, x_0)$ 的右行最大存在区间 $[t_0, \beta)$ 内, 有 $\dfrac{\mathrm{d}V(t, x(t, t_0, x_0))}{\mathrm{d}t} \leqslant 0$, 从而有

$$a(|x(t, t_0, x_0)|) \leqslant V(t, x(t, t_0, x_0)) \leqslant V(t_0, x_0) \leqslant b(|x_0|) \leqslant b(\delta) < a(\varepsilon),$$

由 a 的单调性便知在 $[t_0, \beta)$ 内, 有 $|x(t, t_0, x_0)| < \varepsilon$, 再由解的饱和性知, 必有 $\beta = \infty$. 故 (3.2.1) 式的零解一致稳定. 定理证毕.

例 3.2.3 讨论下列方程组零解的稳定性

$$\begin{cases} x' = -x + y, \\ y' = x\cos t - y. \end{cases}$$

取 V 类函数为 $V(x,y) = x^2 + y^2$, 则 V 为正定的, 且沿着系统的全导数为

$$\begin{aligned} V'(x,y) &= 2xx' + 2yy' \\ &= 2[-x^2 - y^2 + (1+\cos t)xy] \\ &\leqslant 2(-x^2 - y^2 + 2|xy|) \leqslant 0, \end{aligned}$$

由定理 3.2.2 知系统的零解是一致稳定的.

例 3.2.4　讨论下列方程组零解的稳定性

$$\begin{cases} x' = y, \\ y' = -(2+\sin t)x - y. \end{cases}$$

取辅助函数为 $V(t,x,y) = x^2 + \dfrac{y^2}{2+\sin t}$, 则有

$$\frac{1}{3}(x^2 + y^2) \leqslant V(t,x,y) \leqslant x^2 + y^2,$$

且沿着方程组的导数为

$$V'(t,x,y) = -\frac{(4+2\sin t + \cos t)y^2}{(2+\sin t)^2} \leqslant 0,$$

故由定理 3.2.2 知零解是一致稳定的.

定理 3.2.3　若存在 V 类函数 $V(t,x)$ 及 $a,b,c \in K$, 使对某 $h > 0$ 及任意 $(t,x) \in I \times B_h$, 有

(i) $a(|x|) \leqslant V(t,x) \leqslant b(|x|)$;

(ii) $V'(t,x) \leqslant -c(|x|)$.

则系统 (3.2.1) 的零解是一致渐近稳定的.

证明　由定理 3.2.2 知系统 (3.2.1) 的零解是一致稳定的. 只需证明零解是一致吸引的.

取 $\delta > 0$, 使得 $b(\delta) = a(h)$. 下面说明 $B_\delta^0 = \{x \in R^n \,|\, |x| < \delta\}$ 就是系统的吸引域.

首先, 对任意的 $x_0 \in B_\delta^0$, $t_0 \in I$, 若系统 (3.2.1) 满足初始条件 $x(t_0) = x_0$ 的饱和解 $x(t,t_0,x_0)$ 的存在区间为 $[t_0,\beta)$, 则必有 $\beta = \infty$. 事实上, 由条件有

$$a(|x(t,t_0,x_0)|) \leqslant V(t,x(t,t_0,x_0)) \leqslant V(t_0,x_0) \leqslant b(|x_0|) < b(\delta) = a(h),$$

从而对所有 $t \in [t_0,\beta)$ 有 $|x(t,t_0,x_0)| < h$. 故由饱和解的特征知, 必有 $\beta = \infty$.

其次, 证明零解的吸引性. 对任意的 $\varepsilon > 0$, 存在 $\eta > 0$, 使 $b(\eta) \leqslant a(\varepsilon)$. 再选取

$T > \dfrac{b(\delta)}{c(\eta)}$. 设 $|x_0| < \delta$. 若对所有 $t \in [t_0, t_0 + T]$, 都有 $|x(t, t_0, x_0)| \geqslant \eta$, 则由条件有

$$a(|x(t_0 + T)|) \leqslant V(t_0 + T, x(t_0 + T))$$
$$\leqslant V(t_0, x_0) - \int_{t_0}^{t_0+T} c(|x(s)|)\mathrm{d}s$$
$$< b(\delta) - c(\eta)T < 0,$$

这是一个矛盾, 故必存在 $t_1 \in [t_0, t_0 + T]$, 使 $|x(t_1, t_0, x_0)| < \eta$. 于是, 当 $t \geqslant t_0 + T$ 时, 有

$$a(|x(t)|) \leqslant V(t, x(t)) \leqslant V(t_1, x(t_1)) \leqslant b(|x(t_1)|) < b(\eta) \leqslant a(\varepsilon),$$

从而可得

$$|x(t)| < \varepsilon, \quad t \in [t_0 + T, \infty).$$

这就说明系统的零解是一致吸引的. 定理证毕.

例 3.2.5 讨论下列方程组零解的稳定性

$$\begin{cases} x' = -x - \mathrm{e}^{-2t}y, \\ y' = x - y. \end{cases}$$

取辅助函数为 $V(t, x, y) = x^2 + (1 + \mathrm{e}^{-2t})y^2$, 则有

$$x^2 + y^2 \leqslant V(t, x, y) \leqslant 2(x^2 + y^2),$$

且沿着方程组的导数为

$$V'(t, x, y) = -2\left[x^2 - xy + (1 + 2\mathrm{e}^{-2t})y^2\right] \leqslant -(x^2 + y^2),$$

由定理 3.2.3 知, 方程组的零解是一致渐近稳定的.

定义 3.2.3 设 $a, b \in K$, 若存在 $h > 0$, 及 $k_1 > 0, k_2 > 0$, 使得对任意的 $r \in [0, h]$, 满足

$$k_1 a(r) \leqslant b(r) \leqslant k_2 a(r).$$

则称 a, b 具有局部同级增势. 若上述不等式对任意的 $r \in [0, \infty)$ 成立, 则称 a, b 具有全局同级增势.

定理 3.2.4 若

(i) 存在 V 类函数 $V(t, x)$ 及局部同级增势函数 $a, b, c \in K$, 使得对某 $h > 0$ 及任意 $(t, x) \in I \times B_h$ 满足

$$a(|x|) \leqslant V(t, x) \leqslant b(|x|),$$

并且

$$V'(t,x) \leqslant -c(|x|);$$

(ii) 存在 $\sigma > 0$, 使得 $a(r)$ 与 r^σ 是局部同级增势的.

则系统 (3.2.1) 的零解是指数稳定的.

证明　因为 b, c 是同级增势的, 所以存在 $k_1 \in (0, \infty)$, 使得

$$V'(t,x) \leqslant -c(|x|) \leqslant -k_1 b(|x|) \leqslant -k_1 V(t,x).$$

又因为 $a(r)$ 与 r^σ 是局部同级增势的, 从而存在 $l_1 > 0$, 使得

$$l_1 |x(t)|^\sigma \leqslant a(|x(t)|) \leqslant V(t, x(t,t_0,x_0)) \leqslant V(t_0,x_0) \mathrm{e}^{-k_1(t-t_0)}.$$

所以

$$|x(t,t_0,x_0)|^\sigma \leqslant \frac{V(t_0,x_0)}{l_1} \mathrm{e}^{-k_1(t-t_0)},$$

即

$$|x(t,t_0,x_0)| \leqslant \left(\frac{V(t_0,x_0)}{l_1} \right)^{1/\sigma} \mathrm{e}^{-\frac{k_1}{\sigma}(t-t_0)}. \tag{3.2.9}$$

这就说明系统的零解是指数稳定的. 定理证毕.

推论 3.2.1　若存在 V 类函数 $V(t,x)$ 及正常数 c_1, c_2, c_3 和 σ, 使得对任意 $(t,x) \in I \times B_h$, 满足

$$c_1 |x|^\sigma \leqslant V(t,x) \leqslant c_2 |x|^\sigma,$$

$$V'(t,x) \leqslant -c_3 |x|^\sigma,$$

则系统 (3.2.1) 的零解是指数稳定的.

定理 3.2.5　若存在 V 类函数 $V(t,x)$, $a, b \in K$ 及 $h > 0$, 使对任意 $t_0 \in I$ 及任意的 $\delta > 0$, 都存在 $|\bar{x}| < \delta$, 使 $V(t_0, \bar{x}) > 0$, 且对任意 $(t,x) \in I \times B_h$, 满足

(i) $V(t,x) \leqslant a(|x|)$;

(ii) $V'(t,x) \geqslant b(|x|)$.

则系统 (3.2.1) 的零解是不稳定的.

证明　对任意 $t_0 \in I$ 及任意 $\delta \in (0, h)$, 由条件知, 存在 $|\bar{x}| < \delta$, 使 $V(t_0, \bar{x}) > 0$. 若系统 (3.2.1) 的解 $x(t, t_0, \bar{x})$ 的右行最大存在区间为 $[t_0, \infty)$, 则由条件知对所有 $t \geqslant t_0$, 有

$$a(|x(t)|) \geqslant V(t, x(t)) \geqslant V(t_0, \bar{x}) > 0,$$

从而存在正数 $\eta = \eta(t_0, \delta) \in (0, h)$, 使对所有 $t \geqslant t_0$, 有 $|x(t)| \geqslant \eta$. 进而, 当 $|x(t)| \leqslant h$ 时就有

$$\frac{\mathrm{d} V(t, x(t))}{\mathrm{d} t} \geqslant b(|x(t)|) \geqslant b(\eta) > 0,$$

于是有

$$a(|x(t)|) \geqslant V(t, x(t)) \geqslant V(t_0, \bar{x}) + b(\eta)(t - t_0) \to \infty \quad (t \to \infty),$$

故必有 $t_1 > t_0$ 使 $|x(t_1)| = h$. 这就说明系统 (3.2.1) 的零解是不稳定的. 定理证毕.

定理 3.2.6 如果存在 V 类函数 $V(t, x)$ 和 $t_0 \in I$, 使当 $(t, x) \in [t_0, \infty) \times B_h$ 时 $V(t, x)$ 有界 (其中 $h > 0$), 在原点 $x = 0$ 的任意邻域内有 $V(t, x) > 0$ 的区域, 且 $V'(t, x) = \lambda V(t, x) + W(t, x)$, 其中 $\lambda > 0, W(t, x) \geqslant 0, t \geqslant t_0$, 那么系统 (3.2.1) 的零解不稳定.

定理 3.2.6 的证明与定理 3.2.5 的证明类似, 请读者作为练习完成.

例 3.2.6 讨论方程组零解的稳定性

$$\begin{cases} x' = tx + e^t y + x^2 y, \\ y' = \dfrac{t+2}{t+1} x - ty + xy^2. \end{cases}$$

取辅助函数为 $V(t, x, y) = xy$, 则 V 具有无穷小上界, 在原点的任何邻域内都有点的函数值为正, 且沿着方程组的导数为

$$V'(t, x, y) = e^t y^2 + \frac{t+2}{t+1} x^2 + 2x^2 y^2 \geqslant x^2 + y^2,$$

故由定理 3.2.5 知系统的零解是不稳定的.

习 题 3.2

1. 判定下列函数的定号性

(1) $V(x, y) = x^2 y^2$;

(2) $V(x, y, z) = x^2 + xy + y^2 + z^2$;

(3) $V(x, y, z) = x^2 + y^2 + 2yz + z^2$;

(4) $V(x, y, z) = x^2 + y^2 + z^2 - x^3 - y^4$;

(5) $V(x, y, z) = x \sin x + y^2 + z^2$.

2. 判断下列系统零解的稳定性

(1) $\begin{cases} x' = -x + xy^2, \\ y' = -2x^2 y - y; \end{cases}$

(2) $\begin{cases} x' = -tx + 4ty, \\ y' = tx - 2ty + e^t xy^2; \end{cases}$

(3) $\begin{cases} x' = x \sin^2 t + ye^t, \\ y' = xe^t + y \cos^2 t. \end{cases}$

3. 判断下列二阶方程零解的稳定性

(1) $\dfrac{\mathrm{d}^2 x}{\mathrm{d}t^2} + f(x) = 0$, 其中 $f(x)$ 连续, $f(0) = 0, xf(x) > 0(x \neq 0)$;

(2) $\dfrac{\mathrm{d}^2 x}{\mathrm{d}t^2} + \left(\dfrac{\mathrm{d}x}{\mathrm{d}t}\right)^3 + \left(\dfrac{\mathrm{d}x}{\mathrm{d}t}\right)^5 + f(x) = 0$, 其中 $f(x)$ 连续, $xf(x) > 0(x \neq 0)$.

4. 对于自治 n 维非线性系统

$$x' = f(x), \quad f(0) = 0, \quad f \in C(R^n, R^n)$$

给出 Lyapunov 稳定性定理、渐近稳定性定理的完整叙述和证明.

5. 证明定理 3.2.6.

6. 设在 $I \times \Omega$ 上存在 V 类函数 $V(t, x)$ 及常数 $c_1 \geqslant 1, c_2 > 0$, 使得

$$|x| \leqslant V(t, x) \leqslant c_1 |x|,$$

$$V'(t, x) \leqslant -c_2 |x|.$$

求证系统 (3.2.1) 的零解是指数稳定的.

3.3　线性系统的稳定性

3.3.1　线性非齐次与齐次系统稳定性的关系

考虑线性系统

$$x' = A(t)x + f(t) \tag{3.3.1}$$

以及它所对应的齐次线性系统

$$x' = A(t)x, \tag{3.3.2}$$

其中 $A(t) \in C(R^+, R^{n \times n})$, $f(t) \in C(R^+, R^n)$. 由于线性系统的特殊性, 它的稳定性也有一些特殊的结果.

定理 3.3.1　若系统 (3.3.1) 有一个解 $\psi_0(t)$ 稳定, 则系统 (3.3.2) 的零解是稳定的; 若系统 (3.3.2) 的零解稳定, 则系统 (3.3.1) 的所有解稳定.

证明　(i) 设 (3.3.1) 式的解 $\psi_0(t)$ 稳定, 则对任意 $t_0 \geqslant 0$, 任意 $\varepsilon > 0$, 存在 $\delta = \delta(\varepsilon, t_0) > 0$, 使当 $|x_0 - \psi_0(t_0)| < \delta$ 时, 系统 (3.3.1) 的解 $\psi(t, t_0, x_0)$ 满足

$$|\psi(t, t_0, x_0) - \psi_0(t)| < \varepsilon, \quad t \in [t_0, \infty).$$

而由线性系统解的叠加原理知, 对系统 (3.3.2) 的任一解 $\varphi(t, t_0, x_0)$, 函数 $\varphi(t, t_0, x_0) + \psi_0(t)$ 是系统 (3.3.1) 的一个解. 于是, 当 $|x_0| < \delta$ 时, 有

$$|\varphi(t, t_0, x_0)| = |[\varphi(t, t_0, x_0) + \psi_0(t)] - \psi_0(t)| < \varepsilon, \quad t \in [t_0, \infty).$$

由定义知系统 (3.3.2) 的零解稳定.

(ii) 设系统 (3.3.2) 的零解稳定, 则对任意 $t_0 \geqslant 0$, 任意 $\varepsilon > 0$, 存在 $\delta = \delta(\varepsilon, t_0) > 0$, 使当 $|x_0| < \delta$ 时, 系统 (3.3.2) 的解 $\varphi(t, t_0, x_0)$ 满足

$$|\varphi(t, t_0, x_0)| < \varepsilon, \quad t \in [t_0, \infty).$$

再设 $\psi_0(t)$ 是系统 (3.3.1) 的任一给定解, 对系统 (3.3.1) 的任一解 $\psi(t, t_0, x_0)$, 函数 $\varphi(t, t_0, x_0 - \psi_0(t_0)) = \psi(t, t_0, x_0) - \psi_0(t)$ 是系统 (3.3.2) 的解. 于是当 $|x_0 - \psi_0(t_0)| < \delta$ 时, 就有

$$|\psi(t, t_0, x_0) - \psi_0(t)| = |\varphi(t, t_0, x_0 - \psi_0(t_0))| < \varepsilon, \quad t \in [t_0, \infty).$$

故 (3.3.1) 式的解 $\psi_0(t)$ 稳定. 定理证毕.

关于吸引性, 也有类似的结果.

定理 3.3.2 若系统 (3.3.1) 有一个解 $\psi_0(t)$ 吸引, 则系统 (3.3.2) 的零解是吸引的; 若 (3.3.2) 的零解吸引, 则 (3.3.1) 的所有解吸引.

于是, 关于线性系统, 只需讨论齐线性系统 (3.3.2) 的零解的稳定性.

3.3.2 齐次线性系统稳定性的充要条件

(3.3.2) 式的 n 个线性无关的解构成 (3.3.2) 式的解空间的基. 设 $X(t) = (x_{ij}(t))_{n \times n}$ 是 (3.3.2) 式的基本解矩阵, 则

$$\Phi(t, t_0) \triangleq X(t)X^{-1}(t_0) \tag{3.3.3}$$

称为 (3.3.2) 式的标准基本解矩阵, 又称为 Cauchy 矩阵. (3.3.2) 式的通解可表示为

$$\varphi(t, t_0, x_0) = \Phi(t, t_0)x_0, \quad t \geqslant t_0. \tag{3.3.4}$$

定理 3.3.3 系统 (3.3.2) 的零解稳定的充分必要条件是它的 Cauchy 矩阵 $\Phi(t, t_0)$ 有界, 即

$$\sup_{t \geqslant t_0} \|\Phi(t, t_0)\| \triangleq c(t_0) < \infty,$$

其中 $\|\Phi(t, t_0)\|$ 是由 R^n 空间中的向量范数诱导出的矩阵范数, $c(t_0)$ 为依赖于 t_0 的常数.

证明 充分性. 设 (3.3.2) 式的 Cauchy 矩阵 $\Phi(t, t_0)$ 有界, 则 (3.3.2) 式的所有解 $\varphi(t, t_0, x_0) = \Phi(t, t_0)x_0$ 关于 t 有界. 令 $\{e_1, \cdots, e_n\}$ 表示空间 R^n 的标准基, 且假设当 $t \geqslant t_0, j = 1, \cdots, n$ 时, 有 $|\varphi(t, t_0, e_j)| < \beta_j(t_0)$. 则对于任意的向量

$x_0 = \sum_{j=1}^{n} \alpha_j e_j$, 存在常数 $K = K(t_0) > 0$, 使当 $t \geqslant t_0$ 时, 有

$$|\varphi(t, t_0, x_0)| = |\sum_{j=1}^{n} \alpha_j \varphi(t, t_0, e_j)|$$

$$\leqslant \sum_{j=1}^{n} |\alpha_j| \beta_j$$

$$\leqslant \left(\max_{1 \leqslant j \leqslant n} \beta_j \right) \sum_{j=1}^{n} |\alpha_j|$$

$$\leqslant K |x_0|.$$

对于给定的 $\varepsilon > 0$, 选取 $\delta = \dfrac{\varepsilon}{K}$. 因此, 当 $|x_0| < \delta$ 时, $|\varphi(t, t_0, x_0)| \leqslant K |x_0| < \varepsilon$ 对所有的 $t \geqslant t_0$ 成立. 故系统 (3.3.2) 的零解稳定.

必要性. 设系统 (3.3.2) 的零解稳定, 则对任意 $t_0 \geqslant 0$ 以及 $\varepsilon = 1$, 存在 $\delta = \delta(1, t_0) > 0$, 使当 $|x_0| \leqslant \delta$ 时, 系统 (3.3.2) 的解 $\varphi(t, t_0, x_0)$ 满足

$$|\varphi(t, t_0, x_0)| < 1, \quad t \geqslant t_0.$$

从而对 $x_0 \neq 0, t \geqslant t_0$, 有

$$|\varphi(t, t_0, x_0)| = |\Phi(t, t_0) x_0| = \left| \frac{\Phi(t, t_0)(x_0 \delta)}{|x_0|} \right| \left(\frac{|x_0|}{\delta} \right) < \frac{|x_0|}{\delta},$$

其中

$$\left| \varphi \left(t, t_0, \frac{x_0 \delta}{|x_0|} \right) \right| = \left| \frac{\Phi(t, t_0)(x_0 \delta)}{|x_0|} \right| < 1.$$

于是由矩阵范数的定义知

$$\|\Phi(t, t_0)\| \leqslant \delta^{-1}, \quad t \geqslant t_0.$$

故 $\Phi(t, t_0)$ 有界. 定理证毕.

定理 3.3.4   系统 (3.3.2) 的零解一致稳定的充分必要条件是

$$\sup_{t_0 \geqslant 0} c(t_0) \triangleq \sup_{t_0 \geqslant 0} \left(\sup_{t \geqslant t_0} \|\Phi(t, t_0)\| \right) \triangleq c_0 < \infty.$$

上述定理的证明类似于定理 3.3.3 的证明, 请读者作为练习完成.

例 3.3.1   考虑系统

$$\begin{bmatrix} x_1' \\ x_2' \end{bmatrix} = \begin{bmatrix} e^{-2t} & e^{-t} - e^{-2t} \\ 0 & e^{-t} \end{bmatrix} \begin{bmatrix} x_1 \\ x_2 \end{bmatrix}, \tag{3.3.5}$$

其中 $x(0) = x_0$. 令 $x = Py$, 其中

$$P = \begin{bmatrix} 1 & 1 \\ 0 & 1 \end{bmatrix}, \quad P^{-1} = \begin{bmatrix} 1 & -1 \\ 0 & 1 \end{bmatrix},$$

于是得到 (3.3.5) 式的等价系统

$$\begin{bmatrix} y'_1 \\ y'_2 \end{bmatrix} = \begin{bmatrix} e^{-2t} & 0 \\ 0 & e^{-t} \end{bmatrix} \begin{bmatrix} y_1 \\ y_2 \end{bmatrix}, \tag{3.3.6}$$

其中 $y(0) = y_0 = P^{-1}x_0$. 系统 (3.3.6) 的解为 $\psi(t, 0, y_0) = \Psi(t, 0)y_0$, 其中

$$\Psi(t, 0) = \begin{bmatrix} e^{(1/2)(1-e^{-2t})} & 0 \\ 0 & e^{(1-e^{-t})} \end{bmatrix}.$$

于是可得系统 (3.3.5) 的解为 $\varphi(t, 0, x_0) = P\Psi(t, 0)P^{-1}x_0$. 因此, 对于 $t_0 \neq 0$, 得到 $\varphi(t, t_0, x_0) = \Phi(t, t_0)x_0$, 其中

$$\Phi(t, t_0) = \begin{bmatrix} e^{(1/2)(e^{-2t_0} - e^{-2t})} & e^{(e^{-t_0} - e^{-t})} - e^{(1/2)(e^{-2t_0} - e^{-2t})} \\ 0 & e^{(e^{-t_0} - e^{-t})} \end{bmatrix}.$$

令 $t \to \infty$, 得到

$$\lim_{t \to \infty} \Phi(t, t_0) = \begin{bmatrix} e^{(1/2)e^{-2t_0}} & e^{e^{-t_0}} - e^{(1/2)e^{-2t_0}} \\ 0 & e^{e^{-t_0}} \end{bmatrix}. \tag{3.3.7}$$

于是有

$$\lim_{t_0 \to \infty} \lim_{t \to \infty} \|\Phi(t, t_0)\| < \infty,$$

进一步有

$$\sup_{t_0 \geqslant 0} \left(\sup_{t \geqslant t_0} \|\Phi(t, t_0)\| \right) < \infty,$$

这是因为

$$\|\Phi(t, t_0)\| = \|[\phi_{ij}(t, t_0)]\| \leqslant K \sqrt{\sum_{i,j=1}^2 |\phi_{ij}(t, t_0)|^2} \leqslant K \sum_{i,j=1}^2 |\phi_{ij}(t, t_0)|.$$

因此, 由定理 3.3.3 可知, 系统 (3.3.5) 的零解是稳定的, 且由定理 3.3.4 可知, 系统 (3.3.5) 的零解也是一致稳定的.

定理 3.3.5 下列命题是等价的:

(i) 系统 (3.3.2) 的零解渐近稳定;

(ii) 系统 (3.3.2) 的零解全局渐近稳定;

(iii) $\lim\limits_{t\to\infty} \|\Phi(t,t_0)\| = 0$.

证明　假设命题 (i) 成立, 则存在 $\eta(t_0) > 0$, 使当 $|x_0| \leqslant \eta(t_0)$ 时, 解 $\varphi(t,t_0,x_0)$ 在 $[t_0,\infty)$ 上有定义, 且满足

$$\lim_{t\to\infty} \varphi(t,t_0,x_0) = 0.$$

但是对任意的 $x_0 \neq 0$, 当 $t \to \infty$ 时, 有

$$\varphi(t,t_0,x_0) = \varphi\left(t,t_0,\frac{\eta(t_0)x_0}{|x_0|}\right)\left(\frac{|x_0|}{\eta(t_0)}\right) \to 0.$$

故 (3.3.2) 式的零解全局渐近稳定.

其次, 假设命题 (ii) 成立, 则对任意 $t_0 \geqslant 0$, $x_0 \in R^n$, 任意 $\varepsilon > 0$, 存在 $T(\varepsilon,t_0,x_0) > 0$, 使解 $\varphi(t,t_0,x_0)$ 在 $[t_0,\infty)$ 上有定义, 且满足

$$|\varphi(t,t_0,x_0)| = |\Phi(t,t_0)x_0| < \varepsilon, \quad t \geqslant t_0 + T(\varepsilon,t_0,x_0).$$

令 $\{e_1,\cdots,e_n\}$ 表示空间 R^n 的标准基. 因此, 存在常数 $K > 0$, 当 $x_0 = (\alpha_1,\cdots,\alpha_n)^{\mathrm{T}}$ 且 $|x_0| \leqslant 1$, 使得 $x_0 = \sum\limits_{j=1}^{n} \alpha_j e_j$ 和 $\sum\limits_{j=1}^{n} |\alpha_j| \leqslant K$. 对任意的 j, 存在 $T_j(\varepsilon,t_0)$, 使当 $t \geqslant t_0 + T_j(\varepsilon,t_0)$ 时, 有 $|\Phi(t,t_0)e_j| < \dfrac{\varepsilon}{K}$. 定义 $\widetilde{T}(\varepsilon,t_0) = \max\{T_j(\varepsilon,t_0) : j = 1,\cdots,n\}$, 则对于 $|x_0| \leqslant 1, t \geqslant t_0 + \widetilde{T}(\varepsilon,t_0)$, 有

$$|\Phi(t,t_0)x_0| = \left|\sum_{j=1}^{n} \alpha_j \Phi(t,t_0)e_j\right| \leqslant \sum_{j=1}^{n} |\alpha_j|\left(\frac{\varepsilon}{K}\right) \leqslant \varepsilon.$$

由矩阵范数的定义, 上式表明了

$$\|\Phi(t,t_0)\| \leqslant \varepsilon, \quad t \geqslant t_0 + \widetilde{T}(\varepsilon,t_0).$$

因此命题 (iii) 成立.

最后, 假设命题 (iii) 成立, 则 $\|\Phi(t,t_0)\|$ 关于 t 是有界的, 故由定理 3.3.3 知, (3.3.2) 式的零解是稳定的. 于是对任意 $t_0 \geqslant 0$, 任意的 $\varepsilon > 0$, 当 $|x_0| < \eta(t_0) = 1$ 时, 有

$$|\varphi(t,t_0,x_0)| \leqslant \|\Phi(t,t_0)\||x_0| \to 0, \quad t \to \infty.$$

因此命题 (i) 成立. 定理证毕.

例 3.3.2 例 3.3.1 中给出的系统 (3.3.5) 的零解是稳定的, 但不是渐近稳定, 这是因为 $\lim\limits_{t\to\infty}\|\Phi(t,t_0)\|\neq 0$.

例 3.3.3 系统

$$x' = -e^{2t}x, \quad x(t_0) = x_0 \tag{3.3.8}$$

的解为 $\varphi(t,t_0,x) = \Phi(t,t_0)x_0$, 其中

$$\Phi(t,t_0) = e^{(1/2)(e^{2t_0}-e^{2t})}.$$

由于 $\lim\limits_{t\to\infty}\Phi(t,t_0) = 0$, 故由定理 3.3.5 可知, 系统 (3.3.7) 的零解是全局渐近稳定的.

习　题　3.3

1. 研究系统

$$\begin{bmatrix} x_1' \\ x_2' \end{bmatrix} = \begin{bmatrix} -t & 0 \\ 2t-t & -2t \end{bmatrix} \begin{bmatrix} x_1 \\ x_2 \end{bmatrix}$$

的稳定性.

2. 证明定理 3.3.4.

3. 对系统 $x' = A(t)x$, 其中 $A \in C(R^+, R^{n\times n}), x \in R^n$. 若存在 $Q \in C^1(R^+, R^{n\times n})$, 使对任意的 $t \geqslant 0$ 有 $Q(t) = [Q(t)]^{\mathrm{T}}$ 成立, 且存在常数 $c_2 \geqslant c_1 > 0$, 使得

$$c_1 E \leqslant Q(t) \leqslant c_2 E, \quad t \in R^+$$

和

$$[A(t)]^{\mathrm{T}}Q(t) + Q(t)A(t) + Q'(t) \leqslant 0, \quad t \in R^+$$

成立 (E 为 $n \times n$ 阶单位矩阵). 试证: 系统的零解是一致稳定的.

3.4　按线性近似决定的稳定性

考虑非线性系统

$$x' = g(t,x), \tag{3.4.1}$$

这里 $g \in C^1(R^+ \times \Omega, R^n)$, Ω 是一个连通开集. 设 φ 是系统 (3.4.1) 的一个解, 在 $t \geqslant t_0 \geqslant 0$ 上有定义. 作变换 $y = x - \varphi(t)$, 则系统 (3.4.1) 变为

$$
\begin{aligned}
y' &= g(t,x) - g(t,\varphi(t)) \\
&= g(t, y+\varphi(t)) - g(t,\varphi(t)) \\
&= \frac{\partial g}{\partial x}(t,\varphi(t))y + G(t,y),
\end{aligned}
$$

其中 $G(t, y) \triangleq [g(t, y + \varphi(t)) - g(t, \varphi(t))] - \dfrac{\partial g}{\partial x}(t, \varphi(t))y$, 由引理 1.6.4 知在 $[t_0, \infty)$ 的紧子集上关于 t 一致成立

$$\lim_{|y| \to 0} \frac{|G(t, y)|}{|y|} = 0.$$

把它记作 $G(t, y) = o(|y|)$(当 $|y| \to 0$ 时).

若 $g(t, x) \equiv g(x)$, 且 $\varphi(t) = x_0$ 是一个常数 (即为平衡点) 时, 系统 (3.4.1) 变为

$$y' = Ay + G(y),$$

其中 $A = (\partial g / \partial x)(x_0)$.

下面研究系统

$$x' = Ax + F(t, x), \tag{3.4.2}$$

其中 $F \in C(R^+ \times B_h, R^n)$, $F(t, x)$ 表示关于 x 的各个分量的高阶余项, $B_h \subset \Omega \subset R^n$, Ω 为连通开集, $0 \in \Omega$, $A \in R^{n \times n}$. 与 (3.4.2) 式右端的线性部分对应的系统是

$$x' = Ax, \tag{3.4.3}$$

称它为 (3.4.2) 式的一次近似系统, 它是一个常系数线性齐次方程组.

3.4.1　常系数线性系统的稳定性

研究 (3.4.3) 式零解的稳定性时, 通常选二次型作为 V 函数, 因为这种 V 函数及其导数的符号较容易判断. 二次型的一般形式为

$$V(x) = x^{\mathrm{T}} P x, \quad P = P^{\mathrm{T}}. \tag{3.4.4}$$

计算 $V(x)$ 沿着 (3.4.3) 轨线的全导数得

$$V'_{(3.4.3)}(x) = x^{\mathrm{T}}(A^{\mathrm{T}} P + P A)x = x^{\mathrm{T}} C x, \tag{3.4.5}$$

其中

$$C = A^{\mathrm{T}} P + P A. \tag{3.4.6}$$

显然 $C^{\mathrm{T}} = C$, 即 C 是 $n \times n$ 实对称矩阵.

方程 (3.4.6) 称为 Lyapunov 矩阵方程. 由于 P 为实对称矩阵, 故其所有的特征值都是实数. 矩阵 P 称为正定 (或半正定) 的, 如果其所有的特征值都是正 (或非负) 的. 类似可定义矩阵的负定与半负定. 如果矩阵 P 是正定 (或半正定) 的, 那么由 (3.4.4) 式可得到函数 $V(x)$ 为正定 (或半正定) 的.

现在的任务是选择适当的 P 或者 C, 以便能够从 $V(x)$ 和 $V'(x)$ 的符号来确定 (3.4.3) 式零解的稳定性. 由 (3.4.4) 式与 (3.4.5) 式知, $V(x)$ 的性质由 P 确定, 而

$V'(x)$ 的性质由 C 确定, 又由 (3.4.6) 式知, C 随 P 确定而确定, 而 P 未必随 C 确定而确定 (这与 A 有关). 但无论判定稳定或不稳定时, 希望 $V'(x)$ 能定号, 所以往往先选择 C, 再根据 C 用 (3.4.6) 式确定 P.

引理 3.4.1 若 A 的特征值 λ_i 均满足 $\lambda_i + \lambda_j \neq 0 (i, j = 1, \cdots, n)$, 则对任意实对称矩阵 C, 都有唯一的实对称矩阵 P, 满足 (3.4.6) 式.

证明 由于 $\lambda_i + \lambda_j \neq 0$ 对任意的 $i, j = 1, \cdots, n$ 都成立, 特别地, 有 $2\lambda_i \neq 0$, 从而 $\lambda_i \neq 0 (i = 1, \cdots, n)$. 故 $\det A \neq 0$, 即 A 是非奇异矩阵. 由线性代数的知识知, 有非奇异矩阵 Q, 满足

$$Q^{-1}Q = E, \quad Q^{-1}AQ = D, \tag{3.4.7}$$

其中 E 是 n 阶单位矩阵, D 是主对角线上和次对角线上元素才可能非 0 的矩阵, 即

$$D = \begin{bmatrix} \lambda_1 & d_2 & 0 & \cdots & 0 \\ 0 & \lambda_2 & d_3 & \cdots & 0 \\ \vdots & \vdots & \vdots & & \vdots \\ 0 & 0 & 0 & \cdots & d_n \\ 0 & 0 & 0 & \cdots & \lambda_n \end{bmatrix}. \tag{3.4.8}$$

在 (3.4.6) 式两边的左、右侧分别乘以 Q^{T} 和 Q, 注意到 $(Q^{-1})^{\mathrm{T}}Q^{\mathrm{T}} = E$, 得

$$Q^{\mathrm{T}}CQ = Q^{\mathrm{T}}A^{\mathrm{T}}(Q^{-1})^{\mathrm{T}}Q^{\mathrm{T}}PQ + Q^{\mathrm{T}}PQQ^{-1}AQ.$$

由于 $Q^{\mathrm{T}}A^{\mathrm{T}}(Q^{-1})^{\mathrm{T}} = (Q^{-1}AQ)^{\mathrm{T}}$, 上式就化为

$$Q^{\mathrm{T}}CQ = D^{\mathrm{T}}Q^{\mathrm{T}}PQ + Q^{\mathrm{T}}PQD. \tag{3.4.9}$$

记 $C^* = Q^{\mathrm{T}}CQ = (c_{ij}^*)_{n \times n}, P^* = Q^{\mathrm{T}}PQ = (p_{ij}^*)_{n \times n}$, (3.4.9) 式可以转化为

$$C^* = D^{\mathrm{T}}P^* + P^*D.$$

将上述矩阵方程展开即得到

$$2\lambda_1 p_{11}^* = c_{11}^*,$$
$$\lambda_1 p_{1j}^* + d_j p_{1,j-1}^* + \lambda_j p_{1j}^* = c_{1j}^*, \quad j = 2, 3, \cdots, n,$$
$$d_i p_{i-1,j}^* + \lambda_i p_{ij}^* + d_j p_{i,j-1}^* + \lambda_j p_{ij}^* = c_{ij}^*, \quad i, j = 2, 3, \cdots, n,$$
$$d_i p_{i-1,1}^* + \lambda_i p_{i1}^* + \lambda_1 p_{i1}^* = c_{i1}^*, \quad i = 2, 3, \cdots, n,$$

即

$$(\lambda_i + \lambda_j)p_{ij}^* = c_{ij}^* - d_i p_{i-1,j}^* - d_j p_{i,j-1}^*, \quad i, j = 1, 2, \cdots, n,$$

其中, 定义 $d_1 = 0, p_{i0}^* = 0, p_{0j}^* = 0$. 故有

$$p_{ij}^* = \frac{c_{ij}^* - d_i p_{i-1,j}^* - d_j p_{i,j-1}^*}{\lambda_i + \lambda_j}, \quad i, j = 1, 2, \cdots, n. \tag{3.4.10}$$

由 (3.4.10) 式可以递推得到 p_{ij}^*, 从而得到 P^*, 再用等式 $P = (Q^{-1})^{\mathrm{T}} P^* Q^{-1}$ 就可以得到矩阵 P. 从这个求解过程可以看出, P 是由 C 唯一确定的.

又因为 C 是实对称矩阵, 所以 C^* 是实对称矩阵, 再由 (3.4.10) 式得 $p_{ij}^* = p_{ji}^*$, 所以 P^* 是实对称矩阵, 最后从 $P = (Q^{-1})^{\mathrm{T}} P^* Q^{-1}$ 知, P 也是实对称矩阵. 引理证毕.

例 3.4.1　讨论系统

$$\begin{cases} x_1' = -x_1 + x_2, \\ x_2' = 2x_1 - 3x_2 \end{cases} \tag{3.4.11}$$

零解的稳定性.

解　计算得 (3.4.11) 式对应矩阵 A 的特征值分别为 $\lambda_1 = -2 + \sqrt{3}, \lambda_2 = -2 - \sqrt{3}$, 故可选取 $C = \begin{bmatrix} -1 & 0 \\ 0 & -1 \end{bmatrix}$, 使 $V'(x_1, x_2)$ 负定, 由等式 (3.4.6) 得关于 p_{ij} 的方程组

$$\begin{cases} -2p_{11} + 4p_{12} = -1, \\ p_{11} - 4p_{12} + 2p_{22} = 0, \\ 2p_{12} - 6p_{22} = -1, \end{cases}$$

求解这个方程组得 $p_{11} = \dfrac{7}{4}, p_{12} = p_{21} = \dfrac{5}{8}, p_{22} = \dfrac{3}{8}$. 于是得

$$V(x) = x^{\mathrm{T}} P x = \frac{7}{4} x_1^2 + \frac{5}{4} x_1 x_2 + \frac{3}{8} x_2^2.$$

容易验证, 二次型 $V(x) = x^{\mathrm{T}} P x$ 是正定的, 由稳定性定理知, (3.4.11) 式的零解是一致渐近稳定的.

定义 3.4.1　设 $A \in R^{n \times n}$, 若 A 的所有特征值有负实部, 即 $\mathrm{Re}\lambda_j(A) < 0(j = 1, \cdots, n)$, 则称 A 稳定; 若 $\mathrm{Re}\lambda_j(A) \leqslant 0(j = 1, \cdots, n)$, 且任一具有零实部的特征值只对应 A 的简单的初等因子, 则称 A 拟稳定.

对于常系数齐线性系统 (3.4.3), 这时 $x(t, t_0, x_0)$ 和 $x(t - t_0, 0, x_0)$ 一致, 所以此时基本解矩阵满足

$$\Phi(t, t_0) \equiv \Phi(t - t_0, 0) = \mathrm{e}^{A(t - t_0)} = \sum_{k \geqslant 0} \frac{A^k (t - t_0)^k}{k!}.$$

定理 3.4.1 常系数齐线性系统 (3.4.3) 的零解稳定, 当且仅当 A 拟稳定; 常系数齐线性系统 (3.4.3) 的零解渐近稳定, 当且仅当 A 稳定.

证明 (3.4.3) 式的通解为

$$x(t) = x(t, t_0, x_0) = \mathrm{e}^{A(t-t_0)} x_0. \tag{3.4.12}$$

由线性代数的理论知, 有非奇异矩阵 S, 使得 $A = SJS^{-1}$, 其中 J 是 A 的若尔当 (Jordan) 标准型,

$$J = \begin{bmatrix} J_1 & 0 & \cdots & 0 \\ 0 & J_2 & \cdots & 0 \\ \vdots & \vdots & & \vdots \\ 0 & 0 & \cdots & J_r \end{bmatrix},$$

J_k 是对应于特征值 λ_k 的若尔当块 $(k = 1, 2, \cdots, r)$

$$J_k = \begin{bmatrix} \lambda_k & 1 & \cdots & 0 & 0 \\ 0 & \lambda_k & \cdots & 0 & 0 \\ \vdots & \vdots & & & \vdots \\ 0 & 0 & \cdots & \lambda_k & 1 \\ 0 & 0 & \cdots & 0 & \lambda_k \end{bmatrix}.$$

故

$$\mathrm{e}^{A(t-t_0)} = \mathrm{e}^{SJS^{-1}(t-t_0)} = S\mathrm{e}^{J(t-t_0)} S^{-1},$$

$$\mathrm{e}^{J(t-t_0)} = \begin{bmatrix} \mathrm{e}^{J_1(t-t_0)} & 0 & \cdots & 0 \\ 0 & \mathrm{e}^{J_2(t-t_0)} & \cdots & 0 \\ \vdots & \vdots & & \vdots \\ 0 & 0 & \cdots & \mathrm{e}^{J_r(t-t_0)} \end{bmatrix},$$

其中

$$\mathrm{e}^{J_k(t-t_0)} = \begin{bmatrix} 1 & (t-t_0) & \dfrac{(t-t_0)^2}{2!} & \cdots & \dfrac{(t-t_0)^{n_k-1}}{(n_k-1)!} \\ 0 & 1 & t-t_0 & \cdots & \dfrac{(t-t_0)^{n_k-2}}{(n_k-2)!} \\ 0 & 0 & 1 & \cdots & \dfrac{(t-t_0)^{n_k-3}}{(n_k-3)!} \\ \vdots & \vdots & \vdots & & \vdots \\ 0 & 0 & 0 & \cdots & (t-t_0) \\ 0 & 0 & 0 & \cdots & 1 \end{bmatrix} \mathrm{e}^{\lambda_k(t-t_0)} \quad (k=1,2,\cdots,r),$$

e^{J_k} 为 n_k 阶矩阵, 并且 $\sum\limits_{k=1}^{r} n_k = n$, r 为 A 的初等因子的个数.

故系统 (3.4.3) 的零解稳定 $\Leftrightarrow \mathrm{e}^{A(t-t_0)}$ 对 $t \geqslant t_0$ 有界 $\Leftrightarrow \mathrm{e}^{J(t-t_0)}$ 对 $t \geqslant t_0$ 有界 $\Leftrightarrow$ $\mathrm{e}^{J_k(t-t_0)}$ 对 $t \geqslant t_0$ 有界 $(k = 1, 2, \cdots, r) \Leftrightarrow \mathrm{Re}\lambda_k \leqslant 0$, 当取等号时, $n_k = 1, 1 \leqslant k \leqslant r$, 即 A 拟稳定.

系统 (3.4.3) 的零解渐近稳定 $\Leftrightarrow \lim\limits_{t \to +\infty} \mathrm{e}^{A(t-t_0)} = 0 \Leftrightarrow \lim\limits_{t \to +\infty} \mathrm{e}^{J(t-t_0)} = 0 \Leftrightarrow$

$$\lim_{t \to +\infty} \mathrm{e}^{J_k(t-t_0)} = 0 \Leftrightarrow \lim_{t \to +\infty} \begin{bmatrix} 1 & (t-t_0) & \dfrac{(t-t_0)^2}{2!} & \cdots & \dfrac{(t-t_0)^{n_k-1}}{(n_k-1)!} \\ 0 & 1 & t-t_0 & \cdots & \dfrac{(t-t_0)^{n_k-2}}{(n_k-2)!} \\ 0 & 0 & 1 & \cdots & \dfrac{(t-t_0)^{n_k-3}}{(n_k-3)!} \\ \vdots & \vdots & \vdots & & \vdots \\ 0 & 0 & 0 & \cdots & (t-t_0) \\ 0 & 0 & 0 & \cdots & 1 \end{bmatrix} \mathrm{e}^{\lambda_k(t-t_0)} = 0$$

$\Leftrightarrow \mathrm{Re}\lambda_k < 0$, $k = 1, 2, \cdots, r$, 即 A 稳定. 定理证毕.

例 3.4.2　讨论下列系统零解的稳定性

$$(1) \begin{cases} x_1' = x_2, \\ x_2' = -k^2 x_1; \end{cases} \qquad (2) \begin{cases} x_1' = x_2, \\ x_2' = -k^2 x_1 - 2\mu x_2, \end{cases}$$

其中 $k > 0, \mu > 0$ 为常数.

解　两个系统系数矩阵 A 的特征方程分别为

$$(1) \begin{vmatrix} -\lambda & 1 \\ -k^2 & -\lambda \end{vmatrix} = 0; \qquad (2) \begin{vmatrix} -\lambda & -1 \\ -k^2 & -\lambda - 2\mu \end{vmatrix} = 0.$$

从而求得特征根分别为

(1) $\lambda_{1,2} = \pm ki$;　　　(2) $\lambda_{1,2} = -\mu \pm \sqrt{\mu^2 - k^2}$.

由定理 3.4.1 即知系统 (1) 是稳定的; 系统 (2) 是渐近稳定的.

利用定理 3.4.1, 就可以根据 A 的特征值实部的符号来判定 (3.4.3) 零解的稳定性. 对实系数多项式, 可根据 Hurwitz 判据在不求根的情况下判断所有根的实部为负值.

定理 3.4.2(Hurwitz 判据)[9]　多项式方程

$$\lambda^n + a_1 \lambda^{n-1} + a_2 \lambda^{n-2} + \cdots + a_{n-1} \lambda + a_n = 0 \tag{3.4.13}$$

的所有根均具有负实部的充要条件是

$$H_k = \begin{vmatrix} a_1 & a_3 & a_5 & \cdots & a_{2k-1} \\ 1 & a_2 & a_4 & \cdots & a_{2k-2} \\ 0 & a_1 & a_3 & \cdots & a_{2k-3} \\ 0 & 1 & a_2 & \cdots & a_{2k-4} \\ \vdots & \vdots & \vdots & & \vdots \\ 0 & 0 & 0 & \cdots & a_k \end{vmatrix} > 0,$$

$k = 1, 2, \cdots, n$. 其中 $j > n$ 时, 补充定义 $a_j = 0$.

例 3.4.3 讨论方程组

$$\begin{cases} x_1' = -2x_1 + x_2 - x_3, \\ x_2' = x_1 - x_2, \\ x_3' = x_1 + x_2 - x_3 \end{cases} \tag{3.4.14}$$

零解的稳定性.

解 (3.4.14) 式的系数矩阵为 $A = \begin{bmatrix} -2 & 1 & -1 \\ 1 & -1 & 0 \\ 1 & 1 & -1 \end{bmatrix}$. A 的特征方程为

$$\lambda^3 + 4\lambda^2 + 5\lambda + 3 = 0.$$

利用 Hurwitz 判据得

$$H_1 = 4 > 0,$$

$$H_2 = \begin{vmatrix} 4 & 3 \\ 1 & 5 \end{vmatrix} = 17 > 0,$$

$$H_3 = \begin{vmatrix} 4 & 3 & 0 \\ 1 & 5 & 0 \\ 0 & 4 & 3 \end{vmatrix} = 51 > 0,$$

所以 A 的所有特征值均具有负实部, (3.4.14) 式的零解渐近稳定.

3.4.2 线性系统的扰动

定理 3.4.3 设 $A \in R^{n \times n}$ 稳定, 令 $F \in C(R^+ \times B_h, R^n)$, 且对 $t \in R^+$ 一致成立

$$F(t, x) = o(|x|), \quad \text{当} \ |x| \to 0 \ \text{时}, \tag{3.4.15}$$

则非线性系统 (3.4.2) 的零解是一致渐近稳定的, 事实上, 也是指数稳定的.

证明　因为 A 的特征值均具有负实部, 因此由定理 3.4.1 知 (3.4.3) 的零解渐近稳定. 由引理 3.4.1 知, 对任意的正定实对称矩阵 C, 满足方程 $A^{\mathrm{T}}P + PA = -C$ 的实对称矩阵 P 是唯一的, 且 $V(x) = x^{\mathrm{T}}Px$ 必是正定的. 否则, 在原点的任意一个邻域内, 必有 $x_0 \neq 0$, 使得 $V(x_0) \leqslant 0$. 由于 $V(x)$ 沿着 (3.4.3) 式轨线的全导数 $V'_{(3.4.3)}(x) = -x^{\mathrm{T}}Cx$ 是负定的, 当 $t > t_0$ 时,

$$V(x(t, t_0, x_0)) = V(x_0) + \int_{t_0}^{t} V'_{(3.4.3)}(x(t, t_0, x_0))\mathrm{d}t < V(x_0) \leqslant 0.$$

这与零解渐近稳定时 $\lim\limits_{t \to +\infty} x(t, t_0, x_0) = 0$, 从而 $\lim\limits_{t \to +\infty} V(x(t, t_0, x_0)) = 0$ 矛盾.

现在, 利用这个正定函数 $V(x) = x^{\mathrm{T}}Px$ 来证明 (3.4.2) 式零解的渐近稳定性. 容易求得 $V(x)$ 沿着 (3.4.2) 轨线的全导数为

$$V'_{(3.4.2)}(t, x) = -x^{\mathrm{T}}Cx + 2x^{\mathrm{T}}PF(t, x). \tag{3.4.16}$$

选取 $\gamma > 0$, 使得对所有的 $x \in R^n$, 都有 $x^{\mathrm{T}}Cx \geqslant 3\gamma|x|^2$. 由 (3.4.15) 式知, 存在 δ 满足 $0 < \delta < h$, 当 $|x| \leqslant \delta$ 时, $|PF(t, x)| \leqslant \gamma|x|$ 对所有的 $(t, x) \in R^+ \times B_\delta$ 成立.

从而当 $(t, x) \in R^+ \times B_\delta$ 时, 由 (3.4.16) 式得,

$$V'_{(3.4.2)}(t, x) \leqslant -3\gamma|x|^2 + 2\gamma|x|^2 = -\gamma|x|^2,$$

即 $V'_{(3.4.2)}(t, x)$ 在原点的小邻域内是负定函数, 由定理 3.2.3 知, (3.4.2) 式的零解是一致渐近稳定的, 且由推论 3.2.1 知, (3.4.2) 式的零解是指数稳定的, 因为存在 $c_2 > c_1 > 0$, 使对所有的 $x \in R^n$, 有 $c_1|x|^2 \leqslant V(x) \leqslant c_2|x|^2$ 成立. 定理证毕.

例 3.4.4　考虑 Liénard 方程

$$x'' + f(x)x' + x = 0, \tag{3.4.17}$$

其中 $f \in C(R, R)$. 假设 $f(0) > 0$. 把 (3.4.17) 式重新写为 (令 $x = x_1, x' = x_2$)

$$\begin{cases} x_1' = x_2, \\ x_2' = -x_1 - f(0)x_2 + (f(0) - f(x_1))x_2. \end{cases} \tag{3.4.18}$$

令 $x^{\mathrm{T}} = (x_1, x_2)$, 且令

$$A = \begin{bmatrix} 0 & 1 \\ -1 & -f(0) \end{bmatrix}, \quad F(t, x) = \begin{bmatrix} 0 \\ (f(0) - f(x_1))x_2 \end{bmatrix}.$$

易证 A 是稳定的, 且 $F(t,x)$ 满足 (3.4.15) 式, 故由定理 3.4.3 知 (3.4.17) 式的零解是一致渐近稳定的.

定理 3.4.4 设 $A \in R^{n \times n}$ 至少有一个特征值的实部为正, 若 $F \in C(R^+ \times B_h, R^n)$ 且 F 满足 (3.4.15) 式, 则非线性系统 (3.4.2) 的零解是不稳定的.

证明 由于 A 的特征值中至少有一个具有正实部, 则对正定的二次型 $W(x) = x^T x$, 存在很小的正常数 α 及非常负的 $V(x) = x^T P x$, 使得

$$V'_{(3.4.3)}(x) = \alpha V(x) + W(x). \tag{3.4.19}$$

且等号之右的函数为正定的. 事实上, 由于 A 具有正实部的特征根 λ_0, $\mathrm{Re}\lambda_0 > 0$, 可选取充分小的常数 $\alpha > 0$, 使 $A - \dfrac{\alpha}{2}E$ 也具有正实部的特征根 λ_1, 且 $A - \dfrac{\alpha}{2}E$ 的所有特征根满足引理 3.4.1 的条件 (因为若 λ_j 为 A 的特征值, 则 $\lambda_j - \alpha/2$ 为 $A - \dfrac{\alpha}{2}E$ 的特征值), 从而对 $W(x) = x^T x$, 存在唯一的 P, 使得

$$\left(A - \frac{\alpha}{2}E\right)^T P + P\left(A - \frac{\alpha}{2}E\right) = E.$$

由此得到的二次型 $V(x) = x^T P x$ 即满足式 (3.4.19). 进一步可证 $V(x)$ 必不能是常负的. 首先, 它不能是定负的 (否则, 取 $-V$ 为 Lyapunov 函数, 由 (3.4.19) 与定理 3.2.3 知 (3.4.3) 的零解是渐近稳定的, 这与定理 3.4.1 矛盾), 故必有 $x^* \neq 0$, 其范数可以任意小, 使 $V(x^*) \geqslant 0$. 若 $V(x^*) > 0$, 则结论已证. 现设 $V(x^*) = 0$, 则有非零解 $x(t) = e^{At} x^*$. 由 (3.4.19) 知, $V(x)$ 沿 $x(t)$ 是严格单调递增的, 于是当 $t > 0$ 时 $V(x(t)) > 0$, 即 $V(x)$ 不能是常负的.

计算二次型 $V(x)$ 沿着 (3.4.2) 之解的全导数得

$$V'_{(3.4.2)}(x) = \alpha V(x) + W(x) + F(t,x)^T P x + x^T P F(t,x).$$

由条件 (3.4.15) 知, $\forall \varepsilon > 0$, 有 $\delta > 0$, 当 $|x| < \delta$ 时,

$$|F(t,x)^T P x + x^T P F(t,x)| < \varepsilon |x|^2.$$

于是 $W(x) + F(t,x)^T P x + x^T P F(t,x)$ 是正定的, 从而由不稳定性定理 (定理 3.2.6) 知, 系统 (3.4.2) 的零解是不稳定的.

例 3.4.5 考虑单摆方程

$$x'' + a \sin x = 0, \tag{3.4.20}$$

其中常数 $a > 0$. 方程 (3.4.20) 的平衡位置为 $(x_e, x_e')^T = (\pi, 0)^T$. 令 $y = x - x_e$, 方程 (3.4.20) 可化为

$$y'' + a \sin(y + \pi) = y'' - ay + a(\sin(y + \pi) + y) = 0.$$

上述方程可化为系统 (3.4.2) 的形式, 其中

$$A = \begin{bmatrix} 0 & 1 \\ a & 0 \end{bmatrix}, \quad F(t,y) = \begin{bmatrix} 0 \\ -a(\sin(y_1 + \pi) + y_1) \end{bmatrix}.$$

矩阵 A 的特征值为 $\lambda_{1,2} = \pm\sqrt{a}$, 且 $F(t,y)$ 满足条件 (3.4.15). 因此, 由定理 3.4.4 可知平衡位置 $(x_e, x_e')^{\mathrm{T}} = (\pi, 0)^{\mathrm{T}}$ 是不稳定的.

习　题　3.4

1. 研究矩阵

$$A = \begin{bmatrix} -8 & 6 & -5 & 5 \\ 1 & -6 & 0 & 0 \\ -2 & 1 & -4 & 0 \\ 2 & 0 & 0 & -10 \end{bmatrix}$$

的稳定性.

2. 证明矩阵

$$A = \begin{bmatrix} -6 & -2 & -3 & \dfrac{1}{2} \\ 7 & -4 & 1 & 1 \\ 2 & 1 & -5 & 1 \\ 2 & 0 & -\dfrac{1}{2} & -3 \end{bmatrix}$$

稳定.

3. 讨论系统

$$\begin{cases} x_1' = -2x_1 + x_2 - x_3 + x_1^2 \mathrm{e}^{x_2}, \\ x_2' = \sin x_1 - x_2 + x_1^2 x_2 + x_3^4, \\ x_3' = x_1 + x_2 - x_3 - \mathrm{e}^{x_1}(\cos x_3 - 1) \end{cases}$$

零解的稳定性.

4. 讨论系统

$$\begin{cases} x_1' = x_2 + x_1(x_1^2 + x_2^2), \\ x_2' = -x_1 + x_2(x_1^2 + x_2^2) \end{cases}$$

零解的稳定性.

3.5　稳定性中的比较方法

考虑非线性系统

$$x' = f(t, x), \tag{3.5.1}$$

其中 $x \in R^n, f \in C(R^+ \times \Omega, R^n), \Omega \subset R^n$ 为连通开集, $0 \in \Omega$, 且 $f(t, 0) = 0(t \in R^+)$. 此外, 引入比较方程

$$y' = g(t, y), \tag{3.5.2}$$

其中 $y \in R^l, g \in C(R^+ \times B_{h_1}^+, R^l)(h_1 > 0), B_{h_1}^+ = \{x \in (R^+)^l \mid |x| \leqslant h_1\} \subset (R^+)^l$, 且 $g(t, 0) = 0(t \in R^+)$.

对于向量值函数 $V : R^+ \times B_h \to R^l$, 其中 $B_h \subset \Omega, h > 0$, 引入下面记号:

$$V(t, x) = [v_1(t, x), \cdots, v_l(t, x)]^{\mathrm{T}}$$

和

$$V'_{(3.5.1)}(t, x) = [v'_{1(3.5.1)}(t, x), \cdots, v'_{l(3.5.1)}(t, x)]^{\mathrm{T}}.$$

下面用 $|\cdot|$ 表示空间 R^l 的欧氏范数.

定理 3.5.1 若存在函数 $V \in C(R^+ \times B_h, (R^+)^l)$, 其中 $B_h \subset \Omega \subset R^n, h > 0$, 使得 $|V(t, x)|$ 是正定的和具有无穷小上界, 且存在拟单调不减函数 $g \in C(R^+ \times B_{h_1}^+, R^l)$, 其中 $g(t, 0) = 0(t \in R^+), h_1 > 0$, 使得 $V(t, x)$ 沿着 (3.5.1) 式解曲线的全导数满足

$$V'_{(3.5.1)}(t, x) \leqslant g(t, V(t, x)), \quad (t, x) \in R^+ \times B_h,$$

则下面的结论成立:

(a) 当 (3.5.2) 式的零解稳定、一致稳定、渐近稳定和一致渐近稳定时, (3.5.1) 式的零解也是稳定、一致稳定、渐近稳定和一致渐近稳定的;

(b) 若 $V(t, x)$ 还满足

$$|V(t, x)| \geqslant a|x|^b, \quad (t, x) \in R^+ \times B_h,$$

其中 $a, b > 0$ 为常数, 则当 (3.5.2) 式的零解指数稳定时, (3.5.1) 式的零解也是指数稳定的:

证明 对任一点 $(t_0, x_0) \in R^+ \times B_h$, 设 (3.5.1) 式过 (t_0, x_0) 的解为 $x(t) = x(t, t_0, x_0)$, 在这个解曲线上, $V(t) = V(t, x(t))$. 由定理的条件得

$$V'_{(3.5.1)}(t) \leqslant g(t, V(t)), \quad V(t_0) = V_0. \tag{3.5.3}$$

设 (3.5.2) 式过 (t_0, y_0) 的解为 $y(t) = y(t, t_0, y_0)$, 过 (t_0, V_0) 的解为 $Y(t) = Y(t, t_0, V_0)$, 则 $Y(t)$ 满足的方程为

$$Y'(t) = g(t, Y(t)), \quad Y(t_0) = V_0. \tag{3.5.4}$$

对 (3.5.3) 式和 (3.5.4) 式应用第 1 章的比较定理得

$$V(t) \leqslant Y(t), \quad t \geqslant t_0. \tag{3.5.5}$$

因为 $|V(t, x)|$ 是正定的, 必有 k 类函数 ψ_1, 使得

$$\psi_1(|x|) \leqslant |V(t, x)|. \tag{3.5.6}$$

(a) 当 (3.5.2) 式的零解稳定时, 对任意的 $\varepsilon > 0$, 根据 ψ_1 的严格单调性得 $\psi_1(\varepsilon) > 0$, 对此 $\psi_1(\varepsilon)$, 存在 $\delta = \delta(\varepsilon, t_0) > 0$, 使得当 $|y_0| < \delta$ 时,

$$|y(t, t_0, y_0)| < \psi_1(\varepsilon), \quad t \geqslant t_0. \tag{3.5.7}$$

特别地, 当 $|V_0| < \delta$ 时,

$$|Y(t, t_0, V_0)| < \psi_1(\varepsilon), \quad t \geqslant t_0. \tag{3.5.8}$$

又因为 $|V(t, x)|$ 具有无穷小上界, 即存在正定函数 ψ_2, 使得

$$|V(t, x)| \leqslant \psi_2(|x|). \tag{3.5.9}$$

故取 $\eta = \psi_2^{-1}(\delta)$, 使得当 $|x_0| < \eta$ 时,

$$0 \leqslant |V(t_0)| = |V(t_0, x_0)| < \delta. \tag{3.5.10}$$

结合 (3.5.6)~(3.5.10) 式得, 当 $|x_0| < \eta$ 时,

$$\psi_1(|x(t, t_0, x_0)|) \leqslant |V(t, x(t, t_0, x_0))|$$
$$\leqslant |Y(t, t_0, V_0)| < \psi_1(\varepsilon). \tag{3.5.11}$$

由 (3.5.11) 式得,

$$|x(t, t_0, x_0)| < \psi_1^{-1}(\psi_1(\varepsilon)) = \varepsilon, \tag{3.5.12}$$

故 (3.5.1) 式的零解是稳定的.

当 (3.5.2) 式的零解一致稳定时, 推导不等式 (3.5.7) 时用到的 δ 仅与 ε 有关, 而与 t_0 无关, 又由于 η 仅与 δ 有关, 而与 t_0 无关, 故用前面证明 (3.5.1) 式零解稳定性的方法, 就可证明 (3.5.1) 式的零解是一致稳定的.

证明 (3.5.1) 式零解渐近稳定时, 只要用 (3.5.11) 式, 对不等式

$$\psi_1(|x(t, t_0, x_0)|) \leqslant |Y(t, t_0, V_0)|$$

两边取极限即可.

(b) 当 (3.5.2) 式的零解指数稳定时, 则有正数 $\alpha > 0$, 对任意的 $\varepsilon > 0$, 有 $\delta = \delta(\varepsilon) > 0$, 使当 $|y_0| < \delta$ 时,

$$|y(t, t_0, y_0)| < \varepsilon e^{-\alpha(t - t_0)}, \quad t \geqslant t_0. \tag{3.5.13}$$

特别地, 当 $|V_0| < \delta$ 时,

$$|Y(t, t_0, V_0)| < \varepsilon e^{-\alpha(t - t_0)}, \quad t \geqslant t_0. \tag{3.5.14}$$

由 (3.5.9) 式, 当 $|x_0| < \eta$ 时, (3.5.10) 式成立, 因此

$$\psi_1(|x(t, t_0, x_0)|) \leqslant |V(t, x(t, t_0, x_0))|$$
$$\leqslant |Y(t, t_0, V_0)| < \varepsilon e^{-\alpha(t-t_0)}. \tag{3.5.15}$$

由 (3.5.15) 式得

$$|x(t, t_0, x_0)| < \psi_1^{-1}(\varepsilon e^{-\alpha(t-t_0)}) = \left(\frac{\varepsilon}{a}\right)^{1/b} e^{-(\alpha/b)(t-t_0)}, \tag{3.5.16}$$

其中 $\psi_1(r) = ar^b$, 故 (3.5.1) 式的零解是稳定的.

注 3.5.1 若 $l = 1$, 则 g 是一个纯量函数, 满足拟单调不减性质, 因此定理 3.5.1 对纯量比较方程也是成立的.

例 3.5.1 讨论系统

$$\begin{cases} x_1' = \left(-1 + \dfrac{3}{2}\cos t\right)x_1 - x_1 x_2^2, \\[2mm] x_2' = \left(-1 - \dfrac{3}{2}\cos t\right)x_2 - x_2 x_3^2, \\[2mm] x_3' = \left(-1 - \dfrac{3}{2}\cos t\right)x_3 - x_3 x_1^2 \end{cases} \tag{3.5.17}$$

零解的稳定性.

解 令 $V(x_1, x_2, x_3) = \dfrac{1}{2}(x_1^2 + x_2^2 + x_3^2)$. 沿着 (3.5.17) 式解曲线对 $V(x_1, x_2, x_3)$ 求导得

$$V'(x_1, x_2, x_3) = \left(-1 + \frac{3}{2}\cos t\right)x_1^2 + \left(-1 - \frac{3}{2}\cos t\right)x_2^2$$
$$+ \left(-1 - \frac{3}{2}\cos t\right)x_3^2 - x_1^2 x_2^2 - x_2^2 x_3^2 - x_3^2 x_1^2$$
$$\leqslant \left(-1 + \frac{3}{2}|\cos t|\right)(x_1^2 + x_2^2 + x_3^2). \tag{3.5.18}$$

引入比较方程

$$y' = (-2 + 3|\cos t|)y, \tag{3.5.19}$$

容易求得 (3.5.19) 式满足 $y(t_0) = y_0$ 的解为

$$y(t) = y_0 e^{\int_{t_0}^t (-2 + 3|\cos \tau|)\mathrm{d}\tau}. \tag{3.5.20}$$

取 k_0 是满足 $k_0\pi \geqslant t_0$ 的最小整数, k_1 是满足 $k_1\pi \leqslant t$ 的最大整数, 则有

$$t - t_0 \geqslant (k_1 - k_0)\pi, \tag{3.5.21}$$

$$\int_{t_0}^{t} 3|\cos\tau|\mathrm{d}\tau \leqslant 6(k_1 - k_0) + 6\pi. \tag{3.5.22}$$

由 (3.5.20)~(3.5.22) 式得

$$|y(t)| \leqslant |y_0| e^{-2(t-t_0) + 6(k_1 - k_0) + 6\pi}$$

$$\leqslant |y_0| e^{-2(\pi-3)(k_1 - k_0) + 6\pi}. \tag{3.5.23}$$

由 (3.5.23) 式得, 比较方程 (3.5.19) 的零解是渐近稳定的. 所以 (3.5.17) 式的零解是渐近稳定的.

接下来考虑比较方程

$$y' = Py + m(t, y), \tag{3.5.24}$$

其中 $P = [p_{ij}] \in R^{l \times l}$, 且假设 $m : R^+ \times B_{h_1}^+ \to R^l$ 满足下面的条件

$$\lim_{|y| \to 0} \frac{|m(t,y)|}{|y|} = 0, \quad \text{对} \ t \in R^+ \text{一致成立}. \tag{3.5.25}$$

对方程 (3.5.24) 利用 Lyapunov 第一方法 (即定理 3.4.3), 得到下面的比较结果.

推论 3.5.1 假设存在函数 $V \in C(R^+ \times B_h, (R^+)^l)$, 其中 $B_h \subset \Omega \subset R^n(h > 0)$, 使得 $|V(t, x)|$ 是正定的和具有无穷小上界, 且存在实 $l \times l$ 矩阵 $P = [p_{ij}]$ 和拟单调不减函数 $m \in C(R^+ \times B_{h_1}^+, R^l)$, 其中 $B_{h_1}^+ \subset (R^+)^l(h_1 > 0)$, 使得 $(t, x) \in R^+ \times B_h$ 时, 不等式

$$V'_{(3.5.1)}(t, x) \leqslant PV(t, x) + m(t, V(t, x)) \tag{3.5.26}$$

依分量方式成立, 且

$$\lim_{|y| \to 0} \frac{|m(t,y)|}{|y|} = 0, \quad \text{对} \ t \in R^+ \text{一致成立}, \tag{3.5.27}$$

其中 $p_{ij} > 0, 1 \leqslant i \neq j \leqslant l$, 则下面的结论成立:

(a) 若矩阵 P 的所有特征值具有负实部, 则 (3.5.1) 的零解是一致渐近稳定的;

(b) 除条件 (a) 外, 若 $V(t, x)$ 还满足

$$|V(t, x)| \geqslant a|x|^b, \ (t, x) \in R^+ \times B_h, \tag{3.5.28}$$

其中 $a, b > 0$ 为常数, 则 (3.5.1) 的零解是指数稳定的.

证明 由定理 3.4.3 与定理 3.5.1 即得.

习 题 3.5

1. 讨论系统

$$
\begin{cases}
x_1' = \left(-1 - \dfrac{3}{2}\cos t\right)x_1 - x_1 x_2^2, \\[2mm]
x_2' = \left(-2 - \dfrac{3}{2}\cos t\right)x_2 - x_2 x_3^4, \\[2mm]
x_3' = \left(-3 - \dfrac{3}{2}\cos t\right)x_3 - x_3 x_1^6
\end{cases}
$$

零解的稳定性.

2. 证明：当 $|k|$ 充分小时, 系统

$$
\begin{cases}
x_1' = -x_1 - 2x_2^2 + 2kx_4, \\[1mm]
x_2' = -x_2 + 2x_1 x_2, \\[1mm]
x_3' = -3x_3 + x_4 + kx_1, \\[1mm]
x_4' = -2x_4 - x_3 - kx_2
\end{cases}
$$

的零解是一致渐近稳定的.

3. 证明系统

$$
\begin{cases}
x_1' = (-2 + 4\cos t - |\sin t|)x_1 - (\sin t)x_2, \\[1mm]
x_2' = (\cos t)x_1 + (-3 + 4\cos t + \sin t)x_2
\end{cases}
$$

的零解是指数稳定的.

第 4 章　定性理论基础

4.1　自治系统解的基本性质

考虑方程组

$$x' = f(x), \tag{4.1.1}$$

其中 $f \in C(G)$ 且满足解的唯一性条件, $G \subset R^n$, 系统 (4.1.1) 称为自治系统. 对任意的 $(\tau, \xi) \in R \times G$, (4.1.1), 存在唯一饱和解

$$x = \varphi(t, \tau, \xi), \quad t \in (\alpha, \beta),$$

满足初始条件 $x(\tau) = \xi$. 区域 G 中的曲线

$$\gamma = \{x \mid x = \varphi(t, \tau, \xi), \ t \in (\alpha, \beta)\} \tag{4.1.2}$$

称为系统的轨线, 其中 $t \geqslant \tau$ 对应的部分称为正半轨, 记为 γ_ξ^+, $t \leqslant \tau$ 的部分称为负半轨, 记为 γ_ξ^-. R^n 称为相空间. 当 t 增加时, γ 上动点的运动方向称为 γ 的定向. 常微分方程一般定性理论的主要任务就是确定所有轨线的分布状况.

4.1.1　解的延拓性

一般来说, 系统 (4.1.1) 的解的存在区间未必是无穷区间, 更未必是 $(-\infty, \infty)$, 但为了研究上的方便, 下面将说明可以认为每个解的定义域都是全体实数, 而且不改变轨线的分布.

首先观察下列三个自治系统

$$\begin{cases} \dfrac{\mathrm{d}x}{\mathrm{d}t} = -y, \\ \dfrac{\mathrm{d}y}{\mathrm{d}t} = x; \end{cases} \qquad \begin{cases} \dfrac{\mathrm{d}x}{\mathrm{d}t} = y, \\ \dfrac{\mathrm{d}y}{\mathrm{d}t} = -x; \end{cases} \qquad \begin{cases} \dfrac{\mathrm{d}x}{\mathrm{d}t} = y(x^2 + y^2 + 1), \\ \dfrac{\mathrm{d}y}{\mathrm{d}t} = -x(x^2 + y^2 + 1). \end{cases}$$

易见, 它们的轨线都是平面上的一族同心圆 $x^2 + y^2 = r^2$(但定向未必相同). 一般地可证, 若 $g : G \to R$ 是 G 上的定号函数, 则系统 $x' = f(x)$ 与 $x' = g(x)f(x)$ 在 G 上有完全相同的轨线, 且当 $g(x) > 0(<0)$ 时两者的轨线有相同 (不同) 的定向.

定理 4.1.1　对于任一自治系统 (4.1.1), 若 f 连续且满足局部Lipschitz条件, 则必存在一个在 G 的内域与 (4.1.1) 式轨线相同、定向也相同的系统, 并且它的每个解的存在区间为 $(-\infty, \infty)$.

证明 分两种情况讨论.

(1) 若 $G = R^n$, 则所求系统可取为

$$\frac{\mathrm{d}x}{\mathrm{d}t} = \frac{f(x)}{|f(x)| + 1}. \tag{4.1.3}$$

由于方程 (4.1.3) 右端函数在 R^n 连续有界, 且满足局部 Lipschitz 条件, 故对应解的存在区间为 $(-\infty, \infty)$.

(2) 若 $G \neq R^n$, 则 $\partial G \neq \varnothing$, 这时引入系统

$$\frac{\mathrm{d}x}{\mathrm{d}t} = \frac{\rho(x, \partial G)f(x)}{(\rho(x, \partial G) + 1)(|f(x)| + 1)}, \tag{4.1.4}$$

其中 $\rho(x, \partial G)$ 表示 x 与 ∂G 的距离. 当 $x \in G$ 时, $\rho(x, \partial G) \geqslant 0$, 从而有

$$0 \leqslant \frac{\rho(x, \partial G)|f(x)|}{(\rho(x, \partial G) + 1)(|f(x)| + 1)} < 1, \quad x \in G.$$

下面证明 (4.1.4) 式的任一解的存在区间为 $(-\infty, \infty)$. 若不然, 设方程存在一解 $x(t) = x(t, t_0, x_0)$, 它的右行最大存在区间为 $[t_0, b)$, $b < \infty$, 记方程 (4.1.4) 右端函数为 $\tilde{f}(x)$, 则对任意 $t_1, t_2 \in [t_0, b)$, 有

$$|x(t_2) - x(t_1)| = \left| \int_{t_1}^{t_2} \tilde{f}(x(t))\mathrm{d}t \right| \leqslant \left| \int_{t_1}^{t_2} \left| \tilde{f}(x(t)) \right| \mathrm{d}t \right| < |t_2 - t_1|,$$

从而由 Cauchy 收敛准则知, 必有

$$\lim_{t \to b^-} x(t, t_0, x_0) = x^* \in \overline{G} \subset R^n,$$

其中 $\overline{G}$ 表示 G 的闭包. 由存在区间是最大的知, $x^* \in \partial G$. 考察轨线 $x(t, t_0, x_0)$ 的长度 $s(t)$. 设 $s(t_0) = 0$, 由弧微分公式有

$$s(t) = \int_{t_0}^{t} \left(\sum_{i=1}^{n} x_i'^2(t) \right)^{1/2} \mathrm{d}t = \int_{t_0}^{t} |x'(t)|\mathrm{d}t = \int_{t_0}^{t} |\tilde{f}(x(t))|\mathrm{d}t < t - t_0,$$

从而知 $s(b) = s_0$ 为有限数. 另一方面,

$$\frac{\mathrm{d}s}{\mathrm{d}t} = \left(\sum_{i=1}^{n} x_i'^2(t) \right)^{1/2} = |x'(t)| = |\tilde{f}(x(t))|$$

$$\leqslant \rho(x(t), \partial G) \leqslant \rho(x(t), x^*) \leqslant s_0 - s(t),$$

从而可解得

$$s(t) \leqslant s_0(1 - \mathrm{e}^{t_0 - t}),$$

令 $t \to b^-$, 就有

$$s_0 \leqslant s_0(1 - e^{t_0 - b}) < s_0,$$

矛盾.

同理可证解的左行最大存在区间为 $(-\infty, t_0]$. 定理证毕.

基于定理 4.1.1, 在今后的讨论中, 总假设系统 (4.1.1) 的解的存在区间为 $(-\infty, \infty)$.

4.1.2　动力系统概念

性质 4.1.1　设 $x = \varphi(t), t \in (-\infty, \infty)$ 是系统 (4.1.1) 的解, 则对任意常数 c, $x = \varphi(t + c)$ 也是 (4.1.1) 式的解.

证明　记 $\widetilde{\varphi}(t) = \varphi(t + c)$, 则有

$$\widetilde{\varphi}'(t) = \varphi'(t + c) = f(\varphi(t + c)) = f(\widetilde{\varphi}(t)),$$

这就说明 $\widetilde{\varphi}(t)$ 是方程组 (4.1.1) 的一个解.

这个性质表明, (4.1.1) 式在 R^{n+1} 中的解曲线 (常称为积分曲线) 沿 t 轴进行平移后, 所得曲线仍是系统 (4.1.1) 的积分曲线. 这样的积分曲线所对应的轨线与 c 无关, 即对所有的 c, 相应的轨线是同一个点集. 对一般的非自治系统, 一般不具备这性质.

性质 4.1.2　设 $x = \varphi(t)$ 和 $x = \widetilde{\varphi}(t)$, 其中 $t \in (-\infty, \infty)$ 是系统 (4.1.1) 的两个解, 且存在 $t_0, \widetilde{t}_0 \in R$, 使得 $\varphi(t_0) = \widetilde{\varphi}(\widetilde{t}_0)$, 则对一切 $t \in R$, 有

$$\widetilde{\varphi}(t) = \varphi(t + t_0 - \widetilde{t}_0).$$

证明　由性质 4.1.1 知, $x = \varphi(t + t_0 - \widetilde{t}_0)$ 也是系统 (4.1.1) 的一个解, 它在 $\widetilde{t}_0$ 点与 $\widetilde{\varphi}(t)$ 有相同的函数值, 由解的唯一性知有结论成立.

这条性质表明, 过相空间 R^n 的区域 G 内每一点 ξ, 系统 (4.1.1) 都有唯一的一条轨线. 事实上, 对于在不同时刻 t_0 经过相同的初始位置 $\xi \in G$ 的运动, 由上述性质可知, 它们在相平面中描出同一条轨线, 只是在时间参数上有差别. 由此, 自治系统在相平面中的轨线由初始位置完全确定, 而与初始时刻无关. 由此还有下面推论.

推论 4.1.1　自治系统的两个不同的解所对应的轨线或者不相交, 或者完全重合.

对任何的 $(\tau, \xi) \in R \times G$, 若函数 $\varphi(t, \tau, \xi)$ 是系统 (4.1.1) 的解, 则 $\varphi(t - \tau, 0, \xi)$ 也是 (4.1.1) 式的解, 由解的唯一性知两者恒等. 于是, 只需研究经过 $(0, \xi)$ 的解, 记为 $\varphi(t, \xi)$.

性质 4.1.3(群性质)　设 $x = \varphi(t, \xi)$ 是自治系统 (4.1.1) 的满足初始条件 $x(0) = \xi$ 的解, 则有

$$\varphi(t_2, \varphi(t_1, \xi)) = \varphi(t_1 + t_2, \xi).$$

证明 由性质 4.1.1 知, $\varphi(t, \varphi(t_1, \xi))$ 和 $\varphi(t_1 + t, \xi)$ 都是系统 (4.1.1) 的解, 且当 $t = 0$ 对应的函数值相同时, 由解的唯一性知结论成立.

注 4.1.1 在动力学上, 性质 4.1.3 可作如下解释: 若动点沿着轨线 γ 运动, 从点 $M_0(\xi)$ 到达点 $M_1(\varphi(t_1, \xi))$ 所需时间为 t_1, 而从点 M_1 到点 $M_2(\varphi(t_2, \varphi(t_1, \xi)))$ 的时间为 t_2, 则从点 M_0 到点 M_2 的时间为 $t_1 + t_2$.

注 4.1.2 对每一个 t, 定义一个映射 $F_t : G \to G$ 为

$$\xi \mapsto \varphi(t, \xi), \quad F_t(\xi) = \varphi(t, \xi).$$

现考虑所有这样的变换组成的集合 $\{F_t, -\infty < t < \infty\}$, 则群性质可描述为

$$F_{t_2} \circ F_{t_1} = F_{t_1 + t_2},$$

于是, 若把函数的复合定义为集合 $\{F_t\}$ 的加法运算, 则这一运算满足结合律, 存在零元素 F_0, 且对任一元素 F_t, 存在负元素 F_{-t}. 可见, 这个集合在这种加法运算下构成一个群, 称其为变换群, 也称为动力系统或流. 有时就把 (4.1.1) 式称为动力系统, 简称为系统. 相应的函数 f 称为其向量场. 显然, (4.1.1) 式在其 (有向) 轨线上任一点的切线的方向与向量场在该点的方向一致.

4.1.3 奇点与闭轨

本节讨论系统 (4.1.1) 的轨线的类型. 一个解对应的轨线可简单地分为自身相交和自身不相交两种情形. 先对自身相交的轨线作进一步考虑. 设 $x = \varphi(t)$ 是系统 (4.1.1) 的一个解, 如果其轨线自身相交, 即有不同时刻 $t_1 < t_2$, 使得

$$\varphi(t_1) = \varphi(t_2).$$

那么由性质 4.1.2 知, 对所有 t 成立

$$\varphi(t + t_2 - t_1) = \varphi(t),$$

即 $\varphi(t)$ 是周期函数, 称为系统 (4.1.1) 的周期解. 具体地, 有两种可能, 一是常数函数 (平凡周期解), 另一个是非常数函数 (非平凡周期解).

若对于一切 $t \in (-\infty, \infty)$, 都有 $\varphi(t) = x_0$, 则称 x_0 为系统 (4.1.1) 的一个定常解 (平衡解), 此解对应的积分曲线为平行于 t 轴的一条直线. 对应的轨线是相空间上的一点 x_0, 称为系统 (4.1.1) 的奇点 (平衡点、临界点). 显然, 相空间上一点 x_0 是系统 (4.1.1) 的奇点的充分必要条件为

$$f(x_0) = 0. \tag{4.1.5}$$

从物理上说, 奇点对应系统的平衡位置, 即静止不动的状态. 相空间上不是奇点的点称为常点. 关于奇点, 有下面的结论.

性质 4.1.4   设 x_0 是系统 (4.1.1) 的奇点, 则任何异于 x_0 的轨线都不可能在有限时间内达到或趋向于 x_0. 即若 $\lim\limits_{t\to\beta}\varphi(t,\xi) = x_0,\ \xi\neq x_0$, 则 $\beta = \infty$ 或 $\beta = -\infty$.

证明   若 $\beta\in R$, 由连续性知, 必有 $\varphi(\beta,\xi) = x_0$, 从而过 x_0 有两条轨线, 与轨线不相交矛盾.

性质 4.1.5   若 $\lim\limits_{t\to\infty}\varphi(t,\xi) = x_0$, 或 $\lim\limits_{t\to-\infty}\varphi(t,\xi) = x_0$, 则 x_0 为系统 (4.1.1) 的奇点.

证明   由 $\varphi(t,\xi)$ 是系统 (4.1.1) 的解知, 有

$$\frac{\mathrm{d}\varphi(t,\xi)}{\mathrm{d}t} = f(\varphi(t,\xi)),$$

两边求极限, 注意到 f 的连续性, 就有

$$\lim_{t\to\infty}\frac{\mathrm{d}\varphi(t,\xi)}{\mathrm{d}t} = f(x_0).$$

若 $f(x_0)\neq 0$, 则至少存在 f 的一个分量 f_i, 使 $f_i(x_0)\neq 0$. 不妨设 $f_i(x_0) > 0$, 则由上式知, 存在 $T > 0$, 使当 $t > T$ 时, 有

$$\frac{\mathrm{d}\varphi_i(t,\xi)}{\mathrm{d}t} \geqslant \frac{f_i(x_0)}{2} > 0,$$

从而

$$\varphi_i(t,\xi) \geqslant \varphi_i(T,\xi) + \frac{f_i(x_0)}{2}(t - T) \to \infty \quad (t\to\infty),$$

矛盾. 同理可证 $t\to -\infty$ 的情形. 证毕.

注 4.1.3   一般可证, 若在点 $x_0\in G$ 的任意小邻域内有时间长度为任意大的轨线弧, 则 x_0 必为奇点. 事实上, 设 x_0 不是奇点, 则存在 t^*, 使 $\varphi(t^*,x_0)\neq x_0$. 记 $\rho = d(\varphi(t^*,x_0),x_0) > 0$, 由解关于初值的连续依赖性知存在 $\delta\in(0,\rho/3)$, 使当 $d(x_0,x) < \delta$ 时, 有

$$d(\varphi(t^*,x_0),\varphi(t^*,x)) < \frac{\rho}{3}.$$

因此, 由三角不等式有

$$d(\varphi(t^*,x),x_0) \geqslant d(\varphi(t^*,x_0),x_0) - d(\varphi(t^*,x),\varphi(t^*,x_0)) \geqslant \rho - \frac{\rho}{3} > \delta,$$

说明点 x_0 的 δ 邻域内出发的时间长度不小于 t^* 的任一轨线弧都有位于这个邻域之外的点, 这与所设条件矛盾.

由函数 $f(x)$ 的连续性易知, 系统 (4.1.1) 的奇点集是闭集. 即方程组 (4.1.5) 的解集是闭集.

若 $\varphi(t)$ 为系统的非平凡周期解, 则称对应的轨线为闭轨. 和普通的非平凡周期函数一样, 系统 (4.1.1) 的任一非平凡周期解都有最小正周期. 即有下面的结论.

性质 4.1.6　系统 (4.1.1) 的任一闭轨所对应的周期解 $\varphi(t)$ 都有最小正周期.

证明　设 $\varphi(t)$ 是 (4.1.1) 的一个非平凡周期解, A 是它的所有正周期所成的集合, 记 $T_0 = \inf A$. 则显然有 $T_0 \geqslant 0$. 下证 $T_0 > 0$, 即 T_0 就是最小正周期. 由确界的定义知, 存在 $T_k \in A$, 使得 $\lim\limits_{k \to \infty} T_k = T_0$. 若 $T_0 = 0$, 则对任意的 t, 都有

$$\varphi'(t) = \lim_{k \to \infty} \frac{\varphi(t + T_k) - \varphi(t)}{T_k} = 0,$$

这表明 $\varphi(t)$ 是系统的一个常数解, 它决定的轨线是奇点而非闭轨, 矛盾. 故必有 $T_0 > 0$. 进一步, 由解的连续性知, 有

$$\varphi(t + T_0) = \lim_{k \to \infty} \varphi(t + T_k) = \varphi(t),$$

说明 T_0 是解 φ 的周期. 证毕.

以后谈及非平凡周期解的周期时, 一般指它的最小正周期. 当 $n = 2$ 时, 从几何上说, 非平凡周期解对应的积分曲线是一条螺距等于最小正周期的螺旋线, 它所对应的闭轨线就是该螺旋线在相平面的投影. 积分曲线位于以此闭轨为准线且母线平行于 t 轴的柱面上. 从物理上说, 周期解对应系统的周期运动.

定义 4.1.1　设有 n 元连续函数 $H : G \to R$. 如果沿着 (4.1.1) 式的任意解 $x(t)$, 函数 $H(x(t))$ 取常值, 那么称 H 为 (4.1.1) 式的首次积分.

由定义知, 若 H 为 (4.1.1) 式的首次积分, 则 $|H|^{\frac{1}{2}}, H^3$ 也是其首次积分. 易见, 对可微函数 $H : G \to R$ 来说, H 成为 (4.1.1) 式的首次积分当且仅当

$$\frac{\partial H}{\partial x}(x) \cdot f(x) = 0.$$

上式的几何意义是: 方程 (4.1.1) 在其轨线上任一点 x 处的切向 $f(x)$ 与 H 在该点的梯度正交.

现设有二元可微函数 $H : G \to R$, 则该函数确定了下述二维系统

$$\frac{\mathrm{d}x}{\mathrm{d}t} = H_y, \qquad \frac{\mathrm{d}y}{\mathrm{d}t} = -H_x,$$

其中 $(x, y) \in G$, 称其为二维哈密顿系统, 而称函数 H 为其哈密顿函数. 由上述讨论知函数 H 为这一哈密顿系统的首次积分.

关于一个给定二维系统何时成为一哈密顿系统, 有下述性质.

性质 4.1.7　设 $f(x, y), g(x, y)$ 为定义于平面区域 G 上的可微函数, 则自治系统

$$\frac{\mathrm{d}x}{\mathrm{d}t} = f(x, y), \qquad \frac{\mathrm{d}y}{\mathrm{d}t} = g(x, y) \tag{4.1.6}$$

成为一哈密顿系统的充要条件是

$$f_x + g_y = 0, \quad (x,y) \in G. \tag{4.1.7}$$

证明　设 (4.1.6) 式为哈密顿系统, 即存在可微函数 H, 使 $f = H_y, g = -H_x$. 于是易知 (4.1.7) 式满足. 反之, 设 (4.1.7) 式成立. 由于方程 (4.1.6) 可写为下述形式

$$g\mathrm{d}x - f\mathrm{d}y = 0,$$

由恰当方程的判定定理知, 在 (4.1.7) 式之下, 上述一阶方程为恰当方程, 即存在可微函数 $u(x,y)$, 使 $\mathrm{d}u = g\mathrm{d}x - f\mathrm{d}y$, 从而 $u_x = g, u_y = -f$. 于是令 $H(x,y) = -u(x,y)$, 即知 (4.1.6) 式为以 H 为哈密顿函数的哈密顿系统. 易见

$$H(x,y) = \int_{(x_0,y_0)}^{(x,y)} f\mathrm{d}y - g\mathrm{d}x, \tag{4.1.8}$$

其中 $(x_0, y_0) \in G$. 证毕.

函数 $f_x + g_y$ 称为系统 (4.1.6) 的发散量.

4.1.4　极限点与极限集

定义 4.1.2　设 $\gamma : \varphi(t, P)$ 是系统 (4.1.1) 的轨线, $Q \in R^n$ 称为轨线 γ 或点 P 的一个 ω 极限点, 如果存在时间序列 $\{t_k\}$, $\lim\limits_{k\to\infty} t_k = +\infty$, 使得

$$\lim_{k\to\infty} \varphi(t_k, P) = Q.$$

轨线 γ 的 ω 极限点的全体称为轨线 γ 或点 P 的 ω 极限集, 记为 Ω_γ 或 Ω_P.

如果将上述定义中的 $\lim\limits_{k\to\infty} t_k = +\infty$ 换成 $\lim\limits_{k\to\infty} t_k = -\infty$, 那么得到轨线 γ 或点 P 的 α 极限点与 α 极限集 A_L 或 A_P 的定义. ω 极限集与 α 极限集又分别称为正极限集与负极限集.

定义 4.1.3　设有非空集合 $B \subset R^n$. 若对任意 $P \in B$, 系统 (4.1.1) 过 P 点的整条轨线 γ 满足 $\gamma \subset B$, 则称 B 是系统 (4.1.1) 的一个不变集. 若对任意 $P \in B$, 正半轨线 γ_P^+ 满足 $\gamma_P^+ \subset B$(负半轨线 γ_P^- 满足 $\gamma_P^- \subset B$), 则称 B 是系统 (4.1.1) 的一个正不变集 (负不变集).

定义 4.1.4　设有非空集合 $M \subset R^n$. 若存在 M 的两个非空闭子集 M_1, M_2, 使得

$$M = M_1 \cup M_2 \ \text{且} \ M_1 \cap M_2 = \varnothing,$$

则称 M 是不连通集, 否则称其为连通集.

下面讨论轨线的极限集的性质. 只叙述 ω 极限集, 所有结果对 α 极限集也成立.

定理 4.1.2 任一非空 ω 极限集 Ω_P 是一个闭不变集.

证明 先证 Ω_P 是闭集. 设 Q 是 Ω_P 的一个聚点, 则存在 $Q_1 \in \Omega_P$, 使得 $d(Q, Q_1) < \dfrac{1}{2}$. 而由极限点的定义知存在 t_1, 使得 $d(\varphi(t_1, P), Q_1) < \dfrac{1}{2}$, 从而

$$d(Q, \varphi(t_1, P)) \leqslant d(Q, Q_1) + d(Q_1, \varphi(t_1, P)) < \frac{1}{2} + \frac{1}{2} = 1.$$

同样, 存在 $Q_2 \in \Omega_P$, 使得 $d(Q, Q_2) < \dfrac{1}{4}$. 而由极限点的定义知存在 $t_2 > t_1$, 使得 $d(\varphi(t_2, P), Q_2) < \dfrac{1}{4}$, 从而

$$d(Q, \varphi(t_2, P)) \leqslant d(Q, Q_2) + d(Q_2, \varphi(t_2, P)) < \frac{1}{4} + \frac{1}{4} = \frac{1}{2}.$$

依次类推知, 存在 $t_k \to \infty$, 使得

$$d(Q, \varphi(t_k, P)) < \frac{1}{k},$$

故 $\lim\limits_{k \to \infty} \varphi(t_k, P) = Q$, 即 $Q \in \Omega_P$. 故 Ω_P 是闭集.

再证 Ω_P 是不变集. 任取 $Q \in \Omega_P$ 及过 Q 点的轨线上的任一点 $\varphi(\tau, Q)$, 由极限点的定义知存在时间序列 $\{t_k\}$, 使 $\lim\limits_{k \to \infty} \varphi(t_k, P) = Q$. 由解的群性质知, 有

$$\varphi(t_k + \tau, P) = \varphi(\tau, \varphi(t_k, P)).$$

再由解关于初值的连续依赖性, 两边取极限, 令 $k \to \infty$, 就有

$$\lim_{k \to \infty} \varphi(t_k + \tau, P) = \lim_{k \to \infty} \varphi(\tau, \varphi(t_k, P)) = \varphi(\tau, Q).$$

这就说明 $\varphi(\tau, Q) \in \Omega_P$. 由 τ 的任意性知 $\gamma_Q \subset \Omega_P$, 故 Ω_P 是不变集. 定理证毕.

定理 4.1.3 若正半轨 γ_P^+ 有界, 则 $\Omega_P \neq \varnothing$ 为一有界连通集.

证明 极限集 Ω_P 的非空有界性是显然的. 下面证明它还是连通的. 采用反证法. 若 Ω_P 不是连通的, 则存在它的两个非空闭子集 $\Omega_P^{(1)}, \Omega_P^{(2)}$, 使得

$$\Omega_P = \Omega_P^{(1)} \cup \Omega_P^{(2)}, \quad \Omega_P^{(1)} \cap \Omega_P^{(2)} = \varnothing.$$

记 $\delta = d(\Omega_P^{(1)}, \Omega_P^{(2)})$, 则 $\delta > 0$. 由极限集的定义知, 存在点列 $t_1 < t_2 < \cdots < t_{2k} < t_{2k+1} < \cdots$, t_k 可任意大, 且使

$$d\left(\varphi(t_{2k}, P), \Omega_P^{(1)}\right) \leqslant \frac{\delta}{4}, \quad d\left(\varphi(t_{2k+1}, P), \Omega_P^{(2)}\right) \leqslant \frac{\delta}{4},$$

从而

$$d\left(\varphi(t_{2k+1}, P), \Omega_P^{(1)}\right) \geqslant d\left(\Omega_P^{(1)}, \Omega_P^{(2)}\right) - d\left(\varphi(t_{2k+1}, P), \Omega_P^{(2)}\right) \geqslant \delta - \frac{\delta}{4} = \frac{3\delta}{4}.$$

由 $\varphi(t, P)$ 与 $d(\varphi(t, P), \Omega_P^{(1)})$ 在区间 $[t_{2k}, t_{2k+1}]$ 上的连续性知, 存在 $t_k^* \in (t_{2k}, t_{2k+1})$, 使

$$d\left(\varphi(t_k^*, P), \Omega_P^{(1)}\right) = \frac{\delta}{2} \in \left(\frac{\delta}{4}, \frac{3\delta}{4}\right).$$

从而

$$d\left(\varphi(t_k^*, P), \Omega_P^{(2)}\right) \geqslant d\left(\Omega_P^{(1)}, \Omega_P^{(2)}\right) - d\left(\varphi(t_k^*, P), \Omega_P^{(1)}\right) = \delta - \frac{\delta}{2} = \frac{\delta}{2}.$$

由轨线的有界性知, 点列 $\{\varphi(t_k^*, P)\}$ 有界, 从而有收敛子列收敛到某点 Q^*, 不妨设 $\varphi(t_k^*, P) \to Q^*$. 于是, $Q^* \in \Omega_P = \Omega_P^{(1)} \cup \Omega_P^{(2)}$, 从而 $Q^* \in \Omega_P^{(1)}$ 或 $Q^* \in \Omega_P^{(2)}$. 但由于

$$d\left(\varphi(t_k^*, P), \Omega_P^{(j)}\right) \geqslant \frac{\delta}{2}, \quad j = 1, 2,$$

取极限得

$$d\left(Q^*, \Omega_P^{(1)}\right) \geqslant \frac{\delta}{2}, \quad d\left(Q^*, \Omega_P^{(2)}\right) \geqslant \frac{\delta}{2}.$$

这说明 Q^* 既不能属于 $\Omega_P^{(1)}$, 也不能属于 $\Omega_P^{(2)}$. 矛盾. 定理证毕.

4.1.5　双曲奇点及其局部性质

在大学常微分方程课程中, 已经学过线性系统的解的结构及常系数线性系统的解的求法, 此处对常系数齐线性系统的解的性质作一回顾, 并以动力系统的观点, 来分析其解的整体性质, 即其动力学性态, 然后介绍非线性自治系统在其双曲奇点附近的局部性质. 考虑 n 维常系数齐次线性方程

$$\dot{x} = Ax, \quad x \in R^n, \tag{4.1.9}$$

其中 A 为 n 阶实矩阵.

定义 4.1.5　如果矩阵 A 没有零特征值, 即 $\det A \neq 0$, 那么称原点为 (4.1.9) 式的初等奇点, 如果矩阵 A 没有零实部的特征值, 那么称原点为 (4.1.9) 式的双曲奇点, 如果矩阵 A 的特征值均有负实部 (正实部), 那么称原点为 (4.1.9) 式的汇 (源), 如果原点为 (4.1.9) 式的双曲奇点, 且既不是汇, 又不是源, 那么称原点为 (4.1.9) 式的鞍点.

已经知道 (4.1.9) 式的通解具有形式 $\mathrm{e}^{At}x$, 其中 e^{At} 为 (4.1.9) 式的基解矩阵, 其定义如下:

$$\mathrm{e}^{At} = \sum_{k \geqslant 0} \frac{1}{k!}(At)^k.$$

由矩阵理论, 存在可逆矩阵 T, 使得线性变换

$$T : y = Tx \tag{4.1.10}$$

把 (4.1.9) 式化为下述标准型

$$\dot{y} = By, \tag{4.1.11}$$

其中 $B = TAT^{-1}$ 为 A 的实若尔当标准型, 于是一般来说, B 可以写成下述块对角形式

$$B = \text{diag}(B_+, B_-, B_0), \tag{4.1.12}$$

其中 B_+, B_- 与 B_0 的特征值分别具有正、负、零实部 (他们其中的一个或两个可能不出现), 由矩阵指数定义及 $B^k = \text{diag}(B_+^k, B_-^k, B_0^k)$, 容易知道 (4.1.11) 式的基解矩阵为

$$e^{Bt} = \text{diag}(e^{B_+t}, e^{B_-t}, e^{B_0t}). \tag{4.1.13}$$

特别地, 如果原点为双曲奇点, 那么有

$$e^{Bt} = \text{diag}(e^{B_+t}, e^{B_-t}).$$

矩阵 B_- 的每个若尔当块具有下述形式

$$J_- = \begin{pmatrix} \lambda & 1 & & & \\ & \lambda & \ddots & & \\ & & \ddots & \ddots & \\ & & & & 1 \\ & & & & \lambda \end{pmatrix}_{k \times k}, \quad \lambda < 0,$$

或

$$J_- = \begin{pmatrix} C & I & & & \\ & C & \ddots & & \\ & & \ddots & \ddots & \\ & & & & I \\ & & & & C \end{pmatrix}_{2k \times 2k},$$

其中

$$I = \begin{pmatrix} 1 & 0 \\ 0 & 1 \end{pmatrix}, \quad C = \begin{pmatrix} a & -b \\ b & a \end{pmatrix}, \quad a < 0,$$

此时

$$e^{J_-t} = \begin{pmatrix} 1 & t & \cdots & \dfrac{t^{k-1}}{(k-1)!} \\ & 1 & \cdots & \vdots \\ & & \ddots & t \\ & & & 1 \end{pmatrix} e^{\lambda t},$$

或

$$
e^{J_- t} = \begin{pmatrix} D & Dt & \cdots & \dfrac{Dt^{k-1}}{(k-1)!} \\ & D & \cdots & \vdots \\ & & \ddots & Dt \\ & & & D \end{pmatrix} e^{at},
$$

其中

$$
D = e^{\begin{pmatrix} 0 & -b \\ b & 0 \end{pmatrix} t} = \begin{pmatrix} \cos bt & -\sin bt \\ \sin bt & \cos bt \end{pmatrix}.
$$

因此 $\lim\limits_{t \to +\infty} e^{J_- t} = 0$ 且趋于零的方式是指数式的. 一般地有

$$
\lim_{t \to +\infty} e^{B_- t} = 0, \qquad \lim_{t \to -\infty} e^{B_+ t} = 0.
$$

对任意常向量 $y \in R^n$, 可对 y 分块处理, 使有

$$
y = \begin{pmatrix} y_+ \\ y_- \\ y_0 \end{pmatrix}, \qquad By = \begin{pmatrix} B_+ y_+ \\ B_- y_- \\ B_0 y_0 \end{pmatrix}.
$$

又令 E^u, E^s 与 E^c 分别表示 R^n 的线性子空间, 使得它们满足:

$$
TE^u = \{ y \in R^n | y_- = y_0 = 0 \},
$$

$$
TE^s = \{ y \in R^n | y_+ = y_0 = 0 \},
$$

$$
TE^c = \{ y \in R^n | y_- = y_+ = 0 \}.
$$

由 (4.1.13) 式知, 集合 TE^u, TE^s 与 TE^c 均为 (4.1.11) 式的不变集, 它们均为 R^n 的子空间, 同时 R^n 又可表示为这三个子空间的直和.

此外,

$$
\lim_{t \to -\infty} e^{Bt} y = 0 \Leftrightarrow y \in TE^u,
$$

$$
\lim_{t \to +\infty} e^{Bt} y = 0 \Leftrightarrow y \in TE^s.
$$

将 TE^u, TE^s 与 TE^c 分别称为 (4.1.11) 式的不稳定集、稳定集与中心集. 注意到

$$
e^{At} = T^{-1} e^{Bt} T,
$$

可知 (4.1.11) 式的不变集 TE^u, TE^s 与 TE^c 在变换 (4.1.10) 下的原像 E^u, E^s 与 E^c 是 (4.1.9) 式的不变集, 分别称其为 (4.1.9) 式的不稳定集、稳定集与中心集. 易见

$$\lim_{t \to -\infty} \mathrm{e}^{At} x = 0 \Leftrightarrow x \in E^u,$$

$$\lim_{t \to +\infty} \mathrm{e}^{At} x = 0 \Leftrightarrow x \in E^s.$$

现考虑两个 n 维自治系统

$$\dot{x} = f(x), \quad x \in R^n \tag{4.1.14}$$

与

$$\dot{y} = g(y), \quad y \in R^n, \tag{4.1.15}$$

其中 $f, g : R^n \to R^n$ 为 C^r 映射 (即它们有直到 r 阶的连续偏导数, $r \geqslant 1$, 且 $f(0) = g(0) = 0$).

定义 4.1.6　如果存在 C^k 同胚 $h : R^n \to R^n$, $(k \geqslant 0)$, 满足 $h(0) = 0$, 及原点的邻域 U 使 (4.1.14) 式的流 φ^t 与 (4.1.15) 式的流 ψ^t 满足

$$\text{当 } \varphi^t(x) \in U \text{ 时}, \quad h(\varphi^t(x)) = \psi^t(h(x)),$$

则称 (4.1.14) 式与 (4.1.15) 式在原点为局部 C^k 共轭的, C^0 共轭又称为拓扑共轭.

若 $k \geqslant 1$, 对 (4.1.14) 式作 C^k 变换 $y = h(x)$, 可把 (4.1.14) 式化为

$$\dot{y} = Dh(h^{-1}(y))f(h^{-1}(y)),$$

易见 (4.1.14) 式与上述方程在原点为局部 C^k 共轭的. 反之, 若 (4.1.14) 式与 (4.1.15) 式在 h 下在原点为局部 C^k 共轭的, 且 $k \geqslant 1$, 则在原点某邻域内必有关系

$$g(y) = Dh(h^{-1}(y))f(h^{-1}(y)).$$

考虑 (4.1.14) 式在原点的线性变分方程

$$\dot{x} = Df(0)x. \tag{4.1.16}$$

定义 4.1.7　如果原点为线性系统 (4.1.16) 的初等奇点 (双曲奇点), 那么称原点为 (4.1.14) 式的初等奇点 (双曲奇点).

关于 (4.1.14) 式与 (4.1.16) 式的局部共轭性, 有下述 Hartman-Grobman 线性化定理, 其证明可见文献 [11, 46, 55].

定理 4.1.4　如果原点为 (4.1.14) 式的双曲奇点, 则 (4.1.14) 式与 (4.1.16) 式在原点为局部拓扑共轭的.

上述定理是由 P.Hartman 与 D.M.Grobman 于 1959 年各自独立建立的. 值得指出的是 (4.1.14) 式与 (4.1.16) 式之间的同胚 h 一般不是 C^1 的, 即使 f 为解析时也是如此. 另一方面, 当 $Df(0)$ 的特征值满足一些附加条件时, 可保证 h 有一定的光滑性. 例如, Hartman[34] 证明了下述定理.

定理 4.1.5   设下列两条之一成立:

(1) $f: R^2 \to R^2$ 为二维 C^2 函数, 原点为 (4.1.14) 式的双曲奇点;

(2) $f: R^n \to R^n$ 为 n 维 C^2 函数, 原点为 (4.1.14) 式的双曲奇点, 且 $Df(0)$ 的特征值均具有负实部, 则 (4.1.14) 式与 (4.1.16) 式在原点为局部 C^1 共轭的.

由线性化定理可知, 就局部性质而言, 双曲奇点的结构是简单的, 然而当考虑到与奇点有关的非局部性质时 (例如同宿轨道), 则非线性项的作用是至关重要的. 下述定理刻画了非线性系统在其双曲奇点附近部分轨线的定性性质, 其证明可见文献 [47, 55].

定理 4.1.6(稳定流形定理)   设原点为 C^r 系统 (4.1.14) 的双曲奇点, 且 $Df(0)$ 恰有 $k(\geqslant 0)$ 个具负实部的特征值 (包括重数在内), 则存在 k 维局部 C^r 稳定流形 W_0^s 与 $n-k$ 维局部 C^r 不稳定流形 W_0^u, 分别与相应的线性系统 (4.1.16) 的稳定集与不稳定集在原点相切, 且满足下列性质:

$$\text{当 } t \geqslant 0 \text{ 时 } \varphi^t(W_0^s) \subset W_0^s, \text{ 当 } x \in W_0^s \text{ 时 } \lim_{t \to +\infty} \varphi^t(x) = 0;$$

$$\text{当 } t \leqslant 0 \text{ 时 } \varphi^t(W_0^u) \subset W_0^u, \text{ 当 } x \in W_0^u \text{ 时 } \lim_{t \to -\infty} \varphi^t(x) = 0, \qquad (4.1.17)$$

其中 φ^t 表示 (4.1.14) 式的流.

(4.1.17) 式反映了集合 W_0^s 与 W_0^u 上轨线的渐近性质, 特别地, W_0^s 由正半轨线组成, W_0^u 由负半轨线组成, 而此两集合为 C^r 流形的含义是指它们可分别表示为 C^r 类函数的图像.

把 W_0^s 上的正半轨线向负向延伸可得 (4.1.14) 式在原点的全局稳定流形 W^s. 同理, 把 W_0^u 上的负半轨线向正向延伸可得 (4.1.14) 式在原点的全局不稳定流形 W^u, 即

$$W^s = \bigcup_{t \leqslant 0} \varphi^t(W_0^s), \quad W^u = \bigcup_{t \geqslant 0} \varphi^t(W_0^u).$$

这样一来, W^s 与 W^u 为 (4.1.14) 式的不变流形, 它们由 (4.1.14) 式的整条轨线组成, 且仍满足 (4.1.17) 式.

作为一个简单例子, 考虑平面系统

$$\dot{x} = -x, \quad \dot{y} = y + x^2. \qquad (4.1.18)$$

易求得其流为

$$\varphi^t(x,y) = \left(xe^{-t}, ye^t + \frac{1}{3}x^2(e^t - e^{-2t}) \right).$$

由此知, 极限 $\lim\limits_{t \to +\infty} \varphi^t(x,y) = 0$ 成立当且仅当点 (x,y) 满足 $y + \dfrac{1}{3}x^2 = 0$, 于是 (4.1.18) 式的稳定流形是

$$W^s = \left\{ (x,y) \in R^2 \mid y = -\frac{1}{3}x^2 \right\}.$$

类似可得其不稳定流形

$$W^u = \{ (x,y) \in R^2 \mid x = 0 \}.$$

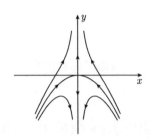

易见, W^s 由原点和正向趋于原点的两条轨线组成, 而 W^s 由原点和负向趋于原点的两条轨线组成, 如图 4.1.1 所示. 这 4 条轨线称为 (4.1.18) 式的鞍点分界线 (详见定义 4.3.2).

图 4.1.1 系统 (4.1.18) 的相图

如果原点不是 (4.1.14) 式的双曲奇点, 那么除了稳定流形与不稳定流形外, (4.1.14) 式还有所谓的中心流形, 即有下面的定理 (其证明见文献 [49]).

定理 4.1.7 设 n 阶矩阵 $Df(0)$ 分别有 k, l 个特征值具有负、正实部 (包括重数在内), 则在原点邻域内存在 C^r 流形 $W_0^s(k$ 维)、W_0^u (l 维) 与 W_0^c ($n-k-l$ 维) 分别与相应的线性系统 (4.1.16) 的稳定集、不稳定集与中心集在原点相切, 且具有下列性质:

(i) (4.1.17) 式对 W_0^s 与 W_0^u 成立;

(ii) (局部不变性) 对任一点 $x \in W_0^c$, 存在 $t_0 > 0$, 使当 $|t| < t_0$ 时, $\varphi^t(x) \in W_0^c$.

上述定理中的集合 W_0^s, W_0^u 与 W_0^c 分别称为 (4.1.14) 式在原点的局部稳定流形、局部不稳定流形与局部中心流形.

中心流形定理的主要作用是可把 n 维系统 (4.1.14) 在非双曲奇点附近降维而获得一 $n-k-l$ 维系统, 通过研究后者可讨论原系统在原点的局部性质.

若 (4.1.14) 式含有一些参数, 还可得含参数的中心流形定理, 它可用来讨论奇点与周期解分支问题, 详见文献 [22].

习　题　4.1

1. 试证明 $\Omega_P = \varnothing$ 的充要条件是 $\lim\limits_{t \to +\infty} |\varphi(t,P)| = +\infty$.

2. 若 $\Omega_P = \{Q\}$, 则 Q 为系统的奇点且 $\lim\limits_{t \to +\infty} \varphi(t,P) = Q$.

3. 证明系统 (4.1.1) 的所有奇点组成的集合为闭集.

4. 试用定积分来表达线积分 (4.1.8).

5. 设 A 与 B 为两个 n 阶矩阵, 试利用线性微分方程的解矩阵证明, 若它们可交换, 即 $AB = BA$, 则 $e^{A+B} = e^A e^B$.

6. 试证明 (4.1.13) 式.

7. 若 (4.1.14) 式与 (4.1.15) 式在原点为局部 C^1 共轭的, 则它们在原点的线性变分系统的系数矩阵必相似.

4.2　平面极限集结构

考虑平面自治系统

$$\frac{\mathrm{d}x}{\mathrm{d}t} = f(x, y), \qquad \frac{\mathrm{d}y}{\mathrm{d}t} = g(x, y), \tag{4.2.1}$$

其中 $f, g \in C(R^2, R)$, 且保证系统 (4.2.1) 满足初始条件的解的唯一性. 本节研究系统 (4.2.1) 的轨线的极限集的结构, 主要理论基础是解的存在唯一性, 解关于初值的连续依赖性和下面的若尔当曲线定理.

若尔当 (Jordan) 曲线定理　平面 R^2 上任一条若尔当曲线 (即简单闭曲线) J 必分整个平面为两个区域, 即开集 $R^2 \backslash J$ 恰好有两个连通分支, 其中一个有界 (称为 J 的内域), 另一个无界 (称为 J 的外域), J 是它们的共同边界.

下面给出研究中用到的一个重要工具, 即系统 (4.2.1) 的无切线段.

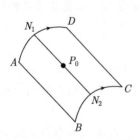

图 4.2.1　过点 P_0 的流盒

定义 4.2.1　给定平面直线段 $\overline{N_1 N_2}$, 若凡是与 $\overline{N_1 N_2}$ 相交的轨线, 当 t 增加时都从 $\overline{N_1 N_2}$ 的同一侧到另一侧, 且不与 $\overline{N_1 N_2}$ 相切, 则称 $\overline{N_1 N_2}$ 为系统 (4.2.1) 的一个无切线段或截线.

关于无切线段的存在性, 有下面的结论.

引理 4.2.1　设 $P_0(x_0, y_0)$ 是 (4.2.1) 式的一个常点, 则存在过 P_0 的无切线段 $\overline{N_1 N_2}$ 及曲边矩形 $ABCD$, $AB // N_1 N_2 // CD$, AD, BC 为轨线段, 自矩形 $ABCD$ 内任一点出发的轨线, 当它们向两侧延续时, 必分别与 AB, CD 各相交一次. 如图 4.2.1 所示.

证明　过 P_0 点的轨线在 P_0 点有切线方向 $(f(x_0, y_0), g(x_0, y_0))$, 从而该轨线在 P_0 的法线方程为

$$g(x_0, y_0)(y - y_0) + f(x_0, y_0)(x - x_0) = 0.$$

考虑平行直线族

$$\lambda(x, y) \triangleq g(x_0, y_0)(y - y_0) + f(x_0, y_0)(x - x_0) = C.$$

则 $\lambda(x, y)$ 沿着系统 (4.2.1) 的导数为

$$\frac{\mathrm{d}\lambda}{\mathrm{d}t} = g(x_0, y_0)\frac{\mathrm{d}y}{\mathrm{d}t} + f(x_0, y_0)\frac{\mathrm{d}x}{\mathrm{d}t} = g(x_0, y_0)g(x, y) + f(x_0, y_0)f(x, y).$$

由连续函数的保号性知, 存在 $\varepsilon > 0$ 及 P_0 的 ε 邻域 $S(P_0, \varepsilon)$, 使 $\overline{S(P_0, \varepsilon)}$ 中不含奇点, 且当 $(x, y) \in S(P_0, \varepsilon)$ 时, $\dfrac{\mathrm{d}\lambda}{\mathrm{d}t} > 0$, 这说明系统 (4.2.1) 在 $S(P_0, \varepsilon)$ 中的轨线当 t 增加时, 沿着 C 增加的方向与直线族中的直线相交. 在法线 ($C = 0$) 上 P_0 的两侧分别取点 N_1, N_2, 使 $d(N_1, P_0) = \dfrac{\varepsilon}{4}$, $d(N_2, P_0) = \dfrac{\varepsilon}{4}$, 则 $\overline{N_1 N_2}$ 就是系统 (4.2.1) 的一个无切线段. 同时存在 $C_0 > 0$, 使

$$\{(x, y)|\ (x, y) = \varphi(t, P), |\lambda(\varphi(t, P))| \leqslant C_0, P \in \overline{N_1 N_2}\ \} \subset S(P_0, \varepsilon).$$

记 $A = \varphi(t_1, N_1)$, $D = \varphi(t_2, N_1)$, $B = \varphi(t_3, N_2)$, $C = \varphi(t_4, N_2)$, 其中 $\lambda(\varphi(t_1, N_1)) = \lambda(\varphi(t_3, N_2)) = -C_0$, $\lambda(\varphi(t_2, N_1)) = \lambda(\varphi(t_4, N_2)) = C_0$, 则曲边矩形 $ABCD$ 就满足定理的要求. 引理证毕.

上述曲边矩形称为过点 P_0 的流盒, 记作 $\square \overline{N_1 N_2}$.

引理 4.2.2 设 $\overline{N_1 N_2}$ 是系统 (4.2.1) 的一个无切线段, 又设轨线 γ_P^+ 与 $\overline{N_1 N_2}$ 相继有三个不同的交点 $M_1 = \varphi(t_1, P)$, $M_2 = \varphi(t_2, P)$, $t_1 < t_2$, $M_3 = \varphi(t_3, P)$, $t_1 < t_2 < t_3$, 则在 $\overline{N_1 N_2}$ 上点 M_2 必位于 M_1 与 M_3 之间.

证明 设 J 表示由 M_1 到 M_2 的轨线段和由 M_1 到 M_2 的直线段所成的闭曲线, 即 $J = \varphi([t_1, t_2], P) \cup \overline{M_1 M_2}$. 显然它是一条若尔当曲线. 轨线有两种可能, 如图 4.2.2 所示. 由若尔当曲线定理和轨线的不相交性, 无论哪种情况, 点 M_3 都只能位于 J 的内域或外域, 且 M_1, M_2 与 M_3 在 $\overline{N_1 N_2}$ 上单调排列. 引理证毕.

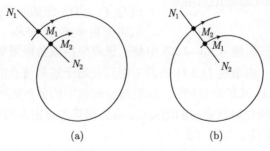

(a)   (b)

图 4.2.2 若尔当曲线 J

引理 4.2.3 轨线 γ_P^+ 的正极限集 Ω_P 与任一截线 $\overline{N_1 N_2}$ 至多有一个交点.

证明 用反证法. 假设 Ω_P 与截线 $\overline{N_1 N_2}$ 有两个交点 Q_1 和 Q_2. 由极限集的定义及引理 4.2.1 知, 存在两个点列 $\{P_n\}, \{\bar{P}_n\}$, 其中 $P_n, \bar{P}_n \in L_P^+ \cap \overline{N_1 N_2}$, 使得当

$n \to \infty$ 时, $P_n \to Q_1$, $\bar{P}_n \to Q_2$. 又由引理 4.2.2 知, 将 $\{P_n\}$ 与 $\{\bar{P}_n\}$ 合并, 且按他们所对应的时间之大小来排序, 可得 $\overline{N_1 N_2}$ 上的一个收敛的单调点列, 于是必有 $Q_1 = Q_2$. 引理证毕.

引理 4.2.4　如果正极限集 Ω_P 是不包含任何奇点的非空集, 那么它是一条闭轨.

证明　任取点 $Q \in \Omega_P$, 因为 Ω_P 是闭不变集, 故 $\Omega_Q \subset \Omega_P$. 又任取点 $Q_0 \in \Omega_Q$, 则它不是奇点, 可作过点 Q_0 的截线 $\overline{N_1 N_2}$, 则轨线 γ_Q^+ 与 $\overline{N_1 N_2}$ 的交是一收敛于 Q_0 的点列 Q_n, 但由于 $Q_n \in \Omega_P$, 由引理 4.2.3 知, 必有 $Q_n = Q_0$, 这表示 γ_Q^+ 是闭轨. 由 Q 的任意性知, Ω_P 是由闭轨所组成的, 从而由 Ω_P 的连通性知, 它只能是一条闭轨. 引理证毕.

引理 4.2.5　设 Ω_P 包含系统 (4.2.1) 的两个相异的奇点 P_1 和 P_2, 则满足 $A_\gamma = P_1$ 和 $\Omega_\gamma = P_2$ 的轨线 $\gamma \subset \Omega_P$ 至多有一条; 若 (4.2.1) 式有两条轨线 $\gamma_1, \gamma_2 \subset \Omega_P$, 使得它们的正、负极限集是同一奇点, 则 γ_1 与 γ_2 同为顺时针定向或同为逆时针定向.

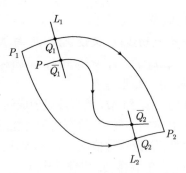

图 4.2.3　引理 4.2.5 的证明用图

证明　设有两条轨线 $\gamma_1, \gamma_2 \subset \Omega_P$, 使得 $A_{\gamma_j} = P_1$ 和 $\Omega_{\gamma_j} = P_2$, $j = 1, 2$. 取点 $Q_1 \in \gamma_1$ 和 $Q_2 \in \gamma_2$, 过这两点分别作截线 L_1 和 L_2. 既然 $\gamma_1, \gamma_2 \subset \Omega_P$, 则轨线 γ_P^+ 必与 L_1 和 L_2 先后有交点 $\bar{Q}_1$ 和 $\bar{Q}_2$. 如图 4.2.3 所示. 易见, 由正半轨 $\gamma_{Q_1}^+(\subset \gamma_1), \gamma_{Q_2}^+(\subset \gamma_2)$, 线段 $\overline{Q_1 \bar{Q}_1}(\subset L_1)$ $\overline{Q_2 \bar{Q}_2}(\subset L_2)$ 和从 $\bar{Q}_1$ 到 $\bar{Q}_2$ 的轨线段 $\gamma_{\bar{Q}_1 \bar{Q}_2}(\subset \gamma_P^+)$ 所包围的区域是一个正不变集, 该不变集以 $\Omega_{\bar{Q}_2} = \Omega_P$ 为其子集, 这与 $P_1 \in \Omega_P$ 矛盾. 引理前半部分得证. 类似可证后半部分. 证毕.

注 4.2.1　在引理 4.2.3~4.2.5 中将正极限集换成负极限集, 其结论仍成立.

定义 4.2.2　由系统 (4.2.1) 的若干奇点及趋于这些奇点的一些轨线所组成的闭曲线称为 (4.2.1) 式的奇异闭轨. 如果奇异闭轨中的各条轨线按其定向首尾相连构成一条顺时针或逆时针定向的闭曲线, 那么称其为可定向的奇异闭轨, 否则称为不可定向的奇异闭轨. 如图 4.2.4 所示.

定理 4.2.1(Poincaré-Bendixson)　设存在有界闭集 M 和常点 P, 使得 $\gamma_P^+ \subset M$ (或 $\gamma_P^- \subset M$) 且 (4.2.1) 式在 M 中至多有有限个奇点, 则下述三个结论之一成立:

(i) Ω_P (或 A_P) 是一奇点;

(ii) Ω_P (或 A_P) 是闭轨;

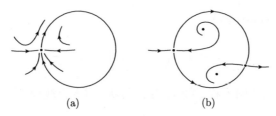

图 4.2.4 (a) 可定向与 (b) 不可定向的奇异闭轨

(iii) Ω_P (或 A_P) 是由有限个奇点和趋于这些奇点的一些轨线组成的可定向的奇异闭轨线.

证明 以正极限集为例证之. 若 Ω_P 只含有奇点, 则由于 $\Omega_P \subset M$, 可知它是含有有限个奇点的连通集, 因此它只能是一个奇点. 如果 Ω_P 不含有奇点, 那么由引理 4.2.4, 它是一条闭轨. 现设 Ω_P 既含有奇点又含有常点, 由连通性知它不能含有闭轨. 任取轨线 $\gamma \subset \Omega_P$, 则 $\Omega_\gamma \subset \Omega_P, A_\gamma \subset \Omega_P$, 从而由引理 4.2.4, Ω_γ 与 A_γ 均含有奇点, 若它们之一含有常点, 则过此常点可作截线, 使得 γ 与该截线至少有两个交点, 这与引理 4.2.3 矛盾 (因为 $\gamma \subset \Omega_P$). 故 Ω_γ 与 A_γ 只含有奇点, 进一步由连通性与奇点个数有限性, 它们分别是一个奇点. 这样证明了 Ω_P 中任一轨线的正、负极限集都是一个奇点, 即 Ω_P 是一个奇异闭轨. 利用引理 4.2.5 易见 Ω_P 必是可定向的, 且 γ_P^+ 在其内侧或外侧盘旋渐近于 Ω_P. 定理证毕.

含有 1, 2 或 3 条轨线的若干极限集如图 4.2.5 所示, 这里所给出的只是一部分情况, 请读者画出其他情况.

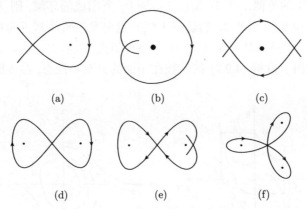

图 4.2.5 含 1, 2 或 3 条轨线的极限集 (部分情况)

推论 4.2.1(环域定理) 设 $D \subset R^2$ 为一平面环域, 如果它不含 (4.2.1) 的奇点, 且是正不变的或负不变的, 那么 (4.2.1) 式在 D 中必有闭轨.

上述结论常用来证明一些平面系统闭轨的存在性. 下面是简单的应用例子.

考虑三次 Liénard 系统

$$\dot{x} = y - \left(\frac{1}{3}x^3 - x\right), \quad \dot{y} = -x. \tag{4.2.2}$$

利用环域定理可以证明方程 (4.2.2) 存在闭轨. 引入直线段 L_1, L_2 与 L_3 如下:

$$L_1 : y = 6, \ 0 \leqslant x \leqslant 3;$$

$$L_2 : x = 3, \ 0 \leqslant y \leqslant 6;$$

$$L_3 : y = 2(x - 3), \ 0 \leqslant x \leqslant 3.$$

易见, 对方程 (4.2.2) 来说, 沿 L_1 有 $\dot{y} \leqslant 0$, 沿 L_2 有 $\dot{x} \leqslant 0$, 沿 L_3 有 $\left.\dfrac{dy}{dx}\right|_{(4.2.2)} < 2$.
因此, 方程 (4.2.2) 从 L_1 上点出发的轨线正向进入 L_1 下方, 从 L_2 上点出发的轨线
正向进入 L_2 左方, 从 L_3 上点出发的轨线正向进入 L_3 上方. 若令 Γ_1 表示 L_1, L_2
与 L_3 以及它们关于原点的对称线所组成的闭曲线, 则 (4.2.2) 式从 Γ_1 上任一点出
发的轨线都正向进入 Γ_1 内侧.

又取 $V(x, y) = x^2 + y^2$, 则当 $x^2 + y^2 \leqslant 3$ 时,

$$\left.\frac{dV}{dt}\right|_{(4.2.2)} = -2x^2\left(\frac{1}{3}x^2 - 1\right) \geqslant 0.$$

若取 Γ_2 为由 $x^2 + y^2 = 3$ 所定义的圆周, 则 (4.2.2) 式从 Γ_2 上任一点出发的轨线
都正向进入 Γ_2 的外侧. 令 D 为由 Γ_1 与 Γ_2 所围成的环域, 则 D 中没有 (4.2.2)
式的奇点, 且 (4.2.2) 式从 D 的边界上任一点出发的轨线都正向进入 D 中 (如图
4.2.6(a) 所示). 于是由环域定理知 D 中必有闭轨. 以后将证明闭轨是唯一存在的.
图 4.2.6(b) 给出了方程 (4.2.2) 的轨线在平面的分布和性态, 称该图为 (4.2.2) 式的
相图.

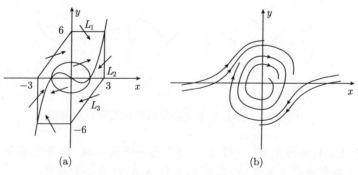

图 4.2.6 方程 (4.2.2) 的环域构造与相图

习　题　4.2

1. 试给出含 1, 2 或 3 条轨线的所有可能的极限集相图 (参考图 4.2.5).

2. 设 $H(x,y)$ 是定义在平面上的 C^1 函数, 若以此函数为哈密顿函数的哈密顿系统有一个闭轨, 则在该闭轨的任意邻域内必有无穷个闭轨.

3. 考虑系统

$$\dot{x} = y + xF(x,y), \quad \dot{y} = -x + yF(x,y),$$

其中 F 为连续可微函数, 且满足 $F(0,0) < 0$, 当 $x^2 + y^2$ 充分大时, $F(x,y) > 0$, 则该系统必有闭轨.

4. 考虑系统

$$\dot{x} = y - F(x), \quad \dot{y} = -x,$$

其中 F 为连续可微函数, 且满足: 当 $0 < |x| \ll 1$ 时, $xF(x) < 0$; 当 $|x| \gg 1$ 时, $\mathrm{sgn}(x)F(x) > k$, k 为正的常数, 则所述系统必有闭轨.

5. 设系统 (4.2.1) 有一闭轨线, 则其内部区域必有 (4.2.1) 的奇点 (Bendixson) (提示: 设 φ^* 表示 (4.2.1) 的流, 对任意自然数 n, 对映射 $\varphi^{1/n}$ 在闭轨所围区域上利用 Brouwer 不动点定理).

4.3　平面奇点分析

考虑实的平面系统 (4.2.1), 设函数 $f(x,y), g(x,y)$ 在原点附近连续可微, 且 $f(0,0) = g(0,0) = 0$, 即原点为系统的奇点. 那么在点 $(0,0)$ 附近将 f,g 展开, 于是 (4.2.1) 式可改写成

$$x' = ax + by + f_1(x,y), \quad y' = cx + dy + g_1(x,y), \tag{4.3.1}$$

其中

$$a = \frac{\partial f(0,0)}{\partial x}, \quad b = \frac{\partial f(0,0)}{\partial y}, \quad c = \frac{\partial g(0,0)}{\partial x}, \quad d = \frac{\partial g(0,0)}{\partial y},$$

而 f_1, g_1 是展开式的余项, 由 Taylor 定理有

$$f_1(x,y) = o(r), \quad g_1(x,y) = o(r) \quad (r = (x^2 + y^2)^{1/2} \to 0), \tag{4.3.2}$$

系统 (4.3.1) 的线性近似系统为

$$x' = ax + by, \quad y' = cx + dy. \tag{4.3.3}$$

假设 $ad - bc \neq 0$, 即奇点 $(0,0)$ 为初等奇点 (又称为一次奇点). 先讨论 (4.3.3) 式的性质.

4.3.1   平面线性系统

由线性方程组理论知系统 (4.3.3) 的通解完全由它的系数矩阵 A 的若尔当标准形确定. 设 A 的实若尔当标准形为 J, 则存在非奇异实矩阵 P, 使 $P^{-1}AP = J$. 从而可利用非奇异线性坐标变换, 将系统 (4.3.3) 化为线性系统

$$\begin{bmatrix} x' \\ y' \end{bmatrix} = J \begin{bmatrix} x \\ y \end{bmatrix}. \tag{4.3.4}$$

注意到系统 (4.3.3) 与系统 (4.3.4) 可以互相转化, 因此只要把 (4.3.4) 式的轨线性质搞清楚了, 系统 (4.3.3) 的轨线性质也就清楚了.

下面根据特征值的不同情形来研究系统 (4.3.4) 的奇点.

(I) **A 有异号实根**. 此时,

$$J = \begin{bmatrix} \lambda_1 & 0 \\ 0 & \lambda_2 \end{bmatrix},$$

且有 $\lambda_1 < 0 < \lambda_2$. 直接计算知, (4.3.4) 式的通解为

$$x = c_1 e^{\lambda_1 t}, \quad y = c_2 e^{\lambda_2 t}. \tag{4.3.5}$$

(4.3.5) 式也即是系统 (4.3.4) 的轨线族的参数方程. 首先, 参数值 $c_1 = c_2 = 0$ 对应于奇点 $(0,0)$. 当 $c_1 \neq 0$ 而 $c_2 = 0$ 时, 轨线为正或负 x 半轴 (不包含原点)(分别对应 $c_1 > 0$ 与 $c_1 < 0$), 且当 $t \to \infty$ 时, 轨线上的点趋于奇点. 当 $c_1 = 0, c_2 \neq 0$ 时, 轨线为正或负 y 半轴 (不包含原点), 且当 $t \to -\infty$, 轨线上的点趋于奇点. 当 $c_1 c_2 \neq 0$ 时, 轨线可表示为

$$y = C|x|^{\lambda_2/\lambda_1},$$

当 $t \to \infty$ 时, 它们以 y 轴为渐近线; 当 $t \to -\infty$ 时, 它们以 x 轴为渐近线. 此时奇点称为鞍点, 其性态如图 4.3.1 所示.

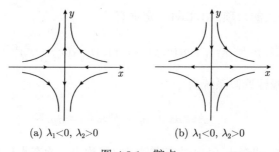

(a) $\lambda_1<0,\ \lambda_2>0$ (b) $\lambda_1<0,\ \lambda_2>0$

图 4.3.1   鞍点

(II) **A 有同号相异实根**. 此时,

$$J = \begin{bmatrix} \lambda_1 & 0 \\ 0 & \lambda_2 \end{bmatrix},$$

且有 $\lambda_1 \neq \lambda_2$, $\lambda_1 \lambda_2 > 0$. 不妨设 $\lambda_1 < 0, \lambda_2 < 0$. 直接计算知 (4.3.4) 式的通解为

$$x = c_1 e^{\lambda_1 t}, \quad y = c_2 e^{\lambda_2 t}. \tag{4.3.6}$$

(4.3.6) 式也就是系统 (4.3.4) 的轨线族的参数方程. $c_1 = c_2 = 0$ 对应于奇点 $(0,0)$. 当 $c_1 \neq 0$ 而 $c_2 = 0$ 时, 轨线为正或负 x 半轴 (不包含原点), 且当 $t \to \infty$ 时, 轨线上的点趋于奇点. 当 $c_1 = 0, c_2 \neq 0$ 时, 轨线为正或负 y 半轴 (不包含原点), 且当 $t \to \infty$, 轨线上的点趋于奇点. 当 $c_1 c_2 \neq 0$ 时, 轨线为

$$y = C|x|^{\lambda_2/\lambda_1},$$

若 $\lambda_2 < \lambda_1$, 则当 $t \to \infty$ 时它们沿 x 轴趋于原点; 若 $\lambda_2 > \lambda_1$, 则当 $t \to \infty$ 时, 它们沿 y 轴趋于原点. 此时奇点称为稳定结点, 其性态如图 4.3.2 所示.

如果 $\lambda_1 > 0, \lambda_2 > 0$, 由轨线形状与上面相同, 只是方向相反, 此时奇点称为不稳定结点.

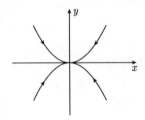

图 4.3.2　稳定结点 $\lambda_2 < \lambda_1 < 0$

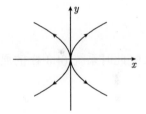

图 4.3.3　不稳定结点 $\lambda_1 > \lambda_2 > 0$

(III) **A 有实重根**. 此时, J 可能是对角形, 也可能是若尔当块. 分两种情形讨论.

(1) J 为对角形.

$$J = \begin{bmatrix} \lambda & 0 \\ 0 & \lambda \end{bmatrix},$$

设 $\lambda < 0$, 此时系统 (4.3.4) 的通解为

$$x = c_1 e^{\lambda t}, \quad y = c_2 e^{\lambda t}. \tag{4.3.7}$$

值 $c_1 = c_2 = 0$ 对应于奇点 $(0,0)$. 当 $c_1 \neq 0$ 而 $c_2 = 0$ 时, 轨线为正或负 x 半轴 (不包含原点), 且当 $t \to \infty$ 时, 轨线上的点趋于奇点. 当 $c_1 = 0, c_2 \neq 0$ 时, 轨线为正

或负 y 半轴 (不包含原点), 且当 $t \to \infty$, 轨线上的点趋于奇点. 当 $c_1 c_2 \neq 0$ 时, 由
(4.3.7) 式知轨线可表示为

$$y = Cx,$$

都是过原点 (但不包含原点) 的半直线, 当 $t \to \infty$ 时趋于奇点. 此时奇点称为稳定
临界结点, 如图 4.3.4 所示. 如果 $\lambda > 0$, 则轨线形状相同, 方向相反, 此时称奇点为
不稳定临界结点, 如图 4.3.5 所示.

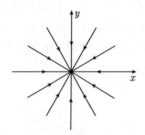 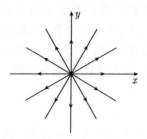

图 4.3.4   稳定临界结点 $\lambda_1 = \lambda_2 < 0$ 图 4.3.5   不稳定临界结点 $\lambda_1 = \lambda_2 > 0$

(2) J 为若尔当块.

$$J = \begin{bmatrix} \lambda & 0 \\ 1 & \lambda \end{bmatrix},$$

设 $\lambda < 0$, 此时系统 (4.3.4) 的通解即轨线的参数方程为

$$x = c_1 \mathrm{e}^{\lambda t}, \quad y = (c_1 t + c_2) \mathrm{e}^{\lambda t}. \tag{4.3.8}$$

值 $c_1 = c_2 = 0$ 对应于奇点 $(0,0)$, 而 $c_1 = 0, c_2 \neq 0$ 对应于正或负 y 半轴, 且当
$t \to \infty$ 时, 轨线趋于奇点. 当 $c_1 \neq 0$ 时, 消去参数 t, 由 (4.3.8) 式知, 轨线的直角坐
标方程为

$$y = \frac{c_2}{c_1} x + \frac{x}{\lambda} \ln \frac{x}{c_1}.$$

轨线与 x 轴总有交点 $(c_1 \mathrm{e}^{-c_2 \lambda / c_1}, 0)$(对应于 $t = -c_2/c_1$), 当 $t > -c_2/c_1$ 时, x, y 都
与 c_1 同号, 当 $t \to \infty$ 时, 轨线趋于奇点. 而由

$$\lim_{t \to \infty} \frac{x}{y} = \lim_{t \to \infty} \frac{c_1}{c_1 t + c_2} = 0$$

知, 当 $t \to \infty$ 时, 轨线与 y 轴相切. 当 $t < -c_2/c_1$ 时, x, y 异号, 当 $t \to -\infty$ 时,
$|x| \to \infty$ 且 $|y| \to \infty$. 此时奇点称为稳定退化结点, 如图 4.3.6 所示.

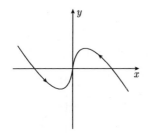

图 4.3.6 稳定退化结点, $\lambda < 0$

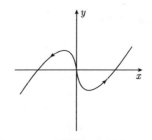

图 4.3.7 不稳定退化结点, $\lambda > 0$

当 $\lambda > 0$ 时, 轨线当 $c_1 = 0$ 时与前面相同. 当 $c_1 \neq 0$ 时, 如果 $t > -c_2/c_1$, 那么 x, y 都与 c_1 同号, 当 $t \to \infty$ 时, $(|x|, |y|) \to (\infty, \infty)$. 当 $t < -c_2/c_1$ 时, x, y 异号, 当 $t \to -\infty$ 时, 轨线趋于奇点且与 y 轴相切此时奇点称为不稳定退化结点, 如图 4.3.7 所示.

(IV) **A 有一对实部不为零的共轭复特征值.** 设 A 的共轭复特征值为 $\lambda_{1,2} = \alpha \pm \mathrm{i}\beta$, $\alpha, \beta \neq 0$, 则

$$J = \left[\begin{array}{cc} \alpha & -\beta \\ \beta & \alpha \end{array} \right],$$

此时系统的通解即轨线的参数方程为

$$\begin{cases} x = (c_1 \cos \beta t - c_2 \sin \beta t)\mathrm{e}^{\alpha t}, \\ y = (c_1 \sin \beta t + c_2 \cos \beta t)\mathrm{e}^{\alpha t}, \end{cases}$$

引入 r 和 θ 满足

$$r = \sqrt{c_1^2 + c_2^2}, \quad \theta = \arctan \frac{c_2}{c_1},$$

则有

$$\begin{cases} x = r\mathrm{e}^{\alpha t} \cos(\beta t + \theta), \\ y = r\mathrm{e}^{\alpha t} \sin(\beta t + \theta). \end{cases}$$

当 $r = 0$ 时, 轨线为奇点; 当 $r \neq 0$ 时, 轨线为平面对数螺线. 若 $\alpha < 0$, 则当 $t \to \infty$ 时, 轨线上的点绕原点无限盘旋且趋近原点. 这种奇点称为稳定焦点, 如图 4.3.8 所示. 若 $\alpha > 0$, 则当 $t \to -\infty$ 时, 轨线上的点绕原点无限盘旋且趋近原点. 这种奇点称为不稳定焦点, 如图 4.3.9 所示. 另外轨线上的点绕奇点盘旋的方向取决于 β 的符号. 当 $\beta > 0$ 时, 依逆时针方向盘旋; 而当 $\beta < 0$ 时, 依顺时针方向盘旋.

(V) **A 有一对共轭纯虚特征值.** 此时有 $\lambda_{1,2} = \pm \mathrm{i}\beta$, $\beta \neq 0$. A 的实若尔当标准形为

$$J = \left[\begin{array}{cc} 0 & -\beta \\ \beta & 0 \end{array} \right],$$

轨线的参数方程为

$$x = r\cos(\beta t + \theta), \quad y = r\sin(\beta t + \theta).$$

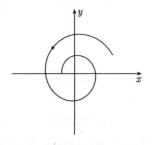

图 4.3.8　稳定焦点, $\alpha < 0, \beta > 0$

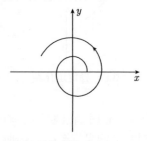

图 4.3.9　不稳定焦点, $\alpha > 0, \beta > 0$

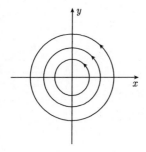

图 4.3.10　中心, $\alpha = 0, \beta > 0$

当 $r = 0$ 时, 它是奇点; 当 $r \neq 0$ 时, 它是以奇点为中心, 半径为 r 的圆. 这样的奇点称为中心, 如图 4.3.10 所示. 轨线的定向取决于 β 的符号.

回到方程 (4.3.3), 自然地说原点是 (4.3.3) 式的鞍点、结点 (临界结点、退化结点)、焦点或中心, 如果它是标准化系统 (4.3.4) 的鞍点、结点 (临界结点、退化结点)、焦点或中心. 于是, 总结上面的讨论, 有如下结果.

定理 4.3.1　对于系统 (4.3.3), 记

$$p = -\mathrm{tr}A = -(a + d), \quad q = \det A = ad - bc,$$

则有:

1) $q < 0$, 奇点为鞍点;

2) $q > 0, p^2 - 4q > 0$, 奇点为结点;

3) $q > 0, p^2 - 4q = 0, b = c = 0$, 奇点为临界结点;

4) $q > 0, p^2 - 4q = 0, b^2 + c^2 \neq 0$, 奇点为退化结点;

5) $q > 0, 4q > p^2 > 0$, 奇点为焦点;

6) $q > 0, p = 0$, 奇点为中心.

注 4.3.1　在第四种情况下, 设 λ 为矩阵 A 的非零二重实特征值, 则矩阵 $\lambda I - A$ 的秩为 1, 从而矩阵 A 没有两个线性无关的特征向量, 于是知它不与对角矩阵相似, 即它的标准形只能是一个若尔当块. 也就是说, 奇点只能是退化结点.

注 4.3.2　由定理 3.4.1 知, 在 Lyapunov 意义下, 对应于中心的零解是稳定而

非渐近稳定的, 而对应于鞍点的零解是不稳定的. 结点与焦点的稳定性由 p 的符号决定. 事实上, 当 $p > 0$ 时, 结点与焦点是渐近稳定的; 而当 $p < 0$ 时, 则是不稳定的.

当系统 (4.3.3) 的系数矩阵不为若尔当标准形时, 如何作出它的相图? 当然可以用代数的方法, 化 A 为标准形, 即作坐标变换, 但计算量较大. 下面给出一个简单而实用的方法. 首先利用定理 4.3.1 直接判断奇点的类型及其稳定性, 然后应用下述两个事实, 就可以迅速作出相图.

(1) 当 $t \to \infty$ 或 $t \to -\infty$ 时, 有的轨线能沿着某一确定的直线 $y = kx$ 或 $x = ky$ 趋向奇点. 显然这个直线是一个不变集, 常常称其为直线解. 显然, 临界结点是无穷多个直线解的交点, 结点和鞍点分别是两条直线解的交点, 退化结点则只有一个直线解通过它, 在焦点和中心情况则没有直线解出现. 当 $y = kx$ 或 $x = ky$ 给出系统的直线解时, 此直线被奇点 (原点) 分割的两条射线都是系统的轨线, 此外, 这些性质在仿射变换下不变.

(2) 系统 (4.3.3) 在相平面上给出的向量场关于原点是对称的. 这是因为在点 (x, y) 的向量是 $(P(x, y), Q(x, y))$, 则在点 $(-x, -y)$ 的向量为 $(-P(x, y), -Q(x, y))$.

例 4.3.1 作出系统

$$x' = 2x + 3y, \quad y' = 2x - 3y$$

在 $(0, 0)$ 点附近的相图.

解 由于

$$q = \begin{vmatrix} 2 & 3 \\ 2 & -3 \end{vmatrix} < 0,$$

所以奇点 $(0, 0)$ 是鞍点. 设所述线性系统有直线解 $y = kx$, 其中常数 k 待定, 则 $y = kx$ 是方程

$$\frac{\mathrm{d}y}{\mathrm{d}x} = \frac{2x - 3y}{2x + 3y} \quad \text{或} \quad \frac{\mathrm{d}x}{\mathrm{d}y} = \frac{2x + 3y}{2x - 3y}$$

的积分曲线, 因此有

$$k = \left. \frac{\mathrm{d}y}{\mathrm{d}x} \right|_{y=kx} = \left. \frac{2x - 3y}{2x + 3y} \right|_{y=kx} = \frac{2 - 3k}{2 + 3k},$$

从而推出

$$3k^2 + 5k - 2 = 0.$$

解此方程得 $k_1 = 1/3$ 和 $k_2 = -2$, 于是可得过原点且斜率分别为 $1/3$ 和 -2 的两条不变直线. 由于奇点是鞍点, 轨线的形状就能确定了. 为了确定轨线的方向, 再选取一点 $(1, 0)$, 计算出向量场在该点的方向即经过该点的轨线的方向为 $(2, 2)$, 从而根据向量场的连续性及鞍点附近的轨线的结构便知轨线的方向. 从而可作出相图 4.3.11.

例 4.3.2　作出系统

$$x' = 3x, \quad y' = 2x + y$$

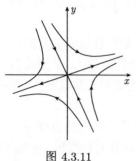

图 4.3.11

在 $(0,0)$ 点附近的相图.

解　由于 $q = 3, p = -4 < 0, p^2 - 4q > 0$, 所以 $(0,0)$ 是不稳定结点. 显然 $x = 0$ 是一个不变直线. 设另一直线解为 $y = kx$, 则利用类似于例 4.3.1 的计算知, 有

$$k = \frac{2+k}{3},$$

从而可得 $k = 1$. 再利用向量场在 $(1,0)$ 点处的向量为 $(3,2)$, 可作出相图 4.3.12.

例 4.3.3　作出系统

$$x' = -x - y, \quad y' = x - 3y$$

在 $(0,0)$ 点附近的相图.

解　由于 $p = q = 4, p^2 - 4q = 0$ 且 $b \neq 0$, 所以 $(0,0)$ 是稳定的退化结点. 显然 $x = 0$ 不是直线解. 设直线解为 $y = kx$, 则有

$$k = \frac{1 - 3k}{-1 - k}, \quad 即 \quad k^2 - 2k + 1 = 0.$$

此方程只有一个二重根 $k = 1$. 再利用向量场在 $(1,0)$ 点处的向量为 $(-1,1)$, 可以确定轨线的方向并作出相图 4.3.13.

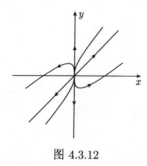

图 4.3.12

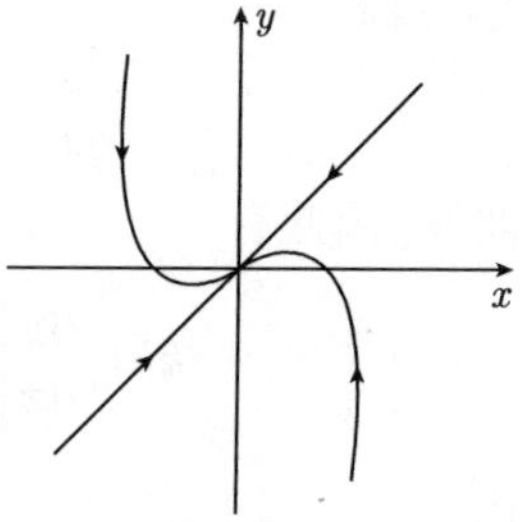

图 4.3.13

例 4.3.4　作出系统

$$x' = x - y, \quad y' = 2x + y$$

在 $(0,0)$ 点附近的相图.

解 由于 $q = 3, p = -2$, $p^2 - 4q < 0$, 知 $(0,0)$ 是系统的不稳定焦点, 此时没有直线解. 从向量场在 $(1,0)$ 处的向量为 $(1,2)$, 可以确定轨线的方向并作出相图 4.3.14.

若一线性系统有初等奇点不在坐标原点, 则可先进行坐标平移变换, 将奇点变换成原点, 再用上面的方法可以确定其类型. 平移变换对奇点附近的轨线没有任何影响. 事实上, 系统

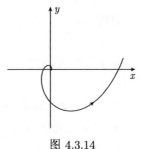

图 4.3.14

$$x' = a_{11}x + a_{12}y + b_1, \quad y' = a_{21}x + a_{22}y + b_2,$$

当 $q = a_{11}a_{22} - a_{12}a_{21} \neq 0$ 时有唯一的奇点, 它的类型完全由系数 a_{ij} 确定, 和 b_i 无关.

4.3.2 平面非线性系统

本节考虑非线性系统 (4.3.1)

$$\dot{x} = ax + by + f_1(x, y), \quad \dot{y} = cx + dy + g_1(x, y)$$

在原点的几何性质, 其中 f_1 与 g_1 满足 (4.3.2) 式. 首先给出特征方向的概念.

定义 4.3.1 设存在 $\theta_0 \in [0, 2\pi)$ 和 (4.3.1) 的解 $(x(t), y(t))$, 使下列条件成立:

(i) 当 $t \to +\infty$ (或 $-\infty$) 时, 有 $(x(t), y(t)) \to 0$;

(ii) 当 $t \to +\infty$ (或 $-\infty$) 时, 有 $\dfrac{(x(t), y(t))}{\sqrt{x^2(t) + y^2(t)}} \to (\cos\theta_0, \sin\theta_0)$.

则称 $(\cos\theta_0, \sin\theta_0)$ 为 (4.3.1) 式在原点的特征方向. 有时用 $\theta = \theta_0$ 来表示特征方向 $(\cos\theta_0, \sin\theta_0)$, 并说 $\theta = \theta_0$ 为原点的特征方向.

特征方向有明显的几何意义, 即解 $(x(t), y(t))$ 所确定的正半轨 (或负半轨) 当 $t \to +\infty$(或 $-\infty$) 时与直线 $y = (\tan\theta_0)x$ 相切地趋于原点 (因为由定义的条件 (ii) 知, 当 $t \to +\infty$(或 $-\infty$) 时有 $y(t)/x(t) \to \tan\theta_0$). 因此, 若对 (4.3.1) 式引入极坐标 $x = r\cos\theta, y = r\sin\theta$, 使得 (4.3.1) 式成为

$$\frac{\mathrm{d}\theta}{\mathrm{d}t} = S_0(\theta) + S_1(\theta, r), \quad \frac{\mathrm{d}r}{\mathrm{d}\theta} = r[R_0(\theta) + R_1(\theta, r)], \tag{4.3.9}$$

其中

$$S_0(\theta) = c\cos^2\theta + (d - a)\cos\theta\sin\theta - b\sin^2\theta,$$

$$R_0(\theta) = a\cos^2\theta + (b + c)\cos\theta\sin\theta + d\sin^2\theta,$$

$$S_1(\theta, r) = \frac{\cos\theta}{r}g_1(r\cos\theta, r\sin\theta) - \frac{\sin\theta}{r}f_1(r\cos\theta, r\sin\theta),$$

$$R_1(\theta, r) = \frac{\cos\theta}{r}f_1(r\cos\theta, r\sin\theta) + \frac{\sin\theta}{r}g_1(r\cos\theta, r\sin\theta),$$

则 $(\cos\theta_0, \sin\theta_0)$ 为 (4.3.1) 式在原点的一个特征方向当且仅当 (4.3.9) 式存在解 $(\theta(t), r(t))$, 满足: 当 $t \to +\infty(-\infty)$ 时, 有 $r(t) \to 0$, $\theta(t) \to \theta_0$. 注意到, 由 (4.3.2) 式知, $\lim\limits_{r\to 0} S_1(\theta, r) = 0$, 故 (用反证法) 易见成立.

引理 4.3.1　设 $(\cos\theta_0, \sin\theta_0)$ 为 (4.3.1) 式在原点的特征方向, 则 θ_0 必满足 $S_0(\theta_0) = 0$.

由于线性变换把直线变为直线, 故由上一小节对 (4.3.3) 式的讨论知成立以下引理.

引理 4.3.2　设原点为线性系统 (4.3.3) 的初等奇点, 则对 (4.3.3) 来说,

(i) 鞍点与结点各有 4 个特征方向 $\theta = \theta_i$, $i = 1, 2, 3, 4$, 且若设 $0 \leqslant \theta_1 < \theta_2 < \theta_3 < \theta_4 < 2\pi$, 则有 $\theta_3 = \theta_1 + \pi$, $\theta_4 = \theta_2 + \pi$;

(ii) 退化结点恰有两个特征方向 $\theta = \theta_1$ 与 $\theta = \theta_1 + \pi$, 其中 $0 \leqslant \theta_1 < \pi$;

(iii) 临界结点 (即星型结点) 以任一射线 $\theta = \theta_0(\theta_0 \in [0, 2\pi))$ 为特征方向;

(iv) 焦点与中心没有特征方向, 且使 $S_0(\theta) \neq 0$.

下面来定义非线性系统 (4.3.1) 的初等奇点的类型.

定义 4.3.2　设原点为 (4.3.1) 式的初等奇点 (即 $ad - bc \neq 0$),

(i) 若 (4.3.1) 式在原点恰有 4 个特征方向, 其中两个是另外两个的反方向, 且恰有 4 条半轨 $\gamma_1^{\pm}$ 与 $\gamma_2^{\pm}$, 使得 γ_1^+ 与 γ_2^+ 沿两个相反的方向当 $t \to +\infty$ 时趋于原点, 而 γ_1^- 与 γ_2^- 沿另两个相反的方向当 $t \to -\infty$ 时趋于原点, 则称原点为 (4.3.1) 的鞍点, 并称上述 4 条半轨为鞍点分界线, 简称为分界线.

(ii) 若 (4.3.1) 式在原点恰有 4 个特征方向, 其中两个是另外两个的反方向, 且恰有两条轨线 γ_1, γ_2 沿两个相反的方向, 当 $t \to +\infty$ (或 $t \to -\infty$) 时趋于原点, 而原点附近的所有其他轨线沿另外两个相反的方向, 当 $t \to +\infty$ (或 $t \to -\infty$) 时趋于原点, 则称原点为 (4.3.1) 的稳定 (或不稳定) 结点, 稳定与不稳定结点统称为结点.

(iii) 若 (4.3.1) 式在原点恰有两个特征方向, 其方向互反, 且原点附近的所有轨线都沿这两个方向, 当 $t \to +\infty$ (或 $t \to -\infty$) 时趋于原点, 则称原点为 (4.3.1) 式的稳定 (或不稳定) 退化结点, 稳定与不稳定退化结点统称为退化结点.

(iv) 若任一射线 $\theta = \theta_0(\in [0, 2\pi))$ 都是 (4.3.1) 式在原点的特征方向, 且原点附近的任一轨线都沿一个特征方向, 当 $t \to +\infty$ (或 $t \to -\infty$) 时趋于原点, 则称原点为 (4.3.1) 式的稳定 (或不稳定) 临界结点, 稳定与不稳定临界结点统称为临界结点.

(v) 若 (4.3.1) 式在原点没有特征方向, 且存在原点的邻域, 使得 (4.3.1) 式在该邻域中的任一非平凡轨线都是闭轨 (都不是闭轨), 则称原点为 (4.3.1) 式的中心 (焦点), 若 (4.3.1) 式在原点的任一邻域内既有闭轨又有非闭轨, 则称原点为 (4.3.1) 式

的中心焦点.

由于原点是初等奇点, 由 (4.3.9) 式可知, 若原点是 (4.3.1) 式的焦点、中心或中心焦点, 则 (4.3.9) 式的解 $(\theta(t), r(t))$ 必满足当 $r(t) \to 0$ 时 $|\theta(t)| \to +\infty$. 利用 Hartman 的 C^1 线性化定理以及引理 4.3.1 与引理 4.3.2 可证下述结果.

定理 4.3.2 设 (4.3.1) 式为 C^2 系统且以原点为初等奇点.

(i) 若原点为线性系统 (4.3.3) 的双曲奇点, 则它必是 (4.3.1) 式的具相同类型的双曲奇点 (即同为鞍点、结点、临界结点、退化结点或焦点);

(ii) 若原点为 (4.3.3) 式的中心, 则它是 (4.3.1) 的焦点、中心或中心焦点.

证明 因为 (4.3.1) 式为 C^2 系统且以原点为初等奇点, 则由定理 4.1.5 存在 C^1 微分同胚 $h : R^2 \to R^2$ 满足 $h(0) = 0$, 及原点的邻域 U, 使得当 $\varphi^t(x, y) \in U$ 时, $h(\varphi^t(x, y)) = \mathrm{e}^{At} h(x, y)$, 其中 φ^t 为 (4.3.1) 式的流, $A = \begin{pmatrix} a & b \\ c & d \end{pmatrix}$. 令 h^{-1} 表示 h 的逆, 则可设

$$h^{-1}(x, y) = T \begin{pmatrix} x \\ y \end{pmatrix} + o(|x, y|), \tag{4.3.10}$$

其中 T 为二阶可逆矩阵, 易见 h^{-1} 满足

$$\varphi^t(h^{-1}(x, y)) = h^{-1}\left(\mathrm{e}^{At} \begin{pmatrix} x \\ y \end{pmatrix} \right) = T \mathrm{e}^{At} \begin{pmatrix} x \\ y \end{pmatrix} + o\left(\left| \mathrm{e}^{At} \begin{pmatrix} x \\ y \end{pmatrix} \right| \right). \tag{4.3.11}$$

两边对 t 求导, 然后令 $t = 0$, 可得

$$\frac{\partial \varphi^t}{\partial t}(h^{-1}(x, y))|_{t=0} = (h^{-1})'(x, y) A \begin{pmatrix} x \\ y \end{pmatrix} = (T + o(1)) A \begin{pmatrix} x \\ y \end{pmatrix}.$$

将 (4.3.10) 式及 $\frac{\partial \varphi^t}{\partial t}(x, y) = A\varphi^t(x, y) + o(|\varphi^t(x, y)|)$ 代入上式, 故由 (4.3.10) 式得

$$AT \begin{pmatrix} x \\ y \end{pmatrix} = TA \begin{pmatrix} x \\ y \end{pmatrix},$$

即

$$AT = TA. \tag{4.3.12}$$

现设原点为线性系统 (4.3.3) 的鞍点, 不失一般性可设 A 已成为若尔当标准型, 即

$$A = \begin{pmatrix} \lambda & 0 \\ 0 & \mu \end{pmatrix}, \quad \lambda\mu < 0.$$

由此及 (4.3.12) 式知, 矩阵 T 必为对角矩阵, 又注意到 h^{-1} 把 (4.3.3) 式的轨线变为 (4.3.1) 式的轨线, 故由 T 为对角矩阵知, h^{-1} 把 (4.3.3) 式的直线解变为 (4.3.1) 式的在原点与该直线解相切的不变曲线.

于是由定义 4.3.1 和引理 4.3.2 知, 系统 (4.3.3) 与 (4.3.1) 均有 4 个特征方向, 而进一步由引理 4.3.1 知, 它们有完全相同的特征方向. 于是由定义 4.3.2 知, 原点也是 (4.3.1) 式的鞍点. 同理可证若原点为 (4.3.3) 式的结点, 则它也是 (4.3.1) 式的结点.

下设原点为 (4.3.3) 式的退化结点, 同前, 可设

$$A = \begin{pmatrix} \lambda & 0 \\ 1 & \lambda \end{pmatrix}, \quad \lambda \neq 0.$$

此时由 (4.3.12) 式知, 矩阵 T 必为下三角矩阵, 故 T 把 y 轴变为 y 轴, 且由引理 4.3.1 与引理 4.3.2 知 (4.3.1) 式与 (4.3.3) 式恰有特征方向 $(0, \pm 1)$, 对应于 $\theta_1 = \dfrac{\pi}{2}$ 与 $\theta_2 = \dfrac{3\pi}{2}$, 即知原点也是 (4.3.1) 式的退化结点.

再设原点为 (4.3.3) 式的临界结点, 则可设

$$A = \begin{pmatrix} \lambda & 0 \\ 0 & \lambda \end{pmatrix}, \quad \lambda \neq 0.$$

此时对任一 $\theta_0 \in [0, 2\pi)$, 方向 $(\cos\theta_0, \sin\theta_0)$ 均为 (4.3.3) 式的特征方向. 注意到通过原点的任一直线都是 (4.3.3) 式的直线解, 而这些直线在 h^{-1} 下的像是过原点的 C^1 光滑不变曲线, 故若令

$$\begin{pmatrix} \cos\varphi \\ \sin\varphi \end{pmatrix} = T \begin{pmatrix} \cos\theta_0 \\ \sin\theta_0 \end{pmatrix} \cdot \left| T \begin{pmatrix} \cos\theta_0 \\ \sin\theta_0 \end{pmatrix} \right|^{-1},$$

则 $(\cos\varphi, \sin\varphi)$ 就是 (4.3.1) 式的一个特征方向. 又易见当 θ_0 从 0 连续变化到 2π 时, φ 的增量也是 2π, 故对任一 $\varphi \in [0, 2\pi)$, $(\cos\varphi, \sin\varphi)$ 都是 (4.3.1) 式的特征方向, 即知原点是其临界结点.

现设原点为 (4.3.3) 式的焦点, 则由引理 4.3.1 与引理 4.3.2 知 (4.3.1) 式在原点没有特征方向, 因为 (4.3.1) 式与 (4.3.3) 式之间的 C^1 共轭 h 把 (4.3.1) 式的闭轨变为 (4.3.3) 式的闭轨, 而 (4.3.3) 式没有闭轨, 故存在原点的邻域, 使 (4.3.1) 式在该邻域内没有闭轨, 即原点为 (4.3.1) 式的焦点. 结论 (i) 得证.

为证结论 (ii), 设原点为 (4.3.3) 式的初等中心, 则由引理 4.3.1 与 4.3.2 知 (4.3.1) 式在原点没有特征方向, 显然下列情况之一必成立:

(1) 存在原点的邻域 U, 使 (4.3.1) 式在 U 中没有闭轨, 此时原点是 (4.3.1) 式焦点;

(2) 存在原点的邻域 U, 使 (4.3.1) 式在 U 中的所有非平凡轨线都是包围原点的闭轨, 此时原点是 (4.3.1) 式的中心;

(3) 原点的任意小邻域内都同时存在 (4.3.1) 的闭轨和非闭轨, 此时原点为 (4.3.1) 的中心–焦点. 证毕.

注 4.3.3 定理 4.3.2 中关于 (4.3.1) 为 C^2 的假设仅是充分的. 事实上可证, 若原点是 (4.3.3) 式的鞍点、结点或焦点, 则只需要求 C^1 就可以了, 若原点是 (4.3.3) 式的临界结点或退化结点, 则只需假设 C^1 及存在 $\alpha > 0$, 使

$$f_1, \ g_1 = O(r^{1+\alpha}), \quad 0 < r = \sqrt{x^2 + y^2} \ll 1.$$

详见文献 [13, 53].

注 4.3.4 若原点为 (4.3.3) 式的中心, 则对 (4.3.1) 式来说, 焦点、中心与中心焦点均有可能出现. 至于何时出现焦点、中心与中心焦点, 这需要进一步的讨论, 将在 4.5 节进行讨论.

下面设原点为 (4.3.1) 式的非初等奇点 (又称高次奇点), 则由若尔当型理论可设 $a = c = 0$. 又设 $A \neq 0$, 则可分如下两种情况:

情况 I: $d \neq 0, b = 0$ (进一步可设 $d = -1$)(单零特征根);

情况 II: $d = 0, b \neq 0$ (进一步可设 $b = 1$)(双零特征根).

首先看几个例子. 考虑系统

$$\dot{x} = x^2, \quad \dot{y} = -y, \tag{4.3.13}$$

$$\dot{x} = x^3, \quad \dot{y} = -y, \tag{4.3.14}$$

与

$$\dot{x} = -x^3, \quad \dot{y} = -y, \tag{4.3.15}$$

易知上述三个系统均以原点为唯一奇点且其轨线可分别表示为

$$y = ce^{\frac{1}{x}}, \quad y = ce^{\frac{1}{2x^2}} \quad 与 \quad y = ce^{-\frac{1}{2x^2}}.$$

由此可得方程(4.3.13)~(4.3.15) 的相图如图 4.3.15 (a), (b), (c) 所示. 形如图 4.3.15(a) 的原点称为鞍结点, 这类奇点可视为鞍点与结点的极限状态, 例如, 下列系统

$$\dot{x} = x^2 - \varepsilon, \quad \dot{y} = -y$$

当 $\varepsilon > 0$ 充分小时有一个鞍点和结点, 令 $\varepsilon \to 0$, 则这两个奇点就趋于如图 4.3.15(a) 所示的鞍结点. 图 4.3.15(b) 与 (c) 是人们熟悉的鞍点和结点 (按照定义 4.3.2), 不过此处, 它们已不是初等奇点了.

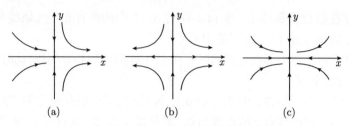

图 4.3.15　系统 (4.3.13)~(4.3.15) 的相图

现针对一般情形下的情况 I, 考虑具有下列形式的解析系统

$$\dot{x} = P(x, y), \quad \dot{y} = -y + Q(x, y), \tag{4.3.16}$$

其中 P 与 Q 为 (x, y) 的解析函数, 且在原点附近满足 $P, Q = O(x^2 + y^2)$. 现设原点为 (4.3.16) 的孤立奇点, 则方程组

$$-y + Q(x, y) = 0, \quad P(x, y) = 0$$

在原点邻域内只有零解. 首先由隐函数定理, 第一个方程确定解析函数 $y = \varphi(x) = O(x^2)$, 代入第二式知方程 $P(x, \varphi(x)) = 0$ 只有零解, 故存在 $m \geqslant 2, p \neq 0$, 使

$$P(x, \varphi(x)) = px^m + O(x^{m+1}).$$

关于 (4.3.16) 式的奇点类型的判定, 成立下述定理.

定理 4.3.3　若 m 为偶数, 则原点为 (4.3.16) 式的鞍结点; 若 m 为奇数, 则当 $p > 0 (p < 0)$ 时原点为 (4.3.16) 式的鞍点(结点).

上述定理的证明可见文献 [53], 此处证略. 有一点需要明确的是, 方程 (4.3.16) 在原点恰有 4 个特征方向.

再考虑情形 II, 先看两个例子. 考虑系统

$$\dot{x} = y, \quad \dot{y} = -x^2 \tag{4.3.17}$$

与

$$\dot{x} = y - \frac{3}{2}x^2, \quad \dot{y} = -x^3, \tag{4.3.18}$$

方程 (4.3.17) 是一个以 $H(x, y) = \frac{1}{2}y^2 + \frac{1}{3}x^3$ 为首次积分的哈密顿系统, 由此可知, 其相图如图 4.3.16(a) 所示, 这样的原点称为 (4.3.17) 式的尖点. 而易见 (4.3.18) 式有抛物线解 $y = x^2$, 由此并注意到等倾线 $y = \frac{3}{2}x^2$ 位于抛物线 $y = x^2$ 的上方可知, 存在 $\varepsilon_0 > 0$, 使当 $y_0 \in (0, \varepsilon_0)$ 时, (4.3.18) 式过点 $(0, y_0)$ 的轨线都是正负向趋

于原点的同宿轨, 而且 $y_0 \in (-\varepsilon_0, 0)$ 时 (4.3.18) 式过点 $(0, y_0)$ 的轨线恒位于抛物线 $y = x^2$ 的下方. 因此 (4.3.18) 式的相图如图 4.3.16(b) 所示. 这样的原点称为 (4.3.18) 式的椭圆型奇点.

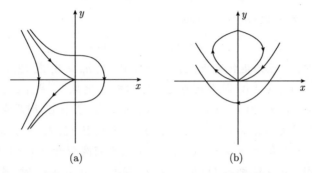

$$\text{(a)} \qquad\qquad\qquad \text{(b)}$$

图 4.3.16 系统 (4.3.17), (4.3.18) 的相图

现考虑情况 II 下的一般系统

$$\dot{x} = y + P(x,y), \quad \dot{y} = Q(x,y), \tag{4.3.19}$$

其中 P 与 Q 为满足 $P, Q = O(x^2 + y^2)$ 的解析函数. 由隐函数定理, 方程 $y + P(x,y) = 0$ 有唯一解 $y = \varphi(x) = O(x^2)$, 如前, 设原点为 (4.3.19) 式的孤立奇点 (称其为幂零奇点), 则存在 $k \geqslant 2$ 和 $a_k \neq 0$, 使

$$Q(x, \varphi(x)) = a_k x^k + O(x^{k+1}).$$

由 Taylor 公式易知

$$y + P(x,y) = (1 + P_y(x, \varphi))(y - \varphi(x)) + O(|y - \varphi(x)|^2),$$

$$(1 + P_y)Q(x,y) = (1 + P_y(x, \varphi))Q(x, \varphi) + [P_{yy}(x, \varphi)Q(x, \varphi)$$

$$+ (1 + P_y(x, \varphi))Q_y(x, \varphi)](y - \varphi(x)) + O(|y - \varphi(x)|^2),$$

令 $v = y + P(x,y)$, 则方程 (4.3.19) 可化为

$$\dot{x} = v, \quad \dot{v} = g(x) + f(x)v + h(x,v)v^2, \tag{4.3.20}$$

其中

$$g(x) = [1 + P_y(x, \varphi(x))]Q(x, \varphi(x)) = a_k x^k + O(x^{k+1}),$$

$$f(x) = \left. \left(P_x + Q_y + \frac{P_{yy}Q}{1 + P_y} \right) \right|_{y = \varphi(x)}.$$

可证下述定理 (详见文献 [53]).

定理 4.3.4   考虑解析系统 (4.3.20). 设 $a_k \neq 0, k \geqslant 2$, 且存在 $n \geqslant 1$, 使

$$f(x) = b_n x^n (1 + O(x)), \quad |x| \ll 1.$$

若 $k = 2m + 1$ 为奇数, $m \geqslant 1$, 且记

$$\lambda = b_n^2 + 4(m+1)a_k,$$

则当 $a_k > 0$ 时, 原点为退化鞍点; 当 $a_k < 0$ 且 (1) $b_n = 0$, 或 (2) $b_n \neq 0, n > m$, 或 (3) $b_n \neq 0, n = m, \lambda < 0$, 则原点为退化中心或退化焦点; 当 $a_k < 0$ 且 (1) $b_n \neq 0$, n 为偶数, $n < m$ 或 (2) $b_n \neq 0$, n 为偶数, $n = m, \lambda \geqslant 0$, 则原点为退化结点 (当 $b_n < 0$ 时渐近稳定, $b_n > 0$ 时不稳定); 当 $a_k < 0$ 且 (1) $b_n \neq 0, n$ 为奇数, $n < m$ 或 (2) $b_n \neq 0, n$ 为奇数, $n = m, \lambda \geqslant 0$, 则原点为椭圆型奇点 (形如图 4.3.16(b)). 若 $k = 2m$ 为偶数, $m \geqslant 1$, 则当 (1) $b_n = 0$ 或 (2) $b_n \neq 0, n \geqslant m$ 时, 原点为尖点 (形如图 4.3.16(a)); 当 $b_n \neq 0, n < m$ 时原点为退化鞍结点.

需要指出, 与 (4.3.16) 式不同的是方程 (4.3.19) 在原点最多有两个特征方向, 因此, 上述定理中所述退化鞍点、退化结点、退化鞍结点等都只有两个特征方向, 它们拓扑等价于鞍点、结点、鞍结点, 但几何形状与前面有所不同. 最近几年, 有一些专家研究方程 (4.3.19) 的退化中心与退化焦点的判定问题及极限环的分支问题, 获得了一些有意义的新结果.

习　题　4.3

1. 讨论哈密顿系统 $\dot{x} = y, \dot{y} = a_1 x + a_2 x^2 + a_3 x^3 + a_4 x^4$ 在原点的奇点类型.

2. 研究二次系统

$$\dot{x} = -x(3x/2 + y), \quad \dot{y} = 3x - xy/2 - 3y^2$$

在原点的奇点类型, 并作相图.

3. 研究系统

$$\dot{x} = y, \quad \dot{y} = ay - \sin x$$

所有奇点的类型, 并作相图, 其中 a 为常数.

4. 给出以原点为中心–焦点的具体例子.

5. 研究分段线性系统

$$\dot{x} = y - (x + |x|), \quad \dot{y} = -x$$

的轨线性态, 并证明该系统没有闭轨.

4.4   一维周期系统

4.4.1   解的基本性质

所谓一维周期系统是指下列微分方程

$$\frac{\mathrm{d}x}{\mathrm{d}t} = f(t, x), \tag{4.4.1}$$

其中 $f : R \times I \to R$ 连续且满足 $f(t + T, x) = f(t, x)$, 其中 $T > 0$ 为常数, $I \subset R$ 为某区间. 为保证 (4.4.1) 式的初值问题的存在唯一性, 还设 f_x 存在且连续. 对任意点 $(t_0, x_0) \in R \times I$, 设 (4.4.1) 式的满足 $x(t_0) = x_0$ 的解 $x(t, t_0, x_0)$ 的饱和区间为 R. 于是该解确定一曲线如下:

$$\gamma_{(t_0, x_0)} = \{(t, x(t, t_0, x_0)) \mid t \in R\},$$

称其为 (4.4.1) 式过点 (t_0, x_0) 的积分曲线. 如果对某点 (t_0, x_0), 解 $x(t, t_0, x_0)$ 为 t 的 T 周期函数, 那么称该解为 (4.4.1) 的周期解.

为讨论 (4.4.1) 式的周期解问题, 引入函数 $P_{t_0} : I \to R$ 如下:

$$P_{t_0}(x_0) = x(t_0 + T, t_0, x_0). \tag{4.4.2}$$

称函数 P_{t_0} 为 (4.4.1) 式的 Poincaré 映射.

方程 (4.4.1) 的解具有下述性质.

引理 4.4.1 $x(t, t_0, x(t_0 + T, t_0, x_0)) = x(t + T, t_0, x_0) = x(t, 0, x(T, t_0, x_0))$.

证明 因为 f 关于 t 为 T 周期的, 易知 $x(t + T, t_0, x_0)$ 也是 (4.4.1) 式的解. 于是利用解的存在唯一性定理即知引理结论成立 (事实上, 对第一个等式, 所述两解满足 $x(t_0) = x(t_0 + T, t_0, x_0)$, 而对第二个等式, 所述两解满足 $x(0) = x(T, t_0, x_0)$. 证毕.

引理 4.4.2 令 $h_{t_0}(x_0) = x(T, t_0, x_0)$, 则 h_{t_0} 与 P_{t_0} 均为 x_0 的严格增加函数, 且

$$h_{t_0} \circ P_{t_0} = P_0 \circ h_{t_0}, \quad \text{或} \quad P_{t_0} = h_{t_0}^{-1} \circ P_0 \circ h_{t_0}, \tag{4.4.3}$$

其中 $P_0 = P_{t_0}|_{t_0=0} = x(T, 0, x_0)$, $h_{t_0}^{-1}$ 表示 h_{t_0} 的反函数.

证明 由 $\dfrac{\partial x(t, t_0, x_0)}{\partial x_0}$ 所满足的微分方程和初值条件易知

$$\frac{\partial P_{t_0}}{\partial x_0} = \mathrm{e}^{\int_{t_0}^{t_0+T} f_x(s, x(s, t_0, x_0))\mathrm{d}s} > 0. \tag{4.4.4}$$

同理 $\dfrac{\partial h_{t_0}}{\partial x_0} > 0$. 故 P_{t_0} 与 h_{t_0} 关于 x_0 为严格增的. 进一步, 由引理 4.4.1(取 $t = T$) 得

$$x(T, t_0, P_{t_0}(x_0)) = x(2T, t_0, x_0) = x(T, 0, h_{t_0}(x_0)),$$

即

$$h_{t_0}(P_{t_0}(x_0)) = P_0(h_{t_0}(x_0)).$$

由此即得 (4.4.3) 式. 证毕.

引理 4.4.3   解 $x(t, t_0, x_0)$ 为 (4.4.1) 式的周期解当且仅当存在 $(0, \bar{x}) \in \gamma_{(t_0, x_0)}$ 使 $P_0(\bar{x}) = \bar{x}$.

证明   若 $x(t, t_0, x_0)$ 为 (4.4.1) 式的周期解, 则对一切 $t \in R$, 有

$$x(t + T, t_0, x_0) = x(t, t_0, x_0).$$

从而由引理 4.4.1 知,

$$x(t, t_0, x_0) = x(t, 0, \bar{x}),$$

其中 $\bar{x} = x(T, t_0, x_0)$. 特别令 $t = 0$ 得 $\bar{x} = x(0, t_0, x_0)$. 故点 $(0, \bar{x}) \in \gamma_{(t_0, x_0)}$. 又取 $t = T$, 得 $\bar{x} = P_0(\bar{x})$, 即 $\bar{x}$ 为 P_0 的不动点.

反之, 设 $\bar{x} = x(0, t_0, x_0)$ 为 P_0 的不动点, 即 $P_0(\bar{x}) = \bar{x}$. 则由解的存在唯一性知

$$x(t + T, 0, \bar{x}) = x(t, 0, \bar{x}),$$

即 $x(t, 0, \bar{x})$ 为 (4.4.1) 式的周期解. 又因为

$$x(t, t_0, x_0) = x(t, 0, \bar{x}),$$

故 $x(t, t_0, x_0)$ 为 (4.4.1) 式的周期解. 证毕.

由引理 4.4.3 知, 研究 (4.4.1) 式的周期解个数问题等同于研究映射 P_0 的不动点的个数问题.

4.4.2 后继函数与稳定性

令 $P(x_0) = P_0(x_0) = x(T, 0, x_0)$. 以后提及 (4.4.1) 式的 Poincaré 映射, 一般特指映射 $P : I \to R$.

引入函数 d 如下:

$$d(x_0) = P(x_0) - x_0.$$

称其为 (4.4.1) 式的后继函数. 下面证明以下定理.

定理 4.4.1   设 I 为以 $x = 0$ 为内点的区间, 又设 $f(t, 0) = 0$, 则 $x = 0$ 为 (4.4.1) 式的渐近稳定零解当且仅当存在 $\bar{\delta} > 0$ 使

$$当 \ 0 < |x_0| < \bar{\delta} \ 时, \quad x_0 d(x_0) < 0, \tag{4.4.5}$$

即 $x_0 d(x_0)$ 为负定函数.

证明   设 $x = 0$ 为渐近稳定的, 则存在 $\delta_0 > 0$, 使当 $|x_0| < \delta_0$ 时,

$$\lim_{t \to +\infty} x(t, 0, x_0) = 0, \tag{4.4.6}$$

且 $\forall \varepsilon > 0$, 存在 $\delta = \delta(\varepsilon) > 0$ (可设 $\delta < \delta_0, \delta < \varepsilon$), 使当 $|x_0| < \delta$ 时,

$$|x(t, 0, x_0)| < \varepsilon, \quad t \geqslant 0. \tag{4.4.7}$$

由 (4.4.6) 式知 $x_0 = 0$ 为 $d(x_0)$ 的孤立根 (否则, 存在 $x_n \neq 0, x_n \to 0$, 使 $d(x_n) = 0$, 即 $P(x_n) = x_n$. 由引理 4.4.3, 这表示 $x(t, 0, x_n)$ 为 (4.4.1) 式的周期解. 取 n 充分大, 使 $0 < |x_n| < \delta_0$, 则 $x(t, 0, x_n)$ 必不满足 (4.4.6) 式, 矛盾). 故存在 $\varepsilon_0 > 0$, 使当 $0 < |x_0| \leqslant \varepsilon_0$ 时, $d(x_0) \neq 0$.

现按归纳法定义 P 的 n 次 (自身) 复合 P^n 如下:

$$P^n(x_0) = P^{n-1}(P(x_0)), \quad n \geqslant 2.$$

由于在引理 4.4.1 中取 $t_0 = 0, t = (n-1)T$ 可得

$$x((n-1)T, 0, P(x_0)) = x(nT, 0, x_0), \quad n \geqslant 2,$$

故

$$P^2(x_0) = x(T, 0, P(x_0)) = x(2T, 0, x_0),$$

$$P^3(x_0) = x(2T, 0, P(x_0)) = x(3T, 0, x_0).$$

一般地可证

$$P^n(x_0) = x(nT, 0, x_0). \tag{4.4.8}$$

特别由 (4.4.7) 式知

$$当 |x_0| < \delta(\varepsilon) 时, \quad |P^n(x_0)| < \varepsilon, \quad n \geqslant 1. \tag{4.4.9}$$

下证对 $0 < |x_0| \leqslant \varepsilon_0$, $P^n(x_0)$ 为单调数列. 为确定计, 设 $x_0 > 0$. 由于当 $0 < x_0 < \varepsilon_0$ 时 $d(x_0) \neq 0$, 不妨设 $d(x_0) > 0$, 即 $P(x_0) > x_0$. 由于 P 为严格增加的, 故 $P^2(x_0) > P(x_0), P^3(x_0) > P^2(x_0)$, 一般地有

$$P^n(x_0) > P^{n-1}(x_0), \quad n \geqslant 2.$$

即为所证. 故由 (4.4.9) 式知, 当 $0 < |x_0| < \delta(\varepsilon_0) \equiv \bar{\delta}$ 时,

$$\lim_{n \to \infty} P^n(x_0) = x_0^*$$

存在且 $|x_0^*| \leqslant \varepsilon_0$. 又由 P^n 的定义易知,

$$P^n(x_0) = P(P^{n-1}(x_0)).$$

故取极限得 $x_0^* = P(x_0^*)$ 或 $d(x_0^*) = 0$. 则由当 $|x_0| \leqslant \varepsilon_0$ 时 $x_0 = 0$ 为 $d(x_0)$ 的唯一根, 故必有 $x_0^* = 0$. 即得证

$$\text{当 } |x_0| < \bar{\delta} \text{ 时}, \quad \lim_{n \to \infty} P^n(x_0) = 0. \tag{4.4.10}$$

由此可得 (4.4.5) 式. 事实上, 若 (4.4.5) 式不成立, 则存在 $\bar{x}_0, 0 < |\bar{x}_0| < \bar{\delta}$, 使 $\bar{x}_0 d(\bar{x}_0) > 0$, 从而

$$\text{当 } \bar{x}_0 > 0 \text{ 时}, \quad P(\bar{x}_0) > \bar{x}_0,$$

$$\text{当 } \bar{x}_0 < 0 \text{ 时}, \quad P(\bar{x}_0) < \bar{x}_0.$$

进而由 P 的单调性知,

$$\text{当 } \bar{x}_0 > 0 \text{ 时}, \quad P^n(\bar{x}_0) > P^{n-1}(\bar{x}_0) > \cdots > \bar{x}_0,$$

$$\text{当 } \bar{x}_0 < 0 \text{ 时}, \quad P^n(\bar{x}_0) < P^{n-1}(\bar{x}_0) < \cdots < \bar{x}_0,$$

即有 $\bar{x}_0(P^n(\bar{x}_0) - \bar{x}_0) > 0, n \geqslant 2$. 取极限并利用 (4.4.10) 式得 $-\bar{x}_0^2 > 0$. 矛盾. 故 (4.4.5) 式得证.

反之, 设存在 $\bar{\delta} > 0$ 使 (4.4.5) 式成立. 首先证明 $x = 0$ 为稳定的. 由于 $h_{t_0}(0) = 0$, 故由解对初值的连续性知, 任给 $t_0 \in R$, 存在 $\delta_0 = \delta_0(t_0)$, 使当 $|x_0| < \delta_0$ 时, $|h_{t_0}(x_0)| < \bar{\delta}$. 故由 (4.4.5) 式与 (4.4.3) 式知

$$\text{当 } 0 < |x_0| < \delta_0 \text{ 时}, \quad x_0 d_{t_0}(x_0) < 0, \tag{4.4.11}$$

其中 $d_{t_0}(x_0) = P_{t_0}(x_0) - x_0$. 又由解对初值的连续性知, 任给 $\varepsilon > 0(\varepsilon < \bar{\delta})$, 存在 $\delta = \delta(\varepsilon, t_0) > 0(\delta < \delta_0)$, 使

$$\text{当 } |x_0| < \delta \text{ 且 } t \in [t_0, t_0 + T] \text{ 时}, \quad |x(t, t_0, x_0)| < \varepsilon. \tag{4.4.12}$$

由 (4.4.11) 式知

$$\text{当 } 0 < x_0 < \delta_0 \text{ 时}, \quad 0 < P_{t_0}(x_0) < x_0,$$

$$\text{当 } -\delta_0 < x_0 < 0 \text{ 时}, \quad 0 > P_{t_0}(x_0) > x_0.$$

从而由 $\delta < \delta_0$ 知

$$\text{当 } |x_0| < \delta \text{ 时}, \quad |x(t_0 + T, t_0, x_0)| = |P_{t_0}(x_0)| < |x_0| < \delta.$$

于是, 由 (4.4.12) 式及引理 4.4.1 知, 当 $|x_0| < \delta$ 时, 对 $t \in [t_0, t_0 + T]$, 有

$$|x(t + T, t_0, x_0)| = |x(t, t_0, P_{t_0}(x_0))| < \varepsilon,$$

即

$$|x(t, t_0, x_0)| < \varepsilon, \quad t \in [t_0 + T, t_0 + 2T].$$

同理, 当 $|x_0| < \delta$ 时,

$$|P_{t_0}^2(x_0)| < |P_{t_0}(x_0)| < |x_0| < \delta,$$

$$|x(t + T, t_0, P_{t_0}(x_0))| = |x(t, t_0, P_{t_0}^2(x_0))| < \varepsilon,$$

其中 $t \in [t_0, t_0 + T]$, 即

$$|x(t, t_0, P_{t_0}(x_0))| < \varepsilon, \quad t \in [t_0 + T, t_0 + 2T],$$

亦即

$$|x(t, t_0, x_0)| < \varepsilon, \quad t \in [t_0 + 2T, t_0 + 3T].$$

一般地, 可证当 $|x_0| < \delta, n \geqslant 1$ 时,

$$|x(t, t_0, x_0)| < \varepsilon, \quad t \in [t_0 + nT, t_0 + (n+1)T].$$

即得 $x = 0$ 为 (4.4.1) 式的稳定解.

再证当 $|x_0| < \delta_0$ 时, $\lim_{t\to\infty} x(t, t_0, x_0) = 0$. 事实上, 与 (4.4.8) 式类似可证

$$P_{t_0}^n(x_0) = x(nT + t_0, t_0, x_0).$$

注意到, 任意 $t \geqslant t_0$ 可写为 $t = nT + r + t_0, r \in [0, T)$. 又因为在引理 4.4.1 中 T 换为 nT 仍成立, 故

$$\begin{aligned} x(t, t_0, x_0) &= x(nT + r + t_0, t_0, x_0) \\ &= x(r + t_0, t_0, x(t_0 + nT, t_0, x_0)) \\ &= x(r + t_0, t_0, P_{t_0}^n(x_0)). \end{aligned}$$

又由 (4.4.11) 式与 (4.4.10) 式, 类似可证对一切 $|x_0| < \delta_0$ 有 $\lim_{n\to\infty} P_{t_0}^n(x_0) = 0$. 故由解对参数与初值的连续性定理得

$$\lim_{t\to\infty} x(t, t_0, x_0) = \lim_{n\to\infty} x(r + t_0, t_0, P_{t_0}^n(x_0)) = 0.$$

证毕.

定理 4.4.2 设 $f(t, 0) = 0$, 若 f 为 C^1 函数, 则

$$d'(0) = P'(0) - 1 = \mathrm{e}^{\int_0^T f_x(t,0)\mathrm{d}t} - 1,$$

从而若 $\sigma \equiv \int_0^T f_x(t,0)\mathrm{d}t < 0(>0)$, 则 $x=0$ 为 (4.4.1) 式的渐近稳定解 (不稳定解). 若 f 为 C^2 函数, 则

$$d(x_0) = d'(0)x_0 + d_2 x_0^2 + o(x_0^2), \tag{4.4.13}$$

从而若 $\sigma = \int_0^T f_x(t,0)\mathrm{d}t = 0, d_2 \neq 0$, 则 $x=0$ 为 (4.4.1) 式的不稳定解.

证明　由 (4.4.4) 式即得 $d'(0)$ 的公式. 因此当 $\sigma \neq 0$ 时, 由定理 4.4.1 即得结论. 若进一步设 f 为 C^2 函数, 则后继函数 d 为 C^2 函数, 因此由 Taylor 公式知 (4.4.13) 式成立. 因而若 $\sigma = 0, d_2 \neq 0$, 不妨设 $d_2 > 0$. 则由 (4.4.13) 式知, 存在 $\bar{\delta} > 0$, 使对 $0 < x_0 \leqslant \bar{\delta}$, 有 $d(x_0) > 0$, 即 $P(x_0) > x_0$. 若 $x=0$ 是稳定的, 则存在 $\delta_0 > 0(\delta_0 < \bar{\delta})$, 使当 $0 < x_0 < \delta_0$ 时, $0 < x(t,0,x_0) < \bar{\delta}$, 从而有

$$\bar{\delta} > P^n(x_0) > P^{n-1}(x_0) > \cdots > x_0 > 0.$$

故存在 $\bar{\delta} \geqslant x^* > x_0$, 使

$$P(x^*) = x^* = \lim_{n \to \infty} P^n(x_0),$$

则 $d(x^*) = 0$, 矛盾. 证毕.

当 $\sigma \neq 0$ 时, 称 $x=0$ 为双曲周期解或单重周期解; 当 $\sigma = 0, d_2 \neq 0$ 时, 称 $x=0$ 为二重周期解. 类似可定义 n 重周期解. 由定理 4.4.1 与定理 4.4.2 的证明易见成立下列推论.

推论 4.4.1　下列三点等价:

(1) 零解 $x=0$ 为渐近稳定的;

(2) 零解是稳定的, 且 $x_0 = 0$ 为 $d(x_0)$ 的孤立根;

(3) 存在 $\bar{\delta} > 0$ 使 (4.4.10) 式成立.

由 (4.4.4) 式得

$$P'(x_0) = \mathrm{e}^{\int_0^T f_x(t,x(t,0,x_0))\mathrm{d}t}.$$

进而利用 $\dfrac{\partial x(t,0,x_0)}{\partial x_0}$ 所满足的微分方程和初值条件, 又得

$$P''(x_0) = \mathrm{e}^{\int_0^T f_x(t,x(t,0,x_0))\mathrm{d}t} \int_0^T f_{xx}(t,x(t,0,x_0)) \frac{\partial x}{\partial x_0}(t,0,x_0)\mathrm{d}t$$

$$= \mathrm{e}^{\int_0^T f_x(t,x(t,0,x_0))\mathrm{d}t} \int_0^T f_{xx}(t,x(t,0,x_0))\mathrm{e}^{\int_0^t f_x(s,x(s,0,x_0))\mathrm{d}s}\mathrm{d}t.$$

故当 $\sigma = 0$ 时,

$$P''(0) = \int_0^T f_{xx}(t,0) \mathrm{e}^{\int_0^t f_x(s,0)\mathrm{d}s} \mathrm{d}t.$$

从而由 (4.4.13) 式知

$$d_2 = \frac{1}{2}d''(0) = \frac{1}{2}P''(0) = \frac{1}{2}\int_0^T f_{xx}(t,0)\mathrm{e}^{\int_0^t f_x(s,0)\mathrm{d}s}\mathrm{d}t. \tag{4.4.14}$$

例 4.4.1　讨论 2π 周期方程

$$\dot{x} = (-\sin t)x + (a + \sin t)x^2$$

零解的稳定性, 其中 a 为常数.

解　对此方程, 有 $\sigma = 0$, 且由 (4.4.14) 式知

$$\begin{aligned}
d_2 &= \int_0^{2\pi} (a + \sin t)\mathrm{e}^{-\int_0^t \sin s\,\mathrm{d}s}\mathrm{d}t \\
&= \int_0^{2\pi} (a + \sin t)\mathrm{e}^{\cos t - 1}\mathrm{d}t \\
&= \mathrm{e}^{-1}\left[a\int_0^{2\pi} \mathrm{e}^{\cos t}\mathrm{d}t + \int_0^{2\pi} \mathrm{e}^{\cos t}\mathrm{d}\cos t\right] \\
&= \mathrm{e}^{-1}a\int_0^{2\pi} \mathrm{e}^{\cos t}\mathrm{d}t.
\end{aligned}$$

故由定理 4.4.2, 当 $a \neq 0$ 时, $x = 0$ 为不稳定的二重周期解.

进一步, 令 $y = \dfrac{1}{x}$, 则所述方程化为

$$\dot{y} = y\sin t - (a + \sin t).$$

这是一个线性方程, 其 Poincaré 映射为

$$\widetilde{P}(y_0) = y_0 - a\int_0^{2\pi} \mathrm{e}^{\cos t - 1}\mathrm{d}t.$$ 于是当

$a \neq 0$ 时, $\widetilde{P}$ 没有不动点, 从而所述周期
方程除 $x = 0$ 外没有其他周期解. 可以在
带域 $0 \leqslant t \leqslant 2\pi$ 上画出所讨论方程的相
图, 如图 4.4.1 所示.

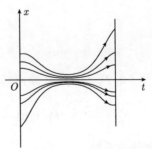

图 4.4.1　例 4.4.1 中方程的相图 $\left(a = \dfrac{1}{3}\right)$

习　题　4.4

1. 设 $a(t)$ 与 $b(t)$ 为连续的 T 周期函数, 记 $\bar{a} = \dfrac{1}{T} \displaystyle\int_0^T a(t)\mathrm{d}t$ 表示 a 在 $[0, T]$ 上的平均值. 试证当 $\bar{a} \neq 0$ 线性方程

$$\frac{\mathrm{d}x}{\mathrm{d}t} = a(t)x + b(t)$$

有唯一的周期解, 且当 $\bar{a} < 0(> 0)$ 时为渐近稳定 (不稳定) 的.

2. 设 $f : R^2 \to R$ 为 C^1 函数且关于 t 为 T 周期的. 如果存在常数 $x_2 > x_1$ 使 $f(t, x_2) < 0$, $f(t, x_1) > 0$, 那么必存在 $\bar{x}_0 \in (x_1, x_2)$, 使 $x(t, 0, \bar{x}_0)$ 为 (4.4.1) 式的周期解 (提示: 考虑函数 d 在 $x_0 = x_1$ 与 $x_0 = x_2$ 的符号).

3. 讨论例 4.4.1 中所述方程当 $a = 0$ 时周期解的存在性.

4. 证明推论 4.4.1.

5. 利用 $P'(x_0)$ 与 $P''(x_0)$ 的表达式证明, 若 $f_x(t, x) \neq 0$, 则 (4.4.1) 式至多有一个周期解; 若 $f_{xx}(t, x) \neq 0$, 则 (4.4.1) 式至多有两个周期解.

6. 计算 $P'''(x_0)$ 的表达式, 并证明如果 $f_{xxx}(t, x) \neq 0$, 则 (4.4.1) 式至多有三个周期解.

7. 证明: 设 $a(t)$, $b(t)$ 与 $c(t)$ 为连续的 T 周期函数. 试证方程

$$\frac{\mathrm{d}x}{\mathrm{d}t} = a(t)x^2 + b(t)x + c(t)$$

至多有两个 T 周期解, 除非所有解都是 T 周期的.

4.5　焦点与中心判定

4.5.1　后继函数与焦点稳定性

考虑二维系统

$$\begin{aligned}
\dot{x} &= \alpha x + \beta y + P_1(x, y), \\
\dot{y} &= -\beta x + \alpha y + Q_1(x, y),
\end{aligned} \tag{4.5.1}$$

其中 $\beta \neq 0$, P_1 与 Q_1 在原点邻域内连续可微, 且满足

$$P_1(x, y) = o(|x, y|), \quad Q_1(x, y) = o(|x, y|). \tag{4.5.2}$$

注意到线性系统

$$\dot{x} = \beta y, \quad \dot{y} = -\beta x$$

有闭轨族 $x^2 + y^2 = r^2, r > 0$, 其方程为

$$(x, y) = (r\cos(\beta t), -r\sin(\beta t)), \quad 0 \leqslant t \leqslant \frac{2\pi}{|\beta|} \equiv T.$$

对方程 (4.5.1) 式引入极坐标变换

$$(x, y) = (r\cos(\beta\theta), -r\sin(\beta\theta)), \quad r > 0, \quad 0 \leqslant \theta \leqslant T. \tag{4.5.3}$$

由于

$$\dot{x} = \dot{r}\cos(\beta\theta) - \beta r\sin(\beta\theta) \cdot \dot{\theta},$$

$$\dot{y} = -\dot{r}\sin(\beta\theta) - \beta r\cos(\beta\theta) \cdot \dot{\theta},$$

可解得

$$\dot{r} = \cos(\beta\theta) \cdot \dot{x} - \sin(\beta\theta) \cdot \dot{y},$$

$$\dot{\theta} = -\frac{1}{\beta r}(\dot{x}\sin(\beta\theta) + \dot{y}\cos(\beta\theta)).$$

于是 (4.5.1) 式化为

$$\dot{r} = \alpha r + \cos(\beta\theta)P_1 - \sin(\beta\theta)Q_1,$$

$$\dot{\theta} = 1 - \frac{1}{\beta r}[\sin(\beta\theta)P_1 + \cos(\beta\theta)Q_1], \tag{4.5.4}$$

其中

$$P_1 = P_1(r\cos(\beta\theta), -r\sin(\beta\theta)), \quad Q_1 = Q_1(r\cos(\beta\theta), -r\sin(\beta\theta)).$$

于是有 T 周期方程

$$\frac{\mathrm{d}r}{\mathrm{d}\theta} = \frac{\alpha r + \cos(\beta\theta)P_1 - \sin(\beta\theta)Q_1}{1 - \dfrac{1}{\beta r}[\sin(\beta\theta)P_1 + \cos(\beta\theta)Q_1]} \equiv f(\theta, r). \tag{4.5.5}$$

由 (4.5.3) 式知在 (4.5.5) 式中应有 $r > 0$. 如果允许 (4.5.3) 式中 r 为负, 就可将 (4.5.5) 式中函数 f 的定义域自然地拓广到 $r \leqslant 0$, 使得 (4.5.5) 式对一切小的 $|r|$ 均有定义. 由 (4.5.2) 式, 并注意到

$$\sin\left(\beta\left(\theta + \frac{1}{2}T\right)\right) = \sin(\beta\theta + \pi) = -\sin(\beta\theta),$$

$$\cos\left(\beta\left(\theta + \frac{1}{2}T\right)\right) = \cos(\beta\theta + \pi) = -\cos(\beta\theta),$$

可知 (4.5.5) 式中的函数 f 为连续可微函数, 且满足

$$f(\theta, r) = \alpha r + O(r^2), \quad f\left(\theta + \frac{1}{2}T, -r\right) = -f(\theta, r). \tag{4.5.6}$$

关于方程 (4.5.1) 与 (4.5.5) 之间的关系, 首先可证下面引理.

引理 4.5.1 原点为 (4.5.1) 式的渐近稳定奇点 (即原点作为 (4.5.1) 式的零解是渐近稳定的) 当且仅当 $r = 0$ 为 (4.5.5) 式的渐近稳定零解.

证明　设原点为 (4.5.1) 式的渐近稳定奇点. 又设 $\tilde{r}(\theta, \theta_0, r_0)$ 为 (4.5.5) 式的解. 将此解代入系统 (4.5.4) 中的第二式得一方程, 此方程有解 $\theta(t, \theta_0, r_0)$, 满足 $\theta(\theta_0, \theta_0, r_0) = \theta_0$. 令

$$r(t, \theta_0, r_0) = \tilde{r}(\theta(t, \theta_0, r_0), \theta_0, r_0),$$

则易验证 $(r(t, \theta_0, r_0), \theta(t, \theta_0, r_0))$ 为 (4.5.4) 式之解. 注意到变换 (4.5.3), 若令

$$x(t, \theta_0, x_0, y_0) = r(t, \theta_0, r_0) \cos(\beta\theta(t, \theta_0, r_0)),$$

$$y(t, \theta_0, x_0, y_0) = -r(t, \theta_0, r_0) \sin(\beta\theta(t, \theta_0, r_0)),$$

其中

$$x_0 = r_0 \cos(\beta\theta_0), \quad y_0 = -r_0 \sin(\beta\theta_0),$$

则 $(x(t, \theta_0, x_0, y_0), y(t, \theta_0, x_0, y_0))$ 为 (4.5.1) 式的解, 且 $(x(\theta_0, \theta_0, x_0, y_0), y(\theta_0, \theta_0, x_0, y_0)) = (x_0, y_0)$. 因为原点为 (4.5.1) 式的渐近稳定奇点, 故任给 $\varepsilon > 0$, 存在 $\delta = \delta(\varepsilon, \theta_0) > 0$, 使当 $x_0^2 + y_0^2 < \delta^2$ 时,

$$x^2(t, \theta_0, x_0, y_0) + y^2(t, \theta_0, x_0, y_0) < \varepsilon^2, \quad t \geqslant \theta_0,$$

即当 $|r_0| < \delta$ 时, $|r(t, \theta_0, r_0)| < \varepsilon, t \geqslant \theta_0$, 故得

$$|\tilde{r}(\theta, \theta_0, r_0)| < \varepsilon, \quad \theta \geqslant \theta_0.$$

又由于存在 $\bar{\delta}(\theta_0) > 0$, 使当 $x_0^2 + y_0^2 < \bar{\delta}^2$ 时,

$$\lim_{t \to +\infty} (|x(t, \theta_0, x_0, y_0)| + |y(t, \theta_0, x_0, y_0)|) = 0,$$

即得当 $|r_0| < \bar{\delta}$ 时,

$$\lim_{\theta \to \infty} \tilde{r}(\theta, \theta_0, r_0) = 0.$$

故得证 $r = 0$ 为 (4.5.5) 式的渐近稳定零解.

类似可证 (留给读者), 如果 $r = 0$ 为 (4.5.5) 式的渐近稳定零解, 则原点为 (4.5.1) 式的渐近稳定奇点. 证毕.

现用 $\tilde{r}(\theta, r_0)$ 表示 (4.5.5) 式的满足 $\tilde{r}(0, r_0) = r_0$ 的解. 则由上一节知 (4.5.5) 式的 Poincaré 映射为 $P(r_0) = \tilde{r}(T, r_0)$. 如前, 引入后继函数

$$d(r_0) = P(r_0) - r_0.$$

分别称函数 P 和 d 为 (4.5.1) 式的 Poincaré 映射和后继函数. 不难看出, 对充分小的 $|r_0| > 0$, 量 $P(r_0)$ 的几何意义如下: 当 $r_0 > 0(< 0)$ 时, 方程 (4.5.1) 从

点 $(r_0, 0)$ 出发的正半轨线绕原点一周后交正 (负)x 轴于点 $(P(r_0), 0)$. 事实上, 若用 $(x(t, r_0), y(t, r_0))$ 表示 (4.5.1) 式的满足 $(x(0), y(0)) = (r_0, 0)$ 的解, 则由上述引理的证明易见 $x(t, r_0) = r(t, 0, r_0) \cos(\beta\theta(t, 0, r_0)), y(t, r_0) = -r(t, 0, r_0) \sin(\beta\theta(t, 0, r_0))$, $(x(\tau, r_0), y(\tau, r_0)) = (r(\tau, 0, r_0), 0) = (\widetilde{r}(T, r_0), 0)$, 其中 $\tau > 0$ 满足 $\theta(\tau, 0, r_0) = T$. 因此, 完全可以把 $P(r_0)$ 的几何意义作为 (4.5.1) 式的 Poincaré 映射的定义, 然后说明它与 (4.5.5) 式的 Poincaré 映射一致. 然而, 需要注意的是, 如果按这种方式来定义 Poincaré 映射的话, 则需分别对 $r_0 > 0$ 与 $r_0 < 0$ 来给出, 并补充定义 $P(0) = 0$. 而要论述其光滑性时仍要利用 (4.5.5) 式的 Poincaré 映射.

注意到后继函数 d 的根 r_0^* 对应于 (4.5.5) 的 T 周期解 $\widetilde{r}(\theta, r_0^*)$, 而当 $r_0^* > 0$ 时由变换 (4.5.3) 知该周期解对应于 (4.5.1) 式过点 $(r_0^*, 0)$ 的闭轨线, 因此由定义 4.3.2 中焦点与中心等的定义知以下引理.

引理 4.5.2 若存在 $\varepsilon_0 > 0$, 使当 $0 < r_0 \leqslant \varepsilon_0$ 时, $d(r_0) \neq 0$, 则原点为 (4.5.1) 式的焦点. 若存在 $\varepsilon_0 > 0$, 使当 $0 < r_0 \leqslant \varepsilon_0$ 时, $d(r_0) = 0$, 则原点为 (4.5.1) 式的中心; 若存在两个趋于零的正数列 $r_k^{(1)}, r_k^{(2)} \to 0$ (当 $k \to \infty$ 时), 使 $d(r_k^{(1)}) = 0, d(r_k^{(2)}) \neq 0$, 则原点为 (4.5.1) 式的中心焦点.

关于函数 d 的性质与焦点的稳定性, 有下列定理.

定理 4.5.1 设原点为 (4.5.1) 式的焦点, 则

(i) 函数 $r_0 d(r_0)$ 为定号函数 (在 $r_0 = 0$ 的小邻域内);

(ii) 原点为稳定焦点当且仅当 $r_0 d(r_0)$ 为负定函数 (在 $r_0 = 0$ 的小邻域内).

证明 (i) 因为 $\widetilde{r}(\theta, r_0)$ 为 (4.5.5) 式的解, 由 (4.5.6) 式知函数 $-\widetilde{r}\left(\theta + \dfrac{1}{2}T, r_0\right)$ 也是其解, 故由解的存在唯一性知

$$\widetilde{r}(\theta, \widetilde{r}_0) = -\widetilde{r}\left(\theta + \frac{1}{2}T, r_0\right),$$

特别有

$$\widetilde{r}(T, \widetilde{r}_0) = -\widetilde{r}\left(T + \frac{1}{2}T, r_0\right),$$

其中 $\widetilde{r}_0 = -\widetilde{r}\left(\dfrac{1}{2}T, r_0\right)$. 由引理 4.4.1 知

$$\widetilde{r}(\theta + T, r_0) = \widetilde{r}(\theta, P(r_0)).$$

取 $\theta = \frac{1}{2}T$, 得 $\widetilde{r}\left(T + \frac{1}{2}T, r_0\right) = \widetilde{r}\left(\frac{1}{2}T, P(r_0)\right)$. 于是由 d 的定义知

$$
\begin{aligned}
d(\widetilde{r}_0) &= \widetilde{r}(T, \widetilde{r}_0) - \widetilde{r}_0 \\
&= -\widetilde{r}\left(T + \frac{1}{2}T, r_0\right) + \widetilde{r}\left(\frac{1}{2}T, r_0\right) \\
&= \widetilde{r}\left(\frac{1}{2}T, r_0\right) - \widetilde{r}\left(\frac{1}{2}T, P(r_0)\right) \\
&= -\frac{\partial \widetilde{r}}{\partial r_0}\left(\frac{1}{2}T, \bar{r}_0\right)(P(r_0) - r_0) \\
&= -\frac{\partial \widetilde{r}}{\partial r_0}\left(\frac{1}{2}T, \bar{r}_0\right) d(r_0),
\end{aligned}
$$

其中 $\bar{r}_0$ 介于 r_0 与 $P(r_0)$ 之间. 由 (4.5.6) 式及 $\dfrac{\partial \widetilde{r}}{\partial r_0}(\theta, r_0)$ 所满足的微分方程知

$$
\frac{\partial \widetilde{r}}{\partial r_0}(\theta, 0) = \mathrm{e}^{\alpha\theta}.
$$

故当 $|r_0|$ 充分小时,

$$
\widetilde{r}_0 = -r_0(\mathrm{e}^{\frac{1}{2}\alpha T} + \delta_1(r_0)), \quad d(\widetilde{r}_0) = (-\mathrm{e}^{\frac{1}{2}\alpha T} + \delta_2(r_0))d(r_0), \tag{4.5.7}
$$

其中 $\delta_1(0) = \delta_2(0) = 0$. 因为原点为 (4.5.1) 式的焦点, 故存在 $\varepsilon_0 > 0$, 使当 $0 < r_0 \leqslant \varepsilon_0$ 时, $d(r_0) \neq 0$. 若 $d(r_0) > 0$, 则 $r_0 d(r_0) > 0$, 且由 (4.5.7) 式知 $\widetilde{r}_0 d(\widetilde{r}_0) > 0$. 由于当 r_0 充分小时, $-\widetilde{r}_0$ 可任意小, 从而当 $0 < |r_0| \leqslant \varepsilon_0$ 时, $r_0 d(r_0) > 0$, 即 $r_0 d(r_0)$ 为正定函数; 同理, 若 $d(r_0) < 0$, 则 $r_0 d(r_0) < 0$, 且由 (4.5.7) 式知 $\widetilde{r}_0 d(\widetilde{r}_0) < 0$, 即 $r_0 d(r_0)$ 为负定函数.

结论 (i) 得证.

(ii) 由定理 4.4.1, 推论 4.4.1 及本节引理 4.5.1 即得. 证毕.

4.5.2　焦点量与焦点阶数

由定理 4.5.1 知, 若

$$
P(r_0) - r_0 = d(r_0) = d_m r_0^m + O(r_0^{m+1}), \quad d_m \neq 0, \tag{4.5.8}
$$

则 m 必为奇数, 即 $m = 2k + 1$. 又注意到 $d'(0) = \dfrac{\partial \widetilde{r}}{\partial r_0}(T, 0) - 1$, 即得以下推论.

推论 4.5.1　对函数 d 有 $d'(0) = \mathrm{e}^{\alpha T} - 1$, 从而当 $\alpha < 0(> 0)$ 时, 原点为 (4.5.1) 式的稳定焦点 (不稳定焦点). 若 $\alpha = 0$, 且 (4.5.8) 式成立, $m = 2k + 1$, 则当 $d_{2k+1} < 0(> 0)$ 时, 原点为稳定焦点 (不稳定焦点).

定义 4.5.1 当 $\alpha \neq 0$ 时原点称为 (4.5.1) 式的粗焦点, 当 $\alpha = 0$ 时原点称为 (4.5.1) 式的细焦点, 且当 (4.5.8) 式成立, $m = 2k+1$ 时原点称为 (4.5.1) 式的 k 阶细焦点, 并称量 $v_{2k+1} = \dfrac{d_{2k+1}}{2\pi}$ 为系统 (4.5.1) 在原点的第 k 阶焦点量或第 k 阶 Lyapunov 常数.

例 4.5.1 讨论二维系统

$$\dot{x} = -y - x^3(ax+1)(x^2+y^2-1),$$
$$\dot{y} = x \qquad\qquad (4.5.9)$$

的焦点的稳定性, 其中 a 为常数.

解 对于方程 (4.5.9) 来说, 与 (4.5.5) 式相应的 2π 周期方程为

$$\frac{\mathrm{d}r}{\mathrm{d}\theta} = \frac{-\cos^4\theta(1+ar\cos\theta)(r^2-1)r^3}{1-\sin\theta\cos^3\theta(1+ar\cos\theta)(r^2-1)r^2}. \qquad (4.5.10)$$

上述方程在 $r = 0$ 附近为解析系统, 故其解 $\tilde{r}(\theta, r_0)$ 关于 r_0 在 $r_0 = 0$ 附近为光滑的, 从而可设

$$\tilde{r}(\theta, r_0) = r_1(\theta)r_0 + r_2(\theta)r_0^2 + r_3(\theta)r_0^3 + O(r_0^4).$$

将上式代入 (4.5.10) 式, 并比较等式两边 r_0 同次幂系数, 可得

$$r_1'(\theta) = 0, \quad r_2'(\theta) = 0, \quad r_3'(\theta) = \cos^4\theta.$$

注意到 $r_1(0) = 1, r_2(0) = r_3(0) = 0$, 可解得

$$r_1(\theta) = 1, \quad r_2(\theta) = 0, \quad r_3(\theta) = \int_0^\theta \cos^4\theta \mathrm{d}\theta.$$

于是可得

$$d(r_0) = P(r_0) - r_0 = \tilde{r}(2\pi, r_0) - r_0$$
$$= r_0^3 \int_0^{2\pi} \cos^4\theta \mathrm{d}\theta + O(r_0^4).$$

由此, 利用推论 4.5.1, 知原点为 (4.5.9) 式的不稳定一阶细焦点.

下面给出一般系统一阶焦点量的计算公式. 设 $\alpha = 0$, 对 (4.5.1) 式引入极坐标变换 $(x, y) = (r\cos\theta, r\sin\theta)$, 则可得

$$\dot{r} = \cos\theta P_1 + \sin\theta Q_1, \quad \dot{\theta} = -\beta + (\cos\theta Q_1 - \sin\theta P_1)/r \qquad (4.5.11)$$

和

$$\frac{\mathrm{d}r}{\mathrm{d}\theta} = \frac{\cos\theta P_1 + \sin\theta Q_1}{-\beta + (\cos\theta Q_1 - \sin\theta P_1)/r} \equiv R(\theta, r). \qquad (4.5.12)$$

设 $r(\theta, r_0)$ 为 (4.5.12) 式满足 $r(0, r_0) = r_0$ 之解.

引理 4.5.3　下列结论成立:

(i) 当 $\beta < 0$ 时, $P(r_0) = r(2\pi, r_0)$; 当 $\beta > 0$ 时, $P(r_0) = r(-2\pi, r_0)$, 从而 $P(r(2\pi, r_0)) = r_0$.

(ii) 设 (4.5.1) 式为 C^3 系统, 则 $v_3 = \text{sgn}(-\beta)\dfrac{1}{2\pi}\displaystyle\int_0^{2\pi} R_3(\theta)\mathrm{d}\theta$, 其中 $R_3(\theta) = \dfrac{1}{3!}\dfrac{\partial^3 R}{\partial r^3}(\theta, 0)$.

证明　由 (4.5.5) 式与 (4.5.12) 式易见

$$R(\theta, r) = -\frac{1}{\beta}f\left(-\frac{\theta}{\beta}, r\right).$$

由此可得

$$r(\theta, r_0) = \tilde{r}\left(-\frac{\theta}{\beta}, r_0\right),$$

从而

$$P(r_0) = \tilde{r}(T, r_0) = r(-\beta T, r_0) = r\left(\frac{-\beta}{|\beta|}2\pi, r_0\right).$$

由此及引理 4.4.1 进一步可知当 $\beta > 0$ 时

$$P(r(2\pi, r_0)) = r(-2\pi, r(2\pi, r_0)) = r_0.$$

即得结论 (i).

现设 (4.5.1) 式为 C^3 系统, 则 (4.5.12) 式中的函数 R 为 C^3 的, 于是可设

$$R(\theta, r) = R_2(\theta)r^2 + R_3(\theta)r^3 + o(r^3) \tag{4.5.13}$$

与

$$r(\theta, r_0) = r_1(\theta)r_0 + r_2(\theta)r_0^2 + r_3(\theta)r_0^3 + \cdots,$$

其中 $r_1(0) = 1, r_2(0) = r_3(0) = 0$. 将上式及 (4.5.13) 式代入 (4.5.12) 式, 并比较 r_0 同次幂系数可得

$$r_1'(\theta) = 0, \quad r_2'(\theta) = R_2 r_1^2, \quad r_3'(\theta) = R_3 r_1^2 + 2R_2 r_1 r_2,$$

因此可解得

$$r_1(\theta) = 1, \quad r_2(\theta) = \int_0^\theta R_2(\theta)\mathrm{d}\theta,$$

$$r_3(\theta) = \int_0^\theta [R_3(\theta) + 2R_2(\theta)r_2(\theta)]\mathrm{d}\theta.$$

于是, 若设

$$\tilde{P}(r_0) = r(2\pi, r_0) = r_0 + 2\pi\tilde{v}_2 r_0^2 + 2\pi\tilde{v}_3 r_0^3 + o(r_0^3),$$

则有

$$\tilde{v}_2 = \frac{1}{2\pi}\int_0^{2\pi} R_2(\theta)\mathrm{d}\theta,$$

$$\tilde{v}_3 = \frac{1}{2\pi}\int_0^{2\pi}[R_3(\theta) + 2R_2(\theta)r_2(\theta)]\mathrm{d}\theta = \frac{1}{2\pi}\left[\int_0^{2\pi} R_3(\theta)\mathrm{d}\theta + \int_0^{2\pi} 2r_2(\theta)r_2'(\theta)\mathrm{d}\theta\right]$$

$$= \frac{1}{2\pi}\int_0^{2\pi} R_3(\theta)\mathrm{d}\theta + 2\pi(\tilde{v}_2)^2.$$

若 $\beta < 0$, 则 $P(r_0) = \tilde{P}(r_0)$, 此时由定理 4.5.1 必有 $\tilde{v}_2 = 0$, 故有

$$v_3 = \tilde{v}_3 = \frac{1}{2\pi}\int_0^{2\pi} R_3(\theta)\mathrm{d}\theta.$$

若 $\beta > 0$, 则 $P(r_0) = \tilde{P}^{-1}(r_0)$. 注意到, 若

$$\tilde{P}(r_0) = r_0 + 2\pi\tilde{v}_k\, r_0^k + o(r_0^k),$$

则

$$\tilde{P}^{-1}(r_0) = r_0 - 2\pi\tilde{v}_k\, r_0^k + o(r_0^k).$$

从而类似可得

$$\tilde{v}_2 = 0, \quad v_3 = -\tilde{v}_3 = -\frac{1}{2\pi}\int_0^{2\pi} R_3(\theta)\mathrm{d}\theta.$$

证毕.

基于上述引理进一步可证如下定理.

定理 4.5.2 考虑系统 (4.5.1), 其中设 P_1, Q_1 为 C^3, 且

$$P_1(x,y) = \sum_{i+j=2}^{3} a_{ij}x^i y^j + o(|x,y|^3),$$

$$Q_1(x,y) = \sum_{i+j=2}^{3} b_{ij}x^i y^j + o(|x,y|^3).$$

则有

$$v_3 = \frac{1}{8|\beta|}\{3(a_{30} + b_{03}) + a_{12} + b_{21} - \frac{1}{\beta}[a_{11}(a_{20} + a_{02}) - b_{11}(b_{20} + b_{02})$$

$$+ 2(a_{02}b_{02} - a_{20}b_{20})]\}$$

$$= \frac{1}{16|\beta|}\{(P_1)_{xxx} + (P_1)_{xyy} + (Q_1)_{xxy} + (Q_1)_{yyy} - \frac{1}{\beta}[(P_1)_{xy}((P_1)_{xx} + (P_1)_{yy})$$

$$- (Q_1)_{xy}((Q_1)_{xx} + (Q_1)_{yy}) - (P_1)_{xx}(Q_1)_{xx} + (P_1)_{yy}(Q_1)_{yy}]\}|_{(0,0)}.$$

证明　由 (4.5.12) 式与 (4.5.13) 式,

$$R_2(\theta) = -\beta^{-1}P_2(\theta), \quad R_3(\theta) = -\beta^{-1}[P_3(\theta) + \beta^{-1}P_2(\theta)S_2(\theta)],$$

其中

$$P_k(\theta) = \cos\theta F_k(\cos\theta, \sin\theta) + \sin\theta G_k(\cos\theta, \sin\theta),$$

$$S_k(\theta) = \cos\theta G_k(\cos\theta, \sin\theta) - \sin\theta F_k(\cos\theta, \sin\theta),$$

$$F_k(x, y) = \sum_{i+j=k} a_{ij}x^i y^j, \quad G_k(x, y) = \sum_{i+j=k} b_{ij}x^i y^j.$$

直接计算可得

$$P_3(\theta) = (a_{12} + b_{21})\sin^2\theta\cos^2\theta + a_{30}\cos^4\theta + b_{03}\sin^4\theta + K_0(\theta),$$

$$P_2(\theta)S_2(\theta) = -a_{02}b_{02}\sin^6\theta + a_{20}b_{20}\cos^6\theta - N_1\sin^4\theta\cos^2\theta - N_2\sin^2\theta\cos^4\theta + K_1(\theta),$$

其中 K_0 与 K_1 为在区间 $[0, 2\pi]$ 上平均值为零的 2π 周期函数,

$$N_1 = 2a_{02}a_{11} - 2b_{02}b_{11} + a_{02}b_{20} + a_{11}b_{11} + a_{20}b_{02} - a_{02}b_{02},$$

$$N_2 = 2a_{20}a_{11} - 2b_{20}b_{11} - a_{02}b_{20} - a_{11}b_{11} + a_{20}b_{20} - a_{20}b_{02}.$$

于是

$$\begin{aligned}
\frac{1}{2\pi}\int_0^{2\pi} R_3(\theta)\mathrm{d}\theta = -\frac{\pi}{2\pi\beta}\Bigg\{ &(a_{30} + b_{03})\frac{3}{4} + (a_{12} + b_{21})\frac{1}{4} \\
&-\beta^{-1}\left[(a_{02}b_{02} - a_{20}b_{20})\frac{5}{8} + (N_1 + N_2)\frac{1}{8}\right]\Bigg\}.
\end{aligned}$$

因此由引理 4.5.3(ii) 即得结论. 证毕.

　　由上述方法也可以求得 v_5 与 v_7 等量的计算公式, 由于这些公式相当复杂, 此处不再给出.

4.5.3　Poincaré 形式级数法

　　下面介绍判别焦点阶数及其稳定性的另一方法, 即 Poincaré 形式级数法. 先证明一个引理.

　　引理 4.5.4(韩茂安 [63])　对给定的 $\cos\theta$ 与 $\sin\theta$ 的 k 次单项式 $h_k(\cos\theta, \sin\theta) = \cos^{k-j}\theta \cdot \sin^j\theta, 0 \leqslant j \leqslant k$, 必有 $\cos\theta$ 与 $\sin\theta$ 的 k 次齐次式 $v_k(\cos\theta, \sin\theta)$, 使得

$$\frac{\mathrm{d}}{\mathrm{d}\theta}v_k(\cos\theta, \sin\theta) = h_k(\cos\theta, \sin\theta) - \overline{h}_k,$$

或等价地
$$\int h_k(\cos\theta, \sin\theta)\mathrm{d}\theta = \overline{h}_k\theta + v_k(\cos\theta, \sin\theta),$$

其中 $\overline{h}_k = \dfrac{1}{2\pi}\displaystyle\int_0^{2\pi} h_k(\cos\theta, \sin\theta)\mathrm{d}\theta$.

证明 下面分四种情况证明.

(I) $k = 2m+1$, $m \geqslant 1$, $j = 2l+1$, $0 \leqslant l \leqslant m$. 此时, $\overline{h}_k = 0$, 因此

$$\int h_k(\cos\theta, \sin\theta)\mathrm{d}\theta$$

$$= \int \cos^{2m-2l}\theta\sin^{2l+1}\theta\mathrm{d}\theta$$

$$= -\int \cos^{2(m-l)}\theta(1-\cos^2\theta)^l\mathrm{d}\cos\theta$$

$$= -\int \cos^{2(m-l)}\theta\sum_{i=0}^{l} C_l^i(-1)^i\cos^{2i}\theta\mathrm{d}\cos\theta$$

$$= \sum_{i=0}^{l}\frac{(-1)^{i+1}C_l^i}{2(m-l+i)+1}\cos^{k-2(l-i)}\theta(\cos^2\theta + \sin^2\theta)^{l-i}$$

$$\equiv v_k(\cos\theta, \sin\theta).$$

显然, 上述 v_k 是关于 $\cos\theta$ 与 $\sin\theta$ 的 k 次齐次式.

(II) $k = 2m+1$, $m \geqslant 1$, $j = 2l$, $0 \leqslant l \leqslant m$. 如前, $\overline{h}_k = 0$, 且有

$$\int h_k(\cos\theta, \sin\theta)\mathrm{d}\theta$$

$$= \int \cos^{2(m-l)+1}\theta\sin^{2l}\theta\mathrm{d}\theta$$

$$= \int \sin^{2l}\theta(1-\sin^2\theta)^{m-l}\mathrm{d}\sin\theta$$

$$= \int \sin^{2l}\theta\sum_{i=0}^{m-l}(-1)^i C_{m-l}^i\sin^{2i}\theta\mathrm{d}\sin\theta$$

$$= \sum_{i=0}^{m-l}\frac{(-1)^i C_{m-l}^i}{2(l+i)+1}\sin^{j+2i+1}\theta(\cos^2\theta + \sin^2\theta)^{\frac{k-2i-j-1}{2}}$$

$$\equiv v_k(\cos\theta, \sin\theta).$$

(III) $k = 2m+2$, $m \geqslant 1$, $j = 2l+1$, $0 \leqslant l \leqslant m$. 仍有 $\overline{h}_k = 0$, 且类似于 (I) 有

$$\int h_k(\cos\theta, \sin\theta)\mathrm{d}\theta = -\int \cos^{2(m-l)+1}\theta(1-\cos^2\theta)^l\mathrm{d}\cos\theta$$

$$= \sum_{i=0}^{l} \frac{(-1)^{i+1} C_l^i}{2(m-l+i+1)} \cos^{k-2(l-i)}\theta (\cos^2\theta + \sin^2\theta)^{(l-i)}$$

$$\equiv v_k(\cos\theta, \sin\theta).$$

(IV) $k = 2m + 2$, $m \geqslant 1$, $j = 2l$, $0 \leqslant l \leqslant m+1$. 若 $0 \leqslant l \leqslant m$, 则

$$h_k(\cos\theta, \sin\theta) = \cos^{2(m-l)+1}\theta (1 - \cos^2\theta)^l \cdot \cos\theta,$$

应用分部积分法可得

$$\int h_k(\cos\theta, \sin\theta)\mathrm{d}\theta$$

$$= \int \sum_{i=0}^{l} C_l^i (-1)^i \cos^{2(m-l)+1+2i}\theta \mathrm{d}\sin\theta$$

$$= \sum_{i=0}^{l} (-1)^i C_l^i [\cos^{2(m-l+i)+1}\theta \sin\theta + \int (2(m-l+i)+1)\cos^{2(m-l+i)}\theta \sin^2\theta \mathrm{d}\theta]$$

$$= \sum_{i=0}^{l} (-1)^i C_l^i \cos^{k-1-2(l-i)}\theta \sin\theta (\cos^2\theta + \sin^2\theta)^{l-i}$$

$$+ \sum_{i=0}^{l} (-1)^i [2(m-l+i)+1] C_l^i \int (\cos^{2(m-l+i)}\theta - \cos^{2(m-l+i)+2}\theta)\mathrm{d}\theta.$$

上式第一行已经是 $\cos\theta$ 与 $\sin\theta$ 的 k 次齐次式, 于是注意到 $0 \leqslant m-l+i \leqslant m$, 只需证如果 $0 \leqslant n \leqslant m+1 = \dfrac{k}{2}$, 那么存在常数 a_{2n} (它其实是 $\cos^{2n}\theta$ 在区间 $[0, 2\pi]$ 上的平均值) 和 $\cos\theta$ 与 $\sin\theta$ 的 $2n$ 次齐次式 $u_{2n}(\theta)$, 使得

$$\int \cos^{2n}\theta \mathrm{d}\theta = a_{2n}\theta + u_{2n}(\theta) = a_{2n}\theta + u_{2n}(\theta)(\cos^2\theta + \sin^2\theta)^{\frac{1}{2}(k-2n)}.$$

用归纳法来证. 首先

$$\int 1\mathrm{d}\theta = \theta, \quad \int \cos^2\theta \mathrm{d}\theta = \int \frac{1+\cos 2\theta}{2}\mathrm{d}\theta = \frac{1}{2}\theta + \frac{1}{2}\sin\theta \cos\theta,$$

因此, 命题对 $n = 0, 1$ 成立, 且有 $u_0 = 0$, $u_2 = \dfrac{1}{2}\sin\theta \cos\theta$. 现设命题对 $n \leqslant N$ 成立 $(N \geqslant 1)$, 要证它对 $n = N + 1$ 也成立. 事实上, 由归纳假设, 对 $n \leqslant N$, 有

$$\int \cos^{2n}(2\theta)\mathrm{d}\theta = a_{2n}\theta + \frac{1}{2}u_{2n}(2\theta)$$

$$= a_{2n}\theta + \sum_{j=0}^{2n} \lambda_{jn}\cos^{2n-j}2\theta \sin^j 2\theta$$

$$= a_{2n}\theta + \sum_{j=0}^{2n} \lambda_{jn}(\cos^2\theta - \sin^2\theta)^{2n-j} \cdot 2^j \sin^j\theta\cos^j\theta$$

$$\equiv a_{2n}\theta + u_{4n}^*(\theta),$$

其中 $u_{4n}^*(\theta)$ 是 $\cos\theta$ 与 $\sin\theta$ 的 $4n$ 次齐次式. 令 $n = N+1$ $(2n \leqslant k)$, 则有

$$\int \cos^{2(N+1)}\theta\mathrm{d}\theta$$

$$= \int \left(\frac{1+\cos 2\theta}{2}\right)^{N+1} \mathrm{d}\theta$$

$$= \frac{1}{2^{N+1}} \int \sum_{j=0}^{N+1} C_{N+1}^j \cos^j 2\theta\mathrm{d}\theta.$$

注意到 $j \leqslant N+1 \leqslant 2N$, 当 j 为偶数时,

$$\int \cos^j 2\theta\mathrm{d}\theta = a_j\theta + u_{2j}^*(\theta),$$

其中 $u_{2j}^*(\theta)$ 是 $\cos\theta$ 与 $\sin\theta$ 的 $2j$ 次齐次式. 当 j 为奇数时, 由 (II) 知 $\int \cos^j 2\theta\mathrm{d}\theta$ 可表示为 $\cos 2\theta$ 与 $\sin 2\theta$ 的 j 次齐次式. 因此, 由 $\cos 2\theta = \cos^2\theta - \sin^2\theta$, $\sin 2\theta = 2\sin\theta\cos\theta$, 对奇数 j, $\int \cos^j 2\theta\mathrm{d}\theta = u_{2j}^*(\theta)$ 可表示为 $\cos\theta$ 与 $\sin\theta$ 的 $2j$ 次齐次式.

因为总有

$$u_{2j}^*(\theta) = u_{2j}^*(\theta)(\cos^2\theta + \sin^2\theta)^{N+1-j},$$

其右端可表示为 $\cos\theta$ 与 $\sin\theta$ 的 $2(N+1)$ 次齐次式, 故有

$$\int \cos^{2(N+1)}\theta\mathrm{d}\theta = a_{2(N+1)}\theta + u_{2(N+1)}(\theta),$$

其中 $u_{2(N+1)}(\theta)$ 是 $\cos\theta$ 与 $\sin\theta$ 的 $2(N+1)$ 次齐次式, 于是命题得证.

从而, 存在常数 $\overline{h}_k$ 及 $\cos\theta$ 与 $\sin\theta$ 的 k 次齐次式 $v_k(\cos\theta, \sin\theta)$ 使有

$$\int h_k(\cos\theta, \sin\theta)\mathrm{d}\theta = \overline{h}_k\theta + v_k(\cos\theta, \sin\theta).$$

进一步可证上式对 $l = m+1$ 也成立. 事实上, 此时有 $j = k = 2(m+1)$ 和

$$h_k = \sin^{2(m+1)}\theta = (1-\cos^2\theta)^{m+1} = \sum_{j=0}^{m+1} C_{m+1}^j(-1)^j\cos^{2j}\theta.$$

应用上述所证命题即得结论. 于是引理得证.

　　进一步易证, 当 k 为奇数 (偶数) 时, 引理 4.5.4 中的 v_k 是唯一存在的 (不唯一存在的). 应用上述引理, 可证下述引理.

　　引理 4.5.5　设系统 (4.5.1) 中的函数 P_1, Q_1 为 C^∞ 的, 则任给整数 $N > 1$, 存在常数 $L_2, \cdots, L_{N+1}$ 和多项式

$$V(x,y) = \sum_{k=2}^{2N+2} V_k(x,y),$$

满足

$$V_2(x,y) = x^2 + y^2, \quad V_k(x,y) = \sum_{i+j=k} c_{ij} x^i y^j, \quad 3 \leqslant k \leqslant 2N+2,$$

使得

$$V_x(\beta y + P_1) + V_y(-\beta x + Q_1) = \sum_{k=2}^{N+1} L_k (x^2 + y^2)^k + O(|x,y|^{2N+3}). \tag{4.5.14}$$

此外, 若设

$$P_1 = f_1(x,y) + O(|x,y|^{2N+2}), \quad Q_1 = g_1(x,y) + O(|x,y|^{2N+2}),$$

$$f_1(x,y) = \sum_{2 \leqslant i+j \leqslant 2N+1} a_{ij} x^i y^j, \quad g_1(x,y) = \sum_{2 \leqslant i+j \leqslant 2N+1} b_{ij} x^i y^j,$$

则对 $1 \leqslant k \leqslant N+1$, 量 L_{k+1} 仅依赖于 a_{ij}, b_{ij} $(i+j \leqslant 2k+1)$.

　　证明　欲寻求具有所述形式的多项式 V 和满足 (4.5.14) 式的常数 $L_2, \cdots,$ L_{N+1}. 由于对给定的 P_1, Q_1 和所设多项式 V, 成立

$$V_x(\beta y + P_1) + V_y(-\beta x + Q_1) = \beta(yV_x - xV_y) + (V_x f_1 + V_y g_1) + O(|x,y|^{2N+3})$$

$$= \beta \sum_{k=3}^{2N+2} (yV_{kx} - xV_{ky}) - \sum_{k=3}^{2N+2} G_k + O(|x,y|^{2N+3}),$$

其中

$$G_k = -\sum_{l=2}^{k-1} (V_{lx} p_{k-l+1} + V_{ly} q_{k-l+1}),$$

$$p_k = \sum_{i+j=k} a_{ij} x^i y^j, \quad q_k = \sum_{i+j=k} b_{ij} x^i y^j. \tag{4.5.15}$$

易见, 每个 G_k 是 k 次齐次式, 它只依赖于系数 a_{ij}, b_{ij} 和 c_{ij} $(2 \leqslant i+j < k)$.

　　将高于 $2N+2$ 次之项忽略不计, 则方程 (4.5.14) 等价于

$$\beta \sum_{k=3}^{2N+2} (yV_{kx} - xV_{ky}) = \sum_{k=3}^{2N+2} G_k + \sum_{k=2}^{N+1} L_k (x^2 + y^2)^k.$$

为求出满足上方程的 V_k 与 L_k, 只需对 $3 \leqslant k \leqslant 2N + 2$ 求解下列方程

$$\beta(yV_{kx} - xV_{ky}) = G_k, \quad k \text{为奇数}, \tag{4.5.16}$$

$$\beta(yV_{kx} - xV_{ky}) = G_k + L_{k/2}(x^2 + y^2)^{k/2}, \quad k \text{为偶数}. \tag{4.5.17}$$

注意到

$$\beta(yV_{kx} - xV_{ky})(r\cos\theta, r\sin\theta) = -\beta\, r^k \frac{\mathrm{d}}{\mathrm{d}\theta} V_k(\cos\theta, \sin\theta).$$

上述方程可改写如下

$$-\beta \frac{\mathrm{d}}{\mathrm{d}\theta} V_k(\cos\theta, \sin\theta) = G_k(\cos\theta, \sin\theta), \quad k \text{ 为奇数}, \tag{4.5.18}$$

$$-\beta \frac{\mathrm{d}}{\mathrm{d}\theta} V_k(\cos\theta, \sin\theta) = L_{k/2} + G_k(\cos\theta, \sin\theta), \quad k \text{ 为偶数}. \tag{4.5.19}$$

下面用归纳法来求解 (4.5.18) 式和 (4.5.19) 式. 首先, 对 $k = 3$, 有

$$\int_0^{2\pi} G_3(\cos\theta, \sin\theta)\mathrm{d}\theta = 0.$$

由引理 4.5.3, 存在函数 $\widetilde{G}_3$, 具有形式

$$\widetilde{G}_3(\theta) = \sum_{i+j=3} \widetilde{g}_{ij} \cos^i \theta \sin^j \theta,$$

使得 $\widetilde{G}_3'(\theta) = G_3(\cos\theta, \sin\theta)$. 用

$$\widetilde{G}_3(\theta) = \int G_3(\cos\theta, \sin\theta)\mathrm{d}\theta$$

来表示 $\widetilde{G}_3$. 注意到

$$\int G_3(\cos\theta, \sin\theta)\mathrm{d}\theta = \sum_{i+j=3} \widetilde{g}_{ij} \cos^i \theta \sin^j \theta,$$

由 (4.5.18) 式可求得 V_3 如下

$$V_3(x, y) = -\frac{1}{\beta} \sum_{i+j=3} \widetilde{g}_{ij} x^i y^j,$$

即对 $i + j = 3$, 有 $c_{ij} = -\dfrac{1}{\beta}\widetilde{g}_{ij}$.

对 $k = 4$, G_4 随 V_3 确定而成为已知. 因此, 可选 L_2, 使有

$$L_2 + \frac{1}{2\pi} \int_0^{2\pi} G_4(\cos\theta, \sin\theta)\mathrm{d}\theta = 0.$$

这样, 如前便有

$$\int [L_2 + G_4(\cos\theta, \sin\theta)]\mathrm{d}\theta = \sum_{i+j=4} \widetilde{g}_{ij} \cos^i\theta \sin^j\theta.$$

由 (4.5.19) 式, 对 $i+j=4$ 取定 $c_{ij} = -\dfrac{1}{b}\widetilde{g}_{ij}$, 则 V_4 将随之而定.

对更大的 k, 函数 V_k 可类似求得. 证毕.

我们指出, 以往教科书中对引理 4.5.5 的证明是将 $G_k(\cos\theta, \sin\theta)$ 与 $V_k(\cos\theta, \sin\theta)$ 分别写成三角级数, 而后利用 (4.5.18) 和 (4.5.19) 求出 V_k. 文献 [63] 发现这一证法存在缺陷, 即无法断定这样得到的 V_k 一定是 k 次齐次式.

下列引理表明当 $\alpha = 0$ 时决定原点的稳定性和焦点阶数的量是 $L_2, \cdots, L_{N+1}$ 中的首个非零者.

引理 4.5.6　考虑 C^∞ 系统 (4.5.1). 设 $\alpha = 0$, 则 (4.5.8) 式对 $m = 2k+1$ 成立当且仅当

$$L_j = 0, \quad j = 2, \cdots, k, \quad L_{k+1} \neq 0.$$

此外, 当 $L_j = 0$, $j = 2, \cdots, k$ 时, $v_{2k+1} = \dfrac{L_{k+1}}{2|\beta|}$.

证明　对充分小的 $r > 0$, 设 L 表示 (4.5.1) 式从点 $(r, 0)$ 到 $(P(r), 0)$ 的轨线段. 由于对任何 $\mu \in (0,1)$, 有

$$r + \mu[P(r) - r] = r + O(r^3),$$

由微分中值定理知

$$V(P(r), 0) - V(r, 0) = V_x(r + \mu[P(r) - r], 0)(P(r) - r) = 2r[P(r) - r](1 + O(r)),$$

其中 V 是引理 4.5.4 中的函数, 且由引理 1.6.4 知此处的 $O(r)$ 为 r 的 C^∞ 函数.

另一方面, 由常数变易公式知, 沿轨线段 L 有 $x^2 + y^2 = r^2(1 + O(r))$, 故由 (4.5.14) 式可得

$$\begin{aligned}
V(P(r), 0) - V(r, 0) &= \int_L \mathrm{d}V = \int_L (V_x(\beta y + P_1) + V_y(-\beta x + Q_1))\mathrm{d}t \\
&= \int_0^{\tau(r)} \left[\sum_{k=2}^{N+1} L_k r^{2k}(1 + O(r)) + O(r^{2N+3}) \right] \mathrm{d}t \\
&= \frac{2\pi}{|\beta|} \sum_{k=2}^{N+1} L_k r^{2k}(1 + O(r)) + O(r^{2N+3}),
\end{aligned}$$

其中 $\tau(r) = \dfrac{2\pi}{|\beta|} + O(r)$ 是解沿 L 所需时间 (由第 153 页 τ 满足的方程和隐函数定理知, $\tau(r)$ 是 C^∞ 的), 于是

$$P(r) - r = \frac{\pi}{|\beta|} \sum_{k=2}^{N+1} L_k r^{2k-1}(1 + O(r)) + O(r^{2N+2}). \tag{4.5.20}$$

由此即得结论. 证毕.

因此, 不妨把量 v_{2k+1} 与 L_{k+1} 都称为第 k 阶 Lyapunov 常数或第 k 阶焦点量. 考察引理 4.5.4 的证明, 可得计算量 $L_2, L_3, \cdots$ 的一个算法, 即

(i) 利用 (4.5.15) 式求 G_{2k+1};

(ii) 利用 (4.5.18) 式求 V_{2k+1};

(iii) 利用 (4.5.19) 式求 G_{2k+2}, L_{k+1} 和 V_{2k+2}.

从 $k=1$ 开始, 执行上述三步可求得 L_2, 对 $k=2$ 执行上述三步可进一步求得 L_3, 等等.

应用引理 4.5.6 的证明思路可得下面推论.

推论 4.5.2 考虑 C^∞ 系统 (4.5.1), 其中 $\alpha = 0$. 设存在函数 $\widetilde{V}(x,y) = x^2 + y^2 + O(|x,y|^3)$, 使得

$$\dot{\widetilde{V}} = \widetilde{V}_x(\beta y + P_1) + \widetilde{V}_y(-\beta x + Q_1) = H_{2k}(x,y) + O(|x,y|^{2k+1}), \quad k \geqslant 2,$$

其中 H_{2k} 是满足

$$\widetilde{L}_k = \frac{|\beta|}{2\pi} \int_0^{\frac{2\pi}{|\beta|}} H_{2k}(\cos\beta t, -\sin\beta t)\mathrm{d}t < 0(> 0)$$

的 $2k$ 次齐次多项式, 则原点是 (4.5.1) 式的 $k-1$ 阶稳定 (不稳定) 焦点.

证明 对量 $\widetilde{V}(P(r),0) - \widetilde{V}(r,0)$, 应用微分中值定理、(4.5.8) 式及所设条件, 与引理 4.5.6 的证明类似可得. 证毕.

总结上述结果可得下述定理.

定理 4.5.3 设 (4.5.1) 式是 C^∞ 系统, 且 $\alpha = 0$. 则

(i) 在 $r = 0$ 附近成立

$$d(r) = P(r) - r = 2\pi \sum_{m=3}^\infty v_m r^m, \tag{4.5.21}$$

其中

$$v_{2k} = O(|v_3, v_5, \cdots, v_{2k-1}|), \quad k \geqslant 2.$$

如果 (4.5.1) 式是解析系统, 那么上式右端的级数是局部收敛的.

(ii) 存在形式级数

$$V(x,y) = x^2 + y^2 + \sum_{i+j \geqslant 3} c_{ij} x^i y^j$$

和常数 $L_2, L_3, \cdots$, 使得

$$V_x(\beta y + P_1) + V_y(-\beta x + Q_1) = \sum_{m \geqslant 2} L_m(x^2 + y^2)^m. \tag{4.5.22}$$

(iii) $v_{2j+1} = 0$, $j = 1, \cdots, k-1$, $v_{2k+1} \neq 0$ 当且仅当 $L_j = 0$, $j = 2, \cdots, k$, L_{k+1} $\neq 0$. 此时, $v_{2k+1} = \dfrac{L_{k+1}}{2|\beta|}$.

(iv) 如果 (4.5.1) 式是平面解析系统, 那么原点是其中心当且仅当对一切 $k \geqslant 1$, 有 $v_{2k+1} = 0$, 或对一切 $k \geqslant 2$, 有 $L_k = 0$.

证明　因为 (4.5.1) 式是 C^∞ 系统, 故函数 $d(r)$ 为 C^∞ 的, 从而可将它在 $r = 0$ 展开成幂级数 (不考虑收敛性), 即得 (4.5.21) 式. 进一步比较 (4.5.20) 式与 (4.5.21) 式中同次幂系数, 则对 $k = 2, \cdots, N+1$, 有

$$v_{2k-1} = \frac{1}{2|\beta|} L_k + O(|L_2, \cdots, L_{k-1}|), \quad v_{2k} = O(|L_2, \cdots, L_k|),$$

于是

$$L_k = 2|\beta| v_{2k-1} + O(|v_3, \cdots, v_{2k-3}|), \quad k = 2, \cdots, N+1.$$

注意到 N 可任意大, 故由上述两式即得结论 (i). 由引理 4.5.4 与 4.5.5 即得结论 (ii) 与 (iii). 结论 (iv) 由结论 (i) 与 (iii) 即得. 证毕.

可证如果对一切 $k \geqslant 2$ 有 $L_k = 0$, 那么函数 $V(x, y)$ 的形式级数在原点附近是收敛的 (Lyapunov), 此时 V 就是 (4.5.1) 式在原点附近的解析首次积分.

例 4.5.2　考虑下述 C^∞ 系统

$$\dot{x} = y - xh(x, y), \quad \dot{y} = -x - yh(x, y),$$

其中

$$h(x, y) = \begin{cases} 0, & (x, y) = (0, 0), \\ \mathrm{e}^{-\frac{1}{x^2+y^2}}, & (x, y) \neq (0, 0). \end{cases}$$

取 $V(x, y) = x^2 + y^2$, 则

$$V_x(y - xh(x, y)) + V_y(-x - yh(x, y)) = -2(x^2 + y^2)h(x, y) < 0, \quad x^2 + y^2 > 0.$$

由引理 4.5.5 的证明知原点是稳定焦点.

然而, 上例满足 $L_k = 0$, $k \geqslant 2$. 这说明定理 4.5.3(iv) 对非解析的 C^∞ 系统不成立.

4.5.4　存在中心的条件

关于系统 (4.5.1) 以原点为中心的充分条件, 有下面定理.

定理 4.5.4　考虑 C^∞ 系统 (4.5.1), 其中 $\alpha = 0$, P_1 与 Q_1 满足 (4.5.2) 式. 设下列条件之一成立:

(i) $P_1(-x, y) = P_1(x, y)$, $Q_1(-x, y) = -Q_1(x, y)$;

(ii) 存在 C^∞ 函数 $H(x,y)$, 满足 $H(0,0) = 0$, $H(x,y) \neq 0$ (当 $|x| + |y| > 0$ 充分小时), 使得 $H_x(\beta y + P_1) + H_y(-\beta x + Q_1) = 0$.

则原点是 (4.5.1) 式的中心.

证明 先设 (i) 成立. 不失一般性, 可设 (4.5.1) 式在原点附近的轨线为顺时针定向的. 令 $(x(t), y(t))$ 表示 (4.5.1) 式满足 $(x(0), y(0)) = (0, y_0)$ 之解, 其中 $y_0 > 0$ 充分小. 又设

$$L_1 = \{(x(t), y(t))| \ 0 \leqslant t \leqslant t_1\}, \quad L_2 = \{(x(t), y(t))| \ t_1 \leqslant t \leqslant t_2\},$$

$$L_1' = \{(-x(-t), y(-t))| \ -t_1 \leqslant t \leqslant 0\},$$

其中

$$t_1 = \min\{t > 0| \ x(t) = 0, y(t) < 0\}, \quad t_2 = \min\{t > 0| \ x(t) = 0, y(t) > 0\}.$$

由 (i) 中条件知 L_1' 是 (4.5.1) 式始于 $(0, y(t_1))$ 的轨线段, 故有 $L_2 = L_1'$, 进而有 $y(t_2) = y_0$. 即表示 $(x(t), y(t))$ 是周期解.

次设 (ii) 成立. 为确定计, 设对 $0 < x^2 + y^2 \ll 1$ 有 $H(x,y) > 0$, 则函数 $z = H(x,y)$ 在点 $(x,y) = (0,0)$ 取得极小值. 于是当 $h > 0$ 充分小时, 方程 $H(x,y) = h$ 确定一闭曲线 L_h, 且在原点的小邻域内. 由所设条件知函数 $H(x,y)$ 是 (4.5.1) 式的首次积分, 故闭曲线 L_h 是 (4.5.1) 式的闭轨线, 且当 $h \to 0$ 时, $L_h \to 0$. 证毕.

例 4.5.3 考虑三次 Liénard 系统

$$\begin{aligned} \dot{x} &= y - (a_3 x^3 + a_2 x^2 + a_1 x), \\ \dot{y} &= -x, \end{aligned} \qquad (4.5.23)$$

其中 a_1, a_2 和 a_3 为实系数. 系统 (4.5.23) 的发散量在原点取值 $-a_1$, 因此当 $a_1 > 0(< 0)$ 时原点是稳定 (不稳定) 的. 进一步, 由定理 4.5.2 知, 当 $a_1 = 0$ 时 $v_3 = -\dfrac{3}{8}a_3$. 于是, 当 $a_3 > 0(< 0)$ 时, 原点是稳定 (不稳定) 的.

当 $a_1 = a_3 = 0$ 时, 由定理 4.5.4(i) 知原点是中心.

具有细焦点的任一二次系统可经线性变换化为下述形式

$$\begin{aligned} \dot{x} &= -y + a_{20}x^2 + a_{11}xy + a_{02}y^2, \\ \dot{y} &= x + b_{20}x^2 + b_{11}xy + b_{02}y^2. \end{aligned} \qquad (4.5.24)$$

对上述系统, 文献 [35] 在前人工作的基础上获得了下述结果.

定理 4.5.5 记

$$W_1 = A\alpha - B\beta, \quad W_2 = [\beta(5A - \beta) + \alpha(5B - \alpha)]\gamma, \quad W_3 = (A\alpha + B\beta)\gamma\delta,$$

其中

$$A = a_{20} + a_{02}, \quad B = b_{20} + b_{02}, \quad \alpha = a_{11} + 2b_{02},$$
$$\beta = b_{11} + 2a_{20}, \quad \delta = a_{02}^2 + b_{20}^2 + a_{02}A + b_{20}B,$$
$$\gamma = b_{20}A^3 - (a_{20} - b_{11})A^2B + (b_{02} - a_{11})AB^2 - a_{02}B^3.$$

则原点为 (4.5.24) 式的一阶 (二阶或三阶) 细焦点当且仅当 $W_1 \neq 0$ ($W_1 = 0$, $W_2 \neq 0$ 或 $W_1 = W_2 = 0$, $W_3 \neq 0$), 且此时其稳定性由 W_1 (W_2 或 W_3) 的符号决定, 原点为 (4.5.24) 式的中心当且仅当 $W_1 = W_2 = W_3 = 0$.

需要指出的是上述量 W_k 与 k 阶焦点量 v_{2k+1} 相差一个正常数.

对平面三次系统的焦点与中心的判定问题也有许多研究, 主要限于一些特殊系统. 对一般的三次系统, 其焦点最多是几阶的仍是一个悬而未决的世界难题.

现考虑一般形式的 C^∞ Liénard 系统

$$\dot{x} = y - F(x), \quad \dot{y} = -g(x). \tag{4.5.25}$$

当 F 或 g 为具体函数时, 关于其焦点稳定性、焦点与中心判别等已有很多较完整的结果, 例如当它们是次数不高的多项式时焦点的最高阶数如何相关于它们的次数已有具体结果, 但当它们是任意多项式时, 焦点的最高阶数如何相关于它们的次数也是一个悬而未决的世界难题.

下面对上述一般系统给出一个判别焦点阶数与中心存在的解析方法, 详见文献 [25].

定理 4.5.6   设 $F(0) = g(0) = 0$, $g'(0) > 0$,

$$V(x) = F(\alpha(x)) - F(x) = \sum_{j \geqslant 1} B_j x^j, \quad G(x) = \int_0^x g \mathrm{d}x,$$

其中 $\alpha(x) = -x + \alpha_2 x^2 + \alpha_3 x^3 + \cdots$ 满足 $G(\alpha(x)) = G(x)$, $|x|$ 充分小. 则

(i) 对任意 $k > 0$, 存在常数 $l_k > 0$, 使

$$v_{2k+1} = l_k B_{2k+1} + O(|B_1, B_3, \cdots, B_{2k-1}|),$$

从而原点是 (4.5.25) 式的 k 阶细焦点当且仅当

$$V(x) = B_{2k+1} x^{2k+1} + O(x^{2k+2}), \quad B_{2k+1} \neq 0.$$

且当 $B_{2k+1} < 0 (B_{2k+1} > 0)$ 时, 原点是稳定 (不稳定) 的[25].

(ii) 如果 $V(x) \equiv 0$(其中 $|x|$ 充分小), 那么原点是中心.

一般地, 可设函数 F 与 G 有下列展式

$$F(x) = \sum_{i \geqslant 1} F_i x^i, \quad G(x) = \sum_{i \geqslant 2} G_i x^i.$$

利用系数 F_i 和 G_j 可以给出系数 B_1, B_3, B_5 和 B_7 的计算公式如下 [31].

$$B_1 = -2F_1, \quad B_3 = -2F_3 - 2\alpha_2 F_2 + \alpha_3 F_1,$$

$$B_5 = F_2(-2\alpha_4 + 2\alpha_2\alpha_3) + F_1\alpha_5 - 2F_5 + F_3(3\alpha_3 - 3\alpha_2^2) - 4F_4\alpha_2,$$

$$B_7 = F_1\alpha_7 - 6F_3\alpha_2\alpha_4 + 3F_3\alpha_2^2\alpha_3 - 3F_3\alpha_3^2 + 3F_3\alpha_5 - 6F_6\alpha_2 + 12F_4\alpha_2\alpha_3$$
$$\quad - 4F_4\alpha_2^3 - 4F_4\alpha_4 - 2F_7 + 2F_2\alpha_3\alpha_4 + 2F_2\alpha_5\alpha_2 - 2F_2\alpha_6 - 10F_5\alpha_2^2 + 5F_5\alpha_3,$$

其中

$$\alpha_2 = -\frac{G_3}{G_2}, \quad \alpha_3 = -\frac{G_3^2}{G_2^2}, \quad \alpha_4 = -\frac{G_5 G_2^2 + 2 G_3^3 - 2 G_4 G_3 G_2}{G_2^3},$$

$$\alpha_5 = -\frac{G_3 (4 G_3^3 + 3 G_5 G_2^2 - 6 G_4 G_3 G_2)}{G_2^4},$$

$$\alpha_6 = -\frac{1}{G_2^5}(11G_3^2 G_5 G_2^2 + 9G_3^5 - 19G_3^3 G_4 G_2 - 2G_4 G_2^3 G_5 + 4G_4^2 G_2^2 G_3$$
$$\quad - 3G_6 G_3 G_2^3 + G_7 G_2^4),$$

$$\alpha_7 = -\frac{1}{G_2^6}(2 G_5^2 G_2^4 + 34 G_5 G_2^2 G_3^3 - 16 G_5 G_2^3 G_4 G_3 + 21 G_3^6 - 56 G_3^4 G_4 G_2$$
$$\quad + 24 G_4^2 G_3^2 G_2^2 - 12 G_6 G_3^2 G_2^3 + 4 G_3 G_7 G_2^4).$$

例 4.5.4 利用上述定理, 不难证明, 如果 F 与 g 均为 x 的多项式, 且其中之一为奇函数, 那么方程 (4.5.25) 在原点的焦点阶数至多是 $\left[\dfrac{\deg F - 1}{2}\right]$.

例 4.5.5 考虑能量保守系统

$$\dot{x} = y, \quad \dot{y} = -g(x), \tag{4.5.26}$$

其中 $g(x)$ 为连续可微函数, 由性质 4.1.7 知这是一个哈密顿系统, 且利用公式 (4.1.8) 知

$$H(x,y) = \frac{1}{2}y^2 + G(x), \quad G(x) = \int_0^x g(x)\mathrm{d}x.$$

在力学上函数 H 称为系统 (4.5.26) 的总能量, 其中项 $\dfrac{1}{2}y^2$ 称为动能, 而 G 称为势能. 易见, 如果 $g(x_0) = 0$, $g'(x_0) > 0$, 那么系统 (4.5.26) 以点 $(x_0, 0)$ 为中心奇点. 若点 $(x_0, 0)$ 满足 $g(x_0) = 0$, $g'(x_0) < 0$, 则它就是鞍点. 若取 $g(x) = x^2 - x$, 则得

$$\dot{x} = y, \quad \dot{y} = x - x^2.$$

这一系统有两个奇点: 中心 $(1,0)$ 与鞍点 $(0,0)$. 由于此时 $H(x,y) = \dfrac{1}{2}y^2 - \dfrac{1}{2}x^2 + \dfrac{1}{3}x^3$,

特别有 $H(1,0) = -\dfrac{1}{6}$, $H(0,0) = 0$, 可知当 $h \in \left(-\dfrac{1}{6}, 0\right)$ 时, 方程 $H(x,y) = h$ 确定一条包围中心 $(1,0)$ 的闭轨线 L_h. 而方程 $H(x,y) = 0$ 确定一条非闭轨线 γ, 它是闭轨族 $\{L_h\}$ 的外边界, 且其正、负极限集都是鞍点 $(0,0)$, 像这种正负向趋于同一奇点的轨线称为同宿轨. 上述方程的相图如图 4.5.1 所示.

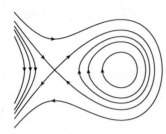

图 4.5.1　系统 (4.5.26) 的相图, 其中 $g(x) = x^2 - x$

由于哈密顿系统的发散量为零, 故这类系统的初等奇点或是中心或是鞍点. 可按下列步骤作出相图:

1. 求出哈密顿系统的所有奇点, 不妨设系统有中心 $C_1, \cdots, C_n$ 和鞍点 $S_1, \cdots, S_m$;

2. 求出哈密顿函数在所有奇点的函数值 $h_j = H(C_j)$ 与 $\bar{h}_k = H(S_k)$;

3. 对每个 $1 \leqslant j \leqslant n$, 必有以 h_j 为端点的开区间 J(该区间的另一端点为某一 $\bar{h}_k$ 或无穷大), 使得对一切 $h \in J$ 方程 $H(x,y) = h$ 确定一条包围点 C_j 的闭轨 L_h(除了 L_h 外, 方程 $H(x,y) = h$ 还可能确定其他轨线). 若该闭轨族 $\{L_h\}$ 所覆盖的区域是有界的, 则该区域的外边界必是通过鞍点 S_k 的满足方程 $H(x,y) = \bar{h}_k$ 的同宿轨或由若干条异宿轨和鞍点组成的异宿环.

4. 对每个 $1 \leqslant k \leqslant m$, 若方程 $H(x,y) = \bar{h}_k$ 确定一条通过鞍点 S_k 的有界奇异闭轨, 则必有以 $\bar{h}_k$ 为端点的开区间 $\tilde{J}$(该区间的另一端点为某一 h_j, 另一 $\bar{h}_{k'}$ 或无穷大), 使得对一切 $h \in \tilde{J}$ 方程 $H(x,y) = h$ 确定一闭轨, 这样的闭轨族所覆盖的区域可能是无界的, 该闭轨族的内边界若是一奇异闭轨, 则该奇异闭轨必包围另一闭轨族.

由于哈密顿系统的任意轨线必满足某一方程 $H(x,y) = h$. 通过分析由方程 $H(x,y) = h$ 所确定的所有曲线 (这些曲线称为函数 H 的等位线), 就不难获得系统的相图了.

习　题　4.5

1. 试证明例 4.5.4 中的结论.

2. 详细证明推论 4.5.2.

3. 利用推论 4.5.2 讨论系统 $\dot{x} = y - x^2 + ax^3$, $\dot{y} = -x$ 奇点稳定性 (提示: 取 $V(x,y) = x^2 + y^2 + \displaystyle\sum_{i+j=3} c_{ij} x^i y^j$, 其中 c_{ij} 为待定常数).

4. 求 $\dot{x} = y - x^2$, $\dot{y} = -x$ 的积分因子; 证明当 $a \neq 0$ 时, 系统 $\dot{x} = y - x^2 + ax^3$, $\dot{y} = -x$ 没有闭轨线.

5. 利用定理 4.5.6 计算系统 $\dot{x} = y - \sum_{i=1}^{n} a_i x^i$, $\dot{y} = -x(1-x)$(其中 $n \leqslant 5$) 位于原点的焦点之最高阶数, 并由此对任意 n 推测出焦点的最高阶数公式.

6. 画出下列哈密顿系统的相图:

(1) $\dot{x} = y - y^2, \dot{y} = -x + ax^2$;

(2) $\dot{x} = y, \dot{y} = -x + ax^2 + bx^3$;

(3) $\dot{x} = y, \dot{y} = \pm x + ax^3 + bx^5$;

(4) $\dot{x} = 2xy, \dot{y} = 1 - ax^2 - y^2$;

(5) $\dot{x} = y - y^3, \dot{y} = \pm x + ax^3$.

7. 给出三次系统

$$\dot{x} = \sum_{i+j=1}^{3} a_{ij} x^i y^j, \quad \dot{y} = \sum_{i+j=1}^{3} b_{ij} x^i y^j$$

成为哈密顿系统的充要条件, 并在此条件下求出哈密顿函数.

4.6 极 限 环

4.6.1 极限环稳定性与重数

闭轨的概念已被人们所熟悉, 例如出现闭轨的最简单的平面系统是以原点为中心的线性系统

$$\dot{x} = -y, \quad \dot{y} = x.$$

事实上, 以原点为圆心的任意圆周都是其闭轨, 它们的参数方程可以取为 $(x, y) = (r\cos t, r\sin t)$. 人们感兴趣的往往是一条孤立的闭轨, 也就是说, 除其自身以外, 它的某一邻域内没有其他闭轨, 将称这样的闭轨为极限环 (正式的定义将在后面给出). 先看两个具体例子.

例 4.6.1 考虑系统

$$\dot{x} = -y - x(x^2 + y^2 - 1), \quad \dot{y} = x - y(x^2 + y^2 - 1). \tag{4.6.1}$$

该系统有周期解 $x = \cos t, y = \sin t$, 对应的闭轨为单位圆周 $x^2 + y^2 = 1$. 引进极坐标 $x = r\cos\theta, y = r\sin\theta$, 则 (4.6.1) 式成为

$$\frac{\mathrm{d}r}{\mathrm{d}t} = -r(r^2 - 1), \quad \frac{\mathrm{d}\theta}{\mathrm{d}t} = 1.$$

于是可得 2π 周期方程

$$\frac{\mathrm{d}r}{\mathrm{d}\theta} = -r(r^2 - 1), \tag{4.6.2}$$

该方程有周期解 $r = 1$, 与上述闭轨相对应. 为讨论该周期解的稳定性, 令 $\rho = r - 1$, 可得

$$\frac{\mathrm{d}\rho}{\mathrm{d}\theta} = -\rho(\rho + 1)(\rho + 2).$$

由定理 4.4.2 知上述方程的零解 $\rho = 0$ 是渐近稳定的, 故 (4.6.2) 式的周期解 $r = 1$ 是渐近稳定的, 又注意到当 $t \to +\infty$ 时, $\theta \to +\infty$, 由此易知, 在平面 R^2 中存在单位圆 $x^2 + y^2 = 1$ 的邻域, 使得方程 (4.6.1) 在该邻域内的任一点的正极限集都是圆周 $x^2 + y^2 = 1$, 从而该圆周是 (4.6.1) 式的极限环, 称这样的极限环为稳定极限环.

又易见, 原点是 (4.6.1) 式的不稳定焦点. 于是易知方程 (4.6.1) 与 (4.6.2) 的相图如图 4.6.1 所示.

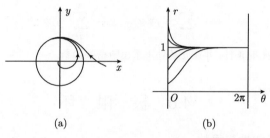

(a)　　　　　　　　　　　　　(b)

图 4.6.1　方程 (4.6.1) 与 (4.6.2) 的相图

例 4.6.2　在例 4.5.1 中, 考虑过方程 (4.5.9)

$$\dot{x} = -y - x^3(ax + 1)(x^2 + y^2 - 1),$$

$$\dot{y} = x$$

位于原点的焦点之稳定性, 在那里引入极坐标变换 $(x, y) = (r\cos\theta, r\sin\theta)$, 将上述方程化为 (4.5.10) 式

$$\frac{\mathrm{d}r}{\mathrm{d}\theta} = \frac{-\cos^4\theta(1 + ar\cos\theta)(r^2 - 1)r^3}{1 - \sin\theta\cos^3\theta(1 + ar\cos\theta)(r^2 - 1)r^2}.$$

易见 (4.5.10) 式有常数解 $r = 1$, 对应于 (4.5.9) 式的闭轨线 $x^2 + y^2 = 1$. 为讨论 (4.5.10) 式的解 $r = 1$ 的稳定性, 令 $\rho = r - 1$, 则由 (4.5.10) 式可得 2π 周期方程

$$\frac{\mathrm{d}\rho}{\mathrm{d}\theta} = -2\cos^4\theta(1 + a\cos\theta)\rho + O(\rho^2) \equiv f(\theta, \rho).$$

由于

$$\int_0^{2\pi} \cos^5\theta\mathrm{d}\theta = 0, \quad \int_0^{2\pi} \cos^4\theta\mathrm{d}\theta > 0,$$

由定理 4.4.2 知 $\rho = 0$ 为渐近稳定的. 故 (4.5.10) 式的解 $r = 1$ 为渐近稳定的. 此时对应的闭轨 $x^2 + y^2 = 1$ 为 (4.5.9) 式的稳定极限环. 方程 (4.5.10) 与 (4.5.9) 的相图如图 4.6.2 所示 (其中箭头表示时间 t 增加时解的变化情况).

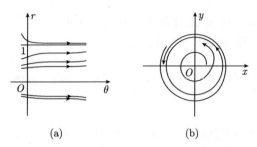

图 4.6.2 方程 (4.5.10) 与 (4.5.9) 的相图

下面引出一般二维系统极限环的定义. 设有定义于区域 $G \subset R^2$ 上的平面系统

$$\dot{z} = f(z), \quad z \in G, \tag{4.6.3}$$

其中 $f : G \to R^2$ 为连续可微函数. 设 (4.6.3) 式有闭轨线 L, 其参数方程由 $z = u(t)$ 给出, $0 \leqslant t \leqslant T$, 这里 T 表示 L 的周期. 引入函数

$$v(\theta) = \frac{u'(\theta)}{|u'(\theta)|} = \begin{pmatrix} v_1(\theta) \\ v_2(\theta) \end{pmatrix}, \quad Z(\theta) = \begin{pmatrix} -v_2(\theta) \\ v_1(\theta) \end{pmatrix}.$$

由于 $v_1^2 + v_2^2 = 1$, 求导得 $v_1 v_1' + v_2 v_2' = 0$, 即有

$$(-v_2, v_1) \begin{pmatrix} -v_2' \\ v_1' \end{pmatrix} = Z^{\mathrm{T}}(\theta) \frac{\mathrm{d} Z(\theta)}{\mathrm{d} \theta} = 0, \tag{4.6.4}$$

此处 Z^{T} 表示向量 Z 的转置. 现在对方程 (4.6.3) 引入变换 (称之为**曲线坐标变换**)

$$z = u(\theta) + Z(\theta)p, \quad 0 \leqslant \theta \leqslant T, \quad |p| < \varepsilon, \tag{4.6.5}$$

其中 $\varepsilon > 0$ 为适当小的正常数.

引理 4.6.1 变换 (4.6.5) 把方程 (4.6.3) 化为下述关于 θ 为 T 周期的微分方程

$$\begin{aligned} \dot{\theta} &= 1 + g_1(\theta, p), \\ \dot{p} &= A(\theta)p + g_2(\theta, p), \end{aligned} \tag{4.6.6}$$

其中 $A(\theta) = Z^{\mathrm{T}}(\theta) \frac{\partial f}{\partial z}(u(\theta)) Z(\theta)$, g_1 与 g_2 为连续函数, 关于 θ 为 T 周期的, 关于 p 为连续可微的, 且满足 $g_1(\theta, 0) = g_2(\theta, 0) = 0, \frac{\partial g_2}{\partial p}(\theta, 0) = 0$.

证明 由 (4.6.5) 式与 (4.6.3) 式可得

$$(u'(\theta) + Z'(\theta)p)\dot{\theta} + Z(\theta)\dot{p} = f(u(\theta) + Z(\theta)p). \tag{4.6.7}$$

要从 (4.6.7) 式解出 $\dot{\theta}$ 与 $\dot{p}$. 这样就可以获得 (4.6.6) 式了.

首先, 用 v^{T} 左乘 (4.6.7) 式, 并注意到

$$v^{\mathrm{T}}Z = 0, \quad v^{\mathrm{T}}f(u) = v^{\mathrm{T}}u' = |u'| = |f(u)|,$$

可得

$$\dot{\theta} = (|f(u)| + v^{\mathrm{T}}Z'p)^{-1}v^{\mathrm{T}}f(u + Zp) \equiv \widetilde{g}_1(\theta, p).$$

由于 $f(z)$ 为连续可微函数, Z 也是连续可微函数, 故 $\widetilde{g}_1$ 为连续且关于 p 为可微的, 而且成立

$$\widetilde{g}_1(\theta, 0) = \frac{v^{\mathrm{T}}f(u)}{|f(u)|} = 1.$$

其次, 用 Z^{T} 左乘 (4.6.7) 式, 利用 (4.6.4) 式, 并注意到 $Z^{\mathrm{T}}Z = 1, Z^{\mathrm{T}}f(u) = Z^{\mathrm{T}}u' = 0$, 可得

$$\dot{p} = Z^{\mathrm{T}}f(u + Zp).$$

显然, 函数 $Z^{\mathrm{T}}f(u + Zp)$ 是连续可微的, 且可以写为

$$Z^{\mathrm{T}}f(u + Zp) = A(\theta)p + g_2(\theta, p),$$

其中

$$g_2(\theta, p) = Z^{\mathrm{T}}\left[f(u + Zp) - f(u) - \frac{\partial f}{\partial z}(u)Zp\right].$$

易见 g_2 与 $\dfrac{\partial g_2}{\partial p}$ 均为连续函数, 且 $g_2(\theta, 0) = 0, \dfrac{\partial g_2}{\partial p}(\theta, 0) = 0$. 于是引理得证.

由 (4.6.6) 式可得一维 T 周期方程

$$\frac{\mathrm{d}p}{\mathrm{d}\theta} = R(\theta, p), \tag{4.6.8}$$

其中 R 与 $\dfrac{\partial R}{\partial p}$ 均为连续函数, 且 $\dfrac{\partial R}{\partial p}(\theta, 0) = A(\theta)$. 由变换 (4.6.5) 易见, (4.6.3) 式的闭轨 L 对应于 (4.6.8) 式的零解 $p = 0$. 利用 (4.6.8) 式的零解可定义极限环及其稳定性等概念.

定义 4.6.1   设 $P(p_0)$ 表示 (4.6.8) 式的 Poincaré 映射, 即 $P(p_0) = p(T, p_0)$, 其中 $p(\theta, p_0)$ 为 (4.6.8) 式满足 $p(0, p_0) = p_0$ 之解. 称 $P(p_0)$ 为平面系统 (4.6.3) 在闭轨道 L 附近的 Poincaré 映射, 称周期方程 (4.6.8) 的后继函数 $d(p_0) = P(p_0) - p_0$ 为平面系统 (4.6.3) 在闭轨道 L 附近的**后继函数**或**分支函数**. 若 $p_0 = 0$ 为 d 的孤立根, 则称 L 为 (4.6.3) 式的**极限环**. 进一步, 若 $p = 0$ 为 (4.6.8) 式的稳定零解 (不稳定零解), 则称 L 为 (4.6.3) 式的**稳定极限环**(**不稳定极限环**).

若 L 为 (4.6.3) 式的稳定极限环, 则由上述定义和推论 4.4.1 知, $p = 0$ 为 (4.6.8) 式的渐近稳定零解 (在 Lyapunov 意义下), 但易证 (见本节习题)L 的参数方程 $z = u(t)$ 作为 (4.6.3) 式的周期解并不是渐近稳定的 (在 Lyapunov 意义下). 鉴于此, 定义 4.6.1 中定义的稳定性又常称为是轨道稳定性.

关于极限环的稳定性判定, 有下述定理.

定理 4.6.1　方程 (4.6.3) 的闭轨 L 为稳定极限环当且仅当存在 $\varepsilon_0 > 0$, 使当 $0 < |p_0| < \varepsilon_0$ 时, $p_0 d(p_0) < 0$. 特别地, 若

$$I_L = \oint_L \operatorname{tr}\frac{\partial f}{\partial z}(z)\mathrm{d}t = \int_0^T \operatorname{tr}\frac{\partial f}{\partial z}(u(t))\mathrm{d}t < 0 (> 0),$$

则 L 为稳定极限环 (不稳定极限环).

证明　由定理 4.4.1 与推论 4.4.1 即知前半部分成立. 为证后半部分, 令 $f(z) = (f_1(z), f_2(z))^{\mathrm{T}}$, 则由 $Z(\theta)$ 的定义知

$$Z^{\mathrm{T}} = \frac{1}{\sqrt{f_1^2(u) + f_2^2(u)}}(-f_2(u), f_1(u)),$$

$$\frac{\partial f}{\partial z}(u) = \begin{pmatrix} \dfrac{\partial f_1}{\partial z_1}(u) & \dfrac{\partial f_1}{\partial z_2}(u) \\ \dfrac{\partial f_2}{\partial z_1}(u) & \dfrac{\partial f_2}{\partial z_2}(u) \end{pmatrix}.$$

故

$$
\begin{aligned}
A(\theta) &= \frac{1}{f_1^2 + f_2^2}(-f_2, f_1)\begin{pmatrix} \dfrac{\partial f_1}{\partial z_1} & \dfrac{\partial f_1}{\partial z_2} \\ \dfrac{\partial f_2}{\partial z_1} & \dfrac{\partial f_2}{\partial z_2} \end{pmatrix}\begin{pmatrix} -f_2 \\ f_1 \end{pmatrix}_{z=u} \\
&= \frac{1}{f_1^2 + f_2^2}\left[f_2^2 \frac{\partial f_1}{\partial z_1} - f_1 f_2\left(\frac{\partial f_1}{\partial z_2} + \frac{\partial f_2}{\partial z_1}\right) + f_1^2 \frac{\partial f_2}{\partial z_2} \right]_{z=u} \\
&= \frac{\partial f_1}{\partial z_1} + \frac{\partial f_2}{\partial z_2} - \frac{1}{f_1^2 + f_2^2}\left[f_1^2 \frac{\partial f_1}{\partial z_1} + f_2^2 \frac{\partial f_2}{\partial z_2} + f_1 f_2\left(\frac{\partial f_1}{\partial z_2} + \frac{\partial f_2}{\partial z_1}\right) \right]_{z=u} \\
&= \operatorname{tr}\frac{\partial f}{\partial z}(u(\theta)) - \frac{\mathrm{d}}{\mathrm{d}\theta}\ln|f(u(\theta))|.
\end{aligned}
$$

于是由 $|f(u(0))| = |f(u(T))|$ 可得

$$\int_0^T A(\theta)\mathrm{d}\theta = \int_0^T \operatorname{tr}\frac{\partial f}{\partial z}(u(\theta))\mathrm{d}\theta = I_L.$$

从而, 由定理 4.4.2 即得结论, 且有

$$P'(0) = \mathrm{e}^{\int_0^T A(\theta)\mathrm{d}\theta} = \mathrm{e}^{I_L}.$$

证毕.

易见, 二阶矩阵 $\dfrac{\partial f}{\partial z}$ 的迹 $\operatorname{tr} \dfrac{\partial f}{\partial z}$ 正好是方程 (4.6.3) 的发散量, 即

$$\operatorname{div} f = \frac{\partial f_1}{\partial z_1} + \frac{\partial f_2}{\partial z_2}.$$

称发散量沿 L 的积分 I_L 为极限环 L 的**指数**. 若 $I_L \neq 0$, 称 L 为**双曲极限环**或**单重极限环**.

由引理 4.6.1 的证明可以看出, 如果 (4.6.3) 式为 C^k 系统, 那么 (4.6.8) 式的右端函数关于 (θ, p) 是 C^{k-1} 的, 而关于 p 则是 C^k 的. 注意到函数 $\dfrac{\partial p(\theta, p_0)}{\partial p_0}$ 满足

$$\frac{\mathrm{d}}{\mathrm{d}\theta} \frac{\partial p}{\partial p_0} = \frac{\partial R}{\partial p} \frac{\partial p}{\partial p_0}, \quad \frac{\partial p}{\partial p_0}(0, p_0) = 1,$$

故函数 P' 在 $p_0 = 0$ 为 C^{k-1} 的, 从而函数 P 与 d 在 $p_0 = 0$ 为 C^k 的, 于是, 一般地可给出下列定义.

定义 4.6.2　设 (4.6.3) 式为 C^k 系统, $k \geqslant 1$, 如果当 $|p_0|$ 充分小时,

$$d(p_0) = d_k p_0^k + o(p_0^k), \quad d_k \neq 0,$$

那么称 L 为 (4.6.3) 式的 k 重极限环.

由定理 4.6.1 的证明知

$$d_1 = \mathrm{e}^{I_L} - 1,$$

而对方程 (4.6.8) 利用公式 (4.4.14) 可给出 d_2 的计算公式.

由定理 4.6.1 知, 偶数重极限环是不稳定的, 而奇数重极限环是稳定的当且仅当 $d_k < 0$, 其中 k 是极限环的重数.

回到方程 (4.5.9), 有

$$\operatorname{div} f|_{x^2 + y^2 = 1} = -x^3(ax + 1) \cdot 2x.$$

取 $x^2 + y^2 = 1$ 的参数表示为 $(x, y) = (\cos t, \sin t)$, 则其指数为

$$\begin{aligned} I_L &= f \int_0^{2\pi} -2\cos^4 t (a\cos t + 1)\mathrm{d}t \\ &= -2 \int_0^{2\pi} \cos^4 t\, \mathrm{d}t < 0. \end{aligned}$$

于是由定理 4.6.1 知, 圆 $x^2 + y^2 = 1$ 为 (4.5.9) 式的单重稳定极限环.

下面给出极限环稳定性的几何解释. 设 $p(\theta, p_0)$ 为 (4.6.8) 式的解. 将 $p = p(\theta, p_0)$ 代入 (4.6.6) 式的第一个方程, 然后求其满足 $\theta(0) = 0$ 的解 $\theta(t, p_0)$, 则 $(\theta(t, p_0), p(\theta(t, p_0), p_0))$ 为 (4.6.6) 式的解. 令 $z_0 = u(0) + Z(0)p_0$, 及

$$z(t, z_0) = u(\theta(t, p_0)) + Z(\theta(t, p_0))p(\theta(t, p_0), p_0),$$

则由 (4.6.5) 式知 $z(t, z_0)$ 为 (4.6.3) 式的解. 因为 $\theta(t, p_0)$ 为 t 的无界严格增加函数, 故存在唯一的 $\tau > 0$, 使

$$\theta(\tau, p_0) = T.$$

于是

$$z(\tau, z_0) = u(\theta(\tau, p_0)) + Z(\theta(\tau, p_0))p(\theta(\tau, p_0), p_0)$$

$$= u(T) + Z(T)p(T, p_0) = u(0) + Z(0)P(p_0).$$

因此, 点 z_0 与 $z(\tau, z_0)$ 均位于过点 $u(0) \in L$、以 $Z(0)$ 为方向矢量的 "截线" 上. 为进一步说明点 z_0 与 $z(\tau, z_0)$ 的相对位置, 不妨设 L 为顺时针定向的. 注意到单位向量 $v(0)$ 与 $u'(0)$ 同向, 而单位向量 $Z(0)$ 表示 L 在 $u(0)$ 的外法向, 如图 4.6.3 所示. 若 L 为稳定的, 则当 $|p_0|$ 充分小时, $p_0 d(p_0)$ 负定. 故当 $p_0 < 0$ 时, $P(p_0) > p_0$, 这表示点 $z(\tau, z_0)$ 在 z_0 的外侧; 当 $p_0 > 0$ 时, $P(p_0) < p_0$, 这表示点 $z(\tau, z_0)$ 在 z_0 的内侧.

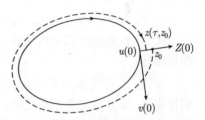

图 4.6.3　稳定极限环的几何性态

请读者自行画出 L 为不稳定时 L 附近轨线的渐近性态 (分 $p_0 d(p_0)$ 正定及 $p_0 d(p_0)$ 变号两种情况讨论).

上述几何解释表明, 也可以利用轨线与截线的交点 $z(\tau, z_0)$ (的上述表达式) 来定义平面系统 (4.6.3) 在闭轨 L 邻近的 Poincaré 映射 $P(p_0)$, 而且利用隐函数定理易见函数 τ 与 P 均与 (4.6.3) 有相同的光滑性. 这一工作留给读者完成.

由上述分析易见成立引理 4.6.2.

引理 4.6.2　方程 (4.6.3) 在闭轨 L 的邻域内存在闭轨的个数与函数 $d(p_0)$ 在 $p_0 = 0$ 附近关于 p_0 的根的个数一致.

例 4.6.3　考虑系统

$$x' = -y + x(x^2 + y^2 - 1)^k, \quad y' = x + y(x^2 + y^2 - 1)^k, \tag{4.6.9}$$

其中 $k = 1, 2$. 该方程有闭轨 L: $x^2 + y^2 = 1$, 对应的周期解可取为 $x = \cos t$, $y = \sin t$, 此时有 $Z(\theta) = (-\cos\theta, -\sin\theta)^{\mathrm{T}}$, 于是引进极坐标 $x = (1 - p)\cos\theta$, $y = $

$(1-p)\sin\theta$, 其中 p 充分小, 则 (4.6.9) 式成为

$$\frac{\mathrm{d}p}{\mathrm{d}t} = (-1)^{k+1}p^k(1-p)(2-p)^k, \quad \frac{\mathrm{d}\theta}{\mathrm{d}t} = 1.$$

于是得 2π 周期方程

$$\frac{\mathrm{d}p}{\mathrm{d}\theta} = (-1)^{k+1}p^k(1-p)(2-p)^k. \tag{4.6.10}$$

显然, 若 $k=1$, 则 $I_L = 4\pi > 0$, 故 L 是不稳定双曲极限环. 注意到此时当 $|p_0|$ 充分小时 $p_0 d(p_0)$ 为正定函数, 由稳定性的几何意义知, L 两侧附近所有点的负极限集都是 L, 称这样的极限环是完全不稳定的. 若 $k=2$, 则 (4.6.9) 式的零解 $p=0$ 是非双曲的, 进一步对方程 (4.6.10) 利用公式 (4.4.14) 可得 $d_2 = -8\pi$, 此时易知, L 内侧的轨线正向趋于 L, 而其外侧的轨线负向趋于 L, 称这样的不稳定极限环为内侧稳定外侧不稳定的. 不稳定极限环也可能是内侧不稳定外侧稳定的. 这种一侧稳定另一侧不稳定的极限环都称为半稳定极限环.

于是, 对任一极限环 L, 下列结论之一必成立:

(i) 在 L 两侧小邻域内的轨线, 当 $t \to +\infty$ 时都趋近于该极限环, 即 L 为稳定的极限环;

(ii) 在 L 的两侧小邻域内, 轨线当 $t \to -\infty$ 时都趋近于该闭轨, 即 L 为不稳定的极限环, 而且是完全不稳定的;

(iii) 在 L 的某一侧小邻域内, 轨线当 $t \to +\infty$ 时都趋于该极限环, 而另一侧正好相反, 即当 $t \to -\infty$ 时趋于它, 即 L 为不稳定的极限环, 而且是半稳定的.

如果闭轨 L 不是极限环, 即其任意小邻域内都有无穷多个闭轨, 这样就不能利用定义 4.6.1 来判别其 (轨道) 稳定性了, 而且这样的闭轨显然已没有重数概念了.

4.6.2　极限环存在性与唯一性

下面进一步讨论极限环的存在性、唯一性与不存在性问题.

定理 4.6.2　设 $D \subset G$ 为一开集, $B : D \to R$ 为 C^1 函数. 又设量

$$\mathrm{div}(Bf) \equiv \mathrm{tr}\frac{\partial(Bf)}{\partial z}$$

在 D 内常号, 且在 D 内任一开子集中不恒为零.

(i) 若 D 为单连通区域, 则方程 (4.6.3) 在 D 内没有闭轨, 也没有分段光滑的奇闭轨.

(ii) 若 D 为双连通区域 (即 D 是有两条边界曲线的开环域), 则 (4.6.3) 式在 D 内至多有一个极限环. 若极限环存在, 且沿着它有 $\mathrm{div}(Bf) \not\equiv 0, B > 0$, 则极限环必为双曲的, 且当 $\mathrm{div}(Bf) \leqslant 0 (\geqslant 0)$ 时为稳定 (不稳定) 的.

证明 设 $z = (x, y), f = (f_1, f_2)$. 首先设 D 为单连通区域. 若 (4.6.3) 式在 D 中有闭轨或分段光滑的奇闭轨 L. 不妨设 L 为逆时针定向的. 又记 V 为 L 所围的区域, 则 $V \subset D$. 利用 Green 公式知

$$\iint\limits_{V} \operatorname{div}(Bf)\mathrm{d}x\mathrm{d}y = \oint_L B(f_1\mathrm{d}y - f_2\mathrm{d}x).$$

因为 L 为 (4.6.3) 式的闭轨或奇闭轨, 故沿 L 成立 $f_1\mathrm{d}y = f_2\mathrm{d}x$. 于是上式右端为 0. 另一方面, 根据所作的假设, 上式左端非零. 矛盾. 结论 (i) 得证.

次设 D 为双连通区域. 若 (4.6.3) 式在 D 内有两个闭轨, 则在此两闭轨所围的环域上利用 Green 公式仿上可得矛盾, 即知 (4.6.3) 式在 D 内至多有一个极限环. 又易知

$$\frac{1}{B}\operatorname{div}(Bf) = \frac{1}{B}\left(\frac{\partial B}{\partial x}f_1 + \frac{\partial B}{\partial y}f_2\right) + \operatorname{div}f.$$

若 (4.6.3) 式在 D 内有闭轨 L, 则由上式得

$$\oint_L \frac{1}{B}\operatorname{div}(Bf)\mathrm{d}t = \oint_L \frac{1}{B}\mathrm{d}B + \oint_L (\operatorname{div}f)\mathrm{d}t = \oint_L (\operatorname{div}f)\mathrm{d}t = I_L,$$

从而当 $\operatorname{div}(Bf)|_L \not\equiv 0$, 且 $\operatorname{div}(Bf) \leqslant 0 (\geqslant 0)$ 时, $I_L < 0 (> 0)$. 于是由定理 4.6.1 知结论 (ii) 成立. 证毕.

上述定理的第一个结论常称为判别闭轨不存在的 Dulac 判别法, 称函数 B 为 Dulac 函数.

例 4.6.4 考虑 Lotka-Volterra 人口模型

$$\dot{x} = x(A - a_1 x + b_1 y), \quad \dot{y} = y(B - a_2 y + b_2 x),$$

其中 $a_i > 0, i = 1, 2$. 试证在第一象限内不存在极限环.

证明 取 Dulac 函数 $B = (xy)^{-1}$, 则

$$\operatorname{div}(Bf) = -a_1 y^{-1} - a_2 x^{-1} < 0 \text{ (在第一象限内)}.$$

于是由定理 4.6.2 知结论成立.

例 4.6.5 考虑系统

$$x' = x(y - 1), \quad y' = x + y - 2y^2$$

的闭轨的存在性.

解 由于

$$\operatorname{div}(Bf) = -3y,$$

由定理 4.6.2 知在系统在半平面 $y < 0$ 和 $y > 0$ 上没有完整的闭轨. 还需要考虑系统是否有与 $y = 0$ 相交的闭轨. 注意到

$$\dot{y}|_{y=0} = x > 0(< 0), \quad \text{当 } x > 0(< 0) \text{时},$$

因此, 假若系统有闭轨 Γ 与 x 轴相交, 则 Γ 必包围原点, 从而 Γ 必与 y 轴相交. 但 y 轴是系统的直线解, 矛盾. 故系统没有闭轨.

进一步可证下面定理.

定理 4.6.3   设 D 为平面区域, $V : D \to R$ 为 C^1 函数. 令

$$M = \left\{ (x,y) \in D \mid \frac{\mathrm{d}V}{\mathrm{d}t} = 0 \right\},$$

其中 $\dfrac{\mathrm{d}V}{\mathrm{d}t} = \dfrac{\partial V}{\partial z} \cdot f(z)$. 设 $\dfrac{\mathrm{d}V}{\mathrm{d}t}$ 在 D 中常号, 则

(i) 若 (4.6.3) 式在 M 中没有闭轨, 则 (4.6.3) 式在 D 中没有闭轨;

(ii) 若 (4.6.3) 式在 M 中没有具正长度的轨线段, 且存在常数 k 使 $D = \{(x,y) \mid V \leqslant k\}$. 则 (4.6.3) 式不存在与 D 相交的闭轨.

证明   先证 (i). 设 (4.6.3) 式在 M 中没有闭轨但在 D 中有闭轨 L, 则沿 L 有 $\dfrac{\mathrm{d}V}{\mathrm{d}t} \neq 0$. 于是

$$0 \neq \oint_L \frac{\mathrm{d}V}{\mathrm{d}t} \mathrm{d}t = \oint_L \frac{\partial V}{\partial x} f_1 \mathrm{d}t + \frac{\partial V}{\partial y} f_2 \mathrm{d}t$$

$$= \oint_L \frac{\partial V}{\partial x} \mathrm{d}x + \frac{\partial V}{\partial y} \mathrm{d}y = \oint_L \mathrm{d}V = 0.$$

矛盾. 于是结论 (i) 得证.

对结论 (ii) 也用反证法. 设 (4.6.3) 式存在闭轨 L 且与 D 相交. 首先由结论 (i) 知 L 不能整个位于 D 中, 故必有 L 上一段弧 $\widehat{AB}$ 位于 D 中, 其中 $A, B \in \partial D \cap L$, ∂D 表示 D 的边界. 从而有 $V(A) = V(B) = k$. 由假设知 $\widehat{AB}$ 中有点不属于 M, 故沿 $\widehat{AB}$ 必有 $\dfrac{\mathrm{d}V}{\mathrm{d}t} \neq 0$, 从而

$$0 \neq \oint_{AB} \frac{\mathrm{d}V}{\mathrm{d}t} \mathrm{d}t = \int_{AB} \mathrm{d}V = V(B) - V(A) = 0.$$

矛盾. 证毕.

例 4.6.6   试证明 Van der Pol 方程

$$\dot{x} = y, \quad \dot{y} = -x - (x^2 - 1)y \tag{4.6.11}$$

至多有一个极限环.

证明 取 $V(x,y) = x^2 + y^2$, $D = \{(x,y) \mid x^2 + y^2 \leqslant 1\}$, 则

$$\frac{\mathrm{d}V}{\mathrm{d}t} = 2y^2(1-x^2).$$

从而 $M = \{(x,y) \mid y = 0, |x| \leqslant 1\}$. 由定理 4.6.3(ii) 知方程 (4.6.11) 不存在与 D 相交的闭轨. 换句话说, 如果 (4.6.11) 式有极限环, 那么该环必包围以原点为心的单位圆盘 D. 往证, 这种极限环不多于一个. 事实上, 取 $B(x,y) = (x^2 + y^2 - 1)^{-\frac{1}{2}}$, 则易知

$$\mathrm{div}(Bf) = -(x^2 + y^2 - 1)^{-\frac{3}{2}}(1-x^2)^2$$

$$< 0 \ (\text{当} \ x^2 + y^2 > 1 \ \text{且} \ x^2 \neq 1 \ \text{时}).$$

于是由定理 4.6.2 知, 方程 (4.6.11) 在 D 外至多有一个极限环, 且若存在必为双曲的稳定环. 因此结论得证.

再由对方程 (4.2.2) 的讨论知, (4.6.11) 式在全平面恰有一个极限环, 且是双曲稳定环.

关于闭轨的存在性, 已证明环域定理 (推论 4.2.1), 基于该结论可得下列极限环的存在性定理.

定理 4.6.4(Poincaré-Bendixson 环域定理) 设方程 (4.6.3) 在由两条闭曲线所界的环域 $D \subset G$ 中为解析的. 如果 D 中没有 (4.6.3) 的奇点, 且 (4.6.3) 式从 D 的边界上任一点出发的轨线都正向 (或负向) 进入 D 内, 那么 (4.6.3) 式在 D 内必有稳定极限环 (完全不稳定极限环).

证明 今以括号外的情况为例证之. 由推论 4.2.1 知, 在 D 的外边界上任取一点, 则该点的正极限集必是外侧为稳定且包含 D 的内边界的闭轨, 记其为 L_1. 若记 d_{L_1} 为 (4.6.3) 式在 L_1 的后继函数, 则因为 (4.6.3) 式是解析系统, 故 d_{L_1} 为解析函数, 又因为 L_1 是外侧稳定的, d_{L_1} 不能恒为零, 即存在整数 $k \geqslant 1$ 和 $d_k \neq 0$, 使 $d_{L_1}(p_0) = d_k p_0^k + O(p_0^{k+1})$. 若 k 为奇数, 则 L_1 是稳定极限环, 此时结论已证. 若 k 为偶数, 则 L_1 是半稳定极限环, 此时进一步利用推论 4.2.1 知 (4.6.3) 式在 L_1 内侧区域必有外侧稳定且包含 D 的内边界的极限环, 记其为 L_2. 同理可知, 若 L_2 不是稳定的, 则它是半稳定的. 以此类推, 若 (4.6.3) 式在 D 内没有稳定极限环, 则它必有无穷个半稳定且包含 D 的内边界的极限环列 L_k, 而且 L_{k+1} 位于 L_k 的内侧, 由紧集的性质, L_k 必有极限, 记为 L, 则 L 必是 (4.6.3) 式的闭轨且包含 D 的内边界在其内部. 显然, (4.6.3) 式在 L 的后继函数 d_L 以 $p_0 = 0$ 为非孤立根, 由解析性, 它在 $p_0 = 0$ 附近恒为零, 这蕴含 L 某邻域内的所有轨线都是闭的, 从而当 k 充分大时, L_k 两侧附近的轨线都是闭的, 这与 L_k 为半稳定极限环矛盾. 故定理得证.

上述定理不但给出了极限环的存在性, 同时还给出了极限环的存在范围. 然而, 一般来说在实际应用中并非易事. 下面结合 Lyapunov 函数, 给出一个简单应用.

例 4.6.7   判断系统

$$\dot{x} = y - x + x^3, \quad \dot{y} = -x - y + y^3$$

是否存在极限环.

解   取函数 $V(x,y) = x^2 + y^2$, 则该函数沿所述系统轨线的全导数是

$$\frac{\mathrm{d}V}{\mathrm{d}t} = \frac{\partial V}{\partial x}\dot{x} + \frac{\partial V}{\partial y}\dot{y}$$

$$= 2x(y - x + x^3) + 2y(-x - y + y^3)$$

$$= 2[(x^4 + y^4) - (x^2 + y^2)] \equiv 2W(x,y).$$

在相平面上可取两个圆 $\Gamma_1 : x^2 + y^2 = 1 - \varepsilon$ 和 $\Gamma_2 : x^2 + y^2 = 2 + \varepsilon$, 其中 $\varepsilon > 0$ 可任意小, 使沿 Γ_1 有 $W(x,y) < 0$, 而沿 Γ_2 有 $W(x,y) > 0$, 于是系统的轨线与 Γ_1 相交时都进入 Γ_1 内部, 而当轨线和 Γ_2 相交时都进入 Γ_2 的外部. 事实上可证闭曲线 $\Gamma = \{W(x,y) = 0, \ (x,y) \neq (0,0)\}$ 必位于由 Γ_1 和 Γ_2 所界的环域 D 内. 这是因为任一直线 $y = kx$ 与 Γ_1, Γ_2 和 Γ 交点的横坐标分别满足

$$x_{1,\pm}^2 = \frac{1 - \varepsilon}{k^2 + 1}, \quad x_{2,\pm}^2 = \frac{2 + \varepsilon}{k^2 + 1}, \quad x_{\pm}^2 = \frac{k^2 + 1}{k^4 + 1},$$

而且成立:

$$x_{1,\pm}^2 < x_{\pm}^2 < x_{2,\pm}^2.$$

另外, 计算易知系统有唯一奇点, 为 $(0,0)$, 故在由 Γ_1 和 Γ_2 所界的环域上应用定理 4.6.4 知系统在该环域内有完全不稳定极限环. 进一步由 ε 的任意性知, 极限环必位于圆周 $x^2 + y^2 = 1$ 与 $x^2 + y^2 = 2$ 之间.

对一给定平面系统, 研究其极限环的个数及其分布方式是一个重要而困难的问题, 例如下述四次 Liénard 方程

$$\dot{x} = y - (x^4 + a_3 x^3 + a_2 x^2 + a_1 x), \quad \dot{y} = -x$$

是否最多只有一个极限环半个多世纪以来无人能给出完整的证明, 直到最近才由李承治和 J. Llibre 联合解决. 1900 年 Hilbert 曾提出研究一般 n 次多项式系统

$$\dot{x} = P_n(x,y), \quad \dot{y} = Q_n(x,y)$$

极限环的最多个数及其分布, 其中 P_n 与 Q_n 为 (x,y) 的 n 次多项式. 自问题提出以来, 国内外许多优秀数学家为之呕心沥血, 完成了成千上万篇的学术论文, 取得

了一批又一批的研究成果. 然而, 即使对 $n = 2$ 这一最简单的非线性系统, 这一问题也没有最终解决. 在 20 世纪 50 年代, 我国数学家叶彦谦教授率先提出对二次系统进行分类研究, 并和合作者一起作出了不少世界领先的成果. 最近, 韩茂安和李继彬在前人工作的基础上给出了任意 n 次多项式系统的可能出现的极限环最大个数的新下界, 改进了以往的有关工作. 有关平面系统极限环存在性、唯一性、唯二性等较系统的研究, 见文献 [33, 45, 50, 51, 53]. 上面介绍的是研究极限环的定性方法, 其特点是系统中出现的系数或是某具体值或是不确定的常量, 当这些常量满足一定条件时系统没有极限环或有一个极限环等. 一般来说这样得到的结果 (极限环的个数) 不很细致. 下面一章将允许系统中出现的系数等在一定范围内变化, 即考虑一些给定系统的小参数扰动, 并研究受扰系统极限环的个数, 研究这类系统的极限环个数的方法称为极限环分支理论.

习　题　4.6

1. 考虑方程 (4.6.9), 试证明单位圆 $x^2 + y^2 = 1$ 是 k 重极限环.

2. 试给出一 C^∞ 系统, 它以单位圆 $x^2 + y^2 = 1$ 为闭轨, 且在其任意小邻域内都有无穷多个闭轨和无穷多个非闭轨.

3. 证明二次系统 $\dot{x} = -y(ax + 1) - (x^2 + y^2 - 1)$, $\dot{y} = -x(ax + 1)$ (其中 $0 < a < 1$) 以 $x^2 + y^2 = 1$ 为双曲极限环.

4. 设 $a + b \neq 0$. 考虑三次系统 $\dot{x} = -y + ax(x^2 + y^2 - 1)$, $\dot{y} = x + by(x^2 + y^2 - 1)$ 极限环 $x^2 + y^2 = 1$ 的稳定性.

5. 证明系统 $\dot{x} = y - (x^3 - ax)$, $\dot{y} = -x(1 - x^2)$ 当 $a \leqslant 0$ 或 $a \geqslant 1$ 时无闭轨, 当 $0 < a < 1$ 时至多一个闭轨. 提示: 取 Dulac 函数的形式为 $B = [V - V_0]^b$, 其中 $V = (x^2 + y^2)/2 - x^4/4$, 而 V_0 与 b 为待定常数.

6. 考虑解析 Liénard 系统 $\dot{x} = y - F(x)$, $\dot{y} = -g(x)$, 其中当 $x \neq 0$ 时 $xg(x) > 0$, $G(\pm\infty) = \infty$, 设 $x_2(Z) < 0 < x_1(Z)$ 为 $Z = G(x)$ 的反函数, 令 $F_i(Z) = F(x_i(Z))$, $i = 1, 2$. 如果

(1) 存在 $\delta_0 > 0$, $a \in (0, \sqrt{8})$, 使对任意 $0 < \delta < \delta_0$, 当 $0 < Z < \delta$ 时, $F_1(Z) < a\sqrt{Z}$, $F_2(Z) > -a\sqrt{Z}$, $F_1(Z) \leqslant F_2(Z)$, 但不是 $F_1(Z) \equiv F_2(Z)$;

(2) 存在 $Z_0 > 0$, $a \in (0, \sqrt{8})$, 使 $\int_0^{Z_0} (F_1(Z) - F_2(Z))\mathrm{d}Z > 0$, 且当 $Z > Z_0$ 时, $F_1(Z) \geqslant F_2(Z)$, $F_1(Z) > -a\sqrt{Z}$, $F_2(Z) < a\sqrt{Z}$, 则所述 Liénard 系统必有极限环 (Filippov, 证明见文献 [50]).

7. 考虑连续可微的 Liénard 系统 $\dot{x} = h(y) - F(x)$, $\dot{y} = -g(x)$, 其中当 $x \neq 0$ 时, $xg(x) > 0$, 当 $y \neq 0$ 时, $h(y)$ 单调不减. 如果当 $0 < Z < \min\{G(\pm\infty)\}$ 时, $F_1(Z) \neq F_2(Z)$ (其中 $F_i(Z)$ 如上题所给出), 则所述 Liénard 系统没有极限环 (Cherkas, 证明见文献 [50]).

8. 考虑连续可微的 Liénard 系统 $\dot{x} = h(y) - F(x)$, $\dot{y} = -g(x)$, 其中 $F'(0) < 0$, 且当

$x \neq 0$ 时, $xg(x) > 0$, $F'(x)/g(x)$ 单调不减, 又当 $y \neq 0$ 时, $yh(y) > 0$, $h(y)$ 单调不减, 则所述 Liénard 系统至多有一个极限环 (张芷芬, 证明见文献 [53]).

9. 利用上面两题证明三次 Liénard 系统 $\dot{x} = y - (a_3 x^3 + a_2 x^2 + a_1 x)$, $\dot{y} = -x + b x^2$ 至多有一个极限环 (李崇孝, 1986).

10. 考虑连续可微的 Liénard 系统 $\dot{x} = y - F(x)$, $\dot{y} = -x$. 如果存在 $\Delta > 0$, 使当 $|x| < \Delta$ 时 $xF(x) < 0$, 当 $|x| > \Delta$ 时 $xF(x) > 0$, 且 $F'(x) > 0$, 则所述 Liénard 系统至多有一个极限环 (Sansone, 证明见文献 [50]).

第5章 平面分支理论初步

本章考虑平面含参数系统, 并研究当参数在分支点附近变化时系统相图的变化, 特别地, 将重点阐述获得多个极限环的方法, 称这种方法为分支方法.

5.1 结构稳定系统与分支点

考虑平面 C^k 系统 $(k \geqslant 1)$

$$\dot{x} = f(x) \tag{5.1.1}$$

与

$$\dot{x} = g(x). \tag{5.1.2}$$

首先引入方程 (5.1.1) 与 (5.1.2) 在一给定集合上等价的概念.

定义 5.1.1 设 D 为一平面紧集, 如果存在一个同胚 $h : D \to D$, 使得 h 把 (5.1.1) 式在 D 中的轨道映为 (5.1.2) 的轨道, 且保持时间定向, 那么称系统 (5.1.1) 与 (5.1.2) 在 D 上是等价的, 或说向量场 f 与 g 在 D 上是等价的.

也可以用解析方式来描述等价性. 设 (5.1.1) 式与 (5.1.2) 式的流分别为 $\varphi^t(x)$ 与 $\psi^t(x)$, $t \in R$, 则 (5.1.1) 式与 (5.1.2) 式在 D 上等价当且仅当存在连续函数 $\alpha : D \times R \to R$, $\alpha(x, \pm\infty) = \pm\infty$, 且 $\alpha(x, t)$ 关于 t 为严格增加的, 使成立

$$h(\varphi^t(x)) = \psi^{\alpha(x,t)}(h(x)), \quad (x, t) \in D \times R.$$

由定义易见, 如果 (5.1.1) 式与 (5.1.2) 式在 D 上等价, 那么它们在 D 中有相同个数的奇点和闭轨, 它们也有相同个数的同宿轨. 但两者相应闭轨的周期未必相同.

例 5.1.1 以原点为中心的线性系统

$$\dot{x} = y, \quad \dot{y} = -x$$

和以原点为焦点或结点的线性系统

$$\dot{x} = y + ax, \quad \dot{y} = -x, \quad a \neq 0$$

在以原点为内点的任何紧集上都不是等价的.

现设 D 有光滑边界, 令 $X^k(D)$ 表示定义在 D 上的所有与 D 的边界不相切的 C^k 向量场 f 所成的集合. 进一步, 对该集合引入距离:

$$d(f, g) = \sup_{x \in D} \{|f(x) - g(x)|, |Df(x) - Dg(x)|\},$$

则该距离在 $X^k(D)$ 上诱导一个拓扑, 称其为 C^1 拓扑, 使得 $X^k(D)$ 中每点都有一个邻域. 易见, 前面所给出的向量场之间的等价性概念是 $X^k(D)$ 上的一个等价关系, 这样 $X^k(D)$ 可以分解为若干等价类的并, 使得同一个等价类的元素是相互等价的. 所有这些等价类又可分为两大类, 即

$$X^k(D) = X_1^k(D) \cup X_2^k(D),$$

其中 $X_1^k(D)$ 是这样的 $f \in X^k(D)$ 所组成, 其所有邻近的 $g \in X^k(D)$ 都与 f 等价, 也就是说, 按下面的定义, $X_1^k(D)$ 是 $X_k(D)$ 中结构稳定的向量场的全体, 而 $X_2^k(D)$ 是 $X^k(D)$ 中结构不稳定的向量场的全体.

定义 5.1.2　设 $f \in X^k(D)$, 如果存在 $\delta > 0$, 使对满足 $d(f, g) < \delta$ 的一切 $g \in X^k(D)$ 都与 f 在 D 上等价, 那么称 f 在 D 上是结构稳定的, 若 f 在 D 上不是结构稳定的, 则称 f 在 D 上是结构不稳定的.

在很多时候, 所考虑的向量场是某含参数向量场族的一员, 而想知道当参数变化时向量场的定性性态是如何变化的. 含参数向量场族的一般形式可写为

$$\dot{x} = f(x, a), \tag{5.1.3}$$

其中 $a \in R^m$ 为向量参数, 而 f 关于 (x, a) 为 C^k 的. 如果存在 $a = a_0$ 使得相应的向量场 $f(x, a_0)$ 在 D 上是结构不稳定的, 则称点 a_0 为 (5.1.3) 的分支点或分支值.

例 5.1.2　考虑二维系统

$$\dot{x} = x^2 + a, \quad \dot{y} = -y.$$

易见当 $a > 0(< 0)$ 时, 系统没有奇点 (有两个奇点), 故 $a = 0$ 是分支点 (这样的分支点称为鞍结点分支点), 且当 $a = 0$ 时, 系统在含原点在其内的任何闭圆盘上是结构不稳定的. 又由下面的定理知当 $a \neq 0$ 时, 系统在含原点在其内的任何闭圆盘上是结构稳定的.

定理 5.1.1　设 $f \in X^k(D), k \geqslant 1$, 则向量场 f 或相应的系统 (5.1.1) 在 D 上是结构稳定的当且仅当下列三点同时成立:

(1) 所有奇点是双曲的;

(2) 所有闭轨是双曲的 (即单重的);

(3) 不存在连接一个鞍点或两个鞍点的轨线 (一条轨线连接某一奇点的含义是该轨线沿某一特征方向趋于该点).

一个进一步的问题是集合 $X^k(D)$ 包含多少结构稳定的向量场呢? 下面的定理给出了一个较明确的回答.

定理 5.1.2　集合 $X^k(D)$ 中的结构稳定向量场的全体 $X_1^k(D)$ 是 $X^k(D)$ 的开子集且在 $X^k(D)$ 中稠密.

上述两个定理是由 Andronov 与 Pontrjagin 在 1937 年获得的, 后由 Peixoto 在 1962 年推广到可定向二维紧流形. 详见 Palis 和 de Melo[46].

5.2 基本分支问题研究

本节考虑含参数的二维系统 (5.1.3), 假设存在分支点 $a_0 \in R^m$, 使当 $a = a_0$ 时, (5.1.3) 式在某平面紧集内是结构不稳定的, 则由定理 5.1.1 知, 此时 (5.1.3) 式出现非双曲奇点、非双曲闭轨或存在连接鞍点的同宿或异宿轨线. 本节将分别考虑这几种现象. 先设当 $a = a_0$ 时, (5.1.3) 式有一非双曲奇点. 不失一般性, 可设 $a_0 = 0$ 且该奇点在原点, 这意味着 f 满足 $f(0,0) = 0$ 且二阶矩阵 $f_x(0,0)$ 有零实部的特征值. 于是 $f_x(0,0)$ 的实若尔当型 J 必为下列情形之一:

(1) $J = \begin{pmatrix} 0 & 0 \\ 0 & \lambda \end{pmatrix}, \lambda \in R$;

(2) $J = \begin{pmatrix} 0 & \beta \\ -\beta & 0 \end{pmatrix}, \beta \neq 0$;

(3) $J = \begin{pmatrix} 0 & 1 \\ 0 & 0 \end{pmatrix}$.

下面先考虑情形 (1), 并假设 $\lambda \neq 0$ (此时可设 $\lambda = -1$).

5.2.1 鞍结点分支

考虑解析系统
$$\begin{aligned} \dot{x} &= P(x,y,a), \\ \dot{y} &= -y + Q(x,y,a). \end{aligned} \tag{5.2.1}$$

其中 $P(x,y,0) = O(|x,y|^2)$, $Q(x,y,0) = O(|x,y|^2)$, $a \in R^m, m \geqslant 1$. 于是, 利用隐函数定理, 方程
$$-y + Q(x,y,a) = 0$$

有唯一解 $y = \varphi(x,a) = \varphi_0(a) + \varphi_1(a)x + \varphi_2(a)x^2 + O(x^3)$, 令
$$\begin{aligned} G(x,a) &= P(x, \varphi(x,a), a) \\ &= b_0(a) + b_1(a)x + b_2(a)x^2 + O(x^3). \end{aligned} \tag{5.2.2}$$

易见, 当 $|a|$ 充分小时方程 (5.2.1) 在原点附近有奇点当且仅当函数 G 关于 x 在 $x = 0$ 附近有根, 因此称函数 G 为 (5.2.1) 式的分支函数. 易见 (5.2.2) 式中函数 b_0, b_1 满足 $b_0(0) = b_1(0) = 0$. 若 $b_2(0) = b_{20} \neq 0$, 则由定理 4.3.3 知, 当 $a = 0$ 时, (5.2.1) 式以原点为鞍结点. 由于

$$G_x = b_1(a) + 2b_2(a)x + O(x^2),$$

故当 $b_{20} \neq 0$ 时, 存在唯一函数 $x = \psi(a) = -\dfrac{b_1}{2b_2} + O(|b_1|^2)$, 使 $G_x(\psi(a), a) = 0$. 于是由 Taylor 公式得

$$G(x, a) = G(\psi(a), a) + \frac{1}{2}G_{xx}(\psi(a), a)u^2 + O(u^3)$$

$$= \frac{1}{2}G_{xx}(\psi(a), a)[\Delta(a) + u^2(1 + \delta(u))], \tag{5.2.3}$$

其中 $u = x - \psi(a)$, $\delta(u) = O(u)$,

$$\Delta(a) = \frac{2G(\psi(a), a)}{G_{xx}(\psi(a), a)} = \frac{b_0 - \dfrac{b_1^2}{4b_2} + O(b_1^3)}{b_2 + O(b_1)}.$$

可证下述定理.

定理 5.2.1 (鞍结点分支)　设 $b_{20} = \dfrac{1}{2}G_{xx}(0, 0) \neq 0$, 则存在 $\varepsilon_0 > 0$, 使对 $|a| < \varepsilon_0$,

(1) 当 $\Delta(a) > 0$ 时, (5.2.1) 式在原点附近没有奇点;

(2) 当 $\Delta(a) = 0$ 时, (5.2.1) 式在原点附近有唯一奇点且为鞍结点;

(3) 当 $\Delta(a) < 0$ 时, (5.2.1) 式在原点附近恰有两个奇点, 均为双曲, 一个是鞍点, 一个是稳定结点.

证明　由 (5.2.3) 式知当 $\Delta(a) > 0$ 时, 有 $G(x, a) \neq 0$. 即 (5.2.1) 式在原点附近没有奇点. 当 $\Delta(a) = 0$ 时, 令

$$u = x - \psi(a), \quad v = y - \varphi(\psi(a), a),$$

并对所设系统应用定理 4.3.3 知, 原系统 (5.2.1) 以 $(\psi(a), \varphi(\psi(a), a))$ 为鞍结点. 下设 $\Delta(a) < 0$. 由 (5.2.3) 式知方程 $G(x, a) = 0$ 等价于

$$u^2(1 + \delta(u)) = -\Delta(a), \quad \text{或 } |u|(1 + \delta(u))^{\frac{1}{2}} = \sqrt{-\Delta}.$$

对方程

$$u(1 + \delta(u))^{\frac{1}{2}} = \sqrt{-\Delta}$$

应用隐函数定理知, 存在解析函数 $h(w) = w + O(w^2)$, 使

$$u = h(\pm\sqrt{-\Delta}), \quad \text{或 } x = \psi(a) + h(\pm\sqrt{-\Delta}) \equiv x_{\pm}(a)$$

为方程 $G(x, a) = 0$ 之解. 于是两次利用下述牛顿–莱布尼茨公式

$$F(x) - F(x_0) = \int_0^1 F'(x_0 + t(x - x_0))\mathrm{d}t(x - x_0),$$

可知存在解析函数 $\overline{G}(x, a) = b_{20} + O(|x| + |a|)$, 使

$$G(x, a) = (x - x_+(a))(x - x_-(a)) \cdot \overline{G}(x, a). \tag{5.2.4}$$

进一步令 $y_\pm(a) = \varphi(x_\pm(a), a)$, 则 $(x_\pm(a), y_\pm(a))$ 为 (5.2.1) 式在原点附近仅有的奇点. 为讨论它们的性质, 引入坐标变换 $v = y - \varphi(x, a)$, 则由 (5.2.1) 式可得

$$\dot{x} = \overline{P}(x, v), \quad \dot{v} = \overline{Q}(x, v), \tag{5.2.5}$$

其中

$$\overline{P}(x, v) = P(x, v + \varphi, a),$$
$$\overline{Q}(x, v) = -v - \varphi + Q(x, v + \varphi, a) - \varphi_x \cdot \overline{P}.$$

易知

$$\overline{P}(x, v) = G(x, a) + G_1(x, a)v + O(v^2),$$
$$\overline{Q}(x, v) = V_0(x, a) + V_1(x, a)v + O(v^2),$$

其中

$$G_1(x, a) = P_y(x, \varphi, a), \quad V_0(x, a) = -\varphi_x G(x, a),$$
$$V_1(x, a) = -1 + Q_y(x, \varphi, a) - \varphi_x G_1.$$

方程 (5.2.5) 有奇点 $(x_\pm, 0)$, 且

$$B_\pm(a) = \left. \frac{\partial(\overline{P}, \overline{Q})}{\partial(x, v)} \right|_{\substack{x=x_\pm \\ v=0}} = \left. \begin{pmatrix} G_x & G_1 \\ \dfrac{\partial V_0}{\partial x} & V_1 \end{pmatrix} \right|_{x=x_\pm}.$$

注意到

$$\det \left. \begin{pmatrix} G_x & G_1 \\ \dfrac{\partial V_0}{\partial x} & V_1 \end{pmatrix} \right|_{G=0} = G_x \cdot [-1 + Q_y(x, \varphi, a)],$$

进一步由 (5.2.4) 式可得

$$\det B_\pm(a) = \pm \overline{G}(x_\pm, a)(x_+ - x_-)[-1 + Q_y(x_\pm, y_\pm, a)].$$

因为

$$x_+ - x_- = h(\sqrt{-\Delta}) - h(-\sqrt{-\Delta}) = 2\sqrt{-\Delta} + O(|\Delta|),$$
$$\overline{G}(x_\pm, a) = b_{20} + O(\sqrt{-\Delta} + |a|),$$

故当 $|a|$ 充分小且使 $\Delta < 0$ 时, 矩阵 $B_\pm(a)$ 有两个非零实特征值 $\lambda_1^\pm(a)$ 与 $\lambda_2^\pm(a)$, 其中一个在 -1 附近, 一个在 0 附近. 例如设 $\lambda_1^\pm(0) = 0$, $\lambda_2^\pm(0) = -1$, 且还有

$\lambda_1^+(a)\lambda_1^-(a) < 0$ (当 $\Delta < 0$ 时), 于是 (5.2.5) 式的奇点 $(x_\pm, 0)$ 中一个是鞍点, 一个是稳定结点. 证毕.

例 5.2.1　考虑

$$\dot{x} = x^2 + y^2 - a_1, \quad \dot{y} = -y + x + a_2.$$

尽管该方程不具有 (5.2.1) 式的形式, 但上面的方法仍适用. 即令 $-y + x + a_2 = 0$, 得 $y = x + a_2$, 于是

$$G(x, a_1, a_2) = x^2 + (x + a_2)^2 - a_1$$
$$= 2(x + a_2/2)^2 + (a_2^2 - 2a_1)/2,$$

因此, 由定理 5.2.1 知, 对充分小的 a_1 与 a_2, 所述方程当 $a_2^2 - 2a_1 > 0 \ (= 0, < 0)$ 时在原点邻域内没有奇点 (有唯一鞍结点, 有一个鞍点和一个稳定结点). 在 (a_1, a_2) 平面由 $a_2^2 - 2a_1 = 0$ 所定义的曲线称为鞍结点分支曲线.

如果 $b_{20} = 0$, 那么方程 (5.2.1) 一般会出现更复杂的奇点分支现象. 详略. 以下仅举一例.

例 5.2.2　考虑

$$\dot{x} = x(x^2 + y^2 - a), \quad \dot{y} = -y.$$

此时有

$$G(x, a) = x(x^2 - a), \quad G_x(x, a) = 3x^2 - a,$$

从而

$$G_x(0, a) = -a, \quad G_x(\pm\sqrt{a}, a)|_{a>0} = 2a.$$

由此, 与定理 5.2.1 类似可证, 对充分小的 a, 当 $a \leqslant 0$ 时原点为鞍点, 当 $a > 0$ 时原点为稳定结点且另有两个鞍点 $(\pm\sqrt{a}, 0)$.

上述分支现象称为叉型分支, "叉型" 一词来自于在 (x, a) 平面的原点邻域内由 $G(x, a) = 0$ 所定义的曲线之形状 (图 5.2.1).

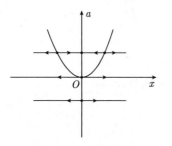

图 5.2.1　叉型分支

5.2.2　Hopf 分支基本理论

本节考虑下述含参数扰动系统

$$\dot{x} = f(x, y) + \varepsilon p(x, y, \delta),$$
$$\dot{y} = g(x, y) + \varepsilon q(x, y, \delta), \tag{5.2.6}$$

其中 $\varepsilon > 0$ 为小参数, $\delta \in R^m$ 为有界向量参数, f, g, p 与 q 为 C^∞ 函数, 且 $f(0,0) = g(0,0) = 0$,

$$\left.\frac{\partial(f,g)}{\partial(x,y)}\right|_{(0,0)} = \begin{pmatrix} 0 & b \\ -b & 0 \end{pmatrix}, \quad b \neq 0.$$

于是, 由隐函数定理和矩阵理论可设 $p(0,0,\delta) = q(0,0,\delta) = 0$,

$$\left.\frac{\partial(f+\varepsilon p, g+\varepsilon q)}{\partial(x,y)}\right|_{(0,0)} = \begin{pmatrix} \alpha(\varepsilon,\delta) & \beta(\varepsilon,\delta) \\ -\beta(\varepsilon,\delta) & \alpha(\varepsilon,\delta) \end{pmatrix}.$$

因此, 由引理 4.5.3 知 (5.2.6) 式在原点附近的 Poincaré 映射 $P(r,\varepsilon,\delta)$ 为 C^∞ 函数, 故具有下述形式

$$P(r,\varepsilon,\delta) = r + 2\pi \sum_{i \geqslant 1} v_i(\varepsilon,\delta) r^i. \tag{5.2.7}$$

令 $d(r,\varepsilon,\delta) = P(r,\varepsilon,\delta) - r$, 称函数 d 为 (5.2.6) 式的后继函数. 首先由 (4.5.7) 式易见成立下面引理.

引理 5.2.1 方程 (5.2.6) 在原点附近有一包围原点的闭轨线当且仅当后继函数 $d(r,\varepsilon,\delta)$ 在 $r = 0$ 附近有一正一负的根, 且它们是闭轨与 x 轴交点的横坐标.

进一步可证下面引理.

引理 5.2.2 (5.2.7) 式中的系数满足

$$v_{2m} = O(|v_1, v_3, v_5, \cdots, v_{2m-1}|), \quad m \geqslant 1. \tag{5.2.8}$$

证明 方程 (5.2.6) 关于 α 为线性的, 故所有 v_j 关于 α 为解析的, 进一步由推论 4.5.1 知

$$v_1 = O(\alpha), \quad \left.\frac{\partial v_1}{\partial \alpha}\right|_{\alpha=0} > 0,$$

且当 $\alpha = 0$ 时 $v_2 = 0$, 于是必有 $v_2 = O(\alpha) = O(v_1)$. 从而由定理 4.5.3(i) 即知结论成立.

利用上述引理, 用反证法和 (多次利用) 罗尔定理可证下列经典结果.

定理 5.2.2 考虑 C^∞ 系统 (5.2.6), 设其未扰系统以原点为 k 阶细焦点, 即

$$v_i(0,\delta) = 0, \quad i = 1, \cdots, 2k, \quad v_{2k+1}(0,\delta) \neq 0,$$

此时 $d(r,0,\delta) = 2\pi v_{2k+1}(0,\delta) r^{2k+1} + O(r^{2k+2})$, 则

(1) 任给 $N > 0$, 存在 $\varepsilon_0 > 0$ 和原点的邻域 U, 使当 $|\varepsilon| < \varepsilon_0, |\delta| < N$ 时, (5.2.6) 式在 U 中至多有 k 个极限环 (即孤立的闭轨线).

(2) 此外, 若存在 $\delta_0 \in R^m$, 使

$$v_{2j+1}^*(\delta_0) = 0, \quad j = 0, \cdots, k-1, \quad \text{rank} \frac{\partial(v_1^*, v_3^*, \cdots, v_{2k-1}^*)}{\partial(\delta_1, \cdots, \delta_m)}(\delta_0) = k,$$

其中 $v_{2j+1}^* = \left.\dfrac{\partial v_{2j+1}}{\partial \varepsilon}\right|_{\varepsilon=0}$, 则对原点的任一邻域, 存在 (ε, δ), 充分靠近 $(0, \delta_0)$, 使 (5.2.6) 式在该邻域内有 k 个极限环.

证明　以 $k = 2$ 为例证之. 设

$$v_1(0, \delta) = v_3(0, \delta) = 0, \quad v_5(0, \delta) \neq 0.$$

若结论不成立, 则存在点列 $\varepsilon_n \to 0$, $\delta_n \to \delta_0$, 使当 $(\varepsilon, \delta) = (\varepsilon_n, \delta_n)$ 时, (5.2.6) 式总有三个极限环 L_{nj}, $n \geqslant 1$, $j = 1, 2, 3$, 且当 $n \to \infty$ 时, L_{nj} 趋于原点, 设 L_{nj} 与 x 轴的交点横坐标为 $x_{nj}^\pm$, $x_{nj}^- < 0 < x_{nj}^+$, 则由引理 5.2.1

$$\lim_{n \to \infty} x_{nj}^\pm = 0, \quad d(x_{nj}^\pm, \varepsilon_n, \delta_n) = 0, \quad n \geqslant 1, \quad j = 1, 2, 3.$$

注意到 $d(0, \varepsilon_n, \delta_n) = 0$, 由罗尔定理知, 存在 $x_{nl}^k \to 0$(当 $n \to \infty$ 时), $l = 1, \cdots, 7-k$, $1 \leqslant k \leqslant 6$ 使

$$\frac{\partial^k d}{\partial r^k}(x_{nl}^k, \varepsilon_n, \delta_n) = 0, \quad l = 1, \cdots, 7 - k.$$

取 $k = 5, l = 1$, 得 $\dfrac{\partial^5 d}{\partial r^5}(x_{n1}^5, \varepsilon_n, \delta_n) = 0$, 令 $n \to \infty$, 得 $\dfrac{\partial^5 d}{\partial r^5}(0, 0, \delta_0) = 0$, 于是 $v_5(0, \delta_0) = 0$. 矛盾. 结论 (1) 得证.

进一步设存在 $\delta_0 \in R^m$, 使

$$\text{rank} \frac{\partial(v_1^*, v_3^*)}{\partial(\delta_1, \cdots, \delta_m)}(\delta_0) = 2,$$

不失一般性可设

$$\det \frac{\partial(v_1^*, v_3^*)}{\partial(\delta_1, \delta_2)}(\delta_0) \neq 0,$$

由 (5.2.6) 式的形式及 $v_1(0, \delta) = v_3(0, \delta) = 0$ 知, $v_{2j-1}(\varepsilon, \delta) = \varepsilon \widetilde{v}_{2j-1}(\varepsilon, \delta) = \varepsilon(v_{2j-1}^* + O(\varepsilon))$, $j = 1, 2$, 令 $\mu_j = \widetilde{v}_{2j-1}(\varepsilon, \delta_1, \delta_2, \delta_{30}, \cdots, \delta_{m0})$, $j = 1, 2$, 则由隐函数定理可解得

$$\delta_j = \varphi_j(\varepsilon, \mu_1, \mu_2) = \delta_{j0} + O(|\varepsilon, \mu_1, \mu_2|), \quad j = 1, 2,$$

代入到 (5.2.7) 式并利用引理 5.2.2 可得, 当 $\delta = (\delta_1, \delta_2, \delta_{30}, \cdots, \delta_{m0})$ 时,

$$\begin{aligned}
d(r, \varepsilon, \delta) =\ & 2\pi r\{\varepsilon\mu_1 + O(\varepsilon\mu_1)r + \varepsilon\mu_2 r^2 + O(\varepsilon|\mu_1, \mu_2|)r^3 \\
& + [v_5(0, \delta) + O(|\varepsilon|)]r^4 + O(r^5)\} \\
=\ & 2\pi r[\varepsilon\mu_1(1 + O(r)) + \varepsilon\mu_2 r^2(1 + O(r)) + v_5(0, \delta)r^4(1 + O(|\varepsilon, r|))] \\
\equiv\ & \widetilde{d}(r, \varepsilon, \mu_1, \mu_2).
\end{aligned}$$

因为 $v_5(0,\delta) \neq 0$, 可设 $v_5(0,\delta) > 0$ 且 $\varepsilon > 0$. 于是当 $(\mu_1,\mu_2) = (0,0)$ 时, $\tilde{d} = 2\pi v_5 r^5 + O(r^6) > 0$(当 $r > 0$ 充分小时). 下面分两步来获得 $\tilde{d}$ 的两个正根. 首先, 让 $\mu_1 = 0, 0 < -\mu_2 \ll 1$, 此时当 $0 < r \ll 1$, 有 $\tilde{d} = 2\pi\varepsilon\mu_2 r^3 + O(r^4) < 0$, 即后继函数 $\tilde{d}$ 已改变符号, 因此必有一正 (单) 根出现, 记为 r_1. 其次, 固定 μ_2 与 ε, 改变 μ_1 使成立

$$0 < \mu_1 \ll -\mu_2,$$

则函数 $\tilde{d}$ 又一次改变符号, 因此又产生一正根, 记为 r_2, 而由 $\mu_1 \ll |\mu_2|$ 知, 此时根 r_1 仍存在. 结论 (2) 得证. 证毕.

由于 v_1 与 α 同号, 并注意到 $v_2 = O(v_1)$, 由上述定理及其证明不难得到下述平面 Hopf 分支定理.

定理 5.2.3 设 $v_1(0,\delta) = 0, v_3 = v_3(0,\delta) \neq 0$, 则当 ε 充分小, δ 有界时, (5.2.6) 式在原点的小邻域内有唯一极限环当且仅当 $\alpha(\varepsilon,\delta)v_3 < 0$.

上述定理中极限环的产生机理是原点的稳定性一旦改变则导致极限环的出现.

利用 (5.2.7) 式与引理 5.2.2 进一步可证下列定理.

定理 5.2.4 设 (5.2.6) 式是解析系统. 若存在 $k \geqslant 1$, 使

$$v_{2j+1} = O(|v_1, v_3, v_5, \cdots, v_{2k+1}|), \quad j \geqslant k+1, \tag{5.2.9}$$

则任给 $N > 0$, 当 $|v_1| + |v_3| + \cdots + |v_{2k+1}| < N$ 时, (5.2.6) 式在原点邻域内至多有 k 个极限环.

证明 由 (5.2.7)~(5.2.9) 式易见

$$\begin{aligned}
d(r,\varepsilon,\delta) = &(v_1 r + O(v_1)r^2) + (v_3 r^3 + O(|v_1, v_3|)r^4) \\
&+ \cdots + (v_{2k+1}r^{2k+1} + O(|v_1, v_3, \cdots, v_{2k+1}|)r^{2k+2}) \\
&+ \sum_{j \geqslant k+1} [O(|v_1, v_3, \cdots, v_{2k+1}|)r^{2j+1} + O(|v_1, v_3, \cdots, v_{2k+1}|)r^{2j+2}] \\
= &\sum_{j=0}^{k} v_{2j+1}r^{2j+1}(1 + P_j(r,\varepsilon,\delta)),
\end{aligned}$$

其中 $P_j = O(r), j = 0, \cdots, k$. 由于 (5.2.6) 式是解析系统, 故每个函数 P_j 为解析函数. 上式可写为

$$d(r,\varepsilon,\delta) = r(1 + P_0)Q_1(r,\varepsilon,\delta),$$

其中

$$Q_1 = v_1 + v_3 r^2(1 + P_{11}) + \cdots + v_{2k+1}r^{2k}(1 + P_{k1}),$$

而 $P_{j1} = O(r)$ 为解析函数, $j = 1, \cdots, k$. 证明函数 d 关于 $r > 0$ 至多有 k 个根等价于证明函数 Q_1 关于 $r > 0$ 至多有 k 个根, 而要证 Q_1 关于 $r > 0$ 至多有 k 个根

只需证 $\dfrac{\partial Q_1}{\partial r}$ 关于 $r > 0$ 至多有 $k - 1$ 个根. 由于

$$
\begin{aligned}
\frac{\partial Q_1}{\partial r} &= v_3 r (2 + P_{12}) + \cdots + v_{2k+1} r^{2k-1} (2k + P_{k2}) \\
&= r(2 + P_{12})[v_3 + 2v_5 r^2 (1 + P_{23}) + \cdots + k v_{2k+1} r^{2k-2} (1 + P_{k3})] \\
&\equiv r(2 + P_{12}) Q_2 (r, \varepsilon, \delta).
\end{aligned}
$$

函数 Q_2 与 Q_1 形式相同, 且 Q_2 少了 r^{2k} 项, 因此对 k 利用归纳法可证结论成立.

上述证明思想源自俄罗斯数学家 Bautin, 他在 1952 年证明二次系统在其焦点或中心的小邻域内至多有 3 个极限环. 这需要对 $k = 3$ 来验证条件 (5.2.9), 这是一项技术性很高的工作, 详见文献 [50].

上面 3 个定理构成了平面系统 Hopf 分支的基本理论 (当然, 还有其他若干变形或附件条件, 例如, 有的文献假设 $\dfrac{\partial \alpha}{\partial \varepsilon}(0, \delta) \neq 0$, 称之为横截条件).

例 5.2.3   考虑三次 Liénard 方程

$$
\dot{x} = y - (x^3 + x^2 + ax), \quad \dot{y} = -x(1 + x^2), \tag{5.2.10}
$$

当 $a = 0$ 时, 原点是细焦点, 且由定理 4.5.2 知, 此时 $v_3 = -\dfrac{3}{8} < 0$, 故当 $a = 0$ 时, 原点是一阶稳定细焦点. 方程 (5.2.10) 在原点的发散量是 $-a$, 因此 $2\alpha = -a$, 于是由定理 5.2.3 知, 当 $|a|$ 充分小时, (5.2.10) 式在原点附近有唯一极限环当且仅当 $a < 0$, 如图 5.2.2 所示.

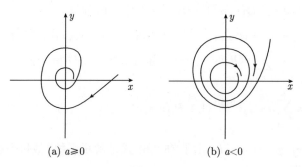

图 5.2.2

例 5.2.4   考虑

$$
\dot{x} = y - \sum_{j=0}^{n} a_j x^{2j+1}, \quad \dot{y} = -x, \tag{5.2.11}
$$

则 (5.2.11) 式在原点附近至多有 n 个极限环, 且当 $a_n = 1$, $a_0, a_1, \cdots, a_{n-1}$ 均充分小时, 可以出现 n 个极限环. 此时说 (5.2.11) 式在原点的环性数是 n.

事实上, 注意到

$$v_1 = e^{-a_0\pi} - 1 = e^{B_1\pi/2} - 1,$$

上述结论可利用定理 4.5.6, 定理 5.2.2 与定理 5.2.4 获得, 请读者自行完成.

以上讨论是焦点的扰动分支, 极限环的个数与未扰系统的焦点阶数有关. 极限环也可以通过扰动中心奇点产生出来, 这是一类退化的 Hopf 分支. 将在 5.3 节讨论.

5.2.3 多重极限环的扰动分支

考虑下列含参数系统

$$\dot{x} = f(x) + F(x, \mu), \tag{5.2.12}$$

其中 $\mu \in R^m$ 为向量参数, $m \geqslant 1$, 而 f 与 F 为 C^∞ 函数, 且满足 $F(x, 0) = 0$.

假设当 $\mu = 0$ 时, (5.2.12) 式有极限环 $L : x = u(t), 0 \leqslant t \leqslant T$, 引入

$$v(\theta) = \frac{u'(\theta)}{|u'(\theta)|} = \begin{pmatrix} v_1(\theta) \\ v_2(\theta) \end{pmatrix}, \quad Z(\theta) = \begin{pmatrix} -v_2(\theta) \\ v_1(\theta) \end{pmatrix},$$

则与引理 4.6.1 完全类似可证下述引理.

引理 5.2.3 变换

$$x = u(\theta) + Z(\theta)b, \quad 0 \leqslant \theta \leqslant T, \quad |b| < \varepsilon$$

把 (5.2.12) 式变为 C^∞ 系统

$$\dot{\theta} = 1 + g_1(\theta, b) + h(\theta, b)F(u(\theta) + Z(\theta)b, \mu),$$

$$\dot{b} = A(\theta)b + g_2(\theta, b) + Z^{\mathrm{T}}(\theta)F(u(\theta) + Z(\theta)b, \mu), \tag{5.2.13}$$

其中函数 A, g_1 与 g_2 如引理 4.6.1 所述, $h(\theta, b) = (|f(u(\theta))| + v^{\mathrm{T}}(\theta)Z'(\theta)b)^{-1}v^{\mathrm{T}}(\theta)$.

由 (5.2.12) 式可得

$$\frac{\mathrm{d}b}{\mathrm{d}\theta} = R(\theta, b, \mu), \tag{5.2.14}$$

其中 $R(\theta, b, \mu) = A(\theta)b + Z^{\mathrm{T}}(\theta)F_\mu(u(\theta), 0)\mu + O(|b, \mu|^2)$.

设 $b(\theta, a, \mu)$ 表示 (5.2.14) 式满足 $b(0, a, \mu) = a$ 之解. 利用 Taylor 公式可将它写成

$$b(\theta, a, \mu) = b_1(\theta)a + b_0(\theta)\mu + O(|a, \mu|^2),$$

其中 $b_1(0) = 1, b_0(0) = 0$. 将上式代入 (5.2.14) 式得到

$$b_1' = Ab_1, \quad b_0' = Ab_0 + Z^{\mathrm{T}}F_\mu(u(s), 0).$$

解上述方程可得

$$b_1(\theta) = \exp \int_0^\theta A(s)\mathrm{d}s, \quad b_0(\theta) = b_1(\theta) \int_0^T b_1^{-1}(s)Z^{\mathrm{T}}(s)F_\mu(u(s),0)\mathrm{d}s.$$

因此,

$$b(T,a,\mu) = \exp \int_0^T A(s)\mathrm{d}s \left[a + \int_0^T b_1^{-1}(s)Z^{\mathrm{T}}(s)F_\mu(u(s),0)\mathrm{d}s\mu \right] + O(|a,\mu|^2).$$

$$(5.2.15)$$

于是由定义 4.6.1, 方程 (5.2.12) 的 Poincaré 映射为 $P(a,\mu) = b(T,a,\mu)$. 由引理 4.6.2, 对充分小的 $|\mu|$, (5.2.12) 式在 L 附近有闭轨当且仅当函数 P 关于 a 在 $a=0$ 附近有不动点.

首先设 L 是双曲的, 此时可证下述定理.

定理 5.2.5　设 L 是双曲的, 则存在 $\varepsilon > 0$ 和 L 的邻域 U, 使对 $|\mu| < \varepsilon$ 方程 (5.2.12) 在 U 中有唯一极限环. 此外, 该极限环也是双曲的且与 L 有相同的稳定性.

证明　由 (5.2.15) 式

$$P(a,\mu) - a = (\mathrm{e}^{I(L)} - 1)a + N_0\mu + O(|a,\mu|^2), \tag{5.2.16}$$

其中 $N_0 = \mathrm{e}^{I(L)} \int_0^T \exp\left(-\int_0^t A(s)\mathrm{d}s \right) Z^{\mathrm{T}}(s)F_\mu(u(s),0)\mathrm{d}s$. 由于 L 是双曲的, 则 $P_a'(0,0) \neq 1$, 即 $I(L) = \oint_L \mathrm{div}f\mathrm{d}t \neq 0$. 于是由 (5.2.16) 式和隐函数定理知, 对充分小的 $|a| + |\mu|$, 方程 $P(a,\mu) - a = 0$ 有唯一解 $a = a^*(\mu) = O(\mu)$. 因此当 $|\mu|$ 充分小时, (5.2.12) 式在 L 的某邻域内有唯一极限环, 记为 L_μ. 该环有表示式

$$u^*(t,\mu) = u(\theta(t,\mu)) + Z(\theta(t,\mu))b(\theta(t,\mu),a^*(\mu),\mu) = u(t) + O(\mu),$$

其中 $\theta(t,\mu)$ 为 (5.2.13) 式的第一个方程当用 $b = b(\theta,a^*(\mu),\mu)$ 代入时满足 $\theta(0,\mu) = 0$ 的解. 令 $T^*(\mu) > 0$ 满足 $\theta(T^*,\mu) = T$, 则 $T^*(\mu) = T + O(\mu)$ 为 L_μ 的周期, 因此

$$I(L_\mu) = \oint_{L_\mu} \mathrm{div}(f + F)\mathrm{d}t = I(L) + O(\mu).$$

因而当 $|\mu|$ 充分小时, $I(L_\mu)$ 与 $I(L)$ 同号, 即 L_μ 是双曲的, 且与 L 有相同的稳定性. 证毕.

进一步对非双曲情况可证下述定理.

定理 5.2.6　设 L 是非双曲的, 则

(i) 如果 L 为 2 重极限环, 那么存在 $\varepsilon > 0$, L 的邻域 U 和 C^∞ 函数 $\Delta(\mu) = O(\mu)$, 使得对 $|\mu| < \varepsilon$, 当 $\Delta(\mu) < 0(= 0$ 或 $> 0)$ 时, (5.2.12) 式在 U 中没有极限环 (有一个 2 重环或两个双曲极限环).

(ii) 如果 L 为 k 重极限环, $k \geqslant 3$, 那么存在 $\varepsilon > 0$ 和 L 的邻域 U, 使得当 $|\mu| < \varepsilon$ 时, (5.2.12) 式在 U 中至多有 k 个极限环. 此外, 若 k 是奇数, 则当 $|\mu| < \varepsilon$ 时, (5.2.12) 式在 U 中至少有 1 个极限环.

证明 设 L 为 2 重环, 则 (5.2.16) 式可写为

$$P(a,\mu) - a = Q_0(\mu) + Q_1(\mu)a + Q_2(\mu)a^2(1 + O(a)),$$

其中 $Q_0(0) = Q_1(0) = 0$, $Q_2(0) = P_{aa}(0,0)/2 \neq 0$.

设 $G(a,\mu) = P(a,\mu) - a$, 称其为 (5.2.12) 式在 L 的后继函数. 由隐函数定理, 存在 C^∞ 函数 $q(\mu) = O(\mu)$, 使得 $G_a(q(\mu),\mu) = 0$. 因此利用 Taylor 公式知

$$G(a,\mu) = G(q(\mu),\mu) + \frac{1}{2}G_{aa}(q(\mu),\mu)(a - q(\mu))^2(1 + O(a - q(\mu))),$$

令

$$\Delta(\mu) = -\frac{2G(q(\mu),\mu)}{G_{xx}(q(\mu),\mu)},$$

则与定理 5.2.1 类似可证结论 (i) 成立.

为证结论 (ii), 设对 L 的任一邻域, 都有充分小的 $\mu \neq 0$, 使得 (5.2.12) 式在该邻域内有 $k + 1$ 个极限环. 则对此 μ 函数 G, 关于 a 必有 $k + 1$ 的根. 因此, 存在点列 $\mu_n \to 0$ 和 $a_{nj} \to 0$, $j = 1, \cdots, k + 1$ (当 $n \to \infty$ 时), 使 $G(a_{nj}, \mu_n) = 0$. 于是由罗尔定理, $\frac{\partial G}{\partial a}(a, \mu_n)$ 关于 a 有 k 个根. 进一步利用罗尔定理可知, 存在点列 $\bar{a}_n \to 0$ (当 $n \to \infty$ 时), 使 $\frac{\partial^k G}{\partial a^k}(\bar{a}_n, \mu_n) = 0$, 从而 $\frac{\partial^k G}{\partial a^k}(0,0) = 0$.

另一方面,

$$\frac{\partial^k G}{\partial a^k} = \frac{\partial^k P}{\partial a^k}, \quad P(a,0) - a = q_k a^k + o(a^k), \quad q_k \neq 0,$$

故对充分小的 $|a| + |\mu|$, 有 $\frac{\partial^k G}{\partial a^k} = k!q_k + o(1) \neq 0$. 矛盾. 由此, 当 $|\mu|$ 充分小时, (5.2.12) 式在 L 附近至多有 k 个极限环.

最后, 如果 k 是奇数, 那么对充分小的 $\varepsilon > 0$, 当 $|a| = \varepsilon$ 时, 有 $q_k a[P(a,0) - a] > 0$, 于是存在 $\delta > 0$, 使得当 $|a| = \varepsilon, |\mu| \leqslant \delta$ 时, 有 $q_k a[P(a,\mu) - a] > 0$. 因而存在 $a^*(\mu)$ 且 $|a^*(\mu)| < \varepsilon$, 使 $P(a^*(\mu),\mu) - a^*(\mu) = 0, |\mu| < \delta$. 证毕.

例 5.2.5 考虑含两个参数的系统

$$\dot{x} = -y + x(x^2 + y^2 - 1)^2 - x[\mu_1(x^2 + y^2) + \mu_2],$$
$$\dot{y} = x + y(x^2 + y^2 - 1)^2 - y[\mu_1(x^2 + y^2) + \mu_2], \tag{5.2.17}$$

当 $\mu_1 = \mu_2 = 0$ 时, (5.2.17) 式有唯一极限环

$$L : x = \cos t, y = \sin t, \quad 0 \leqslant t \leqslant 2\pi.$$

由例 4.6.3 知, L 是 2 重环, 且 $P_a''(0,0) = -16\pi$. 作变换 $(x,y) = (1-b)(\cos\theta, \sin\theta), 0 \leqslant \theta \leqslant 2\pi$, 可使 (5.2.17) 式成为

$$\dot{\theta} = 1, \quad \dot{b} = -(1-b)[h^2 - \mu_1 h - (\mu_1 + \mu_2)],$$

其中 $h = (1-b)^2 - 1$. 于是

$$\frac{\mathrm{d}b}{\mathrm{d}\theta} = -(1-b)[h^2 - \mu_1 h - (\mu_1 + \mu_2)].$$

显然, 上述方程满足 $b(0, a, \mu_1, \mu_2) = a$ 的解 $b(\theta, a, \mu_1, \mu_2)$ 是 2π 周期的当且仅当初值 a 满足

$$G^*(a, \mu_1, \mu_2) \equiv a^2 - \mu_1 a - (\mu_1 + \mu_2) = 0.$$

由此, 如果令 $\Delta(\mu_1, \mu_2) = \mu_1^2 + 4(\mu_1 + \mu_2)$, 则对位于 $(0,0)$ 附近的 (μ_1, μ_2), 当 $\Delta(\mu_1, \mu_2) < 0$ ($= 0$ 或 > 0) 时, (5.2.17) 式没有极限环 (有唯一 2 重环或有两个双曲极限环). 在 (μ_1, μ_2) 平面由方程 $\Delta(\mu_1, \mu_2) = 0$ 定义的曲线 $\mu_2 = -\mu_1 - \frac{1}{4}\mu_1^2$ 称为极限环的鞍结点型分支曲线, 见图 5.2.3.

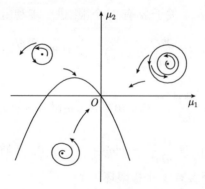

图 5.2.3　方程 (5.2.17) 的极限环分支图 (鞍结点型)

回到方程 (5.2.12). 注意到

$$A(\theta) = \mathrm{tr} f_x(u) - \frac{\mathrm{d}}{\mathrm{d}\theta} \ln|f(u)|, \quad Z(\theta) = \frac{1}{|f(u)|}(-f_2(u), f_1(u)).$$

(5.2.16) 式中的常数 N_0 可写为

$$N_0 = \frac{1}{|f(u(0))|} \mathrm{e}^{I(L)} M,$$

其中

$$M = \int_0^T \mathrm{e}^{-\int_0^t \mathrm{tr} f_x(u(s))\mathrm{d}s} f(u(t)) \wedge F_\mu(u(t), 0)\mathrm{d}t, \tag{5.2.18}$$

而 $(a_1, a_2) \wedge (b_1, b_2) = a_1 b_2 - a_2 b_1$, $\mu \in R$. 如果 $P(a, 0) - a = q_k a^k + o(a^k)$, 那么 (5.2.16) 式可写为

$$G(a, \mu) = P(a, \mu) - a = q_k a^k + \frac{\mathrm{e}^{I(L)}}{|f(u(0))|} M\mu + o(|\mu, a^k|). \tag{5.2.19}$$

利用 (5.2.19) 式可证以下定理[33].

定理 5.2.7 设 (5.2.12) 式是解析系统, 且 $\mu \in R$. 如果 $M \neq 0$, 那么存在 $\varepsilon > 0$ 和 L 的邻域 U, 使对 $0 < |\mu| < \varepsilon$, 方程 (5.2.12) 在 U 中,

(i) 若 L 是奇数重的, 则方程 (5.2.12) 在 U 中有唯一极限环, 且是双曲的;

(ii) 若 L 是偶数重的, 则对位于 $\mu = 0$ 一侧的 μ 方程 (5.2.12) 在 U 中有两个极限环, 且均为双曲的, 而对 $\mu = 0$ 另一侧的 μ 方程 (5.2.12) 在 U 中没有极限环;

(iii) 若 L 是非孤立的, 则方程 (5.2.12) 在 U 中没有极限环.

证明 由定理 5.2.5 可设 $I(L) = 0$. 由 (5.2.19) 式, 存在唯一函数

$$\mu = -\frac{q_k}{M}|f(u(0))|a^k + O(a^{k+1}) = \mu^*(a), \tag{5.2.20}$$

使 $G(a, \mu^*(a)) = 0$. 若 k 是奇数, 且 $q_k \neq 0$, 则函数 μ^* 有唯一反函数

$$a = \left(\frac{-M\mu}{q_k |f(u(0))|}\right)^{\frac{1}{k}} (1 + o(\mu^{\frac{1}{k}})) = a^*(\mu),$$

满足 $\dfrac{\partial G}{\partial a}(a^*(\mu), \mu) \neq 0$. 由此即得结论 (i). 结论 (ii) 类似可得.

若 L 是非孤立的, 则对充分小的 $|a|$ 有 $G(a, 0) \equiv 0$. 这意味着 $\mu^*(a) \equiv 0$ (因为 $G(a, \mu) = 0$ 当且仅当 $\mu = \mu^*(a)$). 故, 对所有充分小的 $|\mu| > 0$, 有 $G(a, \mu) \neq 0$. 这表示 (5.2.12) 式在 L 附近没有极限环. 证毕.

例 5.2.6 考虑 (5.2.17) 式, 其中假设 (μ_1, μ_2) 在一直线上变化, 即设 $\mu_1 = \mu, \mu_2 = c\mu$, c 为常数. 此时 (5.2.17) 式成为

$$\begin{aligned}
\dot{x} &= -y + x(x^2 + y^2 - 1)^2 - \mu x(x^2 + y^2 + c), \\
\dot{y} &= x + y(x^2 + y^2 - 1)^2 - \mu y(x^2 + y^2 + c).
\end{aligned} \tag{5.2.21}$$

由 (5.2.18) 式有 $M = (1 + c)2\pi$. 注意到 $q_2 = \dfrac{1}{2}P_a''(0, 0) = -8\pi$, 公式 (5.2.20) 成为 $\mu^*(a) = \dfrac{4}{1+c}a^2 + O(a^3)$, 其反函数为

$$a = a_j(\mu) = \left[\frac{1+c}{4}\mu\right]^{\frac{1}{2}} [(-1)^j + O(|\mu|^{\frac{1}{2}})], \quad j = 1, 2.$$

于是, 若 $1+c \neq 0$, 则当 $(1+c)\mu < 0(> 0)$ 时, (5.2.21) 式没有极限环 (2 个极限环). 若 $(1+c) = 0$, 则 (5.2.21) 式总有两个极限环, 分别由 $x^2+y^2 = 1$ 和 $x^2+y^2 = 1-\mu$ 给出.

上例说明在定理 5.2.7 中条件 $M \neq 0$ 不能去掉.

5.2.4　同宿分支

前面研究了一些简单的非双曲奇点与非双曲极限环的扰动分支, 本节进一步研究具有第三个特征 (即存在连接鞍点的轨线) 的平面结构不稳定系统的扰动分支, 主要是研究同宿分支.

先看两个例子.

例 5.2.7　考虑下述二次系统

$$\dot{x} = x(1-x), \quad \dot{y} = y(2x-1) + \varepsilon x(1-x). \tag{5.2.22}$$

注意到 (5.2.22) 式右端函数的导数矩阵为

$$\begin{pmatrix} 1-2x & 0 \\ 2y+\varepsilon(1-2x) & 2x-1 \end{pmatrix},$$

易知该系统只有两个奇点 $(0,0)$ 与 $(1,0)$, 且它们均为鞍点.

方程 (5.2.22) 有直线解 $x = 0$ 与 $x = 1$, 这两条直线均由一个奇点和两条轨线组成. 当 $\varepsilon = 0$ 时, (5.2.22) 式还有直线解 $y = 0$, 该直线由两个鞍点和三条轨线组成, 利用 (5.2.22) 第一式可求得中间那条轨线的参数方程为

$$\left(\frac{x_0 \mathrm{e}^t}{1 - x_0 + x_0 \mathrm{e}^t}, 0 \right), \quad 0 < x_0 < 1.$$

上述解当 $t \to +\infty$ 与 $-\infty$ 时分别趋于点 $(1,0)$ 与 $(0,0)$. 称这种正、负向沿某特征方向趋于不同奇点的轨线为异宿轨. 因此当 $\varepsilon = 0$ 时, 方程 (5.2.22) 有连接鞍点 $(0,0)$ 与 $(1,0)$ 的异宿轨, 它位于 x 轴上, 如图 5.2.4(1) 所示. 当 $\varepsilon > 0$ 时, 由于 $\dot{y}|_{y=0} = \varepsilon x(1-x)$, 易知 (5.2.22) 式已不存在连接鞍点 $(0,0)$ 与 $(1,0)$ 的轨线, 如图 5.2.4(2) 所示.

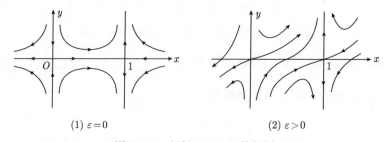

(1) $\varepsilon = 0$　　　　　　　　　　　　(2) $\varepsilon > 0$

图 5.2.4　方程 (5.2.22) 的相图

例 5.2.8 考虑下述 4 次系统

$$\dot{x} = y, \quad \dot{y} = x - x^2 - y(H(x,y) + \varepsilon), \tag{5.2.23}$$

其中 $H(x,y) = \frac{1}{2}y^2 - \frac{1}{2}x^2 + \frac{1}{3}x^3, |\varepsilon| < \frac{1}{6}$. 该方程恰有两个奇点 $(0,0)$ 与 $(1,0)$, 易知 $(0,0)$ 为鞍点. 注意到 $H(1,0) = -\frac{1}{6}$, (5.2.23) 式在 $(1,0)$ 的发散量为 $\frac{1}{6} - \varepsilon > 0$, 故 $(1,0)$ 为不稳定焦点. 考查函数 H 沿 (5.2.23) 轨线的全导数

$$\dot{H} = H_x\dot{x} + H_y\dot{y} = -y^2(H(x,y) + \varepsilon), \tag{5.2.24}$$

先设 $\varepsilon = 0$, 则对任一 $h \in \left(-\frac{1}{6}, 0\right)$, 沿方程 $H(x,y) = h$ 在 $x > 0$ 中定义的闭轨线 L_h, 有

$$\dot{H} = -y^2 h > 0 \ (y \neq 0),$$

这意味着当 $\varepsilon = 0$ 时, 方程 (5.2.23) 从 L_h 上任一点出发的轨线都正向进入 L_h 的外侧. 进一步 (仍设 $\varepsilon = 0$), 沿 $H = 0$ 有 $\dot{H} = 0$, 这表明当 $\varepsilon = 0$ 时, (5.2.23) 式从曲线 $H = 0$ 上任一点出发的轨线必恒位于该曲线上, 即曲线 $H = 0$ 是 (5.2.23) 式的不变曲线. 该曲线由原点和三条非平凡轨线组成, 其中位于 $x > 0$ 的部分是正负向都趋于原点的同宿轨 L_0, 由此易得 (5.2.23) 式的相图如图 5.2.5(1) 所示. 现设 $\varepsilon \neq 0$. 由 (5.2.24) 式知

$$\dot{H}|_{H=-\varepsilon} = 0,$$

由此知, 当 $0 < \varepsilon < \frac{1}{6}$ 时, 由 $H = -\varepsilon$ 定义的闭曲线 $L_{-\varepsilon}$ 为 (5.2.23) 式的闭轨线, 为确定其稳定性, 估计其指标的符号, 事实上

$$I(L_{-\varepsilon}) = \oint_{L_{-\varepsilon}} \text{div}(5.2.23)\text{d}t = -\oint_{L_{-\varepsilon}} y^2\text{d}t < 0,$$

故 $L_{-\varepsilon}$ 为 (5.2.23) 式的稳定极限环, 如图 5.2.5(2) 所示.

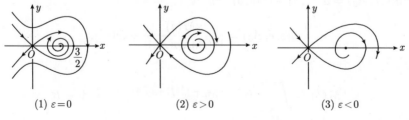

(1) $\varepsilon = 0$ (2) $\varepsilon > 0$ (3) $\varepsilon < 0$

图 5.2.5 方程 (5.2.23) 的相图

当 $\varepsilon < 0$ 时, 方程 $H(x,y) = -\varepsilon$ 没有闭分支, 且对任一 $h \in \left(-\dfrac{1}{6}, 0\right]$, 由 (5.2.24) 式知全导数沿 L_h 有

$$\dot{H} = -y^2(h + \varepsilon) > 0 \quad (\text{当 } y \neq 0 \text{ 时}).$$

这表示 (5.2.23) 式从 L_h 上任一点出发的轨线都进入其外侧, 特别 (5.2.23) 式从同宿轨 L_0 上任一点出发的轨线都进入其外侧, 如图 5.2.5(3) 所示.

上面两个例子描述了两种分支现象, 前一个例子表明异宿轨在任意小的扰动之下可以不复存在, 而后一个例子表明同宿轨在任意小的扰动之下可以不复存在, 却可能产生极限环, 这一分支现象称为同宿分支.

下面给出一般系统同宿分支的基本理论与方法 (见引理 5.2.4 与引理 5.2.5 和定理 5.2.8 与定理 5.2.9 等), 由于引理证明已超出本书范围, 此处引而不证.

现考虑 C^∞ 系统 (5.2.6)

$$\dot{x} = f(x,y) + \varepsilon p(x,y,\varepsilon,\delta),$$
$$\dot{y} = g(x,y) + \varepsilon q(x,y,\varepsilon,\delta).$$

设当 $\varepsilon = 0$ 时, 上述系统有一双曲鞍点 S_0 和正负向均趋于 S_0 的同宿轨 $L_0 = \{(x(t),y(t))|t \in R\}$, 即 $\omega(L_0) = \alpha(L_0) = S_0$. 为确定计, 设 L_0 为顺时针定向的, 且 Poincaré 映射在 L_0 内侧有定义. 当 $|\varepsilon|$ 充分小时, (5.2.6) 式在 S_0 附近有双曲鞍点 $S(\varepsilon,\delta)$, 而 (5.2.6) 式在 L_0 的邻域内有分别位于 $S(\varepsilon,\delta)$ 的稳定、不稳定流形上的分界线 $L^s(\varepsilon,\delta)$ 与 $L^u(\varepsilon,\delta)$. 任取定点 $A_0 \in L_0$, 过点 A_0 作 (5.2.6) 式的截线 l, 其方向矢量取为

$$n_0 = \frac{1}{|f(A_0), g(A_0)|}(-g(A_0), f(A_0)).$$

则分界线 L^s 与 L^u 必与 l 有交点, 分别记为 A^s 与 A^u. 可证下述引理 (见 [17,18,22]).

引理 5.2.4 (Melnikov 引理)　　存在函数 $a^{s,u}(\varepsilon,\delta) = O(\varepsilon)$, 使

$$A^{s,u} = A_0 + a^{s,u}(\varepsilon,\delta)n_0.$$

若令 $d(\varepsilon,\delta,A_0) = a^u(\varepsilon,\delta) - a^s(\varepsilon,\delta)$, 则

$$d(\varepsilon,\delta,A_0) = \frac{\varepsilon M(\delta)}{|f(A_0), g(A_0)|} + O(\varepsilon^2),$$

其中

$$M(\delta) = \int_{-\infty}^{+\infty} (fq - gp)e^{-\int_0^t (f_x + g_y)d\tau}\bigg|_{\varepsilon=0,L_0} dt \in R.$$

量 d 的符号决定了分界线 L^s 与 L^u 的相对位置, 如图 5.2.6 所示.

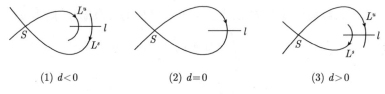

图 5.2.6 L^s 与 L^u 的相对位置

截线 l 上点 A^s 左侧附近的任一点 A 可表示为

$$A = A_0 + a n_0, \quad a \leqslant a^s(\varepsilon, \delta).$$

设 (5.2.6) 式从点 A 出发的正半轨线与 l 的后继交点为 B, 则点 B 可表示为

$$B = A_0 + P(a, \varepsilon, \delta) n_0, \quad a < a^s(\varepsilon, \delta).$$

易见成立

$$\lim_{a \to a^s -} P(a, \varepsilon, \delta) = a^u(\varepsilon, \delta).$$

称函数 $P : l \to l$ 为 (5.2.6) 式在 L_0 附近的 Poincaré 映射, 其定义域为 $a \leqslant a^s(\varepsilon, \delta)$, 且 $|a|$ 充分小, 而称

$$F(a, \varepsilon, \delta) = P(a, \varepsilon, \delta) - a$$

为 (5.2.6) 式在 L_0 附近的后继函数. 于是

$$F(a^s, \varepsilon, \delta) = a^u(\varepsilon, \delta) - a^s(\varepsilon, \delta) = d(\varepsilon, \delta, A_0). \tag{5.2.25}$$

进一步可证以下引理 (见 [17,22,28]).

引理 5.2.5 函数 F 关于 a 的导数满足

$$\frac{\partial F}{\partial a} = -1 + \frac{1}{1 + O(F)} e^{\int_{AB}(f_x + g_y + \varepsilon(p_x + q_y)) \mathrm{d}t}.$$

利用上述引理可证下述非退化的同宿分支定理.

定理 5.2.8 设 $\sigma_0 = (f_x + g_y)(S_0)$. 若 $\sigma_0 \neq 0$, 则

(i) 当 $\sigma_0 < 0 (> 0)$ 时同宿轨 L_0 为内侧稳定 (不稳定) 的 ([15]);

(ii) 存在 $\varepsilon_0 > 0$ 及 L_0 的邻域 V, 使当 $0 < |\varepsilon| < \varepsilon_0$, δ 有界时, (5.2.6) 式在 V 中至多有一个极限环, 且极限环存在当且仅当 $\sigma_0 d(\varepsilon, \delta, A_0) > 0$, 而且其稳定性由 σ_0 的符号决定.

证明 不妨设 $\sigma_0 < 0$. 取 S_0 的邻域 U, 使当 $|\varepsilon|$ 充分小且 $(x, y) \in U$ 时, 有

$$f_x + g_y + \varepsilon(p_x + q_y) < \frac{\sigma_0}{2} < 0,$$

又设 L_1 表示轨线段 AB 与 U 的交, L_2 表示 AB 的其余部分, 则当 $a \to a^s$ 时,

$$L_1 \to L^s \cap U, \quad \int_{L_1} (f_x + g_y + \varepsilon(p_x + q_y))\mathrm{d}t \to -\infty,$$

而

$$\int_{L_2} (f_x + g_y + \varepsilon(p_x + q_y))\mathrm{d}t$$

趋于一有界量 (因为沿 $L^s \cap U$, t 趋于正无穷, 而沿 L^s 的其余部分 t 有界), 故由引理 5.2.5 知, 当 $a \to a^s$ 时, $\dfrac{\partial F}{\partial a} \to -1$, 特别地由 $a^s = O(\varepsilon)$ 知, 当 $|a|$ 充分小且 $a < 0$ 时, $F(a, 0, \delta) > F(0, 0, \delta) = 0$, 且当 $|a| + |\varepsilon|$ 充分小时, F 关于 a 为严格减少的, 从而关于 a 至多有一个根, 这表示 L_0 为稳定的, 且 (5.2.6) 式在 L_0 附近至多有一个极限环.

进一步取 $a_0 < 0$ 且 $|a_0|$ 很小, 使 $F(a_0, 0, \delta) > 0$, 则存在 $\varepsilon_0 > 0$, 使当 $|\varepsilon| < \varepsilon_0$ 时 $F(a_0, \varepsilon, \delta) > 0$, 而由 (5.2.25) 式知当 $d(\varepsilon, \delta, A_0) < 0(> 0)$ 时, $F(a^s, \varepsilon, \delta) < 0(> 0)$, 故由 F 的连续性知, 当 $|\varepsilon| < \varepsilon_0$ 且 $d(\varepsilon, \delta, A_0) < 0(> 0)$ 时, F 在区间 $(a_0, a^s(\varepsilon, \delta))$ 上有唯一 (没有) 根, 于是当 $|\varepsilon| < \varepsilon_0$, $d(\varepsilon, \delta, A_0) < 0(> 0)$ 时, (5.2.6) 式在 L_0 附近有唯一稳定极限环 (没有极限环). 证毕.

注 5.2.1　若 $\sigma_0 = 0$, 则可证广义积分 $\displaystyle\oint_{L_0} (f_x + g_y)\mathrm{d}t$ 为有限量, 且当它为正 (负) 时, L_0 是不稳定 (稳定) 的, 并且它在光滑扰动下至多产生两个极限环, 而且经适当扰动可以出现两个极限环 (韩茂安: 中国科学, 1993). 有兴趣的读者可参看文献 [22].

若 $f_x + g_y = 0$(此时必存在函数 $H(x, y)$ 使 $f = H_y$, $g = -H_x$), 则引理 5.2.4 中的量 $M(\delta)$ 成为

$$M(\delta) = \oint_{L_0} (fq - gp)|_{\varepsilon=0}\mathrm{d}t = \oint_{L_0} q\mathrm{d}x - p\mathrm{d}y|_{\varepsilon=0}. \tag{5.2.26}$$

定理 5.2.9[28]　设存在函数 $H(x, y)$, 使 $f = H_y$, $g = -H_x$, 则

(i) 当 $|\varepsilon|$ 充分小, δ 有界时, (5.2.6) 式在 L_0 附近存在极限环的必要条件是存在 $\delta_0 \in R^m$, 使 $M(\delta_0) = 0$;

(ii) 设 $M(\delta_0) = 0$, 又设

$$\sigma(\delta_0) \equiv (p_x + q_y)(S_0, 0, \delta_0) \neq 0,$$

则存在 $\varepsilon_0 > 0$, L_0 的邻域 V, 使当 $0 < |\varepsilon| < \varepsilon_0$, $|\delta - \delta_0| < \varepsilon_0$ 时, (5.2.6) 式在 V 中至多有一个极限环, 且极限环存在当且仅当 $\sigma(\delta_0)d^*(\varepsilon, \delta) > 0$, 而且其稳定性由 $\varepsilon\sigma(\delta_0)$ 的符号决定, 其中

$$d^*(\varepsilon, \delta) = \frac{1}{\varepsilon} d(\varepsilon, \delta, A_0) = \frac{M(\delta)}{|f(A_0), g(A_0)|} + O(\varepsilon).$$

证明 首先证明

$$F(a, \varepsilon, \delta) = \varepsilon F^*(a, \varepsilon, \delta), \tag{5.2.27}$$

其中 F^* 在 F 的定义域上是一致连续的. 事实上, 由假设知

$$\begin{aligned}
H(B) - H(A) &= \varepsilon \int_{AB} (fq - gp)\mathrm{d}t \\
&= \varepsilon \int_{AB} [(f + \varepsilon p)q - (g + \varepsilon q)p]\mathrm{d}t \\
&= \varepsilon \int_{AB} q\mathrm{d}x - p\mathrm{d}y.
\end{aligned}$$

另一方面, 由微分中值定理知

$$\begin{aligned}
H(B) - H(A) &= \int_0^1 DH(A + s(B - A))(B - A)\mathrm{d}s \\
&= \int_0^1 DH(A + sFn_0)n_0 \mathrm{d}s F(a, \varepsilon, \delta),
\end{aligned}$$

于是由以上两式得

$$F^*(a, \varepsilon, \delta) = \frac{\displaystyle\int_{AB} q\mathrm{d}x - p\mathrm{d}y}{\displaystyle\int_0^1 DH(A + sFn_0)n_0 \mathrm{d}s}.$$

由 n_0 的定义易见

$$\int_0^1 DH(A + sFn_0)n_0 \mathrm{d}s = |f(A_0), g(A_0)| + O(|a, F|) > 0.$$

从而 (5.2.27) 式得证. 进一步由引理 5.2.5 及 (5.2.27) 式可得

$$F^*(a^s, \varepsilon, \delta) = d^*(\varepsilon, \delta), \quad \frac{\partial F^*}{\partial a} = \frac{-1}{1 + O(F)}[\beta + O(F^*)], \tag{5.2.28}$$

其中

$$\beta = \omega(x_0, \varepsilon) = \begin{cases} \dfrac{1 - x_0^\varepsilon}{\varepsilon}, & \varepsilon \neq 0, \\ -\ln x_0, & \varepsilon = 0, \end{cases} \quad x_0 = \exp \int_{AB} (p_x + q_y)\mathrm{d}t.$$

易证

$$\lim_{(x_0, \varepsilon) \to (0,0)} \omega(x_0, \varepsilon) = +\infty.$$

事实上, 若上式不成立, 则存在点列 $(x_n, \varepsilon_n) \to (0, 0)$, 使 $\omega(x_n, \varepsilon_n) \to k \in R$, 则 $1 - x_n^{\varepsilon_n} = \varepsilon_n \omega(x_n, \varepsilon_n) \to 0$, 从而 $\varepsilon_n \ln x_n \to 0$, 于是当 n 充分大时,

$$1 - x_n^{\varepsilon_n} = 1 - e^{\varepsilon_n \ln x_n} = -(\varepsilon_n \ln x_n)(1 + O(1)),$$

由此知, 当 $n \to \infty$ 时,

$$\omega(x_n, \varepsilon_n) = \frac{1}{\varepsilon_n}(1 - x_n^{\varepsilon_n}) \to +\infty,$$

与 $k < \infty$ 矛盾.

由于

$$d^*(0, \delta) = \frac{M(\delta)}{|f(A_0), g(A_0)|},$$

由 (5.2.28) 式第一式即知结论 (i) 成立. 如果 $\sigma(\delta_0) < 0$, 那么当 $(a, \varepsilon) \to (0, 0)$, $\delta \to \delta_0$ 时, 有

$$\int_{AB} (p_x + q_y) \mathrm{d}t \to -\infty,$$

从而 $x_0 \to 0$, 于是由 (5.2.28) 式, 与定理 5.2.8 完全类似可证结论 (ii) 成立.

若 $\sigma(\delta_0) > 0$, 则利用

$$\beta = -\omega(x_0^{-1}, -\varepsilon)$$

同样可证结论 (ii) 成立. 证毕.

由引理 5.2.4 与定理 5.2.9 即得如下推论.

推论 5.2.1　设存在 $\delta_0 \in R$, 使

$$M(\delta_0) = 0, \quad M'(\delta_0) \neq 0, \quad \sigma(\delta_0) \neq 0,$$

则存在连续函数 $\delta^*(\varepsilon) = \delta_0 + O(\varepsilon)$ 及 $\varepsilon_0 > 0$, 使对 $0 < |\varepsilon| < \varepsilon_0$, $|\delta - \delta_0| < \varepsilon_0$, (5.2.6) 式在 L_0 附近有唯一极限环当且仅当

$$\sigma(\delta_0)M'(\delta_0)(\delta - \delta^*(\varepsilon)) > 0,$$

而在 L_0 附近有同宿轨当且仅当 $\delta = \delta^*(\varepsilon)$, 且同宿轨的稳定性由 $\varepsilon\sigma(\delta_0)$ 的符号决定. 在 (ε, δ) 平面, 称由 $\delta = \delta^*(\varepsilon)$ 给出的曲线为同宿分支曲线.

注 5.2.2　若 $\sigma(\delta_0) = 0$, $\oint_{L_0} (p_x + q_y)|_{(\varepsilon, \delta) = (0, \delta_0)} \mathrm{d}t \neq 0$, 则 L_0 在光滑扰动下至多产生两个极限环, 而且经适当扰动可以出现两个极限环. 详见文献 [22].

例 5.2.9　考虑二次 Liénard 系统

$$\dot{x} = y - \varepsilon(ax + x^2), \quad \dot{y} = x - x^2. \tag{5.2.29}$$

当 $\varepsilon = 0$ 时, (5.2.29) 式有首次积分 $H = \dfrac{1}{2}(y^2 - x^2) + \dfrac{1}{3}x^3$, 且方程 $H = 0$ 定义了同宿轨 L_0 位于 $x > 0$ 中. 由 (5.2.26) 式和 (5.2.29) 式知

$$M(a) = \oint_{L_0} (ax + x^2)\mathrm{d}y = -aI_0 - 2I_1,$$

其中 (由分部积分公式)

$$I_j = \oint_{L_0} x^j y \mathrm{d}x, \quad j = 0, 1.$$

易见

$$I_j = 2\int_0^{\frac{3}{2}} x^{j+1}\sqrt{1 - \frac{2}{3}x}\,\mathrm{d}x, \quad j = 0, 1,$$

即得 $I_0 = \dfrac{6}{5}$, $I_1 = \dfrac{36}{35}$, 故

$$M(a) = -\frac{6}{5}\left(a + \frac{12}{7}\right).$$

令 $a_0 = -\dfrac{12}{7}$, 则 $M(a_0) = 0$, $M'(a_0) < 0$, $\sigma(a_0) = -a_0 > 0$, 于是由推论 5.2.1 知, 存在 $\varepsilon_0 > 0$, $a^*(\varepsilon) = -\dfrac{12}{7} + O(\varepsilon)$, 使当 $|a|$ 有界, $0 < |\varepsilon| < \varepsilon_0$ 时, (5.2.29) 式在 L_0 附近有唯一极限环当且仅当 $a < a^*(\varepsilon)$, 且当 $\varepsilon < 0(> 0)$ 时极限环稳定 (不稳定), 有同宿轨当且仅当 $a = a^*(\varepsilon)$.

习 题 5.2

1. 设 (5.2.6) 式为解析系统, 且不含参数 δ, 试证明如果 $\dfrac{\partial \alpha}{\partial \varepsilon}(0) \neq 0$, 则该系统在原点附近至多有一个极限环 (韩茂安, 工程数学学报 (1986), 又见文献 [33]).

2. 讨论下列系统的 Hopf 分支:

(1) $\dot{x} = -y + kx + lx^2 + mxy, \dot{y} = x(1 + ax)$;

(2) $\dot{x} = y + a_4x^4 + a_3x^3 + a_2x^2 + a_1x, \dot{y} = -x(1 - x)$.

3. 证明例 5.2.4 中的结论.

4. 讨论系统 $\dot{x} = y, \dot{y} = x(1 - x^2) - \varepsilon(a + x^2)y$ 的同宿分支.

5. 利用稳定流形定理 (定理 4.1.6) 证明注 5.2.1 中的结论: 若 $\sigma_0 = 0$, 则广义积分 $\oint_{L_0} (f_x + g_y)\mathrm{d}t$ 为有限量 (马知恩, 汪儿年, 数学年刊 (1983)).

6. 设 C^∞ 系统 (5.2.6) 的未扰系统 (即 $\varepsilon = 0$) 有双曲鞍点 S_0, 则必有 C^∞ 变换把该系统化为下列形式

$$\dot{u} = \lambda_1 u(1 + h_1(u, v)), \quad \dot{v} = \lambda_2 v(1 + h_2(u, v)),$$

其中 $h_j = O(uv)$ (参考文献 [22]).

7. 利用上题和引理 5.2.5 证明注 5.2.1 中的结论: 若 $\sigma_0 = 0$, $\oint_{L_0} (f_x + g_y)\mathrm{d}t < 0\ (> 0)$, 则 L_0 为稳定 (不稳定) 的 (参考文献 [22]).

5.3　近哈密顿系统的极限环分支

本节研究下述形式的 C^∞ 平面系统

$$\dot{x} = H_y + \varepsilon p(x, y, \varepsilon, \delta), \quad \dot{y} = -H_x + \varepsilon q(x, y, \varepsilon, \delta), \tag{5.3.1}$$

其中 $H(x, y), p(x, y, \varepsilon, \delta), q(x, y, \varepsilon, \delta)$ 为 C^∞ 函数, $\varepsilon \geqslant 0$ 是小参数, 而 $\delta \in D \subset R^m$ 是向量参数, D 是有界集. 当 $\varepsilon = 0$ 时, (5.3.1) 式成为

$$\dot{x} = H_y, \quad \dot{y} = -H_x, \tag{5.3.2}$$

这是一个哈密顿系统, 因此称 (5.3.1) 式为近哈密顿系统. 下面阐述研究近哈密顿系统 (5.3.1) 极限环分支的基本方法, 首先从建立 Melnikov 函数和后继函数入手.

5.3.1　Melnikov 函数

假设存在开区间 $J = (\alpha, \beta)$, 使对 $h \in J$, 方程 $H(x, y) = h$ 确定了一闭曲线 L_h, 它是 (5.3.2) 式的闭轨. 引入开集 G 如下

$$G = \bigcup_{\alpha < h < \beta} L_h.$$

若 G 有界, 则其边界 ∂G 由两条闭曲线组成或由一点 (中心) 与一闭曲线组成, 这两条闭曲线均必含有 (5.3.2) 式的奇点, 此时对方程 (5.3.1) 的任务就是研究当 ε 充分小时紧集 $\overline{G} = G \cup \partial G$ 某邻域内的极限环之个数. 本节要研究的问题主要是边界 ∂G 邻域内极限环的个数. 首先引入研究这类问题的基本工具: 后继函数与 Melnikov 函数.

取 $h_0 \in J$, $A_0 \in L_{h_0}$, 过点 A_0 作 (5.3.2) 式的截线 l, 见图 5.3.1. 设其单位方向矢量为 $\vec{n}_l$, 则 $\vec{n}_0 \cdot \vec{n}_l \neq 0$, 其中 $\vec{n}_0 = (H_x(A_0), H_y(A_0))$. 截线 l 可表示为

$$l = \{A_0 + u\vec{n}_l : u \in R, |u| \text{充分小}\}.$$

考虑方程

$$G(h, u) \equiv H(A_0 + u\vec{n}_l) - h = 0.$$

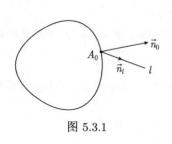

图 5.3.1

由于 $G(h_0, 0) = H(A_0) - h_0 = 0$, $\dfrac{\partial G}{\partial h}(h_0, 0) = \vec{n}_0 \cdot \vec{n}_l \neq 0$, 由隐函数定理知, 存在唯一 C^∞ 函数 $u = a(h) = O(h - h_0)$, 使 $G(h, a(h)) = 0$. 令

$$A(h) = A_0 + a(h)\vec{n}_l,$$

则 $A(h) \in C^\infty, H(A(h)) = h$.

设 $T(h)$ 表示 L_h 的周期, $\varphi(t, A, \varepsilon, \delta)$ 表示 (5.3.1) 式满足 $\varphi(0, A, \varepsilon, \delta) = A$ 的解.

再考虑方程

$$G_1(t, h, \varepsilon, \delta) \equiv (\varphi(t, A, \varepsilon, \delta) - A) \cdot \vec{n}_l^\perp = 0,$$

其中 $\vec{n}_l^\perp$ 表示与 l 正交的非零向量. 由于

$$G_1(T(h_0), h_0, 0, \delta) = 0, \quad \frac{\partial G_1}{\partial t}(T(h_0), h_0, 0, \delta) = \vec{n}_0^\perp \cdot \vec{n}_l^\perp \neq 0,$$

其中 $\vec{n}_0^\perp = (H_y(A_0), -H_x(A_0))$, 仍由隐函数定理知存在 C^∞ 函数 $\tau(h, \varepsilon, \delta) = T(h_0) + O(|\varepsilon| + |h - h_0|)$, 使

$$G_1(\tau, h, \varepsilon, \delta) = 0, \quad 或 \ (\varphi(\tau, A, \varepsilon, \delta) - A) \cdot \vec{n}_l^\perp = 0.$$

上式表示向量 $\varphi(\tau, A, \varepsilon, \delta) - A$ 与 $\vec{n}_l$ 平行, 故由 $A(h) \in l$ 知, $\varphi(\tau, A, \varepsilon, \delta) \in l$. 注意到 $T(h) = \tau(h, 0, \delta)$, 故 $T(h) \in C^\infty$. 令 $B(h, \varepsilon, \delta) = \varphi(\tau, A, \varepsilon, \delta)$, 则 $B \in C^\infty$ 且可以表示为

$$B(h, \varepsilon, \delta) = A_0 + b(h, \varepsilon, \delta)\vec{n}_l,$$

$$b(h, \varepsilon, \delta) = a(h) + O(\varepsilon).$$

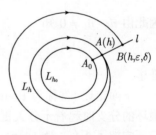

图 5.3.2 Poincaré 映射

见图 5.3.2.

有

$$H(B) - H(A) = \int_{\widehat{AB}} \mathrm{d}H = \int_{\widehat{AB}} H_x \mathrm{d}x + H_y \mathrm{d}y$$

$$= \int_0^\tau [H_x(H_y + \varepsilon p) + H_y(-H_x + \varepsilon q)]\mathrm{d}t$$

$$= \varepsilon \int_0^\tau (H_x p + H_y q)\mathrm{d}t \equiv \varepsilon F(h, \varepsilon, \delta). \tag{5.3.3}$$

显然有

$$F(h, 0, \delta) = \oint_{L_h} (H_y q + H_x p)|_{\varepsilon=0}\mathrm{d}t = \oint_{L_h} (q\mathrm{d}x - p\mathrm{d}y)|_{\varepsilon=0} \equiv M(h, \delta). \tag{5.3.4}$$

定义 5.3.1　称函数 $F(h, \varepsilon, \delta) = \int_0^\tau (H_x p + H_y q) \mathrm{d}t$ 为 (5.3.1) 式的后继函数,
称函数 F 的主项 $M(h, \delta) = \oint_{L_h} (q\mathrm{d}x - p\mathrm{d}y)|_{\varepsilon=0}$ 为 (5.3.1) 式的首阶 Melnikov 函数.
关于 F 的性质有下述基本引理.

引理 5.3.1　设 $h_0 \in (\alpha, \beta)$, 则

(i) 当 $|\varepsilon| + |h - h_0|$ 充分小且 $\delta \in D$ 时, 函数 F 关于 (h, ε, δ) 为 C^∞ 的, 特别,
对 $h \in (\alpha, \beta)$ 有 $M(h) \in C^\infty$.

(ii) 当 $|\varepsilon|$ 充分小, $\delta \in D$ 时, (5.3.1) 式在 L_{h_0} 附近有周期解当且仅当方程
$F(h, \varepsilon, \delta) = 0$ 关于 h 在 h_0 附近有根.

证明　由 F 的定义即知结论 (i) 成立. 下证结论 (ii). 方程 (5.3.1) 从点 $A(h)$
出发的轨线记为 $\gamma^+(h, \varepsilon, \delta)$. 很显然, 该轨线为闭轨当且仅当 $A = B$, 因此, 只要证
明 $A = B$ 当且仅当 $H(A) = H(B)$. 事实上, 由微分中值定理知

$$H(B) - H(A) = DH(A + O(B - A)) \cdot (B - A)$$
$$= DH(A + O(\varepsilon)) \cdot (B - A)$$
$$= [DH(A_0) + O(|h - h_0| + |\varepsilon|)] \cdot (b - a)\vec{n}_l$$
$$= [\vec{n}_0 \cdot \vec{n}_l + O(|h - h_0| + |\varepsilon|) \cdot \vec{n}_l](b - a),$$

因此由 $\vec{n}_0 \cdot \vec{n}_l \neq 0$ 知

$$A = B \Leftrightarrow a = b \Leftrightarrow H(B) = H(A).$$

证毕.

下面定理 (常称为 Poincaré-Pontrjajin-Andronov 定理) 说明函数 M 在研究极
限环的分支时起着十分关键的作用.

定理 5.3.1　设 $h_0 \in (\alpha, \beta)$, $\delta_0 \in D$,

(i) 若 $M(h_0, \delta_0) \neq 0$, 则当 $|\varepsilon| + |\delta - \delta_0|$ 充分小时, (5.3.1) 式在 L_{h_0} 附近没有极
限环;

(ii) 若 $M(h_0, \delta_0) = 0$, $M_h(h_0, \delta_0) \neq 0$, 则当 $|\varepsilon| + |\delta - \delta_0|$ 充分小时, (5.3.1) 式在
L_{h_0} 附近有唯一极限环;

(iii) 若 $M_h^{(j)}(h_0, \delta_0) = 0$, $j = 0, 1, \cdots k - 1$, $M_h^{(k)}(h_0, \delta_0) \neq 0$, 则当 $|\varepsilon| + |\delta - \delta_0|$
充分小时, (5.3.1) 式在 L_{h_0} 附近至多有 k 个极限环, 且当 k 为奇数时至少有一个
极限环.

证明　由 (5.3.3) 式及引理 5.3.1 即知结论 (i) 成立. 为证结论 (ii), 设 h_0 为
$M(h, \delta_0)$ 的单根, 则对函数 $F(h, \varepsilon, \delta)$ 应用隐函数定理知函数 F 在 h_0 附近有唯一
根 $h = h^*(\varepsilon, \delta) = h_0 + O(|\varepsilon| + |\delta - \delta_0|)$, 于是由引理 5.3.1 即知, 当 $|\varepsilon| + |\delta - \delta_0|$ 充
分小时, (5.3.1) 式在 L_{h_0} 附近有唯一极限环.

再证结论 (iii). 设 h_0 为 $M(h, \delta_0)$ 的 k 重根. 首先证明当 $|\varepsilon| + |\delta - \delta_0|$ 充分小时, (5.3.1) 式在 L_{h_0} 附近至多有 k 个环. 否则, 必存在 $(\varepsilon_n, \delta^{(n)}) \to (0, \delta_0)$ (当 $n \to \infty$ 时), 使当 $(\varepsilon, \delta) = (\varepsilon_n, \delta^{(n)})$ 时, (5.3.1) 式总有 $k+1$ 个极限环, 它们趋于 L_{h_0} (当 $n \to \infty$ 时). 于是 $F(h, \varepsilon_n, \delta^{(n)})$ 关于 h 有 $k+1$ 个根. 多次利用罗尔定理知 $\dfrac{\partial^k F}{\partial h^k}(h, \varepsilon_n, \delta^{(n)})$ 关于 h 必有一个根 h_n, 它趋于 h_0 (当 $n \to \infty$ 时), 于是

$$\frac{\partial^k F}{\partial h^k}(h_n, \varepsilon_n, \delta^{(n)}) = 0,$$

在上式两边令 $n \to \infty$, 取极限得

$$M_h^{(k)}(h_0, \delta_0) = 0,$$

与假设矛盾.

最后设 k 为奇数. 则存在 $\varepsilon_0 > 0$, 使

$$M(h_0 - \varepsilon_0, \delta_0) \cdot M(h_0 + \varepsilon_0, \delta_0) < 0,$$

由此可知, 当 $|\varepsilon|$ 与 $|\delta - \delta_0|$ 均充分小时, 有

$$F(h_0 - \varepsilon_0, \varepsilon, \delta) F(h_0 + \varepsilon_0, \varepsilon, \delta) < 0.$$

因此由 F 的连续性知 F 关于 h 在区间 $(h_0 - \varepsilon_0, h_0 + \varepsilon_0)$ 必有根. 证毕.

由上述定理易得下列推论.

推论 5.3.1 设 $\delta_0 \in D$. 如果 $M(h, \delta_0)$ 在 (α, β) 内有 k 个单根, 那么当 $|\varepsilon| + |\delta - \delta_0|$ 充分小时, (5.3.1) 式在开集 G 内必有 k 个极限环. 如果 $M(h, \delta_0)$ 在 (α, β) 内至多有 k 个根 (包括重数在内), 那么当 $|\varepsilon| + |\delta - \delta_0|$ 充分小时, (5.3.1) 式在 G 的任一紧子集内至多有 k 个极限环.

进一步, 仿定理 5.3.1 的结论 (iii) 用反证法可证以下推论 (请读者自证).

推论 5.3.2 如果存在紧集 $D_1 \subset D$, 使得对一切 $\delta \in D_1$, 函数 $M(h, \delta)$ 在 (α, β) 内至多有 k 个根 (包括重数在内), 那么存在 $\varepsilon_0 > 0$, 使对一切 $|\varepsilon| < \varepsilon_0$, $\delta \in D_1$, (5.3.1) 式在 G 的任一紧子集内至多有 k 个极限环.

关于 M 的导数, 有以下引理.

引理 5.3.2[23] 设 M 如 (5.3.4) 式所定义, 则

$$M_h(h, \delta) = \oint_{L_h} (p_x + q_y)|_{\varepsilon=0} \mathrm{d}t.$$

证明 任取 $h_0 \in J$, 设 $A(h_0)$ 为 L_{h_0} 的最右点, 则

$$H_y(A(h_0)) = 0, \quad H_x(A(h_0)) \neq 0.$$

显然, 当 $H_x(A(h_0)) < 0(> 0)$ 时, L_{h_0} 为逆时针 (顺时针) 定向的. 如前引入 (5.3.2) 式过 $A(h_0)$ 的截线 l, 记 $A(h) = L_h \cap l = (a_1(h), a_2(h))$, 则 $A(h)$ 满足 $H(A(h)) = h$, 从而

$$H_x(A(h))a_1'(h) + H_y(A(h))a_2'(h) = 1,$$

特别取 $h = h_0$, 得

$$H_x(A(h_0))a_1'(h_0) = 1, \quad a_1'(h_0) \neq 0.$$

因此当 $a_1'(h_0) < 0(> 0)$ 时, L_{h_0} 为逆时针 (顺时针) 定向的. 另一方面, 易见若 $a_1'(h_0) < 0(> 0)$, 则 L_h 随着 h 的增加而缩小 (扩大).

现为确定计, 设 L_h 为顺时针定向的, 则 $a_1'(h_0) > 0$, 从而 L_h 随 h 的增加而扩大. 设 $u(t, h)$ 表示 L_h 的参数方程, 则它满足

$$H(u(t, h)) = h, \quad 0 \leqslant t \leqslant T(h).$$

因此

$$DH(u(t, h)) \cdot u_h(t, h) = 1,$$

即

$$\det \frac{\partial u(t, h)}{\partial (t, h)} = 1. \tag{5.3.5}$$

设 $h > h_0$, 用 $\Delta(h)$ 表示由 L_h 与 L_{h_0} 所围的环域, 则应用 Green 公式可得

$$M(h, \delta) - M(h_0, \delta) = \iint\limits_{\Delta(h)} (p_x + q_y)|_{\varepsilon=0} \mathrm{d}x\mathrm{d}y,$$

对上式二重积分引入积分变换

$$(x, y) = u(t, r), \quad 0 \leqslant t \leqslant T(r), \quad h_0 < r < h,$$

利用 (5.3.5) 式可得

$$M(h, \delta) - M(h_0, \delta) = \int_{h_0}^{h} \mathrm{d}r \int_0^{T(r)} (p_x + q_y)(u(t, r), 0, \delta)\mathrm{d}t,$$

对 h 求导可得

$$M_h(h, \delta) = \int_0^{T(h)} (p_x + q_y)(u(t, h), 0, \delta)\mathrm{d}t.$$

证毕.

若对方程 (5.3.1) 引入线性变换

$$u = a(x - x_0) + b(y - y_0), \quad v = c(x - x_0) + d(y - y_0)$$

及时间改变 $\tau = kt$, 其中 $k \neq 0$, $D = ad - bc \neq 0$, 使得 (5.3.1) 式成为

$$\frac{\mathrm{d}u}{\mathrm{d}\tau} = \widetilde{H}_v + \varepsilon \widetilde{p}, \quad \frac{\mathrm{d}v}{\mathrm{d}\tau} = -\widetilde{H}_u + \varepsilon \widetilde{q}. \tag{5.3.6}$$

设 $\widetilde{M}(h, \delta)$ 表示 (5.3.6) 式的首阶 Melnikov 函数, 即

$$\widetilde{M}(h, \delta) = \oint_{\widetilde{H}(u,v)=h} \widetilde{q}\,\mathrm{d}u - \widetilde{p}\,\mathrm{d}v|_{\varepsilon=0}.$$

则可证以下引理 (请读者自证).

引理 5.3.3 (5.3.1) 与 (5.3.6) 式的首阶函数 M 与 $\widetilde{M}$ 有下列关系式

$$M(h, \delta) = \frac{|k|}{D} \widetilde{M}\left(\frac{D}{k}h, \delta\right).$$

例 5.3.1 考虑 Van Der Pol 方程

$$\dot{x} = y, \quad \dot{y} = -x - \varepsilon(x^2 - 1)y. \tag{5.3.7}$$

当 $\varepsilon = 0$ 时, (5.3.7) 式有哈密顿函数 $H(x, y) = \frac{1}{2}(x^2 + y^2)$. 由 (5.3.4) 式及 Green 公式可得

$$M(h) = \iint_{x^2+y^2 \leqslant 2h} (1 - x^2)\mathrm{d}x\mathrm{d}y = \pi h(2 - h).$$

因此 M 有唯一正单根 $h = 2$, 故由定理 5.3.1 知, 当 $|\varepsilon|$ 充分小时, (5.3.7) 式在 $L_2 : x^2 + y^2 = 4$ 附近有唯一极限环 Γ^ε. 为考虑 Γ^ε 的稳定性, 来考察量

$$I(\Gamma^\varepsilon) = \varepsilon \oint_{\Gamma^\varepsilon} (1 - x^2)\mathrm{d}t = \varepsilon \left[\oint_{L_2} (1 - x^2)\mathrm{d}t + O(\varepsilon)\right].$$

由引理 5.3.2 知

$$\oint_{L_2} (1 - x^2)\mathrm{d}t = M'(2) = -2\pi,$$

故 $I(\Gamma^\varepsilon) = -2\pi\varepsilon + O(\varepsilon^2)$, 于是对充分小的 $|\varepsilon| > 0$, 当 $\varepsilon > 0(<0)$ 时, Γ^ε 是稳定 (不稳定) 的.

例 5.3.2 考虑多项式 Liénard 方程

$$\dot{x} = y - \sum_{i=0}^{n} a_i x^{2i+1}, \quad \dot{y} = -x,$$

其中 $n \geqslant 1$, 诸 a_i 为小参数. 引入小参数 ε 和有界量 $b = (b_0, \cdots, b_n)$ 如下

$$\varepsilon = \sqrt{\sum_{i=0}^{n} a_i^2}, \quad b_i = a_i/\varepsilon,$$

则上述方程成为

$$\dot{x} = y - \varepsilon \sum_{i=0}^{n} b_i x^{2i+1}, \quad \dot{y} = -x,$$

其中 $\sum_{i=0}^{n} b_i^2 = 1$. 注意到 $H(x,y) = \dfrac{1}{2}(x^2 + y^2)$, 由 $H(x,y) = h$ 给出的曲线 L_h 有参数表示 $(x,y) = \sqrt{2h}(\cos t, -\sin t)$. 于是由 (5.3.4) 式易得

$$M(h,b) = -\sum_{j=0}^{n} 2^{j+1} N_j \, b_j h^{j+1},$$

其中

$$N_j = \int_0^{2\pi} \cos^{2(j+1)} t \, \mathrm{d}t > 0.$$

因此由推论 5.3.2 知, 所述 Liénard 方程在不含原点的任一紧集内至多有 n 个极限环. 再由例 5.2.4 的结论, 仿推论 5.3.2 可证上述 Liénard 方程在平面任一紧集内至多有 n 个极限环.

5.3.2   中心奇点与同宿轨附近的极限环

本节给出近哈密顿系统 (5.3.1) 的 Melnikov 函数在中心奇点及含双曲鞍点的同宿轨附近的渐近展开式, 阐述利用这些展开式的系数来研究极限环的理论与方法.

假设 (5.3.2) 式以原点为初等中心, 这就是说函数 H 满足 $H_x(0,0) = H_y(0,0) = 0$, 及

$$\det \frac{\partial(H_y, -H_x)}{\partial(x,y)}(0,0) > 0.$$

于是, 不失一般性可设

$$H_{yy}(0,0) = \omega, \quad H_{xx}(0,0) = \omega, \quad H_{xy}(0,0) = 0, \quad \omega > 0.$$

因此 H 在原点有如下形式的展开式

$$H(x,y) = \frac{\omega}{2}(x^2 + y^2) + \sum_{i+j \geqslant 3} h_{ij} x^i y^j, \quad \omega > 0. \tag{5.3.8}$$

文献 [26] 证明了下列三个定理.

定理 5.3.2   设 (5.3.8) 式成立. 则函数 $M(h,\delta)$ 关于 h 在 $h = 0$ 是 C^∞ 的. 若 (5.3.1) 式是解析系统, 则该函数在 $h = 0$ 是解析的, 从而成立

$$M(h,\delta) = h \sum_{l \geqslant 0} b_l(\delta) h^l, \quad 0 \leqslant h \ll 1. \tag{5.3.9}$$

定理 5.3.3   设 (5.3.8) 式成立. 若存在 $k \geqslant 1, \delta_0 \in D$, 使有

$$b_k(\delta_0) \neq 0, \quad b_j(\delta_0) = 0, \quad j = 0, 1, \cdots, k-1,$$

则存在 $\varepsilon_0 > 0$ 和原点的邻域 V, 使得对 $0 < |\varepsilon| < \varepsilon_0, |\delta - \delta_0| < \varepsilon_0$, (5.3.1) 式在 V 中至多有 k 个极限环. 若进一步有

$$\text{rank} \frac{\partial(b_0, \cdots, b_{k-1})}{\partial(\delta_1, \cdots, \delta_m)}\bigg|_{\delta=\delta_0} = k, \quad m \geqslant k,$$

则对原点的任一邻域都有 (ε, δ) (在 $(0, \delta_0)$ 附近) 使 (5.3.1) 式在该邻域内有 k 个极限环.

定理 5.3.4 设 (5.3.8) 式成立. 又设 (5.3.1) 式中的函数 p 与 q 关于 δ 为线性的. 若存在整数 $k \geqslant 1$, 使有

(i) $\text{rank} \dfrac{\partial(b_0, \cdots, b_{k-1})}{\partial(\delta_1, \cdots, \delta_m)} = k, \ m \geqslant k$;

(ii) 当 $b_j(\delta) = 0$, $j = 0, 1, \cdots, k-1$ 时, 系统 (5.3.1) 以原点为中心, 则任给 $N > 0$, 存在 $\varepsilon_0 > 0$ 和原点的邻域 V, 使对 $0 < |\varepsilon| < \varepsilon_0$, $|\delta| \leqslant N$, 系统 (5.3.1) 在 V 中至多有 $k-1$ 个极限环. 此外 $k-1$ 个极限环可以在原点的任一邻域内出现 (对某些充分靠近 $(0, \delta_0)$ 的 (ε, δ)).

注 5.3.1 设 (5.3.8) 式与 (5.3.9) 式成立, 如果 $p(0, 0, \varepsilon, \delta) = q(0, 0, \varepsilon, \delta) = 0$, 那么通过建立 (5.3.3) 式中函数 $F(h, \varepsilon, \delta)$ 与系统 (5.3.1) 在原点的后继函数 $d(r, \varepsilon, \delta)$ 的关系 (取 $A(h) = (r, 0)$), 易证下述关系[27].

$$b_0 = 4\pi v_1^* = \frac{2\pi}{\omega}(p_x + q_y)(0, 0, 0, \delta),$$

$$b_j = \frac{2^{2+j}\pi}{\omega^j}[v_{2j+1}^* + O(|v_1^*, v_3^*, \cdots, v_{2j-1}^*|)], \quad j = 1, \cdots, k-1,$$

其中

$$v_{2j+1}^* = \frac{\partial v_{2j+1}}{\partial \varepsilon}\bigg|_{\varepsilon=0}, \quad j = 0, \cdots, k-1,$$

而 v_{2j+1} 是系统 (5.3.1) 在原点的第 j 阶焦点量 (Lyapunov 常数)(即 (5.2.7) 式中的系数).

注 5.3.2 设 (5.3.8) 式与 (5.3.9) 式成立, 且 $p(0, 0, \varepsilon, \delta) = q(0, 0, \varepsilon, \delta) = 0$, 则由注 5.3.1, 与定理 5.2.3 完全类似可证, 如果存在 $\delta_0 \in D$ 使 $b_0(\delta_0) = 0$, $b_1(\delta_0) \neq 0$, 那么对一切靠近 $(0, \delta_0)$ 的 (ε, δ) 系统 (5.3.1) 在原点附近有唯一极限环当且仅当 $(p_x + q_y)(0, 0, \varepsilon, \delta)b_1(\delta_0) < 0$. 如果 $\delta \in R$, 那么称 (ε, δ) 平面中由方程 $(p_x + q_y)(0, 0, \varepsilon, \delta) = 0$ 定义的曲线为 Hopf 分支曲线.

文献 [30] 给出了定理 5.3.2 的新证明及其改进 (可以允许哈密顿函数中含有参数), 并以此为基础给出了计算 (5.3.9) 式中系数的一个算法, 作为应用还证明了二

次系统的中心奇点在三次多项式扰动下可以出现 5 个极限环, 且最多只有 5 个极限环 (当只利用首阶 Melnikov 函数时, 即只考虑到 $O(\varepsilon)$ 阶后继函数).

下设未扰系统 (5.3.2) 有一个同宿环, 由一同宿轨 (记为 L_0) 和一个双曲鞍点组成, 可设同宿环由方程 $H(x,y) = 0$ 给出, 且鞍点在原点. 于是, 进一步可设在原点附近成立

$$H(x,y) = \frac{\lambda}{2}(y^2 - x^2) + \sum_{i+j \geqslant 3} h_{ij} x^i y^j, \quad \lambda > 0. \qquad (5.3.10)$$

方程 (5.3.2) 在 L_0 的邻域内必有一族闭轨:

$$L_h: H(x,y) = h, \quad 0 < -h \ll 1.$$

可证下述定理.

定理 5.3.5[48]   设 (5.3.10) 式成立. 则

$$M(h,\delta) = N_1(h,\delta) + N_2(h,\delta)h\ln|h|,$$

其中

$$N_1(h,\delta) = \sum_{k \geqslant 0} c_{2k} h^k, \quad N_2(h,\delta) = \sum_{k \geqslant 0} c_{2k+1} h^k, \quad 0 \leqslant -h \ll 1.$$

进一步, 如果存在 $k > 0$, $\delta_0 \in D$, 使有 $c_k(\delta_0) \neq 0$, $c_j(\delta_0) = 0$, $j = 0, \cdots, k-1$, 那么对一切充分靠近 $(0, \delta_0)$ 的 (ε, δ) 系统 (5.3.1) 在 L_0 的邻域内至多有 k 个极限环.

定理 5.3.6[22]   设 (5.3.10) 式成立. 又设存在 $k > 0$, $\delta_0 \in D$, 使有 $c_j(\delta_0) = 0$, $j = 0, \cdots, k$, 以及

$$\text{rank} \frac{\partial(c_0, \cdots, c_k)}{\partial(\delta_1, \cdots, \delta_m)}\bigg|_{\delta=\delta_0} = k+1, \quad m \geqslant k+1.$$

如果当 $c_j(\delta) = 0$, $j = 0, \cdots, k$ 时, (5.3.1) 式在 L_0 的邻域内有一族闭轨, 那么对一切充分靠近 $(0, \delta_0)$ 的 (ε, δ) 系统 (5.3.1) 在 L_0 的邻域内至多有 k 个极限环, 而且 k 个极限环必定可以出现. 若进一步, 函数 p 与 q 关于 δ 为线性的, 则对一切充分小的 ε 与 $\delta \in D$ 系统 (5.3.1) 在 L_0 的邻域内至多有 k 个极限环.

定理 5.3.7[29]   设 (5.3.10) 式成立. 又设

$$p(x,y,0,\delta) = \sum_{i+j \geqslant 0} a_{ij} x^i y^j, \quad q(x,y,0,\delta) = \sum_{i+j \geqslant 0} b_{ij} x^i y^j,$$

则

$$M(h,\delta) = c_0(\delta) + c_1(\delta)h\ln|h| + c_2(\delta)h + c_3(\delta)h^2\ln|h| + O(h^2),$$

其中

$$c_0(\delta) = \oint_{L_0} q\mathrm{d}x - p\mathrm{d}y|_{\varepsilon=0},$$

$$c_1(\delta) = -\frac{a_{10} + b_{01}}{|\lambda|},$$

$$c_2(\delta) = \oint_{L_0} (p_x + q_y - a_{10} - b_{01})|_{\varepsilon=0} \mathrm{d}t + bc_1(\delta),$$

$$c_3(\delta) = \frac{-1}{2|\lambda|\lambda} \{(-3a_{30} - b_{21} + a_{12} + 3b_{03})$$

$$-\frac{1}{\lambda}[(2b_{02} + a_{11})(3h_{03} - h_{21}) + (2a_{20} + b_{11})(3h_{30} - h_{12})]\} + \bar{b}c_1(\delta),$$

上式中 b 与 $\bar{b}$ 为常数.

进一步, 如果存在 $\delta_0 \in R^m$ 与 $1 \leqslant l \leqslant 3$, 使有

$$\bar{c}_l(\delta_0) \neq 0, \quad \bar{c}_j(\delta_0) = 0, \quad j = 0, \cdots, l-1,$$

$$\mathrm{rank} \frac{\partial(\bar{c}_0, \bar{c}_1, \bar{c}_2, \cdots, \bar{c}_{l-1})}{\partial(\delta_1, \cdots, \delta_m)}(\delta_0) = l,$$

其中 $\bar{c}_i = c_i$, $i = 0, 1$, $\bar{c}_j = c_j|_{c_1=0}$, $j = 2, 3$, 那么对充分靠近 $(0, \delta_0)$ 的某些 (ε, δ) 系统 (5.3.1) 在 L_0 的邻域内必有 l 个极限环.

注 5.3.3　如果函数 H 在原点有如下展式

$$H(x, y) = \frac{1}{2}y^2 - h_{20}x^2 + \sum_{i+j\geqslant 3} h_{i,j}x^i y^j, \quad h_{20} > 0,$$

那么可令 $u = \sqrt{2h_{20}}x$, 得到

$$H(x, y) = \frac{1}{2}(y^2 - u^2) + \sum_{i+j\geqslant 3} h_{i,j}(2h_{20})^{-i/2}u^i y^j.$$

于是由定理 5.3.6 可知

$$c_0 = \oint_{L_0} q\mathrm{d}x - p\mathrm{d}y|_{\varepsilon=0},$$

$$c_1 = -\frac{\sqrt{2}}{2}|h_2|^{-\frac{1}{2}}(a_{10} + b_{01}),$$

$$c_2 = \oint_{L_0} (p_x + q_y - a_{10} - b_{01})|_{\varepsilon=0}\mathrm{d}t + bc_1,$$

$$c_3 = \frac{\sqrt{2}}{16}|h_{20}|^{-\frac{5}{2}}[-2h_{20}(3a_{30} + b_{21} + 2h_{20}a_{12} + 6h_{20}b_{03})$$

$$+ 2h_{20}(2b_{02} + a_{11})(6h_{20}h_{03} + h_{21}) + (2a_{20} + b_{11})(3h_{30} + 2h_{20}h_{12})] + \bar{b}c_1.$$

若函数 H 满足

$$H(x, y) = \lambda xy + \sum_{i+j\geqslant 3} h_{i,j}x^i y^j,$$

则有

$$c_0(\delta) = M(0,\delta) = \oint_{L_0} q\mathrm{d}x - p\mathrm{d}y|_{\varepsilon=0},$$

$$c_1(\delta) = -\frac{a_{10} + b_{01}}{|\lambda|},$$

$$c_2(\delta) = \oint_{L_0} (p_x + q_y - a_{10} - b_{01})|_{\varepsilon=0}\mathrm{d}t + bc_1(\delta),$$

$$c_3(\delta) = \frac{-1}{|\lambda|\lambda}\{(a_{21} + b_{12}) - \frac{1}{\lambda}[h_{12}(2a_{20} + b_{11}) + h_{21}(a_{11} + 2b_{02})]\} + \bar{b}c_1(\delta).$$

例 5.3.3　考虑下列 Liénard 系统

$$\dot{x} = y - \varepsilon(a_1 x + a_2 x^2 + a_3 x^3 + a_4 x^4), \quad \dot{y} = x - x^2. \tag{5.3.11}$$

对此系统, 有 $H(x,y) = \frac{1}{2}(y^2 - x^2) + \frac{1}{3}x^3$. 相应的周期轨族为

$$L_h : H(x,y) = h, \quad x > 0, \quad -\frac{1}{6} < h < 0,$$

易见当 $h \to 0$ 时 L_h 的极限是一同宿环, 记为 L_0. 可证 (5.3.11) 式在 L_0 附近可以有 2 个极限环, 且至多有 2 个极限环.

为此, 设

$$M(h) = \oint_{L_h} (a_1 x + a_2 x^2 + a_3 x^3 + a_4 x^4)\mathrm{d}y.$$

由分部积分公式或 Green 公式可得

$$M(h) = -a_1 I_0(h) - 2a_2 I_1(h) - 3a_3 I_2(h) - 4I_3(h)$$
$$= -a_1 I_0(h) - (2a_2 + 3a_3)I_1(h) - 4a_4 I_3(h),$$

其中

$$I_i(h) = \oint_{L_h} x^i y\mathrm{d}x, \quad i = 0, 1, 2, 3.$$

对 I_i 应用引理 5.3.2 可得

$$I_i'(h) = \oint_{L_h} x^i \mathrm{d}t, \quad i = 0, 1, 2, 3. \tag{5.3.12}$$

由于沿 L_0 成立 $y^2 = x^2\left(1 - \frac{2}{3}x\right), 0 \leqslant x \leqslant \frac{3}{2}$, 于是

$$I_i(0) = \oint_{L_0} x^i y\mathrm{d}x = 2\int_0^{\frac{3}{2}} x^{i+1}\sqrt{1 - \frac{2}{3}x}\mathrm{d}x, \quad i \geqslant 0,$$

$$I_i'(0) = \oint_{L_0} x^i \mathrm{d}t = 2\int_0^{\frac{3}{2}} \frac{x^{i-1}\mathrm{d}x}{\sqrt{1 - \frac{2}{3}x}}, \quad i \geqslant 1.$$

直接计算可知

$$I_0(0) = \frac{6}{5}, \quad I_1(0) = I_2(0) = \frac{36}{35},$$

$$I_3(0) = \frac{12}{11}I_2(0) = \frac{72}{77}I_0(0),$$

$$I_1'(0) = 6, \quad I_2'(0) = 6, \quad I_3'(0) = \frac{36}{5}. \tag{5.3.13}$$

因此由 (5.3.10) 式和 (5.3.12) 式及定理 5.3.7 知

$$c_0 = -\frac{6}{5}\left[a_1 + \frac{12}{7}a_2 + \frac{18}{7}a_3 + \frac{288}{77}a_4\right],$$

$$c_1 = a_1,$$

$$\bar{c}_2 = -6\left[2a_2 + 3a_3 + \frac{24}{5}a_4\right].$$

显然, 如果 $a_4 \neq 0$, 那么

$$\operatorname{rank}\frac{\partial(c_0, c_1)}{\partial(a_1, a_2, a_3)} = 2, \quad \bar{c}_2 = -\frac{144}{55}a_4 \ (\text{当 } c_0 = c_1 = 0\text{时}).$$

故由定理 5.3.7, 当 $(\varepsilon, a_1, a_2 + 3a_3/2)$ 在 $\left(0, 0, -\dfrac{24}{11}a_4\right)$ 附近时, 系统 (5.3.11) 在 L_0 附近可以有两个极限环.

进一步, 当 $c_0 = c_1 = \bar{c}_2 = 0$ 时, (5.3.11) 式成为

$$\dot{x} = y + 2\varepsilon a_2(-x^2/2 + x^3/3), \quad \dot{y} = x - x^2.$$

由定理 4.5.6(ii) 知上述系统以原点为中心, 围绕该中心的闭轨族的外边界是过鞍点的同宿环, 该同宿环位于 L_0 附近. 于是由定理 5.3.6 进一步可知, 对一切充分小的 ε 和有界参数 (a_1, a_2, a_3, a_4), (5.3.11) 式在 L_0 附近至多有两个极限环.

一般可证下述系统[22]

$$\dot{x} = y - \varepsilon\sum_{i=1}^{n}a_i x^i, \quad \dot{y} = x - x^2,$$

当 ε 充分小, 诸 a_i 有界时, 在全平面的极限环的最大个数是 $[(2n-1)/3]$.

在研究一些多项式系统的极限环个数时, 可以联合应用定理 5.3.2~5.3.7 来尽可能多地获得函数 M 在其定义域上根的个数, 下面看一个简单例子.

例 5.3.4 证明下列系统

$$\dot{x} = y - y^2 - \varepsilon(x^3 - ax), \quad \dot{y} = x$$

可以有两个极限环.

首先, 为了能够利用 (5.3.12) 式与 (5.3.13) 式等, 将 x 与 y 对调, 则上述方程成为

$$\dot{x} = y, \quad \dot{y} = x - x^2 - \varepsilon(y^3 - ay). \tag{5.3.14}$$

于是只需证 (5.3.14) 式有两个极限环. 对 (5.3.14) 式, 有

$$M(h,a) = \oint_{L_h} (ay - y^3)\mathrm{d}x.$$

由于沿 L_h 成立 $y^2 = 2h + x^2 \left(1 - \dfrac{2}{3}x\right)$, 代入上式可得

$$M(h,a) = (a - 2h)I_0(h) + \frac{2}{3}I_3(h) - I_2(h). \tag{5.3.15}$$

由 (5.3.9) 式和注 5.3.1 知, 当 $0 < h + 1/6 \ll 1$ 时,

$$M(h,a) = b_0(h + 1/6) + O(|h + 1/6|^2), \quad b_0 = 2\pi a.$$

由定理 5.3.7, 并利用 (5.3.13) 式可知, 当 $0 < -h \ll 1$ 时,

$$M(h,a) = c_0 + c_1 h \ln|h| + O(|h|), \quad c_0 = M(0,a) = \frac{6}{5}\left(a - \frac{18}{77}\right), \quad c_1 = -a.$$

易见 $c_0 = 0$ 当且仅当 $a = \dfrac{18}{77} \equiv a_0$, 且函数 $M(h,a_0)$ 在 $h = -1/6$ 右侧取正值, 而在 $h = 0$ 左侧取负值, 故必有点 $h_0 \in (-1/6, 0)$ 使 $M(h_0, a_0) = 0$, 且 h_0 是 $M(h, a_0)$ 的奇重根, 如图 5.3.3(1) 所示. 注意到当 $a > a_0$ 时, $M(0,a) > 0$, 从而当 $0 < a - a_0 \ll 1$ 时, 函数 $M(h,a)$ 关于 h 在区间 $(-1/6, 0)$ 上必有两个奇重根, 如图 5.3.3(2) 所示. 于是利用定理 5.3.1 知, 当 $0 < |\varepsilon| \ll a - a_0 \ll 1$ 时, 方程 (5.3.14) 有两个极限环.

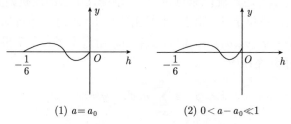

(1) $a = a_0$　　　　　　　(2) $0 < a - a_0 \ll 1$

图 5.3.3　曲线 $y = M(h,a)$ 的图形

下面换一种方式来讨论方程 (5.3.14) 极限环的变化方式. 将 (5.3.15) 式改写为

$$M(h,a) = I_0(h)(a - P(h)),$$

其中

$$P(h) = 2h + \left[I_2(h) - \frac{2}{3}I_3(h)\right] \Big/ I_0(h).$$

注意到

$$P'(h) = 2 + \left[\left(I_2'(h) - \frac{2}{3}I_3'(h)\right)I_0(h) - \left(I_2(h) - \frac{2}{3}I_3(h)\right)I_0'(h)\right]\bigg/ I_0^2(h).$$

对函数 $I_i(h)$ 利用定理 5.3.2、注 5.3.1 与定理 5.3.7 (或利用 (5.3.12) 式) 可证

$$P(-1/6) = 0, \quad P(0) = a_0, \quad P'(0-) = -\infty,$$

于是函数 $P(h)$ 在区间 $(-1/6, 0)$ 内必有极大值 $a_1 = P(h^*)$, 且 $a_1 > a_0$, 如图 5.3.4 所示.

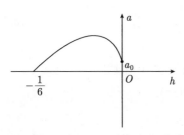

图 5.3.4 曲线 $a = P(h)$ 的图形

由此知, 对任一 $a \in (a_0, a_1)$, 函数 $M(h, a)$ 关于 h 在区间 $(-1/6, 0)$ 上有两个奇重根 (事实上可证都是单根). 从图 5.3.4 还可以发现, 方程 (5.3.14) 在 (a, ε) 平面有三条分支曲线: Hopf 分支曲线 $a = 0$(利用注 5.3.2), 同宿分支曲线 $a = \tilde{a}_0(\varepsilon) = a_0 + O(\varepsilon)$ (利用推论 5.2.1) 和半稳定环分支曲线 $a = \tilde{a}_1(\varepsilon) = a_1 + O(\varepsilon)$ (对后继函数利用隐函数定理). 注意到方程 (5.3.14) 关于参数 a 构成旋转向量场, 其极限环随 a 改变而单调变化[24], 可知方程 (5.3.14) 的极限环的变化规律如下: 对固定的 $\varepsilon \neq 0$, 当 $a \leqslant 0$ 时没有极限环, 当 a 从零变正时, 一个极限环从焦点 $(1, 0)$ 产生出来, 记其为 L_{1a}, 随着 a 的增加, L_{1a} 扩大, 当 a 增至 $\tilde{a}_0(\varepsilon)$ 时, 过鞍点 $(0, 0)$ 的分界线形成了一个同宿环 L_ε^*, 当 a 继续增加时同宿环破裂而产生一个极限环 L_{2a}, 这一新的极限环与 L_{1a} 具有不同的稳定性, 因此, 随着 a 的继续增加 L_{1a} 扩大, 而 L_{2a} 缩小, 直到 a 增至 $\tilde{a}_1(\varepsilon)$ 时这两个极限环合并成为一个半稳定环, 当 a 再增加时半稳定环就消失了, 此后任何极限环不复存在.

上述函数 $P(h)$ 称为探测函数, 通过分析探测函数的几何性质 (形状) 来获得函数 M 的根的方法称为探测函数方法. 这一方法由李继彬引入, 并对多项式系统有许多精巧的应用, 详见文献 [37, 38].

5.3.3 Bogdanov-Takens 分支

作为一个应用例子, 本节讨论出现于含多参数的平面系统的一类分支现象, 称之为 Bogdanov-Takens 分支 (分别由 Bogdanov R.I. 在 1976 年与 Takens F. 在 1974 年进行研究), 这类分支问题实际上就是探讨简单尖点在小扰动下的局部性态, 所出现的分支现象有鞍结点分支、Hopf 分支及同宿分支.

考虑光滑系统

$$\dot{x} = P(x, y, a), \quad \dot{y} = Q(x, y, a), \tag{5.3.16}$$

其中设 a 为向量参数. 设存在 a_0 与 (x_0, y_0), 使当 $a = a_0$ 时, (5.3.16) 式以 (x_0, y_0) 为尖点 (见定理 4.3.4), 于是当 $a = a_0$, $(x, y) = (x_0, y_0)$ 时矩阵 $\dfrac{\partial(P, Q)}{\partial(x, y)}$ 非零且只有零特征值. 不失一般性, 设 $a_0 = 0$, $(x_0, y_0) = (0, 0)$, 且当 $a = 0$, $(x, y) = (0, 0)$ 时,

$$\frac{\partial(P, Q)}{\partial(x, y)} = \begin{pmatrix} 0 & 1 \\ 0 & 0 \end{pmatrix}.$$

于是, 类似于 (4.3.20) 式, 当 $|a|$ 很小时, 在原点附近可将 (5.3.16) 式化为下述形式

$$\dot{x} = y,$$
$$\dot{y} = g(x, a) + f(x, a)y + O(y^2), \tag{5.3.17}$$

其中

$$g(x, a) = g_0(a) + g_1(a)x + g_2(a)x^2 + O(x^3),$$
$$f(x, a) = f_0(a) + f_1(a)x + O(x^2),$$
$$g_0(0) = g_1(0) = f_0(0) = 0.$$

设当 $a = 0$ 时, (5.3.17) 式以原点为简单尖点, 即进一步设 $f_1(0)g_2(0) \neq 0$. 首先由 $g_2(0) \neq 0$ 知, 存在函数 $x_0(a) = O(a)$ 使 $g_x(x_0(a), a) = 0$, 将 g 在 $x = x_0(a)$ 展开可得

$$g(x, a) = g(x_0(a), a) + (g_2(0) + O(a))(x - x_0(a))^2 + O(|x - x_0(a)|^3).$$

又设

$$f(x, a) = f(x_0(a), a) + (f_1(0) + O(a))(x - x_0(a)) + O(|x - x_0(a)|^2).$$

下面引入关于扰动参数的一个非退化条件:

$$a = (a_1, a_2) \in R^2, \quad \det \left. \frac{\partial(g_0, f_0)}{\partial(a_1, a_2)} \right|_{a=0} \neq 0. \tag{5.3.18}$$

注意到

$$g(x_0(a), a) = g_0(a) + O(|a|^2), \quad f(x_0(a), a) = f_0(a) + O(|a|^2).$$

上述非退化条件保证了变量替换

$$\mu_1 = g(x_0(a), a), \quad \mu_2 = f(x_0(a), a) \tag{5.3.19}$$

有反函数 $a = a^*(\mu_1, \mu_2)$. 于是将 $x - x_0(a)$ 作为新的 x, 在条件 (5.3.18) 下方程 (5.3.17) 可化为

$$\dot{x} = y,$$
$$\dot{y} = \mu_1 + \mu_2 y + g_2^*(\mu)x^2 + f_1^*(\mu)xy + O(x^3 + x^2 y + y^2), \tag{5.3.20}$$

其中 $\mu = (\mu_1, \mu_2)$, μ_1 与 μ_2 满足 (5.3.19) 式, 又

$$g_2^*(0) = g_2(0) \neq 0, \quad f_1^*(0) = f_1(0) \neq 0.$$

进一步, 对 (x, y, t) 引入适当的尺度变换 (请读者自己完成), 可使 $f_1^*(\mu) = g_2^*(\mu) = 1$. 于是 (5.3.20) 式成为

$$\dot{x} = y \equiv P,$$

$$\dot{y} = \mu_1 + \mu_2 y + x^2 + xy + O(x^3 + x^2 y + y^2) \equiv Q(x, y, \mu_1, \mu_2). \quad (5.3.21)$$

下面研究当 μ_1 与 μ_2 充分小时, 方程 (5.3.21) 在原点附近解的定性性态.

因为

$$Q(x, 0, \mu_1, \mu_2) = \mu_1 + x^2 + O(x^3),$$

$$\frac{\partial(P, Q)}{\partial(x, y)} = \begin{pmatrix} 0 & 1 \\ 2x + y + O(x^2 + xy) & \mu_2 + x + O(x^2 + y) \end{pmatrix}.$$

易知当 $\mu_1 > 0$ 时, (5.3.21) 式无奇点, 当 $\mu_1 = 0$, $\mu_2 \neq 0$ 时, (5.3.21) 式以原点为鞍结点, 当 $\mu_1 < 0$ 时, (5.3.21) 式有鞍点 $(\sqrt{-\mu_1} + O(\mu_1), 0)$ 和指标 $+1$ 奇点 $A(\mu_1) = (-\sqrt{-\mu_1} + O(\mu_1), 0)$. 易知方程 (5.3.21) 在点 $A(\mu_1)$ 的特征方程具有形式

$$\lambda^2 + \lambda(\mu_2 - \sqrt{-\mu_1} + O(\mu_1)) + 2\sqrt{-\mu_1} + O(\mu_1) = 0.$$

由此知存在函数

$$\varphi_1(\mu_1) = 2\sqrt{2}(-\mu_1)^{\frac{1}{4}} + (-\mu_1)^{\frac{1}{2}} + O(|\mu_1|^{\frac{3}{4}}),$$

$$\varphi_2(\mu_1) = -2\sqrt{2}(-\mu_1)^{\frac{1}{4}} + (-\mu_1)^{\frac{1}{2}} + O(|\mu_1|^{\frac{3}{4}}),$$

使当 $\varphi_2(\mu_1) < \mu_2 < \varphi_1(\mu_1)$ 时, 点 $A(\mu_1)$ 为焦点, 当 $\mu_2 > (=)\varphi_1(\mu_1)$ 或 $\mu_2 < (=)$ $\varphi_2(\mu_1)$ 时, $A(\mu_1)$ 为结点 (退化结点).

由此可知对每个 $\mu_2 \neq 0$, (5.3.21) 式在 $\mu_1 = 0$ 出现鞍结点分支.

下面设 $\mu_1 < 0$ 并进一步讨论 (5.3.21) 式的极限环的分支问题.

对方程 (5.3.21) 引入尺度变换

$$\mu_2 = -\delta|\mu_1|^{\frac{1}{2}}, \quad x = -u|\mu_1|^{\frac{1}{2}}, \quad y = v|\mu_1|^{\frac{3}{4}}, \quad t = -\tau|\mu_1|^{-\frac{1}{4}},$$

并用 (x, y, t) 代替 (u, v, τ) 可得

$$\dot{x} = y,$$

$$\dot{y} = 1 - x^2 + \tilde{\varepsilon}(\delta + x)y + O(\bar{\varepsilon}^2),$$

其中 $\tilde{\varepsilon} = |\mu_1|^{\frac{1}{4}}$. 再令

$$u = \frac{1}{2}(x+1), \quad v = \frac{1}{2\sqrt{2}}y, \quad \tau = \sqrt{2}t,$$

仍将 (u, v, τ) 记为 (x, y, t), 则进一步可得

$$\dot{x} = y,$$
$$\dot{y} = x(1-x) + \varepsilon(\lambda+x)y + O(\varepsilon^2), \tag{5.3.22}$$

其中 $\lambda = \frac{1}{2}(\delta-1)$, $\varepsilon = \sqrt{2}\tilde{\varepsilon}$. 方程 (5.3.22) 的未扰系统与 (5.3.11) 式相同, 有一族由哈密顿函数 $H(x, y) = \frac{1}{2}y^2 - \frac{1}{2}x^2 + \frac{1}{3}x^3$ 确定的闭轨族 L_h, $h \in \left(-\frac{1}{6}, 0\right)$, 其中边界由中心奇点 $(1, 0)$ 和过鞍点 $(0, 0)$ 的同宿环 (记为 L_0) 组成. (5.3.22) 式的 Melnikov 函数为

$$M(h, \lambda) = \oint_{L_h} (\lambda+x)y\mathrm{d}x = \lambda I_0(h) + I_1(h).$$

由 (5.3.13) 式知

$$M(0, \lambda) = \frac{6}{5}\lambda + \frac{36}{35} = \frac{6}{5}\left(\lambda + \frac{6}{7}\right).$$

故由推论 5.2.1 可知下面引理.

引理 5.3.4　存在 $\varepsilon_0 > 0$ 和函数 $\lambda^*(\varepsilon) = \lambda_0 + O(\varepsilon)$, 其中 $\lambda_0 = -\frac{6}{7}$, 使对一切 $0 < \varepsilon \leqslant \varepsilon_0, |\lambda-\lambda_0| \leqslant \varepsilon_0$, (5.3.22) 式在 L_0 附近有 (唯一) 极限环当且仅当 $\lambda < \lambda^*(\varepsilon)$, 有同宿环当且仅当 $\lambda = \lambda^*(\varepsilon)$, 且同宿环是稳定的.

又由定理 4.5.6 及注 5.3.1 知

$$M(h, \lambda) = 4\pi(\lambda+1)\left(h + \frac{1}{6}\right) + (-l+O(|\lambda+1|))\left(h + \frac{1}{6}\right)^2 + \cdots,$$

其中 $l > 0$ 为常数. 从而由注 5.3.2 知成立下面引理.

引理 5.3.5　存在 $\varepsilon_1 > 0$, $\lambda_1^*(\varepsilon) = -1 + O(\varepsilon)$, 使对一切 $0 < \varepsilon \leqslant \varepsilon_1, |\lambda+1| \leqslant \varepsilon_1$, (5.3.22) 式在中心点 $(1, 0)$ 附近有 (唯一) 极限环当且仅当 $\lambda > \lambda_1^*(\varepsilon)$, 且该极限环是稳定的.

由以上讨论似可以看出, 对 $\lambda_1^*(\varepsilon) < \lambda < \lambda^*(\varepsilon)$ 极限环一直存在且唯一. 为证这一结论, 将函数 $M(h, \lambda)$ 写成下列形式

$$M(h, \lambda) = I_0(h)(\lambda - P(h)),$$

其中 $P(h) = -I_1(h)/I_0(h)$. 往证以下引理.

引理 5.3.6 函数 $P(h)$ 在 $\left[-\dfrac{1}{6}, 0\right)$ 上为连续可微的, $P\left(-\dfrac{1}{6}\right) = -1$, $P(0-) = -\dfrac{6}{7}$, $P'\left(-\dfrac{1}{6}\right) = \dfrac{1}{2}$, 且在 $\left(-\dfrac{1}{6}, 0\right)$ 上 $P'(h) > 0$.

证明 由引理 5.3.4 与引理 5.3.5 的推理知 $P(0-) = -\dfrac{6}{7}$, $P\left(-\dfrac{1}{6}\right) = -1$. 注意到沿 L_h 成立 $y\mathrm{d}y = x\mathrm{d}x - x^2\mathrm{d}x$, $\dfrac{\partial y}{\partial h} = \dfrac{1}{y}$, 将 $I_1(h)$ 写成对 x 的定积分, 可知

$$I_1'(h) = \oint_{L_h} \frac{x\mathrm{d}x}{y} = \oint_{L_h} \frac{x\mathrm{d}x - y\mathrm{d}y}{y} = \oint_{L_h} \frac{x^2\mathrm{d}x}{y},$$

再对 $I_0(h)$ 进行分部积分可知

$$I_0(h) = -\oint_{L_h} x\mathrm{d}y = -\oint_{L_h} \frac{x^2\mathrm{d}x - x^3\mathrm{d}x}{y}$$
$$= \oint_{L_h} \frac{1}{y}\left(3h + \frac{3}{2}x^2 - \frac{3}{2}y^2 - x^2\right)\mathrm{d}x$$
$$= 3hI_0'(h) + \frac{1}{2}I_1'(h) - \frac{3}{2}I_0(h).$$

由此可得

$$5I_0 = 6hI_0' + I_1'. \tag{5.3.23}$$

同理, 对 I_1 分部积分可得

$$35I_1 = 6hI_0' + 6(1+5h)I_1'. \tag{5.3.24}$$

由 (5.3.23) 式, (5.3.24) 式可解得

$$I_1' = \frac{1}{1+6h}(7I_1 - I_0), \quad I_0' = \frac{1}{6h(1+6h)}[6(1+5h)I_0 - 7I_1].$$

因此得

$$\frac{\mathrm{d}P}{\mathrm{d}h} = \frac{-1}{I_0^2}[I_0I_1' - I_1I_0'] = \frac{-7P^2 + 6(2h-1)P + 6h}{6h(1+6h)},$$

于是, 函数 $P = P(h)$ 是二维系统

$$\dot{h} = 6h(1+6h),$$
$$\dot{P} = -7P^2 + 6(2h-1)P + 6h \tag{5.3.25}$$

的轨线. 方程 (5.3.25) 是一二次系统, 以 $\left(-\dfrac{1}{6}, -1\right)$ 为鞍点, 以 $\left(0, -\dfrac{6}{7}\right)$ 为结点, 而 $P = P(h)$ 就是连接这两点的轨线, 故 $P(h)$ 在 $\left[-\dfrac{1}{6}, 0\right)$ 上为连续可微的.

设 L_1 与 L_2 为等倾线

$$-7P^2 + 6(2h-1)P + 6h = 0$$

所定义的双曲线的两支, 不妨设 L_1 位于 L_2 的上方, 则易知 L_1 通过点 $(0,0)$ 与 $\left(-\dfrac{1}{6}, -\dfrac{1}{7}\right)$, 而 L_2 通过点 $\left(0, -\dfrac{6}{7}\right)$ 与 $\left(-\dfrac{1}{6}, -1\right)$. 又由于当 $-\dfrac{1}{6} < h < 0$ 时,

$$\dot{h} = 6h(1+6h) < 0,$$

$$\dot{P}\begin{cases} > 0, & \text{在 } L_1 \text{ 与 } L_2 \text{ 之间,} \\ = 0, & \text{沿 } L_1 \text{ 与 } L_2, \\ < 0, & \text{在 } L_1 \text{ 上方或 } L_2 \text{ 下方,} \end{cases}$$

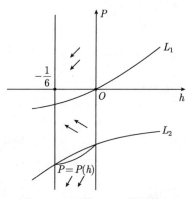

图 5.3.5　函数 $P(h)$ 的图像与
等倾线 L_1 和 L_2

故 $P = P(h)$ 必在带域 $-\dfrac{1}{6} < h < 0$ 内位于 L_2 下方, 如图 5.3.5 所示. 故必有 $P'(h) = \dfrac{\mathrm{d}P}{\mathrm{d}h} > 0$. 又由于方程 (5.3.25) 在鞍点 $\left(-\dfrac{1}{6}, -1\right)$ 的线性变分方程为

$$\dot{x} = -6x, \quad \dot{y} = -6x + 6y,$$

该方程有分界线 $y = \dfrac{1}{2}x$. 故有 $P'\left(-\dfrac{1}{6}\right) = \dfrac{1}{2}$. 证毕.

利用引理 5.3.4~5.3.6 等可证下面定理.

定理 5.3.8　任给 $N > 1$, 存在 $\varepsilon^* > 0$ 及 $\lambda^*(\varepsilon) = -\dfrac{6}{7} + O(\varepsilon)$, $\lambda_1^*(\varepsilon) = -1 + O(\varepsilon)$, 使对一切 $0 < \varepsilon < \varepsilon^*$, $|\lambda| < N$, 方程 (5.3.22) 在有限平面内

(1) 当 $\lambda > \lambda^*(\varepsilon)$ 时, 无极限环;

(2) 当 $\lambda = \lambda^*(\varepsilon)$ 时, 有稳定同宿环;

(3) 当 $\lambda_1^*(\varepsilon) < \lambda < \lambda^*(\varepsilon)$ 时, 有唯一稳定极限环;

(4) 当 $\lambda \leqslant \lambda_1^*(\varepsilon)$ 时, 无极限环.

证明　只需证明下列四个结论:

(i) 任给 $N > 1$, 存在 $\varepsilon_1^* > 0$, 使当 $0 < \varepsilon < \varepsilon_1^*$, $\lambda^*(\varepsilon) < \lambda < N$ 时, (5.3.22) 式无极限环;

(ii) 存在 $\varepsilon_2^* > 0$, 使当 $0 < \varepsilon < \varepsilon_2^*$, $\lambda = \lambda^*(\varepsilon)$ 时, (5.3.22) 式有稳定同宿环;

(iii) 存在 $\varepsilon_3^* > 0$, 使当 $0 < \varepsilon < \varepsilon_3^*$, $\lambda_1^*(\varepsilon) < \lambda < \lambda^*(\varepsilon)$ 时, (5.3.22) 式有唯一稳定极限环;

(iv) 任给 $N > 1$, 存在 $\varepsilon_4^* > 0$, 使当 $0 < \varepsilon < \varepsilon_4^*$, $-N < \lambda \leqslant \lambda_1^*(\varepsilon)$ 时, (5.3.22) 式无极限环.

若上述结论已证, 则取 $\varepsilon^* = \min\{\varepsilon_1^*, \varepsilon_2^*, \varepsilon_3^*, \varepsilon_4^*\}$ 即可.

下面只证结论 (i) 与 (iii) (结论 (ii) 由引理 5.3.4 即得, 而结论 (iv) 的证明与 (i) 类似). 用反证法. 设 (i) 不成立, 即使结论 (i) 成立的 ε_1^* 不存在, 则必有 $\varepsilon_n \to 0$ (当 $n \to +\infty$ 时), $\varepsilon_n > 0$, $\lambda^*(\varepsilon_n) < \lambda_n < N$, 使当 $(\varepsilon, \lambda) = (\varepsilon_n, \lambda_n)$ 时, (5.3.22) 式有极限环 L_n^*. 因为 $\{\lambda_n\}$ 与 $\{L_n^*\}$ 均为有界集, 故不妨设 $\lambda_n \to \lambda^*$, $L_n^* \to \Gamma^*$ (当 $n \to +\infty$ 时).

显然, $-\dfrac{6}{7} \leqslant \lambda^* \leqslant N$, 而 Γ^* 必是 (5.3.22) 式的未扰系统的不变闭曲线, 即存在 $h^* \in \left[-\dfrac{1}{6}, 0\right]$, 使 Γ^* 由方程 $H(x, y) = h^*$ 所确定. 易见成立 $M(h^*, \lambda^*) = 0$, 即 $\lambda^* = P(h^*)$, 故由引理 5.3.6 知 $-1 \leqslant \lambda^* \leqslant -\dfrac{6}{7}$, 故必有 $\lambda^* = -\dfrac{6}{7}$, 而 Γ^* 必是同宿环 L_0. 因为当 n 充分大时必有 $-\dfrac{6}{7} - \varepsilon_0 < \lambda_n < -\dfrac{6}{7} + \varepsilon_0$, $0 < \varepsilon_n < \varepsilon_0$, 从而由引理 5.3.4 知, 当 $\lambda > \lambda^*(\varepsilon_n)$ 时, (5.3.22) 式在 L_0 附近没有极限环, 矛盾. 结论 (i) 得证.

再证结论 (iii). 仍用反证法. 若结论不成立, 则存在 $\varepsilon_n \to 0$, $\varepsilon_n > 0$, $\lambda_1^*(\varepsilon_n) < \lambda_n < \lambda^*(\varepsilon_n)$, 使当 $(\varepsilon, \lambda) = (\varepsilon_n, \lambda_n)$ 时, (5.3.22) 式有两个极限环 $L_n^{(1)}$ 与 $L_n^{(2)}$. 同上可设 $\lambda_n \to \lambda^*\left($ 满足 $-1 \leqslant \lambda^* \leqslant -\dfrac{6}{7}\right)$, $L_n^{(j)} \to \Gamma_j$ $(n \to \infty)$, $j = 1, 2$, 则必存在 $h_j \in \left[-\dfrac{1}{6}, 0\right]$, 使 Γ_j 由方程 $H(x, y) = h_j$ 所确定. 同上有 $M(h_j, \lambda^*) = 0$, 从而必有 $\lambda^* = P(h_1) = P(h_2)$, 即 $h_1 = h_2$.

若 $h_1 = -1$, 则利用引理 5.3.5 可得矛盾, 若 $h_1 = -\dfrac{6}{7}$, 则利用引理 5.3.4 可得矛盾, 若 $-1 < h_1 < -\dfrac{6}{7}$, 则由引理 5.3.6 知

$$M(h_1, \lambda^*) = 0, \quad \frac{\partial M}{\partial h}(h_1, \lambda^*) \neq 0,$$

故由定理 5.3.1 知, 当 $|\varepsilon| + |\lambda - \lambda^*|$ 充分小时, (5.3.22) 式在 $\Gamma_1(= \Gamma_2)$ 附近至多有一个环, 这与当 $(\varepsilon, \lambda) = (\varepsilon_n, \lambda_n)$ 时, (5.3.22) 式在 Γ_1 附近有两个极限环 ($L_n^{(1)}$ 与 $L_n^{(2)}$) 矛盾. 定理证毕.

注意到 $\mu_2 = -\delta|\mu_1|^{\frac{1}{2}} = -(2\lambda + 1)|\mu_1|^{\frac{1}{2}}$, $\varepsilon = \sqrt{2}|\mu_1|^{\frac{1}{4}}$. 回到方程 (5.3.21), 由上述定理可得下列结果.

定理 5.3.9 存在 $\varepsilon_0 > 0$, 原点的邻域 U 及函数 $\psi_1(\mu_1) = |\mu_1|^{\frac{1}{2}} + O(|\mu_1|^{\frac{3}{4}})$ (对应 Hopf 分支), $\psi_2(\mu_1) = \dfrac{5}{7}|\mu_1|^{\frac{1}{2}} + O(|\mu_1|^{\frac{3}{4}})$ (对应同宿分支), 使对 $0 \leqslant -\mu_1 \leqslant \varepsilon_0$,

$|\mu_2| \leqslant \varepsilon_0$, 方程 (5.3.21) 在 U 内有唯一极限环当且仅当 $\psi_2(\mu_1) < \mu_2 < \psi_1(\mu_1)$.

　　关于多项式系统的涉及极限环的各类分支已有很成熟的理论和方法, 获得了十分丰富的成果, 并对很多有实际背景的系统有很好的应用, 详见 [64,65]. 另一方面, 由于研究一般系统极限环的个数问题是一个异常困难的问题, 仍有很多很多的问题悬而未决. 有兴趣的读者可查阅书末的参考文献.

习　题　5.3

　　1. 证明推论 5.3.2.

　　2. 证明引理 5.3.3.

　　3. 证明存在函数 $a(\varepsilon) < 0$, 使当 $|\varepsilon| > 0$ 充分小且 $a = a(\varepsilon)$ 时, 系统 $\dot{x} = y - (x^5 + ax^3 + x), \dot{y} = -x$ 有一二重环. 并求出 $a(0)$.

　　4. 研究三次系统 $\dot{x} = y - \varepsilon(x^3 - ax), \dot{y} = -x(1 \pm x^2)$ 极限环分支, 并证明极限环的唯一性.

　　5. 考虑系统
$$\dot{x} = y - \varepsilon(a_1 x + a_2 x^3 - a_3^2 x^5 + \varepsilon a_3 x^7), \quad \dot{y} = -x,$$
试证明对每个固定的 $a = (a_1, a_2, a_3) \neq 0$ 和原点的邻域 U_a, 存在 $\varepsilon^*(a) > 0$, 使当 $0 < |\varepsilon| < \varepsilon^*(a)$ 时, 该方程在 U_a 中至多有两个极限环; 但若把 a 取作可变参数, 则任给原点的邻域 U, 都存在充分小的 $|\varepsilon| + |a|$ 使该方程在 U 中有三个极限环[22].

　　6. 证明定理 5.3.2.

　　7. 证明定理 5.3.3.

　　8. 证明注 5.3.1.

　　9. 证明注 5.3.2.

第6章　算子半群与发展方程简介

6.1　算子半群的概念与基本性质

含有未知函数关于时间变量 t 的导数 (偏导数) 的微分方程称为发展方程, 其中常微分方程是它的特例. 因此, 发展方程是一个范围广泛、内容丰富的领域. 研究发展方程的基本理论 —— 解的存在性、唯一性和连续依赖性的常用方法有两种: 一是算子半群方法, 二是先验估计结合不动点定理. 这两种方法都强烈地依赖于微分算子的性质 (也可以说是椭圆型方程解的先验估计). 本章采用第一种方法来研究发展方程.

定义 6.1.1　设 X 是 Banach 空间, $T : [0, +\infty) \to L(X)$ (X 到 X 内的有界线性算子全体组成的算子空间) 是算子函数, 如果满足:

(1) $T(0) = I$ (I 是 X 上的恒等算子);

(2) $T(t + s) = T(t)T(s), t, s \in [0, +\infty)$.

则称 $T(t)(t \geqslant 0)$ 为 X 上的有界线性算子半群, 以后简称为算子半群或半群.

定义 6.1.1 中的 (2) 式通常称为半群性质.

定义 6.1.2　设 $T(t)(t \geqslant 0)$ 是空间 X 的算子半群, 如果 $x \in X$, 使得 $T(t)x$ 在 $t = 0$ 处右强可导, 即极限

$$\lim_{t \to 0^+} \frac{T(t)x - x}{t} \tag{6.1.1}$$

在 X 中存在, 其极限记为 Ax, 那么算子 A 称为半群 $T(t)$ 的无穷小生成元, 简称为生成元. 使得极限 (6.1.1) 存在的空间 X 中元素 x 的全体称为算子 A 的定义域, 记为 $D(A)$.

定义 6.1.3　一个有界线性算子半群 $T(t)$ 称为一致连续的, 如果

$$\lim_{t \to 0^+} \|T(t) - I\| = 0.$$

定义 6.1.4　若算子半群 $T(t)(t \geqslant 0)$ 作为算子值函数在 $t = 0$ 处右强连续, 即极限

$$\lim_{t \to 0^+} T(t)x = x \tag{6.1.2}$$

对一切 $x \in X$ 成立, 则称 $T(t)$ 是强连续半群. 强连续半群亦可简称为 C_0 半群.

注 6.1.1　易见, 若 $T(t)$ 是一致连续半群, 则也是强连续半群. 但反之不一定成立.

定理 6.1.1　设 $T(t)$ 是一个 C_0 半群, 则存在常数 $\omega \geqslant 0$ 和 $M \geqslant 1$, 使得

$$\|T(t)\| \leqslant Me^{\omega t} \text{ 对于 } t \in [0, +\infty) \text{ 成立}. \tag{6.1.3}$$

证明　首先证明 $\sup\limits_{0 \leqslant t \leqslant \eta} \|T(t)\| < \infty$ 对某个 $\eta > 0$ 成立. 若不然, 则存在序列 $\{t_n\}$ 满足 $t_n \in (0, 1/n)$, 使得 $\|T(t_n)\| > n$, 即 $\sup\limits_{n} \|T(t_n)\| = \infty$. 由一致有界性定理知, 存在 $x \in X$, 使得 $\sup\limits_{n} \|T(t_n)x\| = \infty$, 这与 (6.1.2) 式矛盾. 因此存在正数 $M > 0$, 当 $0 \leqslant t \leqslant \eta$ 时, $\|T(t)\| \leqslant M$, 且由 $\|T(0)\| = 1$ 知, $M \geqslant 1$. 令 $\omega = \eta^{-1} \ln M$, 则 $\omega \geqslant 0$. 对于任意 $t \geqslant 0$, 存在自然数 $n \geqslant 0$, 使得 $n\eta \leqslant t < (n+1)\eta$, 从而有

$$\|T(t)\| = \|T(t - n\eta)T^n(\eta)\| \leqslant MM^n \leqslant MM^{\frac{t}{\eta}} = Me^{\omega t}.$$

推论 6.1.1　设 $T(t)$ 是 C_0 半群, 则对每一 $x \in X$, $t \to T(t)x$ 是一个从 R^+(非负实轴) 到 X 的连续函数.

证明　因为对 $x \in X$ 及任意取定的 $t \in R^+$, 有

$$\|T(t+h)x - T(t)x\| \leqslant \|T(t)\| \cdot \|T(h)x - x\|$$
$$\leqslant Me^{\omega t}\|T(h)x - x\|, \quad \text{如果 } h \geqslant 0,$$
$$\|T(t-h)x - T(t)x\| \leqslant \|T(t-h)\| \cdot \|T(h)x - x\|$$
$$\leqslant Me^{\omega t}\|T(h)x - x\|, \quad \text{如果 } 0 \leqslant h \leqslant t.$$

所以当 $h \to 0$ 时, 利用 (6.1.2) 式即得 $T(t)x \in C(R^+, X)$.

注 6.1.2　由此知, C_0 半群 $T(t)$ 不仅在 $t = 0$ 处是右强连续的, 而且在任一 $t > 0$ 处均为强连续的.

定理 6.1.2　设 $T(t)$ 是一个 C_0 半群, 又设 A 是其无穷小生成元, 则

(a) 对 $x \in X$ 及 $t \geqslant 0$ 成立

$$\lim_{h \to 0} \frac{1}{h} \int_t^{t+h} T(s)x\mathrm{d}s = T(t)x. \tag{6.1.4}$$

(b) 对 $x \in X$ 及 $t \geqslant 0$ 成立 $\int_0^t T(s)x\mathrm{d}s \in D(A)$ 和

$$A\left(\int_0^t T(s)x\mathrm{d}s\right) = T(t)x - x. \tag{6.1.5}$$

(c) 对 $x \in D(A), t \geqslant 0$, 有 $T(t)x \in D(A)$ 和

$$\frac{\mathrm{d}}{\mathrm{d}t}T(t)x = AT(t)x = T(t)Ax. \tag{6.1.6}$$

(d) 对 $x \in D(A)$, $s, t \geqslant 0$ 成立

$$T(t)x - T(s)x = \int_s^t T(\tau)Ax\mathrm{d}\tau = \int_s^t AT(\tau)x\mathrm{d}\tau. \qquad (6.1.7)$$

证明 (a) 由 $t \to T(t)x$ 的连续性直接推出, 且特别地, 当 $t = 0$ 时, 有

$$\lim_{h \to 0^+} \frac{1}{h} \int_0^h T(s)x\mathrm{d}s = x.$$

(b) 当 $t = 0$ 时, 显然成立. 而当 $t > 0$ 时, 因为对 $h > 0$, 有

$$\frac{1}{h}(T(h) - I) \int_0^t T(s)x\mathrm{d}s$$

$$= \frac{1}{h} \int_0^t T(s+h)x\mathrm{d}s - \frac{1}{h} \int_0^t T(s)x\mathrm{d}s$$

$$= \frac{1}{h} \int_h^{t+h} T(s)x\mathrm{d}s - \frac{1}{h} \int_0^t T(s)x\mathrm{d}s$$

$$\to T(t)x - x, \quad \text{当 } h \to 0 \text{ 时}.$$

所以 (b) 成立.

为了证明 (c). 令 $x \in D(A)$ 和 $h > 0$, 则当 $h \to 0$ 时, 有

$$\frac{1}{h}[T(h) - I]T(t)x = T(t)\frac{1}{h}[T(h)x - x] \to T(t)Ax,$$

因此, $T(t)x \in D(A)$, $AT(t)x = T(t)Ax$, 并且

$$\frac{\mathrm{d}^+}{\mathrm{d}t}T(t)x = AT(t)x = T(t)Ax,$$

即 $T(t)x$ 的右导数是 $T(t)Ax$. 当 $t > 0$ 时, 因为对于 $0 < h < t$, 有

$$\frac{1}{h}[T(t)x - T(t-h)x] - T(t)Ax$$

$$= T(t-h)\left[\frac{1}{h}(T(h)x - x) - Ax\right] + [T(t-h)Ax - T(t)Ax]$$

$$\to 0, \quad \text{当 } h \to 0 \text{ 时}.$$

所以

$$\frac{\mathrm{d}^-}{\mathrm{d}t}T(t)x = AT(t)x = T(t)Ax.$$

这就完成了 (c) 的证明.

(d) 直接由 (6.1.6) 式从 s 到 t 积分可得.

推论 6.1.2　设 A 是 C_0 半群 $T(t)$ 的无穷小生成元, 则 A 的定义域 $D(A)$ 在 X 中稠密, 且 A 是一个闭线性算子.

证明　对任意给定的 $x \in X$, 记 $x_t = \frac{1}{t}\int_0^t T(s)x\mathrm{d}s, t > 0$. 由定理 6.1.2(b) 知, $x_t \in D(A)$, 并且由定理 6.1.2(a) 知, 当 $t \to 0^+$ 时, 有 $x_t \to x$. 因此, $\overline{D(A)} = X$. A 的线性性是显然的. 为证明 A 的闭性, 设 $x_n \in D(A)$ 满足 $x_n \to x, Ax_n \to y$, 其中 $x, y \in X$. 利用定理 6.1.2(d) 知

$$T(t)x_n - x_n = \int_0^t T(s)Ax_n\mathrm{d}s, \quad t \geqslant 0. \tag{6.1.8}$$

在 (6.1.8) 式的右端, 被积函数在有界区间上一致收敛到 $T(s)y$. 因此在 (6.1.8) 式中令 $n \to \infty$ 得到

$$T(t)x - x = \int_0^t T(s)y\mathrm{d}s, \quad t \geqslant 0.$$

于是当 $t \to 0^+$ 时, 由定理 6.1.2(a) 有

$$\frac{1}{t}[T(t)x - x] = \frac{1}{t}\int_0^t T(s)y\mathrm{d}s \to y,$$

因此, $x \in D(A)$ 且 $Ax = y$. 这说明 A 是闭的.

定理 6.1.3　设 A 是 C_0 半群 $T(t)$ 的无穷小生成元. 如果存在 $M \geqslant 0$ 与 $\omega \in R$, 使得 $\|T(t)\| \leqslant Me^{\omega t}$ 对所有 $t \geqslant 0$ 成立. 那么只要 λ 满足 $\mathrm{Re}\lambda > \omega$, 就有 $\lambda \in \rho(A)$ (A 的预解集), 并且算子 A 在 λ 处的预解式可表成

$$R(\lambda; A)x = \int_0^\infty e^{-\lambda t}T(t)x\mathrm{d}t, \quad x \in X. \tag{6.1.9}$$

证明　对于 $x \in X$, 定义

$$R(\lambda)x = \int_0^\infty e^{-\lambda t}T(t)x\mathrm{d}t, \tag{6.1.10}$$

显然, $R(\lambda)$ 是 X 上的线性算子. 因为

$$
\begin{aligned}
\|R(\lambda)x\| &\leqslant \int_0^\infty e^{-\mathrm{Re}\lambda t}\|T(t)x\|\mathrm{d}t \\
&\leqslant \int_0^\infty Me^{(\omega - \mathrm{Re}\lambda)t}\|x\|\mathrm{d}t = \frac{M}{\mathrm{Re}\lambda - \omega}\|x\|,
\end{aligned}
\tag{6.1.11}
$$

所以, $R(\lambda) \in L(X)$. 下面证明 $\lambda \in \rho(A)$, 并且 $R(\lambda; A) = R(\lambda)$.

对 $h > 0$, 有

$$\frac{1}{h}(T(h) - I)R(\lambda)x = \frac{1}{h}\int_0^\infty e^{-\lambda t}(T(t + h)x - T(t)x)\mathrm{d}t$$

$$= -\frac{1}{h}\int_0^h \mathrm{e}^{-\lambda t}T(t)x\mathrm{d}t + \frac{\mathrm{e}^{\lambda h}-1}{h}\int_h^\infty \mathrm{e}^{-\lambda t}T(t)x\mathrm{d}t. \tag{6.1.12}$$

由于

$$\lim_{h\to 0}\frac{1}{h}\int_0^h \mathrm{e}^{-\lambda t}T(t)x\mathrm{d}t = x,$$

对 (6.1.12) 式两端令 $h \to 0$, 则有

$$\lim_{h\to 0}\frac{1}{h}(T(h)-I)R(\lambda)x = \lambda\int_0^\infty \mathrm{e}^{-\lambda t}T(t)x\mathrm{d}t - x,$$

即 $R(\lambda)x \in D(A)$, 并且

$$AR(\lambda)x = \lambda R(\lambda)x - x. \tag{6.1.13}$$

由 $x \in X$ 的任意性可知, $(\lambda I - A)R(\lambda) = I$. 对 $x \in D(A)$, 因为

$$\frac{1}{h}(T(h)-I)R(\lambda)x = \int_0^\infty \mathrm{e}^{-\lambda t}\frac{T(t+h)x-T(t)x}{h}\mathrm{d}t$$
$$= \int_0^\infty \mathrm{e}^{-\lambda t}T(t)\frac{T(h)x-x}{h}\mathrm{d}t,$$

两端令 $h \to 0$, 则有

$$AR(\lambda)x = \int_0^\infty \mathrm{e}^{-\lambda t}T(t)Ax\mathrm{d}t = R(\lambda)Ax.$$

再由 (6.1.13) 式可知, 当 $x \in D(A)$ 时, $R(\lambda)(\lambda I - A)x = x$. 这样就有 $\lambda \in \rho(A)$, 并且使 (6.1.9) 式成立.

推论 6.1.3 设 A 是 C_0 半群 $T(t)$ 的无穷小生成元. 如果存在 $M \geqslant 0$ 与 $\omega \in R$, 使得 $\|T(t)\| \leqslant M\mathrm{e}^{\omega t}$ 对所有 $t \geqslant 0$ 成立. 那么当 λ 满足 $\mathrm{Re}\lambda > \omega$ 时, 对任给 $x \in X$, 有

$$R(\lambda;A)^n x = \frac{(-1)^{n-1}}{(n-1)!}\cdot\frac{\mathrm{d}^{n-1}}{\mathrm{d}\lambda^{n-1}}R(\lambda;A)x \tag{6.1.14}$$

$$= \frac{1}{(n-1)!}\int_0^\infty t^{n-1}\mathrm{e}^{-\lambda t}T(t)x\mathrm{d}t, \quad n = 1, 2, \cdots \tag{6.1.15}$$

和

$$\|R(\lambda;A)^n\| \leqslant \frac{M}{(\mathrm{Re}\lambda-\omega)^n}, \quad n = 1, 2, \cdots. \tag{6.1.16}$$

证明 (6.1.14) 式可通过直接求导而得.

而对 (6.1.15) 式, $n = 1$ 是显然的, 当 $n = 2$ 时, 由定理 6.1.3 可知, 对 $\text{Re}\lambda > \omega$ 和任给 $x \in X$, 有

$$\frac{\mathrm{d}}{\mathrm{d}\lambda} R(\lambda; A)x = \frac{\mathrm{d}}{\mathrm{d}\lambda} \int_0^\infty \mathrm{e}^{-\lambda t} T(t)x\mathrm{d}t$$

$$= -\int_0^\infty t\mathrm{e}^{-\lambda t} T(t)x\mathrm{d}t.$$

从而由 (6.1.14) 式得

$$R(\lambda; A)^2 x = \int_0^\infty t\mathrm{e}^{-\lambda t} T(t)x\mathrm{d}t.$$

再由归纳法容易验证 (6.1.15) 式成立.

对 (6.1.16) 式, 当 $\text{Re}\lambda > \omega$ 时, 由 (6.1.15) 式可知

$$\|R(\lambda; A)^n x\| = \frac{1}{(n-1)!} \cdot \left\| \int_0^\infty t^{n-1}\mathrm{e}^{-\lambda t} T(t)x\mathrm{d}t \right\|$$

$$\leqslant \frac{M}{(n-1)!} \cdot \int_0^\infty t^{n-1}\mathrm{e}^{(\omega - \text{Re}\lambda)t}\mathrm{d}t \cdot \|x\|$$

对任何 $x \in X$ 成立.

直接利用分部积分公式可得

$$\|R(\lambda; A)^n\| \leqslant \frac{M}{(\text{Re}\lambda - \omega)^n}.$$

定义 6.1.5　设 A 是稠定闭算子, 如果 A 的预解集合 $\rho(A)$ 含有 $R_\omega^+ = \{\lambda \in R : \lambda > \omega\}$, 并且存在常数 $M > 0$, 使得

$$\|R(\lambda; A)^n\| \leqslant \frac{M}{(\lambda - \omega)^n}, \quad n = 1, 2, \cdots, \quad \lambda \in R_\omega^+. \tag{6.1.17}$$

那么称算子

$$A_\lambda = \lambda A R(\lambda; A) = \lambda^2 R(\lambda; A) - \lambda I \tag{6.1.18}$$

为算子 A 的 Yosida 逼近.

显然, A_λ 是有界线性算子, 即: $A_\lambda \in L(X)$.

引理 6.1.1　设算子 A 满足定义 6.1.5 中的条件, A_λ 为 A 的 Yosida 逼近, 则

$$\lim_{\lambda \to +\infty} \lambda R(\lambda; A)x = x, \quad x \in X, \tag{6.1.19}$$

$$\lim_{\lambda \to +\infty} A_\lambda x = Ax, \quad x \in D(A). \tag{6.1.20}$$

证明　由假设可知, 当实数 $\lambda > \omega$ 时, $\lambda \in \rho(A)$, 并且有

$$\|R(\lambda; A)\| \leqslant \frac{M}{\lambda - \omega}.$$

因为 A 与 $R(\lambda; A)$ 可交换, 从而对 $x \in D(A), \lambda > \omega$, 有

$$\|\lambda R(\lambda; A)x - x\| = \|AR(\lambda; A)x\| = \|R(\lambda; A)Ax\|$$
$$\leqslant \frac{M}{\lambda - \omega}\|Ax\| \to 0 \ (\lambda \to +\infty).$$

又因为

$$\|\lambda R(\lambda; A)\| \leqslant \frac{M|\lambda|}{\lambda - \omega}.$$

所以存在常数 M', 使得

$$\|\lambda R(\lambda; A)\| \leqslant M', \quad \lambda \in [\tilde{\omega}, +\infty), \quad \tilde{\omega} > \omega.$$

这就表示算子 $\lambda R(\lambda; A)$ 是关于 $\lambda \geqslant \tilde{\omega}$ 一致有界的线性算子, 于是由 $\overline{D(A)} = X$ 可知, 对所有 $x \in X$, (6.1.19) 式成立.

在证明 (6.1.20) 式时, 只要注意到 Yosida 逼近 A_λ 的定义, 在 (6.1.19) 式中以 Ax 代换 x 即可得出.

引理 6.1.2 设算子 A 满足定义 6.1.5 中的条件, 如果 A_λ 是 A 的 Yosida 逼近, 则 A_λ 是一个一致连续半群 e^{tA_λ} 的无穷小生成元. 而且对一切 $x \in X$, $\lambda, \mu > 2\omega$, 有

$$\|\mathrm{e}^{tA_\lambda}x - \mathrm{e}^{tA_\mu}x\| \leqslant tM^2\mathrm{e}^{2\omega t}\|A_\lambda x - A_\mu x\|. \tag{6.1.21}$$

证明 由 (6.1.18) 式, 显然 A_λ 是一个有界线性算子. 下面证明 A_λ 是一个一致连续半群 e^{tA_λ} 的无穷小生成元. 事实上, 设

$$T(t) = \mathrm{e}^{tA_\lambda} = \sum_{n=0}^{\infty} \frac{(tA_\lambda)^n}{n!}. \tag{6.1.22}$$

(6.1.22) 式的右端对每一 $t \geqslant 0$ 依算子范数收敛, 且定义了一个有界线性算子 $T(t)$. 显然 $T(0) = I$, 且通过对幂级数的直接计算知, $T(t+s) = T(t)T(s)$ 成立. 又对幂级数作估计, 得到

$$\|T(t) - I\| = \|tA_\lambda\mathrm{e}^{tA_\lambda}\| \leqslant t\|A_\lambda\|\mathrm{e}^{t\|A_\lambda\|}$$

和

$$\left\|\frac{T(t) - I}{t} - A_\lambda\right\| \leqslant \|A_\lambda\| \cdot \|T(t) - I\| \leqslant t\|A_\lambda\|^2\mathrm{e}^{t\|A_\lambda\|}.$$

由上面两式可知, $T(t)(t \geqslant 0)$ 是一致连续半群, 并且以 A_λ 为生成元.

进一步, 有

$$\|\mathrm{e}^{tA_\lambda}\| = \mathrm{e}^{-\lambda t}\|\mathrm{e}^{t\lambda^2 R(\lambda; A)}\|$$

$$\leqslant \mathrm{e}^{-\lambda t} \sum_{n=0}^{\infty} \frac{(t\lambda^2)^n}{n!} \|R(\lambda;A)^n\|$$

$$\leqslant M\mathrm{e}^{-\lambda t}\mathrm{e}^{\frac{t\lambda^2}{\lambda-\omega}}$$

$$= M\mathrm{e}^{\frac{\lambda\omega}{\lambda-\omega}t} \leqslant M\mathrm{e}^{2\omega t} \quad (\lambda > 2\omega). \tag{6.1.23}$$

显然由定义知 $\mathrm{e}^{tA_\lambda}, \mathrm{e}^{tA_\mu}, A_\lambda$ 和 A_μ 可互相交换. 因此,

$$\|\mathrm{e}^{tA_\lambda}x - \mathrm{e}^{tA_\mu}x\| = \left\| \int_0^1 \frac{\mathrm{d}}{\mathrm{d}s}(\mathrm{e}^{tsA_\lambda}\mathrm{e}^{t(1-s)A_\mu}x)\mathrm{d}s \right\|$$

$$\leqslant \int_0^1 t\|\mathrm{e}^{tsA_\lambda}\mathrm{e}^{t(1-s)A_\mu}(A_\lambda x - A_\mu x)\|\mathrm{d}s$$

$$\leqslant tM^2\mathrm{e}^{2\omega t}\|A_\lambda x - A_\mu x\|.$$

下面的定理是线性算子半群理论的重要定理之一, 它表述了能生成 C_0 半群的线性算子 A 的特征.

定理 6.1.4 (Hille-Yosida) 线性算子 A 为某 C_0 半群 $T(t)(t \geqslant 0)$ 的无穷小生成元的充要条件为

(1) A 是稠定闭线性算子;

(2) 存在常数 $M > 0$ 和 $\omega \in \mathbb{R}$, 当 $\lambda > \omega$ 时, $\lambda \in \rho(A)$ (A 的预解集), 并且

$$\|R(\lambda;A)^n\| \leqslant \frac{M}{(\lambda-\omega)^n}, \quad n = 1, 2, \cdots. \tag{6.1.24}$$

证明 必要性. 若 A 是一个 C_0 半群的无穷小生成元, 则由推论 6.1.2 知, A 是闭的, 且 $\overline{D(A)} = X$. 进一步由定理 6.1.1 及定理 6.1.3 可知, 当 $\lambda > \omega$ 时, $\lambda \in \rho(A)$, 再由推论 6.1.3 可知, (6.1.24) 式成立.

充分性. 设 $x \in D(A)$, 则对任 $t \geqslant 0$, 由引理 6.1.2, 得

$$\|\mathrm{e}^{tA_\lambda}x - \mathrm{e}^{tA_\mu}x\| \leqslant tM^2\mathrm{e}^{2\omega t}\|A_\lambda x - A_\mu x\|$$

$$\leqslant tM^2\mathrm{e}^{2\omega t}(\|A_\lambda x - Ax\| + \|A_\mu x - Ax\|). \tag{6.1.25}$$

由引理 6.1.1 和 (6.1.25) 式, 则对 $x \in D(A)$, 有

$$\|\mathrm{e}^{tA_\lambda}x - \mathrm{e}^{tA_\mu}x\| \to 0 \quad (\lambda \to +\infty, \mu \to +\infty).$$

由此可知, $\mathrm{e}^{tA_\lambda}x$ 是 X 中的 Cauchy 序列, 其极限记为 $T(t)x$, 即对 $t \geqslant 0$, 有

$$\lim_{\lambda \to +\infty} \mathrm{e}^{tA_\lambda}x = T(t)x, \quad x \in D(A). \tag{6.1.26}$$

由 (6.1.25) 式可知, 上述极限 (6.1.26) 在 t 的任何有界区间上是一致的, 再注意到 (6.1.23) 式和 $\overline{D(A)} = X$, 可知 (6.1.26) 式对任何 $x \in X$ 成立, 这样一来, 得到了一个有界线性算子函数 $T(t)$.

下面来证明 $T(t)(t \geqslant 0)$ 是 C_0 半群. 事实上, 由 (6.1.26) 式易知 $T(0) = I$, 当 $t, s \geqslant 0$ 时, 由 (6.1.26) 式可得

$$\|\mathrm{e}^{(t+s)A_\lambda}x - T(t)T(s)x\|$$
$$\leqslant \|\mathrm{e}^{tA_\lambda}(\mathrm{e}^{sA_\lambda} - T(s))x\| + \|(\mathrm{e}^{tA_\lambda} - T(t))T(s)x\|$$
$$\leqslant M\mathrm{e}^{2\omega t}\|\mathrm{e}^{sA_\lambda}x - T(s)x\| + \|(\mathrm{e}^{tA_\lambda} - T(t))T(s)x\|$$
$$\to 0 \ (\lambda \to +\infty).$$

从而 $T(t+s) = T(t)T(s)$. 再注意到 (6.1.26) 式的收敛性在 t 的任何有界区间上是一致的, 从而 $T(t)$ 是强连续的, 因而 $T(t)$ 是 X 上的 C_0 半群.

最后来证明 A 是 $T(t)$ 的生成元. 为此, 设 B 是 $T(t)$ 的生成元, 则当 $x \in D(A)$ 时, 下列极限成立

$$\left\|\int_0^t \mathrm{e}^{sA_\lambda}A_\lambda x\mathrm{d}s - \int_0^t T(s)Ax\mathrm{d}s\right\|$$
$$\leqslant \int_0^t \|\mathrm{e}^{sA_\lambda}A_\lambda x - \mathrm{e}^{sA_\lambda}Ax\|\mathrm{d}s + \int_0^t \|\mathrm{e}^{sA_\lambda}Ax - T(s)Ax\|\mathrm{d}s$$
$$\leqslant M\int_0^t \mathrm{e}^{2\omega s}\|A_\lambda x - Ax\|\mathrm{d}s + \int_0^t \|\mathrm{e}^{sA_\lambda}Ax - T(s)Ax\|\mathrm{d}s$$
$$\to 0 \ (\lambda \to +\infty).$$

又由于当 $x \in D(A)$ 时,

$$\mathrm{e}^{tA_\lambda}x - x = \int_0^t \frac{\mathrm{d}}{\mathrm{d}s}(\mathrm{e}^{sA_\lambda}x)\mathrm{d}s = \int_0^t \mathrm{e}^{sA_\lambda}A_\lambda x\mathrm{d}s.$$

利用前述极限在上式两边取 $\lambda \to +\infty$ 时的极限, 则有

$$T(t)x - x = \int_0^t T(s)Ax\mathrm{d}s.$$

从而

$$\lim_{h \to 0^+} \frac{T(h)x - x}{h} = \lim_{h \to 0^+} \frac{1}{h}\int_0^h T(s)Ax\mathrm{d}s = Ax.$$

这就证明了半群 $T(t)$ 的生成元 B 满足 $A \subset B$. 下证相反的包含关系.

若 $\lambda > \omega$, 由定理 6.1.3 可知, $\lambda \in \rho(B)$, 再由假设可知, $\lambda \in \rho(A)$, 从而

$$(\lambda I - A)D(A) = (\lambda I - B)D(B) = X.$$

又因为 $D(A) \subset D(B)$, 从而

$$(\lambda I - B)D(A) \supset (\lambda I - A)D(A) = X,$$

即

$$(\lambda I - B)D(A) = X.$$

从而有

$$D(B) = R(\lambda; B)X = D(A).$$

即半群 $T(t)$ 生成元是 A.

例 6.1.1　设 $X = C_\infty[0, +\infty)$, 即在 $[0, +\infty)$ 上连续, 且在 $+\infty$ 处以 0 为极限的函数全体所组成的空间, 它在范数 $\|x\| = \sup\limits_{t \geqslant 0} |x(t)|$ 之下成为 Banach 空间. 这个空间中点列的强收敛就是相应函数列的一致收敛. 在空间 X 上定义算子函数 $T : [0, +\infty) \to L(X)$ 为

$$(T(t)x)(s) = x(t + s), \quad t \geqslant 0, \quad s \geqslant 0, \quad x \in X.$$

容易看出 $T(t)(t \geqslant 0)$ 构成一个有界线性算子半群.

因为对任何 $x \in X$,

$$\|T(t)x\| = \sup_{s \geqslant 0} |x(t + s)| \leqslant \sup_{s \geqslant 0} |x(s)| = \|x\|,$$

所以 $\|T(t)\| \leqslant 1$. 对 $t > 0$, 取 $x_0 \in X$, 使 $\|x_0\| = 1$, 且 $x_0(s) = 1, \forall\, s \in [0, 2t]$. 显然, 这样的 x_0 是可以取到的. 易见 $\|T(t)x_0\| = 1 = \|x_0\|$, 所以 $\|T(t)\| = 1$.

因为当 $x \in X$ 时, $x(t)$ 在 $[0, +\infty)$ 上一致连续, 所以

$$\lim_{u \to 0} \sup_{s \geqslant 0} |x(t + s + u) - x(t + s)| = 0,$$

即

$$\lim_{u \to 0} \|T(t + u)x - T(t)x\| = 0.$$

这就是说: 取值于 X 的向量值函数 $T(t)x$ 是强连续的, 从而 $T(t)(t \geqslant 0)$ 是 X 上的 C_0 半群.

由于

$$\lim_{t \to 0^+} \left(\frac{T(t)x - x}{t} \right)(s) = \lim_{t \to 0^+} \frac{x(t + s) - x(s)}{t} = x'(s),$$

故该 C_0 半群的生成元 A 为

$$D(A) = \{x(\cdot) : x, x' \in X\},$$

$$(Ax)(s) = x'(s).$$

由于 $T(t)$ 是 C_0 半群, 且 $\|T(t)\| \leqslant 1$, 则当 $\lambda > 0$ 时, $\lambda \in \rho(A)$. 设 $x \in X, y \in D(A)$, 则方程 $(\lambda I - A)y = x$ 成为

$$\lambda y(s) - y'(s) = x(s).$$

于是 $y = R(\lambda; A)x$ 可以通过求解上述微分方程得到

$$y(s) = [R(\lambda; A)x](s) = \int_0^\infty \mathrm{e}^{-\lambda\xi} x(s + \xi)\mathrm{d}\xi$$
$$= \int_0^\infty \mathrm{e}^{-\lambda\xi} [T(\xi)x](s)\mathrm{d}\xi.$$

这表明预解式 $R(\lambda; A)$ 是半群 $T(t)$ 的 Laplace 变换, 从而验明定理 6.1.3 的结论正确.

习 题 6.1

1. 设 $X = L^2(0, 1)$, 在 X 上定义算子为

$$D(A) = \{x \in X : x' \in X\},$$
$$(Ax)(s) = x'(s).$$

证明: A 是 X 上的稠定闭线性算子.

2. 设 A 是 C_0 半群 $T(t)$ 的无穷小生成元. 如果 $D(A^n)$ 是 A^n 的定义域, 则 $\bigcap_{n=1}^{\infty} D(A^n)$ 在 X 中稠密.

3. 称 C_0 半群 $T(t)$ 为收缩半群, 如果 $\|T(t)\| \leqslant 1$ 对所有 $t \geqslant 0$ 均成立. 记 $X = \{f : f$ 在 R 上有界且一致连续$\}$, $\|f\| = \sup\limits_{x \in R} |f(x)|$. 定义:

$$(T(t)f)(x) = f(x - t), \quad \forall f \in X,$$
$$(Af)(x) = f'(x), \quad \forall f \in D(A) = \{f : f \in X, f' \in X\}.$$

证明:

(1) $T(t)$ 是收缩半群;

(2) $-A$ 是 $T(t)$ 的无穷小生成元.

4. 设 $T(t)(t \geqslant 0)$ 是 Banach 空间 X 上的 C_0 半群, A 是它的无穷小生成元, 证明下列三个条件等价:

(1) $D(A) = X$;

(2) $\lim\limits_{t \to 0^+} \|T(t) - I\| = 0$;

(3) $A \in L(X)$, 且 $T(t) = \mathrm{e}^{tA}$.

6.2　抽象 Cauchy 问题

6.2.1　齐次的初值问题

设 X 是 Banach 空间, A 是从 $D(A) \subset X$ 到 X 的线性算子 (一般来说, 它是无界的), 设给定 $x \in X$. 对于 A 和初值 x 的所谓齐次抽象 Cauchy 问题, 是指求初值问题

$$\begin{cases} \dfrac{\mathrm{d}u(t)}{\mathrm{d}t} = Au(t), \quad t > 0, \\ u(0) = x \end{cases} \tag{6.2.1}$$

的一个 (古典) 解 $u(t)$. 这里一个 (古典) 解的意义是这样的, 一个 X 值函数 $u(t)$ 使得 $u(t)$ 对于 $t \geqslant 0$ 是连续的, 对于 $t > 0$ 是连续可微的和 $u(t) \in D(A)$, 并且满足 (6.2.1) 式.

由 6.1 节的讨论可知, 如果算子 A 在 X 上生成 C_0 半群 $T(t)$, 则对任意的 $x \in D(A)$, 抽象 Cauchy 问题 (6.2.1) 有一个解, 即 $u(t) = T(t)x$ (见定理 6.1.2(c)). 下面给出齐次抽象 Cauchy 问题 (6.2.1) 有唯一 (古典) 解存在的充分必要条件.

定理 6.2.1　设 A 是 X 中的稠定算子, $\rho(A) \neq \varnothing$. 对每一初值 $x \in D(A)$, 初值问题 (6.2.1) 在 $[0, \infty)$ 上有唯一 (古典) 解的充要条件为 A 是一个 C_0 半群 $T(t)$ 的无穷小生成元.

证明　充分性. 设 A 是一个 C_0 半群 $T(t)$ 的无穷小生成元, 则由定理 6.1.2, 对每一 $x \in D(A)$, $T(t)x \in D(A)$, 并且

$$\frac{\mathrm{d}}{\mathrm{d}t}T(t)x = AT(t)x = T(t)Ax.$$

于是 $T(t)x$ 在 $t \geqslant 0$ 时是连续可微的, 因而是抽象 Cauchy 问题 (6.2.1) 的 (古典) 解. 若 (6.2.1) 式还有一个 (古典) 解 $u(t;x)$, 则 $T(t-s)u(s;x)$ 关于 $s \geqslant 0$ 是连续的, 并且

$$\frac{\mathrm{d}}{\mathrm{d}s}[T(t-s)u(s;x)] = AT(t-s)u(s;x) - T(t-s)Au(s;x) = 0.$$

于是 $T(t-s)u(s;x)$ 关于 s 是常值, 分别取 $s = 0$ 及 $s = t$, 则有 $u(t;x) = T(t)x$, 即 (古典) 解是唯一的.

必要性. 假设对每一 $x \in D(A)$, 初值问题 (6.2.1) 在 $[0, \infty)$ 上有唯一 (古典) 解, 用 $u(t;x)$ 表示.

对于 $x \in D(A)$, 定义图像范数 $\|x\|_A = \|x\| + \|Ax\|$, 因为 $\rho(A) \neq \varnothing$, 所以 A 是闭的. 因此赋予图像范数的 $D(A)$ 是一个 Banach 空间, 用 X_1 表示.

任意给定 $t_1 > 0$, 设 $X_{t_1} = C([0, t_1], X_1)$, 易证在上确界范数下它是一个 Banach 空间. 定义映射 $S : X_1 \to X_{t_1}$ 为

$$S(x) = u(\cdot; x), \quad x \in X_1. \tag{6.2.2}$$

由 (6.2.1) 式的线性性和解的唯一性可知, S 是定义在 X_1 上的线性算子. 下面证明 S 是一个闭算子. 事实上, 设在空间 X_1 中 $x_n \to x$, 在空间 X_{t_1} 中 $S(x_n) \to v$, 则利用控制收敛定理和

$$u(t; x_n) = x_n + \int_0^t Au(\tau; x_n) \mathrm{d}\tau,$$

当 $n \to \infty$ 时, 由极限的唯一性得

$$v(t) = x + \int_0^t Av(\tau) \mathrm{d}\tau.$$

由此推出 $v(t) = u(t; x)$, 即 S 是闭的. 因此由闭图像定理, S 是有界的, 即存在常数 $M_1 > 1$, 使得

$$\sup_{0 \leqslant t \leqslant t_1} \|u(t, x)\|_A \leqslant M_1 \|x\|_A, \quad x \in X_1. \tag{6.2.3}$$

对于每一个 $t \in [0, t_1]$, 利用映射 S 的线性性质, 定义映射 $T(t) : X_1 \to X_1$ 为

$$T(t)x = u(t; x), \quad x \in X_1.$$

显然 $T(0) = I$, 且由 (6.2.1) 式解的唯一性可知, 当 $x \in X_1$ 时,

$$T(t + s)(x) = u(t + s; x) = u(t, u(s; x)) = T(t)T(s)(x),$$

即 $T(t)$ 有半群性质. 而从 (6.2.3) 式可知, $T(t)$ 对于 $0 \leqslant t \leqslant t_1$ 是一致有界的. 当 $t > t_1$ 时, 定义

$$T(t)x = T(t - nt_1)T(t_1)^n x, \quad nt_1 \leqslant t < (n+1)t_1.$$

容易验证 $T(t), t \geqslant 0$ 是定义在 $D(A)$ 上的半群. 令 $\omega = \dfrac{1}{t_1} \ln M_1$, 可推出

$$\|T(t)x\|_A \leqslant M_1^{n+1} \|x\|_A \leqslant M_1 M_1^{\frac{t}{t_1}} \|x\|_A = M_1 \mathrm{e}^{\omega t} \|x\|_A.$$

以下证明

$$T(t)Ay = AT(t)y, \quad 对于 \ y \in D(A^2) \ 成立. \tag{6.2.4}$$

事实上, 设 $y \in D(A^2)$, 则 $y \in D(A)$, $Ay \in D(A)$. 由 $T(t)$ 的定义可知, $T(t)y$ 与 $T(t)Ay$ 分别为方程 (6.2.1) 对应于初值 y 与 Ay 的解, 因为

$$\frac{\mathrm{d}}{\mathrm{d}t}\left[y + \int_0^t T(s)Ay\mathrm{d}s\right] = T(t)Ay = Ay + \int_0^t AT(s)Ay\mathrm{d}s$$

$$= A\left(y + \int_0^t T(s)Ay\mathrm{d}s\right),$$

所以 $y + \displaystyle\int_0^t T(s)Ay\mathrm{d}s$ 是方程 (6.2.1) 以 y 为初值的解, 于是由解的唯一性可知

$$T(t)y = y + \int_0^t T(s)Ay\mathrm{d}s,$$

这样

$$AT(t)y = \frac{\mathrm{d}}{\mathrm{d}t}T(t)y = \frac{\mathrm{d}}{\mathrm{d}t}\left[y + \int_0^t T(s)Ay\mathrm{d}s\right] = T(t)Ay,$$

这就证明了 (6.2.4) 式.

因为 $D(A)$ 在 X 中稠密和假设 $\rho(A) \neq \varnothing$, 所以 $D(A^2)$ 在 X 中稠密, 且至少存在某 $\mu \in \rho(A)$, 使得 $R(\mu I - A) = X$. 设 $x \in X_1$, 则有 $y \in D(A^2), y = R(\mu; A)x$, 再由 (6.2.4) 式知

$$T(t)x = T(t)(\mu I - A)y = (\mu I - A)T(t)y.$$

由此得

$$\|T(t)x\| = \|(\mu I - A)T(t)y\| \leqslant |\mu|\|T(t)y\| + \|AT(t)y\| \leqslant C\|T(t)y\|_A \leqslant C_1\mathrm{e}^{\omega t}\|y\|_A,$$

其中, $C_1 = CM_1, C = \max(1, |\mu|)$. 再由 $AR(\mu; A) = -I + \mu R(\mu; A)$ 得到

$$\|y\|_A = \|y\| + \|Ay\| = \|R(\mu; A)x\| + \|AR(\mu; A)x\| \leqslant C_2\|x\|, \quad t \geqslant 0,$$

其中, C_2 为与 μ 有关的某正常数, 从而推出

$$\|T(t)x\| \leqslant C_1 C_2 \mathrm{e}^{\omega t}\|x\|.$$

再由 $D(A)$ 在 X 中稠密知, $T(t)$ 能唯一延拓到整个 X, 从而 $T(t)$ 是 X 上一个 C_0 半群.

最后证明 A 是 $T(t)$ 的无穷小生成元. 设 B 是 $T(t)$ 的无穷小生成元, 如果 $x \in D(A)$, 那么由 $T(t)$ 的定义有 $T(t)x = u(t; x)$, 因此由假设

$$\frac{\mathrm{d}}{\mathrm{d}t}T(t)x = AT(t)x, \quad \text{对于 } t \geqslant 0 \text{ 成立}.$$

特别地, 还推出 $\dfrac{\mathrm{d}}{\mathrm{d}t}T(t)x|_{t=0} = Ax$, 因此 $B \supset A$.

设 $\operatorname{Re}\lambda > \omega, y \in D(A^2)$. 由 (6.2.4) 式和 $B \supset A$ 得

$$e^{-\lambda t}AT(t)y = e^{-\lambda t}T(t)Ay = e^{-\lambda t}T(t)By. \tag{6.2.5}$$

从 0 到 ∞ 对 (6.2.5) 式积分得

$$AR(\lambda; B)y = R(\lambda; B)By. \tag{6.2.6}$$

但 $BR(\lambda; B)y = R(\lambda; B)By$, 因此 $AR(\lambda; B)y = BR(\lambda; B)y$, 对每一 $y \in D(A^2)$ 成立. 因为 $BR(\lambda; B)$ 是一致有界的, A 是闭的和 $D(A^2)$ 在 X 中稠密, 所以对每一 $y \in X, AR(\lambda; B)y = BR(\lambda; B)y$. 由此推出 $D(B) = R(\lambda; B)X \subset D(A)$, 并且 $B \subset A$. 因此 $A = B$, 即 A 是半群 $T(t)$ 的无穷小生成元.

6.2.2 非齐次的初值问题

下面讨论非齐次抽象 Cauchy 问题

$$\begin{cases} \dfrac{\mathrm{d}u(t)}{\mathrm{d}t} = Au(t) + f(t), & t > 0, \\ u(0) = x, \end{cases} \tag{6.2.7}$$

其中 $f : [0, T) \to X, (0 < T < \infty)$ 是一个给定的满足某种条件的抽象函数, 今后总假定 A 是 X 上 C_0 半群 $T(t)$ 的无穷小生成元, 因此相应的齐次方程, 即 $f \equiv 0$ 的方程, 对每一初值 $x \in D(A)$ 存在唯一 (古典) 解.

定义 6.2.1 函数 $u : [0, T) \to X$ 称为是初值问题 (6.2.7) 在 $[0, T)$ 上的 (古典) 解, 如果 u 在 $[0, T)$ 上连续, 在 $(0, T)$ 内连续可微, 并且对于 $0 < t < T, u(t) \in D(A)$ 和满足 (6.2.7) 式.

定义 6.2.2 在 $[0, T)$ 上几乎处处可微并且满足 $u' \in L^1((0, T), X)$ 的函数 u 称为初值问题 (6.2.7) 的强解, 如果 $u(0) = x$, 且 $u'(t) = Au(t) + f(t)$ 在 $(0, T)$ 上几乎处处成立.

如果 u 是 (6.2.7) 式的 (古典) 解, 那么 $T(t-s)u(s)$ 关于 $s \in (0, t)$ 是可微的, 并且

$$\begin{aligned} & \frac{\mathrm{d}}{\mathrm{d}s}[T(t-s)u(s)] \\ = & -AT(t-s)u(s) + T(t-s)[Au(s) + f(s)] \\ = & T(t-s)f(s). \end{aligned}$$

当 $f \in L^1((0, T), X)$ 时, 对上式从 0 到 t 积分, 便有

$$u(t) = T(t)x + \int_0^t T(t-s)f(s)\mathrm{d}s, \quad 0 \leqslant t < T. \tag{6.2.8}$$

定义 6.2.3　设 A 是 C_0 半群 $T(t)$ 的无穷小生成元, 设 $x \in X$ 和 $f \in L^1((0,T),X)$, 称 (6.2.8) 式所定义的函数 $u \in C([0,T),X)$ 为初值问题 (6.2.7) 在 $[0,T)$ 上的 mild 解.

命题 6.2.1　设开区间 $I \subset R$. 设 $A : D(A) \subset X \to X$ 是闭线性算子, $g : I \to D(A)$. 如果 $g \in L^1(I,X)$, 且 $Ag \in L^1(I,X)$, 那么 $\int_I g(t)\mathrm{d}t \in D(A)$, 且

$$A \int_I g(t)\mathrm{d}t = \int_I Ag(t)\mathrm{d}t.$$

证明参见文献 [56] 的定理 4.2.10.

定理 6.2.2　设 A 是 C_0 半群 $T(t)$ 的无穷小生成元, 初值问题 (6.2.7) 的 mild 解 u 就是满足 $\int_0^t u(s)\mathrm{d}s \in D(A)$ 和

$$u(t) - x = A \int_0^t u(s)\mathrm{d}s + \int_0^t f(s)\mathrm{d}s, \quad \forall\, t \in [0,T) \tag{6.2.9}$$

的唯一连续函数 $u \in C([0,T),X)$.

证明　设 u 由 (6.2.8) 式给出. 注意到当 $t \in [0,T)$ 时, 有

$$
\begin{aligned}
\int_0^t u(r)\mathrm{d}r &= \int_0^t T(r)x\mathrm{d}r + \int_0^t \mathrm{d}r \int_0^r T(r-s)f(s)\mathrm{d}s \\
&= \int_0^t T(r)x\mathrm{d}r + \int_0^t \mathrm{d}s \int_s^t T(r-s)f(s)\mathrm{d}r \\
&= \int_0^t T(r)x\mathrm{d}r + \int_0^t \mathrm{d}s \int_0^{t-s} T(r)f(s)\mathrm{d}r.
\end{aligned}
$$

由定理 6.1.2 的结论 (b) 和命题 6.2.1 推出, $\int_0^t u(s)\mathrm{d}s \in D(A)$, 并且

$$
\begin{aligned}
A \int_0^t u(r)\mathrm{d}r &= T(t)x - x + \int_0^t [T(t-s)f(s) - f(s)]\mathrm{d}s \\
&= u(t) - x - \int_0^t f(s)\mathrm{d}s.
\end{aligned}
$$

从而, 初值问题 (6.2.7) 的 mild 解满足 (6.2.9) 式.

如果 v 是问题 (6.2.9) 的连续解, 记 $w(t) = \int_0^t (v(s) - u(s))\mathrm{d}s$, 则有 $w' = Aw, w(0) = 0$. 因此, 由定理 6.2.1 充分性的证明知, $w \equiv 0$, 即 $v \equiv u$.

推论 6.2.1　设 A 是 C_0 半群 $T(t)$ 的无穷小生成元, $x \in D(A)$ 和 $f \in L^1((0,T),X)$. 若存在 $y \in X$ 与 $k \in L^1((0,T),X)$, 使得 $f(t)$ 可表示成

$$f(t) = y + \int_0^t k(s)\mathrm{d}s, \quad \forall\, t \in (0,T).$$

则初值问题 (6.2.7) 有解 $u \in C^1([0, T), X)$.

证明 首先, 由定理 6.2.2 知, 下面的积分方程有唯一解 $v \in C([0, T), X)$:

$$v(t) - Ax - y = A \int_0^t v(s)\mathrm{d}s + \int_0^t k(s)\mathrm{d}s, \quad \forall\, t \in [0, T).$$

取 $u(t) = \int_0^t v(s)\mathrm{d}s + x$, 即知结论成立.

定理 6.2.3 设 A 是 C_0 半群 $T(t)$ 的无穷小生成元, $f \in L^1((0, T), X)$ 在 $[0, T)$ 上连续且

$$v(t) = \int_0^t T(t-s)f(s)\mathrm{d}s, \quad 0 \leqslant t < T.$$

则初值问题 (6.2.7) 对每一 $x \in D(A)$ 在 $[0, T)$ 上有一解 u, 如果以下条件之一成立:

(i) $v(t)$ 在 $(0, T)$ 上是连续可微的;

(ii) $v(t) \in D(A)$ 对于 $0 < t < T$ 成立且 $Av(t)$ 在 $(0, T)$ 上是连续的.

此外, 如果对某 $x \in D(A)$, (6.2.7) 式在 $[0, T)$ 上有一解 u, 那么 v 满足 (i) 和 (ii).

证明 如果对某 $x \in D(A)$ 初值问题 (6.2.7) 有一解 u, 则这个解由 (6.2.8) 式给出. 因而对 $t > 0$, 作为两个可微函数的差 $v(t) = u(t)x - T(t)x$ 是可微的, 且 $v'(t) = u'(t) - T(t)Ax$ 显然在 $(0, T)$ 上连续, 因此 (i) 被满足. 又如果 $x \in D(A)$, 那么对于 $t \geqslant 0$, $T(t)x \in D(A)$, 因此对于 $t > 0$, $v(t) = u(t)x - T(t)x \in D(A)$, 且 $Av(t) = Au(t) - AT(t)x = u'(t) - f(t) - T(t)Ax$ 在 $(0, T)$ 上连续, 于是 (ii) 也被满足.

另一方面, 对 $h > 0$ 容易验证恒等式

$$\frac{T(h) - I}{h} v(t) = \frac{v(t+h) - v(t)}{h} - \frac{1}{h} \int_t^{t+h} T(t+h-s)f(s)\mathrm{d}s. \tag{6.2.10}$$

由 f 的连续性可知, 当 $h \to 0$ 时, (6.2.10) 式右边的第二项有极限 $f(t)$. 若 $v(t)$ 在 $(0, T)$ 上是连续可微的, 则由 (6.2.10) 式得 $v(t) \in D(A), 0 < t < T$ 和 $Av(t) = v'(t) - f(t)$. 因为 $v(0) = 0$, 所以 $u(t) = T(t)x + v(t)$ 是初值问题 (6.2.7) 对 $x \in D(A)$ 的解.

若 $v(t) \in D(A)$, 则由 (6.2.10) 式知 $v(t)$ 关于 t 是右可微的, v 的右导数 $D^+v(t)$ 满足 $D^+v(t) = Av(t) + f(t)$, 因为 $D^+v(t)$ 是连续的, 所以 $v(t)$ 是连续可微的, 且 $v'(t) = Av(t) + f(t)$. 又因 $v(0) = 0$, 故 $u(t) = T(t)x + v(t)$ 是 (6.2.7) 式对 $x \in D(A)$ 的解.

用本质上和定理 6.2.3 相同的证明, 可得下面定理.

定理 6.2.4　设 A 是 C_0 半群 $T(t)$ 的无穷小生成元, $f \in L^1((0,T), X)$ 且

$$v(t) = \int_0^t T(t-s)f(s)\mathrm{d}s, \quad 0 \leqslant t < T.$$

则对每一 $x \in D(A)$, 由 (6.2.8) 式所给出的函数是初值问题 (6.2.7) 的强解, 如果以下条件之一成立:

(i) $v(t)$ 在 $(0,T)$ 上是 a.e. 可微的, 且 $v'(t) \in L^1((0,T), X)$;

(ii) 在 $[0,T)$ 上 $v(t) \in D(A)$ a.e. 且 $Av(t) \in L^1((0,T), X)$.

此外, 如果 (6.2.7) 式对每一 $x \in D(A)$, 在 $[0,T)$ 上有一强解, 那么 v 满足 (i) 和 (ii).

定理 6.2.5　设 A 是 C_0 半群 $T(t)$ 的无穷小生成元, 且 $f \in C([0,T], X) \cap L^1((0,T), D(A))$, 则对每一 $x \in D(A)$, 由 (6.2.8) 式所给出的函数 $u \in C([0,T], D(A)) \cap C^1([0,T], X)$, 并且满足初值问题 (6.2.7).

证明　设

$$v(t) = \int_0^t T(t-s)f(s)\mathrm{d}s, \quad 0 \leqslant t \leqslant T.$$

由于 $f \in L^1((0,T), D(A))$, 那么当 $t \in [0,T), h \in (0, T-t]$ 时, 有

$$\frac{v(t+h) - v(t)}{h}$$

$$= \int_0^t T(t-s)\frac{T(h)-I}{h}f(s)\mathrm{d}s + \frac{1}{h}\int_t^{t+h} T(t+h-s)f(s)\mathrm{d}s$$

$$= \int_0^t T(t-s)\frac{T(h)-I}{h}f(s)\mathrm{d}s + \frac{1}{h}\int_0^h T(s)f(t+h-s)\mathrm{d}s. \tag{6.2.11}$$

因为 $f(s) \in D(A)$, 所以由定理 6.1.2 的结论 (c) 知, $\dfrac{\mathrm{d}}{\mathrm{d}t}(T(t)f(s)) = T(t)Af(s)$, 从而,

$$\frac{T(h)-I}{h}f(s) = \frac{1}{h}\int_0^h T(t)Af(s)\mathrm{d}t,$$

$$\left\|\frac{T(h)-I}{h}f(s) - Af(s)\right\| = \frac{1}{h}\left\|\int_0^h [T(t)Af(s) - Af(s)]\mathrm{d}t\right\|$$

$$\leqslant \frac{1}{h}\int_0^h \|T(t) - I\| \cdot \|Af(s)\|\mathrm{d}t$$

$$\leqslant (1 + Me^{\omega T})\|Af(s)\| \in L^1((0,T), X),$$

并且

$$\lim_{h \to 0^+}\left\|\frac{T(h)-I}{h}f(s) - Af(s)\right\| = 0.$$

利用控制收敛定理便知, 当 $h \to 0^+$ 时, 在 $L^1((0,T),X)$ 上, 有

$$\frac{T(h) - I}{h} f \to Af. \tag{6.2.12}$$

注意到 $f \in C([0,T],X)$, 所以由 (6.2.10) 式和 (6.2.11) 式得

$$\frac{\mathrm{d}^+}{\mathrm{d}t} v(t) = \int_0^t T(t-s)Af(s)\mathrm{d}s + f(t), \quad \forall\, t \in [0,T).$$

因此 $v \in C^1([0,T),X)$. 类似可证, 导数 $\dfrac{\mathrm{d}^-}{\mathrm{d}t} v(T)$ 有意义且等于极限 $\lim\limits_{t \to T^-} v'(t)$. 于是, $v \in C^1([0,T],X)$.

再由 (6.2.10) 式和 f 的连续性, 当 $h \to 0^+$ 时, 推出 $v(t) \in D(A)$, 且 $Av(t) = v'(t) - f(t)$. 因为 A 是闭算子, 所以该结论对 $t = T$ 仍然成立. 故 $v \in C([0,T],D(A))$, 并且满足初值问题 (6.2.7).

由 (6.2.8) 式和定理 6.1.2 的结论 (c) 知

$$u(t) = T(t)x + v(t) \in C([0,T],D(A)) \cap C^1([0,T],X).$$

进一步还有

$$\frac{\mathrm{d}}{\mathrm{d}t} u(t) = AT(t)x + Av(t) + f(t) = Au(t) + f(t), \quad \forall\, t \in [0,T],$$

并且 $u(0) = x$. 定理得证.

习　题　6.2

1. 设 $T(t)$ 是 Banach 空间 X 上的 C_0 半群. 如果对任意 $x \in X$, 函数 $T(t)x$ 关于 $t > 0$ 可微, 那么就称 $T(t)$ 是可微半群. 证明: 若算子 A 是 X 上某可微半群的生成元, 则对任给的 $x \in X$, 抽象 Cauchy 问题 (6.2.1) 存在唯一的 (古典) 解.

2. 试证明: 如果取 $f(t) = T(t)x$, 那么推论 6.2.1 的结论不成立. 这说明在该推论中不能把 f 的条件减弱为 $f \in C([0,T),X)$.

3. 证明定理 6.2.4.

6.3　半线性发展方程

6.3.1　半线性初值问题

半线性发展方程是指 Banach 空间 X 中如下形式的非线性方程

$$\begin{cases} \dfrac{\mathrm{d}u(t)}{\mathrm{d}t} = Au(t) + f(t,u(t)), & t \in (0,T], \\ u(0) = x, \end{cases} \tag{6.3.1}$$

其中 A 是 X 上 C_0 半群 $T(t)(t \geqslant 0)$ 的生成元, $x \in D(A), f(t, u) \in C([0, T] \times X, X)$.

类似于线性方程的情况, 可以定义方程 (6.3.1) 的古典解 $u(t)$. 如果方程 (6.3.1) 有古典解, 那么它必定满足下列积分方程

$$u(t) = T(t)x + \int_0^t T(t-s)f(s, u(s))\mathrm{d}s. \tag{6.3.2}$$

如果抽象函数 $u(t)$ 不是方程 (6.3.1) 的古典解, 但它满足非线性积分方程 (6.3.2), 那么有下面的定义.

定义 6.3.1　积分方程 (6.3.2) 在 $[0, T]$ 上的连续解 $u(t)$ 称为方程 (6.3.1) 的 mild 解.

定理 6.3.1　设 $f \in C([0, T] \times X, X)$ 满足

$$\|f(t, u_1) - f(t, u_2)\| \leqslant L\|u_1 - u_2\|,$$

对任意的 $t \in [0, T], u_1, u_2 \in X$, 其中 $L > 0$ 是一常数. 若 A 是 X 上一个 C_0 半群 $T(t)(t \geqslant 0)$ 的无穷小生成元, 则对每一 $x \in X$, 方程 (6.3.1) 存在唯一的 mild 解. 而且由初值到 mild 解的映射 $x \to u$ 是从 X 到 $C([0, T], X)$ 的一个 Lipschitz 连续映射.

证明　设 $x \in X$, 在空间 $C([0, T], X)$ 上定义映射 J 为

$$(Ju)(t) = T(t)x + \int_0^t T(t-s)f(s, u(s))\mathrm{d}s. \tag{6.3.3}$$

由 f 的条件容易证明 J 是由 $C([0, T], X)$ 到自身的映射, 并且对任给的 $u_1, u_2 \in C([0, T], X)$, 有

$$
\begin{aligned}
&\|(Ju_1)(t) - (Ju_2)(t)\| \\
&= \left\| \int_0^t [T(t-s)f(s, u_1(s)) - T(t-s)f(s, u_2(s))]\mathrm{d}s \right\| \\
&\leqslant ML \int_0^t \|u_1(s) - u_2(s)\|\mathrm{d}s \\
&\leqslant MLt\|u_1 - u_2\|_\infty,
\end{aligned}
\tag{6.3.4}
$$

这里 $\|\cdot\|_\infty$ 表示在空间 $C([0, T], X)$ 中的范数, $M = \max\limits_{0 \leqslant t \leqslant T} \|T(t)\|$. 利用 (6.3.3) 式, (6.3.4) 式和对 n 用归纳法可得

$$\|(J^n u_1)(t) - (J^n u_2)(t)\| \leqslant \frac{(MLt)^n}{n!}\|u_1 - u_2\|_\infty, \quad \forall\, t \in [0, T].$$

因此

$$\|J^n u_1 - J^n u_2\|_\infty \leqslant \frac{(MLT)^n}{n!}\|u_1 - u_2\|_\infty.$$

由于级数

$$\sum_{n=1}^{\infty} \frac{(MLT)^n}{n!} = \mathrm{e}^{MLT} - 1$$

是收敛的, 所以由 Picard 序列得 $u_n = J^n x$ 收敛到某个 $u^* \in C([0,T], X)$, 成为方程 (6.3.1) 在 $[0,T]$ 上的 mild 解.

再证: mild 解的唯一性和映射 $x \to u$ 的 Lipschitz 连续性. 设 v^* 是 (6.3.1) 式在 $[0,T]$ 上具有初值 y 的一个 mild 解. 则

$$
\begin{aligned}
\|u^*(t) - v^*(t)\| &\leqslant \|T(t)x - T(t)y\| \\
&\quad + \int_0^t \|T(t-s)(f(s, u^*(s)) - f(s, v^*(s)))\| \mathrm{d}s \\
&\leqslant M\|x-y\| + ML \int_0^t \|u^*(s) - v^*(s)\| \mathrm{d}s,
\end{aligned}
$$

由 Gronwall 不等式推出

$$\|u^*(t) - v^*(t)\| \leqslant M\mathrm{e}^{MLT}\|x-y\|,$$

因此

$$\|u^* - v^*\|_\infty \leqslant M\mathrm{e}^{MLT}\|x-y\|.$$

由此得 u^* 的唯一性和映射 $x \to u$ 的 Lipschitz 连续性.

设 $g \in C([0,T], X)$, 把上列定理证明中的 J 改成

$$(Ju)(t) = g(t) + \int_0^t T(t-s)f(s, u(s))\mathrm{d}s,$$

重复定理的证明可得到以下稍为一般的结果.

推论 6.3.1　设 A 是 X 上一个 C_0 半群 $T(t)(t \geqslant 0)$ 的无穷小生成元, f 满足定理 6.3.1 中条件, 则对于每个 $g \in C([0,T], X)$, 积分方程

$$w(t) = g(t) + \int_0^t T(t-s)f(s, w(s))\mathrm{d}s$$

有唯一的解 $w \in C([0,T], X)$.

一般来说, 如果 f 仅满足定理 6.3.1 的条件, 则 (6.3.1) 式的 mild 解只是积分方程 (6.3.2) 的解, 而不一定是发展方程 (6.3.1) 的 (古典) 解. 下面给出一个充分条件, 使得 (6.3.1) 式的 mild 解成为 (古典) 解.

定理 6.3.2　设 A 是 X 上一个 C_0 半群 $T(t)(t \geqslant 0)$ 的无穷小生成元. 如果 $f \in C^1([0,T] \times X, X)$, 则对于每一个 $x \in D(A)$, 方程 (6.3.1) 的 mild 解是一个 (古典) 解.

证明　由于 $f \in C^1([0,T] \times X, X)$, 它满足定理 6.3.1 中的假设, 故初值问题 (6.3.1) 在 $[0,T]$ 上存在唯一的 mild 解 u, 它满足积分方程 (6.3.2).

先证明 $u \in C^1([0,T], X)$. 为此, 定义函数 $B(t) = \dfrac{\partial f(t, u(t))}{\partial u}$ 和

$$g(t) = T(t)f(0,x) + AT(t)x + \int_0^t T(t-s)\frac{\partial f(s, u(s))}{\partial s}\mathrm{d}s. \tag{6.3.5}$$

显然, $g \in C([0,T], X)$. 由于 $f \in C^1([0,T] \times X, X)$, 所以 $B \in C([0,T], L(X))$. 对于 $u \in X$, 若记 $h(t, u) = B(t)u$, 则 $h(t, u)$ 是 $[0,T] \times X$ 到 X 的映射, 关于 t 从 $[0,T]$ 到 X 内连续, 关于 u 一致 Lipschitz 连续.

下面考虑关于 w 的积分方程

$$w(t) = g(t) + \int_0^t T(t-s)B(s)w(s)\mathrm{d}s. \tag{6.3.6}$$

由推论 6.3.1, 方程 (6.3.6) 存在唯一连续解 w. 如果能够证明 $u'(t) = w(t)$, 那么就有 $u \in C^1([0,T], X)$.

事实上, 由于

$$f(t, u(t+h)) - f(t, u(t)) = B(t)[u(t+h) - u(t)] + o(h), \tag{6.3.7}$$

$$f(t+h, u(t+h)) - f(t, u(t+h)) = \frac{\partial f(t, u(t+h))}{\partial t}h + o(h), \tag{6.3.8}$$

其中 $o(h)$ 表示与 h 有关的某抽象函数, 其范数为 h 的高阶无穷小.

下再记

$$w_h(t) = \frac{u(t+h) - u(t)}{h} - w(t),$$

则由 (6.3.5) 式, (6.3.6) 式可知

$$\begin{aligned}
w_h(t) = &\frac{1}{h}[T(t+h)x - T(t)x] \\
&+ \frac{1}{h}\left[\int_0^{t+h} T(t+h-s)f(s, u(s))\mathrm{d}s - \int_0^t T(t-s)f(s, u(s))\mathrm{d}s\right] \\
&- AT(t)x - T(t)f(0,x) - \int_0^t T(t-s)\frac{\partial f(s, u(s))}{\partial s}\mathrm{d}s \\
&- \int_0^t T(t-s)B(s)\left[\frac{u(s+h) - u(s)}{h} - w_h(s)\right]\mathrm{d}s \\
= &\left[\frac{1}{h}(T(h) - I)T(t)x - AT(t)x\right]
\end{aligned}$$

$$+ \int_0^t T(t-s) \left[\frac{f(s+h, u(s+h)) - f(s, u(s))}{h} \right.$$
$$\left. - B(s) \left(\frac{u(s+h) - u(s)}{h} \right) - \frac{\partial f(s, u(s))}{\partial s} \right] \mathrm{d}s$$
$$+ \left[\frac{1}{h} \int_0^h T(t+h-s) f(s, u(s)) \mathrm{d}s - T(t) f(0, x) \right]$$
$$+ \int_0^t T(t-s) B(s) w_h(s) \mathrm{d}s$$
$$= I_1 + I_2 + I_3 + I_4.$$

显然 $\|I_1\| \to 0, \|I_3\| \to 0 (h \to 0)$. 再由 (6.3.7) 式和 (6.3.8) 式可知, $\|I_2\| \to 0 (h \to 0)$. 这样, 存在 $\varepsilon(h) > 0$, 使得当 $h \to 0$ 时, $\varepsilon(h) \to 0$, 并且由上面的等式导出

$$\|w_h(t)\| \leqslant \varepsilon(h) + M' \int_0^t \|w_h(s)\| \mathrm{d}s, \tag{6.3.9}$$

其中

$$M' = \max_{0 \leqslant s, t \leqslant T} \|T(t-s) B(s)\|_{L(X)}.$$

由 Gronwall 不等式, 有

$$\|w_h(t)\| \leqslant \varepsilon(h) \mathrm{e}^{M'T}.$$

故 $\lim\limits_{h \to 0} \|w_h(t)\| = 0$. 所以 $u(t)$ 可求导, 而且

$$\frac{\mathrm{d}u(t)}{\mathrm{d}t} = w(t).$$

由于 $w \in C([0, T], X)$, 故 $u \in C^1([0, T], X)$.

下面证明 $u(t)$ 满足发展方程 (6.3.1). 由于 $u(t)$ 连续可微, 所以 $f(t, u(t)) \in C^1([0, T], X)$, 且

$$\frac{T(h) - I}{h} u(t) = \frac{u(t+h) - u(t)}{h} - \frac{1}{h} \int_t^{t+h} T(t+h-s) f(s, u(s)) \mathrm{d}s.$$

令 $h \to 0$, 得到

$$Au(t) = \frac{\mathrm{d}u(t)}{\mathrm{d}t} - f(t, u(t)).$$

所以 $u(t)$ 是初值问题 (6.3.1) 的 (古典) 解.

6.3.2 具紧半群的半线性方程

半线性方程 (6.3.1)mild 解的存在唯一性定理 6.3.1 是在对 f 加了比较强的条件下得到的. 如果 f 不具备局部 Lipschitz 条件, 而 $T(t)$ 仅是一般的 C_0 半群, 则方

程 (6.3.1) 不一定存在 mild 解. 但是对算子 A 加强条件之后, 在 f 较弱的条件之下亦可得到解的存在性.

定义 6.3.2　设 $T(t)(t \geqslant 0)$ 是 Banach 空间 X 上的 C_0 半群, 若 $t > t_0 > 0$ 时, $T(t)$ 是紧算子, 则称 $T(t)$ 是 $t > t_0$ 的紧半群. 若 $T(t)$ 是 $t > 0$ 的紧算子, 则称 $T(t)$ 是紧半群.

定理 6.3.3　设 $T(t)(t \geqslant 0)$ 是 Banach 空间 X 上的 C_0 半群, 且存在 $M \geqslant 0$ 与 $\omega \in R$, 使得 $\|T(t)\| \leqslant Me^{\omega t}$ 对所有 $t \geqslant 0$ 成立. 若 $T(t)$ 对 $t > t_0$ 是紧的, 则对 $t > t_0$, $T(t)$ 依一致算子拓扑是连续的.

证明　当 $0 \leqslant t \leqslant 1$ 时, 取 $L = \max\{M, Me^{\omega}\} > 0$, 可得 $\|T(t)\| \leqslant Me^{\omega t} \leqslant L$. 若 $t > t_0$, 则集合 $U_t = \{T(t)x : \|x\| \leqslant 1\}$ 是 X 中的列紧集, 从而是完全有界集. 因此对任给的 $\varepsilon > 0$, 存在 $N = N(\varepsilon)$ 个点 $x_1, x_2, \cdots, x_N$, 使得中心在 $T(t)x_j (1 \leqslant j \leqslant N)$, 半径为 $\dfrac{\varepsilon}{3(L+1)}$ 的开球覆盖 U_t. 显然由 $T(t)$ 的强连续性可知, 存在 $0 < h_0 < 1$, 使得当 $0 \leqslant h < h_0$ 时,

$$\|T(t+h)x_j - T(t)x_j\| < \frac{\varepsilon}{3}, \quad j = 1, 2, \cdots, N.$$

设 $x \in X, \|x\| \leqslant 1$, 则存在 $m \leqslant N$, 使得

$$\|T(t)x - T(t)x_m\| < \frac{\varepsilon}{3(L+1)}.$$

因此对于 $0 \leqslant h < h_0$ 和 $\|x\| \leqslant 1$, 有

$$\begin{aligned}
&\|T(t+h)x - T(t)x\| \\
&\leqslant \|T(h)[T(t)x - T(t)x_m]\| + \|T(t+h)x_m - T(t)x_m\| + \|T(t)x_m - T(t)x\| \\
&< \varepsilon.
\end{aligned}$$

从而

$$\|T(t+h) - T(t)\| < \varepsilon.$$

这就证明了 $T(t)$ 依一致算子拓扑对于 $t > t_0$ 的连续性.

定理 6.3.4　设 A 是 X 上一个紧半群 $T(t)(t \geqslant 0)$ 的无穷小生成元. 如果 $f \in C([0, \infty) \times X, X)$ 并且将 $[0, \infty) \times X$ 中的有界集映成 X 中的有界集, 那么对任给的 $x \in X$, 初值问题 (6.3.1) 存在 mild 解 $u(t)$, 它的最大存在区间为 $[0, \hat{t})$, 并且当 $\hat{t} < \infty$ 时, $\lim\limits_{t \uparrow \hat{t}} \|u(t)\| = \infty$.

证明　先证明 (6.3.1) 式在一个小区间 $[0, t_1]$ 上存在 mild 解. 为此, 任取 $t^* \in (0, \infty)$, 记

$$K_1(t^*) = \max_{0 \leqslant t \leqslant t^*} \|T(t)\|, \quad K_2(t^*) = \max_{0 \leqslant t \leqslant t^*, \|u - x\| \leqslant \rho} \|f(t, u)\|,$$

其中 $\rho > 0$ 是某个常数. 再取 $t_1 > 0$ 充分靠近 0, 使得

$$K_1(t^*)K_2(t^*)t_1 \leqslant \frac{\rho}{2},$$

$$\max_{0 \leqslant t \leqslant t_1} \|T(t)x - x\| \leqslant \frac{\rho}{2}.$$

在空间 $C([0,t_1], X)$ 上定义映射 J:

$$(Ju)(t) = T(t)x + \int_0^t T(t-s)f(s, u(s))\mathrm{d}s.$$

再在 $C([0,t_1], X)$ 上定义有界闭集合

$$B = \{u \in C([0,t_1], X) : u(0) = x, \max_{0 \leqslant t \leqslant t_1} \|u(t) - x\| \leqslant \rho\}.$$

下证明 J 是从 B 到 B 的连续紧映射. 因为

$$\|(Ju)(t) - x\|$$
$$\leqslant \|T(t)x - x\| + \int_0^t \|T(t-s)\| \|f(s, u(s))\| \mathrm{d}s$$
$$\leqslant \frac{\rho}{2} + K_1(t^*)K_2(t^*)t_1 = \rho. \tag{6.3.10}$$

从而 $JB \subset B$. 又因为 $f : [0, \infty) \times X \to X$ 是连续的, 所以 J 是由 B 到 B 上的连续映射.

下面证明 J 是列紧的. 事实上, 对任给的 $u \in B, 0 \leqslant t' < t'' \leqslant t_1$, 有

$$\|(Ju)(t'') - (Ju)(t')\|$$
$$\leqslant \|T(t'')x - T(t')x\|$$
$$\quad + \int_0^{t'} \|T(t''-s) - T(t'-s)\| \|f(s, u(s))\| \mathrm{d}s$$
$$\quad + \int_{t'}^{t''} \|T(t''-s)f(s, u(s))\| \mathrm{d}s$$
$$\leqslant \|T(t'')x - T(t')x\|$$
$$\quad + K_2(t^*) \int_0^{t'} \|T(t''-s) - T(t'-s)\| \mathrm{d}s$$
$$\quad + K_1(t^*)K_2(t^*)(t'' - t'). \tag{6.3.11}$$

因为 $T(t)$ 是紧半群, 根据定理 6.3.3, $T(t)$ 关于 $t > 0$ 在空间 $L(X)$ 中连续, 从而由 (6.3.11) 式可知, JB 是等度连续函数族, 再由 J 的定义可知, JB 是一致有界的. 由于 Ascoli-Arzela 引理对 $C([0,t_1], X)$ 上等度连续, 一致有界函数族一般不成立

(因为现在 X 是一般的 Banach 空间), 因此, 必须再附加一些条件, 才能使 Ascoli-Arzela 引理成立. 其中最为常用的是再增加下面条件: 对每个 $t \in [0, t_1]$, $(JB)(t)$ 是 X 中的列紧集. 下面证明这一点. 当 $t = 0$ 时, $(JB)(0) = x$, 结论显然成立. 现设 $t \in (0, t_1]$, 任取 $0 < \varepsilon < t$, 对每个 $u \in B$, 令

$$(J_\varepsilon u)(t) = T(t)x + \int_0^{t-\varepsilon} T(t-s)f(s, u(s))\mathrm{d}s$$
$$= T(t)x + T(\varepsilon)\int_0^{t-\varepsilon} T(t-s-\varepsilon)f(s, u(s))\mathrm{d}s.$$

由于 $t > 0$ 时, $T(t)$ 是紧算子, 从而 $(J_\varepsilon B)(t)$ 在 X 中是列紧的. 而且

$$\|(Ju)(t) - (J_\varepsilon u)(t)\|$$
$$\leqslant \int_{t-\varepsilon}^t \|T(t-s)f(s, u(s))\|\mathrm{d}s \leqslant K_1(t^*)K_2(t^*)\varepsilon,$$

因而 $(JB)(t)$ 在 X 中列紧. 这时由 Ascoli-Arzela 引理可知, J 是由 B 到 B 的连续紧映射, 由 Schauder 不动点定理, J 在 B 上有一个不动点 u, 该 u 即是方程 (6.3.1) 在 $[0, t_1]$ 上的 mild 解. 将该解逐步延拓出去, 可以得到一个最大延展区间 $[0, \hat{t})$, 这时或者 $\hat{t} = \infty$, 或者 $\hat{t} < \infty$. 下面将指出若 $\hat{t} < \infty$, 则当 $t \uparrow \hat{t}$ 时, $\|u(t)\| \to \infty$. 为此, 首先证明 $\hat{t} < \infty$ 时, 有

$$\varlimsup_{t \uparrow \hat{t}} \|u(t)\| = \infty. \tag{6.3.12}$$

事实上, 如果 $\hat{t} < \infty$, 且 $\varlimsup_{t \uparrow \hat{t}} \|u(t)\| < \infty$, 则存在常数 $M > 0, N > 0$, 使得对 $0 \leqslant t < \hat{t}$, 有 $\|T(t)\| \leqslant M, \|u(t)\| \leqslant N$. 由于 f 将 $[0, \infty) \times X$ 中的有界集映成 X 中的有界集, 因而也存在一个常数 $Q > 0$, 使得 $\|f(t, u(t))\| \leqslant Q$ 对于 $0 \leqslant t < \hat{t}$ 成立. 对任给的 $0 < t' < t'' < \hat{t}$, 类似于 (6.3.11) 式有

$$\|u(t'') - u(t')\| \leqslant \|T(t'')x - T(t')x\|$$
$$+ Q\int_0^{t'} \|T(t'' - s) - T(t' - s)\|\mathrm{d}s + MQ|t'' - t'|.$$

因为 $T(t)$ 是紧半群, 所以 $\|u(t'') - u(t')\| \to 0(t', t'' \to \hat{t})$, 即 $u(t)$ 是 X 中的 Cauchy 序列, 因而存在 $\hat{u} \in X$, 使得

$$\lim_{t \uparrow \hat{t}} u(t) = \hat{u}.$$

并且由证明的第一部分可知, 这会导致 $[0, \hat{t})$ 上的解 $u(t)$ 可以进一步延拓到 $[0, \hat{t})$ 以外, 从而与 $[0, \hat{t})$ 为最大存在区间相矛盾, 故有 (6.3.12) 式成立. 为了结束证明将指出 $\lim_{t \uparrow \hat{t}} \|u(t)\| = \infty$. 如果这不成立, 那么存在一个序列 $t_n \uparrow \hat{t}$ 和常数 $N_1 > 0$, 使得对

所有的 n, $\|u(t_n)\| \leqslant N_1$. 记 $M_1 = \max\limits_{0 \leqslant t \leqslant \hat{t}} \|T(t)\|$, $Q_1 = \max\{\|f(t,u)\|; 0 \leqslant t \leqslant \hat{t}, \|u\| \leqslant M_1(N_1+1)\}$. 由 (6.3.12) 式可知, 存在序列 $\varepsilon_n, \varepsilon_n \to 0(n \to \infty)$, 使得 $t \in [t_n, t_n+\varepsilon_n]$ 时, 有 $\|u(t)\| \leqslant M_1(N_1+1)$, 但 $\|u(t_n+\varepsilon_n)\| = M_1(N_1+1)$, 由此可得

$$
\begin{aligned}
M_1(N_1+1) &= \|u(t_n+\varepsilon_n)\| \\
&= \left\| T(\varepsilon_n)u(t_n) + \int_{t_n}^{t_n+\varepsilon_n} T(t_n+\varepsilon_n-s)f(s,u(s))\mathrm{d}s \right\| \\
&\leqslant M_1 N_1 + M_1 Q_1 \varepsilon_n.
\end{aligned}
$$

当 $\varepsilon_n \to 0$ 时, 有 $M_1(N_1+1) \leqslant M_1 N_1$, 但是, 这是不可能的, 于是必有 $\lim\limits_{t \uparrow \hat{t}} \|u(t)\| = \infty$.

推论 6.3.2 设 A 是 X 上一个紧半群 $T(t)(t \geqslant 0)$ 的无穷小生成元. 如果 $f \in C([0,\infty) \times X, X)$ 并且将 $[0,\infty) \times X$ 中的有界集映成 X 中的有界集, 那么对任给的 $x \in X$, 如果存在两个局部可积的非负函数 $a(t)$ 和 $b(t)$, 使得

$$
\|f(t,u)\| \leqslant a(t)\|u\| + b(t), \quad t \in [0,\infty), u \in X, \tag{6.3.13}
$$

则方程 (6.3.1) 在 $[0,\infty)$ 上存在 mild 解.

证明 由定理 6.3.4 可知, 对任给 $x \in X$, 方程 (6.3.1) 的 mild 解 u 局部存在, 假设其最大的存在区间为 $[0,\hat{t})$. 若 $\hat{t} < \infty$, 则有

$$
\max\limits_{0 \leqslant t \leqslant \hat{t}} \|T(t)\| = M_1 < \infty.
$$

从而由 (6.3.2) 式可得

$$
\begin{aligned}
\|u(t)\| &\leqslant \|T(t)x\| + \int_0^t \|T(t-s)f(s,u(s))\|\mathrm{d}s \\
&\leqslant M_1\|x\| + \int_0^t M_1[a(s)\|u(s)\| + b(s)]\mathrm{d}s \\
&\leqslant M_1\|x\| + \int_0^t M_1 a(s)\|u(s)\|\mathrm{d}s + M_1 \int_0^t b(s)\mathrm{d}s.
\end{aligned}
$$

根据 Gronwall 不等式, 有

$$
\|u(t)\| \leqslant M_1\left(\|x\| + \int_0^{\hat{t}} b(s)\mathrm{d}s\right) \cdot \mathrm{e}^{M_1 \int_0^{\hat{t}} a(s)\mathrm{d}s} < \infty.
$$

这与定理 6.3.4 相矛盾, 从而一定有 $\hat{t} = \infty$, 即方程 (6.3.1) 在 $[0,\infty)$ 上存在 mild 解.

6.3.3 对抛物型方程初边值问题的应用

下面将使用以下记号: $x = (x_1, x_2, \cdots, x_n)$ 是 n 维欧几里得空间 R^n 中的一个

变点, 对任意两个这种点 $x = (x_1, x_2, \cdots, x_n), y = (y_1, y_2, \cdots, y_n)$, 令 $x \cdot y = \displaystyle\sum_{i=1}^{n} x_i y_i$

和 $|x|^2 = x \cdot x = \displaystyle\sum_{i=1}^{n} x_i^2$.

一个取非负整数分量的 n 元向量 $\alpha = (\alpha_1, \alpha_2, \cdots, \alpha_n)$ 称为一个多重指标, 并且定义

$$|\alpha| = \sum_{i=1}^{n} \alpha_i,$$

以及对于 $x = (x_1, x_2, \cdots, x_n)$, 定义

$$x^\alpha = x_1^{\alpha_1} x_2^{\alpha_2} \cdots x_n^{\alpha_n}.$$

记 $D_k = \dfrac{\partial}{\partial x_k}, k = 1, \cdots, n$ 和 $D = (D_1, D_2, \cdots, D_n)$ 有

$$D^\alpha = D_1^{\alpha_1} D_2^{\alpha_2} \cdots D_n^{\alpha_n} = \frac{\partial^{\alpha_1}}{\partial x_1^{\alpha_1}} \frac{\partial^{\alpha_2}}{\partial x_2^{\alpha_2}} \cdots \frac{\partial^{\alpha_n}}{\partial x_n^{\alpha_n}}.$$

设 Ω 为 R^n 中的一个任意取定的开区域, 其边界和闭包分别是 $\partial\Omega$ 和 $\overline{\Omega}$. 通常假设 $\partial\Omega$ 是光滑的, 即对于某一个适当的 $k \geqslant 1, \partial\Omega$ 是 C^k 类, 这意味着对每一点 $x \in \partial\Omega$, 存在一个中心在 x 的球 B, 使得对某 $i, i = 1, \cdots, n, \partial\Omega \cap B$ 能表示成 $x_i = \varphi(x_1, \cdots, x_{i-1}, x_{i+1}, \cdots, x_n)$ 的形式, 这里 φ 是 k 阶连续可微的.

对非负整数 m (可以取为 ∞), $C^m(\Omega)(C^m(\overline{\Omega}))$ 表示 $\Omega (\overline{\Omega})$ 中所有 m 阶连续可微函数的全体. 对于一个定义在 Ω 上的连续函数 $u(x)$, 将 $\operatorname{supp} u = \overline{\{x \in \Omega : u(x) \neq 0\}}$ 称为 $u(x)$ 的支集. $C_0^m(\Omega)$ 表示 $C^m(\Omega)$ 中支集为相对于 Ω 的紧子集的函数全体所构成的集合.

对 $u \in C^m(\Omega)$ 和 $1 \leqslant p < \infty$, 定义

$$\|u\|_{m,p} = \left(\int_\Omega \sum_{|\alpha| \leqslant m} |D^\alpha u|^p \mathrm{d}x \right)^{1/p}. \tag{6.3.14}$$

如果 $p = 2$ 和 $u, v \in C^m(\Omega)$, 亦定义内积为

$$(u, v)_m = \int_\Omega \sum_{|\alpha| \leqslant m} D^\alpha u \overline{D^\alpha v} \mathrm{d}x. \tag{6.3.15}$$

用 $\tilde{C}_p^m(\Omega)$ 表示 $C^m(\Omega)$ 的满足 $\|u\|_{m,p} < \infty$ 的所有函数的子集, 定义 $W^{m,p}(\Omega)$ 和 $W_0^{m,p}(\Omega)$ 分别是 $\tilde{C}_p^m(\Omega)$ 和 $C_0^m(\Omega)$ 依范数 $\|\cdot\|_{m,p}$ 的完备化.

熟知 $W^{m,p}(\Omega)$ 和 $W_0^{m,p}(\Omega)$ 均是 Banach 空间, 且显然有, $W_0^{m,p}(\Omega) \subset W^{m,p}(\Omega)$. 对 $p = 2$, 记 $W^{m,2}(\Omega) = H^m(\Omega)$ 和 $W_0^{m,2}(\Omega) = H_0^m(\Omega)$. 空间 $H^m(\Omega)$ 和 $H_0^m(\Omega)$ 是

Hilbert 空间, 具有形如由 (6.3.15) 式给定的内积 $(,)_m$. 上述定义的空间 $W^{m,p}(\Omega)$ 亦可作为由那些 $u \in L^p(\Omega)$ 的函数所组成, 它的所有 $k = |\alpha| \leqslant m$ 阶分布导数 $D^\alpha u \in L^p(\Omega)$.

以下讨论系数仅依赖于变量 x 的二阶抛物型方程的初边值问题

$$\begin{cases} \dfrac{\partial u(t,x)}{\partial t} = \displaystyle\sum_{i,j=1}^{n} \dfrac{\partial}{\partial x_i}\left(a_{ij}(x)\dfrac{\partial u(t,x)}{\partial x_j}\right) + \sum_{i=1}^{n} b_i(x)\dfrac{\partial u(t,x)}{\partial x_i} \\ \qquad\quad +c(x)u(t,x) + f(t,x), \quad (t,x) \in (0,T] \times \Omega, \\ u(0,x) = u_0(x), \quad x \in \Omega, \\ u(t,x)|_{\partial\Omega} = 0, \end{cases} \tag{6.3.16}$$

其中 Ω 是 R^n 中有界开区域, 具有光滑边界, 对所有 $i,j = 1, \cdots, n$, 假定 $a_{ij}(x) = a_{ji}(x)$, 且 $a_{ij}(x), b_i(x), c(x)$ 是 Ω 上有界连续实函数. 由假定存在常数 $\alpha > 0$, 使得对任给 $\xi = (\xi_1, \cdots, \xi_n) \in R^n$, 成立着

$$\sum_{i,j=1}^{n} a_{ij}(x)\xi_i\xi_j \geqslant \alpha \sum_{i=1}^{n} \xi_i^2, \quad x \in \Omega. \tag{6.3.17}$$

记

$$A = \sum_{i,j=1}^{n} \frac{\partial}{\partial x_i}\left(a_{ij}(x)\frac{\partial}{\partial x_j}\right) + \sum_{i=1}^{n} b_i(x)\frac{\partial}{\partial x_i} + c(x)I. \tag{6.3.18}$$

对于算子 A 有以下重要估计[57].

定理 6.3.5 (Gårding 不等式) 设 Ω 是 R^n 中的有界区域, 具有光滑的边界, A 为 (6.3.18) 式中给出的二阶椭圆型算子, 则存在正常数 a_0, λ_0, 使得对任给的 $u \in H_0^1(\Omega)$, 有

$$\mathrm{Re}(Au, u)_{L^2(\Omega)} \geqslant a_0\|u\|_1^2 - \lambda_0\|u\|^2, \tag{6.3.19}$$

其中 $\|\cdot\|_1, \|\cdot\|$ 分别表示 u 的 H^1 范数与 L^2 范数.

证明 首先证明 (6.3.19) 式对于 $u \in C_0^\infty(\Omega)$ 成立. 利用 Green 公式, 知道对于 $C_0^\infty(\Omega)$ 中的函数 u 有

$$(Au, u)_{L^2(\Omega)} = a(u, u) - \left(\frac{\partial u}{\partial \nu}, u\right)_{L^2(\partial\Omega)} = a(u, u),$$

其中

$$\frac{\partial u}{\partial \nu} = \sum_{i,j=1}^{n} a_{ij}(x)\cos(n, x_i)\frac{\partial u}{\partial x_j},$$

$$a(u, u) = \int_\Omega \left[\sum_{i,j=1}^{n} a_{ij}\frac{\partial u}{\partial x_i}\frac{\partial \overline{u}}{\partial x_j} + \sum_{i=1}^{n}\left(\sum_{j=1}^{n}\frac{\partial a_{ij}}{\partial x_j} - b_i\right)\frac{\partial u}{\partial x_i}\overline{u} - c|u|^2\right]\mathrm{d}x.$$

由于

$$\int_\Omega \sum_{i,j=1}^n a_{ij} \frac{\partial u}{\partial x_i} \frac{\partial \overline{u}}{\partial x_j} \mathrm{d}x \geqslant \int_\Omega \alpha \sum_{i=1}^n \left| \frac{\partial u}{\partial x_i} \right|^2 \mathrm{d}x,$$

所以

$$\mathrm{Re} a(u,u) \geqslant \alpha \|\mathrm{grad} u\|^2 - C' \|\mathrm{grad} u\| \|u\| - C'' \|u\|^2.$$

又利用不等式 $2ab \leqslant \varepsilon a^2 + \dfrac{1}{\varepsilon} b^2$，有

$$\|\mathrm{grad} u\| \|u\| \leqslant \frac{\alpha}{2C'} \|\mathrm{grad} u\|^2 + \frac{C'}{2\alpha} \|u\|^2,$$

从而可得

$$\mathrm{Re}(Au,u)_{L^2(\Omega)} = \mathrm{Re} a(u,u) \geqslant \frac{\alpha}{2} \|\mathrm{grad} u\|^2 - \left(\frac{(C')^2}{2\alpha} + C'' \right) \|u\|^2,$$

由此可知 (6.3.19) 式关于 $u \in C_0^\infty(\Omega)$ 成立. 注意到 $C_0^\infty(\Omega)$ 在 $H_0^1(\Omega)$ 中稠密，因而 (6.3.19) 式对于 $u \in H_0^1(\Omega)$ 成立.

令 $X = L^2(\Omega), D(A) = C_0^\infty(\Omega)$，则 A 可以扩张成一个 X 上的闭算子，仍记为 A，此时定义域为 $H^2(\Omega) \cap H_0^1(\Omega)$.

定理 6.3.6　(6.3.18) 式定义的算子 A 是 X 上一个 C_0 半群 $T(t)(t \geqslant 0)$ 的无穷小生成元.

证明　由定理 6.3.5 知，存在正常数 a_0, λ_0，使得对任给的 $u \in H^2(\Omega) \cap H_0^1(\Omega)$，有

$$\mathrm{Re}(Au,u)_{L^2(\Omega)} \geqslant a_0 \|u\|_1^2 - \lambda_0 \|u\|^2.$$

于是当 $\lambda > \lambda_0$ 时，

$$\mathrm{Re}((\lambda I - A)u, u) \geqslant a_0 \|u\|_1^2,$$

从而

$$\|(\lambda I - A)u\|^2 \geqslant (\lambda - \lambda')^2 \|u\|^2 + 2(\lambda - \lambda') \mathrm{Re}((\lambda' I - A)u, u)$$
$$+ \|(\lambda' I - A)u\|^2,$$

其中 $\lambda > \lambda' > \lambda_0$. 所以

$$(\lambda - \lambda')^2 \|u\|^2 \leqslant \|(\lambda I - A)u\|^2.$$

因此 $(\lambda_0, \infty) \subset \rho(A)$. 由定理 6.1.4 知 A 是一个强连续算子半群 $T(t)(t \geqslant 0)$ 的无穷小生成元.

按下面的符号将二元函数 $u(t,x)$ 和 $f(t,x)$ 定义为空间 X 中的函数：$u(t)(x) = u(t,x)$ 和 $f(t)(x) = f(t,x)$，则方程 (6.3.16) 可以化成 X 中的抽象方程 (6.3.1)

的形式, 于是由定理 6.3.1 和定理 6.3.2 可知, 当 $u_0(x) \in H^2(\Omega) \cap H_0^1(\Omega), f(t) \in C^1([0,T], X)$ 时, 上述初边值问题 (6.3.16) 有解

$$u(t, x) = (T(t)u_0)(x) + \int_0^t (T(t-s)f(s))(x)\mathrm{d}s.$$

习 题 6.3

1. 证明定理 6.3.5 对 $2m(m > 1)$ 阶椭圆型算子的情况成立.

2. 设区域 Ω 与椭圆算子 A 如前所定, λ_0 是由 (6.3.19) 式决定的常数, 则对每一满足 $\mathrm{Re}\lambda > \lambda_0$ 的 λ, 算子 $A_\lambda = A + \lambda I$ 是 $X = L^2(\Omega)$ 上的一个 C_0 收缩半群的无穷小生成元.

3. 将下面的双曲型方程初值问题

$$\begin{cases} \dfrac{\partial^2 u(t,x)}{\partial t^2} = \Delta u(t,x) + f(t,x), & (t,x) \in [0,\infty) \times R^n, \\ u(0,x) = u_0(x), & x \in R^n, \\ \dfrac{\partial u(0,x)}{\partial t} = u_1(x), & x \in R^n, \end{cases}$$

其中 $\Delta = \dfrac{\partial^2}{\partial x_1^2} + \dfrac{\partial^2}{\partial x_2^2} + \cdots + \dfrac{\partial^2}{\partial x_n^2}$ 化为抽象 Cauchy 问题, 并证明该问题解的存在性.

6.4 具解析半群的半线性方程

在这一节中, 将利用半群的方法去定义一类稠定闭算子的分数幂, 并集中讨论 A 是一个解析半群的无穷小生成元时, 算子 $-A$ 的分数幂. 本节结果将用于半线性初值问题的解的研究.

6.4.1 扇形算子与解析半群

定义 6.4.1 设 A 是 Banach 空间 X 上的稠定闭线性算子, 如果存在 $\varphi \in \left(0, \dfrac{\pi}{2}\right), M > 0$, 使得

$$\sum = \{\lambda : \varphi < |\arg\lambda| \leqslant \pi\} \cup \{0\} \subset \rho(A), \tag{6.4.1}$$

$$\|R(\lambda; A)\| \leqslant \frac{M}{|\lambda|}, \quad \lambda \in \sum, \quad \lambda \neq 0, \tag{6.4.2}$$

那么称 A 是扇形算子.

定义 6.4.2 设 $T(t)(t \geqslant 0)$ 是 Banach 空间 X 上的 C_0 半群, $t_0 > 0$, 对任给的 $x \in X$, 若 $T(t)x$ 关于 $t > t_0$ 在 X 上强可微, 则称 $T(t)$ 为 $t > t_0$ 的可微半群. 若 $T(t)x$ 关于 $t > 0$ 在 X 上强可微, 则称 $T(t)$ 为可微半群.

定理 6.4.1　设 $T(t)$ 是可微半群, A 是它的无穷小生成元, 则以下结论成立:

(1) 对所有 $t > 0$ 和 $n \geqslant 1$, $T(t) : X \to D(A^n)$. 此外, 对任意 $x \in X$, 函数 $T(t)x$ 关于 $t > 0$ 无穷次连续可微, 并且 $T^{(n)}(t) = A^n T(t)$ 是有界线性算子;

(2) 对任意 $n \geqslant 1$, $T^{(n-1)}(t)$ 关于 $t > 0$ 连续;

(3) $T^{(n)}(t) = \left(AT\left(\dfrac{t}{n}\right) \right)^n = \left(T'\left(\dfrac{t}{n}\right) \right)^n$.

证明　用数学归纳法来证明. 当 $n = 1$ 时. 由假设条件知, 对任意 $t > 0$ 与 $x \in X$, 有 $T(t)x \in D(A)$, $T'(t)x = AT(t)x$. 因为 A 是闭线性算子, $T(t)$ 是有界线性算子, 从而 $AT(t)$ 是定义在 X 上的闭线性算子. 利用闭图像定理可知, $AT(t)$ 即 $T'(t)$ 是 X 上的有界线性算子.

下面估计 $\|T(t_2)x - T(t_1)x\|$. 记 $\max\limits_{0 \leqslant t \leqslant 1} \|T(t)\| = M_1$, 则对任意 $0 < t_1 \leqslant t_2 \leqslant t_1 + 1$, 有

$$\|T(t_2)x - T(t_1)x\| = \left\| \int_{t_1}^{t_2} AT(s)x \mathrm{d}s \right\| = \left\| \int_{t_1}^{t_2} T(s - t_1) AT(t_1)x \mathrm{d}s \right\|$$
$$\leqslant M_1 \|AT(t_1)\| \|x\| (t_2 - t_1),$$

即

$$\|T(t_2) - T(t_1)\| \leqslant M_1 \|AT(t_1)\| (t_2 - t_1).$$

这表明 $T(t)$ 关于 $t > 0$ 连续. 因此当 $n = 1$ 时, 结论 (1)~(3) 成立.

假定结论 (1)~(3) 对某个 $n \geqslant 1$ 成立, 可以证明它们对 $n+1$ 亦成立. 为此, 对任意给定的 $t > 0$ 及 $x \in X$, 取 $0 < s < t$. 因为 $T(t) : X \to D(A^n)$, $T^{(n)}(t)x = A^n T(t)x$, 所以

$$T^{(n)}(t)x = A^n T(t-s) T(s)x = T(t-s) A^n T(s)x \in D(A).$$

故 $T(t)x \in D(A^{n+1})$, 且

$$T^{(n+1)}(t)x = AT(t-s) A^n T(s)x = A^{n+1} T(t)x, \quad \forall x \in X, \quad t > 0.$$

由于 $A^{n+1} T(t) = A(A^n T(t))$ 是闭的, 且 $D(A^{n+1} T(t)) = X$, 故利用闭图像定理知, $A^{n+1} T(t) = A(A^n T(t))$ 是有界的. 即结论 (1) 对 $n+1$ 成立.

对于 $0 < t_1 \leqslant t_2 \leqslant t_1 + 1$, 有

$$\|T^{(n)}(t_2)x - T^{(n)}(t_1)x\| = \left\| \int_{t_1}^{t_2} A^{n+1} T(s)x \mathrm{d}s \right\|$$
$$= \left\| \int_{t_1}^{t_2} T(s - t_1) A^{n+1} T(t_1)x \mathrm{d}s \right\|$$
$$\leqslant M_1 \|A^{n+1} T(t_1)\| \|x\| (t_2 - t_1).$$

这表明, $T^{(n)}(t)$ 关于 $t > 0$ 连续. 即结论 (2) 对 $n+1$ 成立.

最后证明结论 (3) 对 $n+1$ 成立. 因为对 $0 < s \leqslant t$, 有

$$T^{(n)}(t) = \left(AT\left(\frac{t}{n}\right) \right)^n = \left(AT\left(\frac{t-s}{n}\right) T\left(\frac{s}{n}\right) \right)^n$$
$$= \left(T\left(\frac{t-s}{n}\right) AT\left(\frac{s}{n}\right) \right)^n = T(t-s) \left(AT\left(\frac{s}{n}\right) \right)^n,$$

所以

$$T^{(n+1)}(t) = AT(t-s) \left(AT\left(\frac{s}{n}\right) \right)^n.$$

取 $s = \dfrac{nt}{n+1}$, 便有

$$T^{(n+1)}(t) = AT\left(\frac{t}{n+1}\right) \left(AT\left(\frac{t}{n+1}\right) \right)^n = \left(AT\left(\frac{t}{n+1}\right) \right)^{n+1}.$$

这说明, 结论 (3) 对于 $n+1$ 成立.

定义 6.4.3 记 $\Delta = \{\lambda : \varphi_1 < \arg\lambda < \varphi_2, \varphi_1 < 0 < \varphi_2\}$. $\forall \lambda \in \Delta$, 设 $T(\lambda)$ 是有界线性算子, 则算子族 $T(\lambda)$ 称为在 Δ 内的解析半群. 如果它满足:

(1) $\lambda \to T(\lambda)$ 在 Δ 内是解析的;

(2) $T(0) = I$, $\lim\limits_{\lambda \in \Delta, \lambda \to 0} T(\lambda)u = u$, $\forall u \in X$;

(3) $T(\lambda_1 + \lambda_2) = T(\lambda_1)T(\lambda_2)$, $\forall \lambda_1, \lambda_2 \in \Delta$.

显然, 解析半群在正半轴上的限制是 C_0 半群. 人们感兴趣的是如何把一个 C_0 半群扩展为包含非负实轴的扇形区域上的解析半群. 下面定理给出了回答.

定理 6.4.2 设 $T(t)$ 是一致有界 C_0 半群, A 是它的无穷小生成元, 且设 $0 \in \rho(A)$. 则下列论断是等价的:

(1) $T(t)$ 能够扩展为在 $\Delta_\delta = \{\lambda : |\arg\lambda| < \delta\}$ 内是解析半群, 并且 $\|T(\lambda)\|$ 在 Δ_δ 的任一闭子扇形区域内是一致有界的.

(2) 存在常数 $C > 0$, 使得对任一 $\sigma > 0, \tau \neq 0$, 有

$$\|R(\sigma + \mathrm{i}\tau; A)\| \leqslant \frac{C}{|\tau|}. \tag{6.4.3}$$

(3) 存在 $0 < \delta < \dfrac{\pi}{2}$ 和 $M > 0$, 使得

$$\rho(A) \supset \sum = \left\{\lambda : |\arg\lambda| < \frac{\pi}{2} + \delta\right\} \cup \{0\}, \tag{6.4.4}$$

并且

$$\|R(\lambda; A)\| \leqslant \frac{M}{|\lambda|}, \quad \lambda \in \sum, \quad \lambda \neq 0. \tag{6.4.5}$$

(4) 对 $t > 0$, $T(t)$ 是可微的, 并且存在常数 $C > 0$, 使得

$$\|AT(t)\| \leqslant \frac{C}{t}, \quad t > 0. \tag{6.4.6}$$

证明参看文献 [58].

注 6.4.1　定义 6.4.1 说明

$$\sum{}' = \{\lambda: |\arg\lambda| < \pi - \varphi\} \cup \{0\} \subset \rho(-A),$$

$$\|R(\lambda; -A)\| \leqslant \frac{M}{|\lambda|}, \quad \lambda \in \sum{}', \quad \lambda \neq 0.$$

因而由定理 6.4.2, 如果 A 是 Banach 空间 X 上的扇形算子, 那么 $-A$ 是一个解析半群的无穷小生成元.

现在讨论解析半群的充要条件.

定理 6.4.3　设 $T(t)$ 是以 A 为生成元的 C_0 半群, 并且 $\|T(t)\| \leqslant Me^{\omega t}(\omega > 0)$, 则 $T(t)$ 是解析的充要条件是存在常数 $C > 0$ 和 $\Lambda > 0$, 使得

$$\|AR(\lambda; A)^{n+1}\| \leqslant \frac{C}{n\lambda^n}, \quad \forall \lambda > n\Lambda, \quad n = 1, 2, \cdots. \tag{6.4.7}$$

证明　由定理 6.4.2 易推知, $T(t)$ 解析的充要条件是 $T(t)$ 可微, 且

$$\|AT(t)\| \leqslant \frac{C_1}{t}e^{\omega t}, \quad \forall t > 0. \tag{6.4.8}$$

先设 A 满足 (6.4.7) 式, 则对 $\forall \lambda > n\Lambda, x \in D(A)$, 有

$$\|AR(\lambda; A)^{n+1}x\| = \|R(\lambda; A)^{n+1}Ax\| \leqslant \frac{C\|x\|}{n\lambda^n}. \tag{6.4.9}$$

取 $t < \Lambda^{-1}$, 并且在 (6.4.9) 式中置 $\lambda = nt^{-1}$, 则

$$\|A(\lambda R(\lambda; A))^{n+1}x\| = \|(\lambda R(\lambda; A))^{n+1}Ax\| \leqslant \frac{C\|x\|}{t}, \quad \forall x \in D(A).$$

令 $n \to \infty$, 由 A 的闭性以及

$$T(t)x = \lim_{n \to \infty} \left[\frac{n}{t}R\left(\frac{n}{t}; A\right)\right]^{n+1} x, \quad \forall x \in X, \tag{6.4.10}$$

得

$$\|AT(t)x\| \leqslant Ct^{-1}\|x\|, \quad \forall x \in D(A), \quad 0 < t < 1/\Lambda. \tag{6.4.11}$$

又由 $D(A)$ 在 X 中稠密, $AT(t)$ 是闭的, 得 (6.4.11) 式对所有 $x \in X$ 都成立. 因此, 存在 $C_1 > 0, \omega_1 > 0$, 使得 (6.4.8) 式成立, 即 $T(t)$ 是解析的.

6.4.2 具解析半群的半线性方程

下面对 A 是 X 上解析半群生成元的情形, 在一定条件下, 讨论方程

$$\begin{cases} \dfrac{\mathrm{d}u(t)}{\mathrm{d}t} = Au(t) + f(t, u(t)), & t \in (t_0, T], \\ u(t_0) = y_0 \end{cases} \tag{6.4.12}$$

解的存在性. 为了讨论的需要, 下面总是假设 $-A$ 是 Banach 空间 X 上的扇形算子.

定义 6.4.4 设 $-A$ 是 Banach 空间 X 上的扇形算子, 对任意实数 $\alpha > 0$, 定义算子 $-A$ 的 $-\alpha$ 次幂算子为

$$(-A)^{-\alpha} = \frac{1}{\Gamma(\alpha)} \int_0^\infty t^{\alpha-1} T(t) \mathrm{d}t, \tag{6.4.13}$$

其中 $T(t)$ 是由算子 A 生成的解析半群, $\Gamma(\alpha)$ 为如下定义的 Γ 函数

$$\Gamma(\alpha) = \int_0^\infty t^{\alpha-1} \mathrm{e}^{-t} \mathrm{d}t.$$

因为 $0 \in \rho(-A)$, 所以算子 $(-A)^{-1}$ 是有界线性算子, 这样, 对任意正整数 n, 算子 $((-A)^{-1})^n$ 也是有界线性算子, 不难推知 $((-A)^{-1})^n$ 与 (6.4.13) 式的定义是一致的. 还有下面的定理.

定理 6.4.4 对任意的实数 $\alpha > 0$, 由 (6.4.13) 式定义的算子 $(-A)^{-\alpha} \in L(X)$.

证明 由定义 6.4.4 可知, 当 $-A$ 是扇形算子时,

$$\sum{}' = \{\lambda : |\arg\lambda| < \pi - \varphi\} \cup \{0\} \subset \rho(A),$$

$$\|R(\lambda; A)\| \leqslant \frac{M}{|\lambda|}, \quad \lambda \in \sum{}', \lambda \neq 0.$$

因而由定理 6.4.2, 算子 A 生成 X 上的解析半群, 又因为 $\sum \subset \rho(-A)$, 从而存在充分小的 $\delta > 0$, 使得算子 $A + \delta I$ 生成一致有界的 C_0 半群 $S(t)$, 显然 $S(t) = \mathrm{e}^{\delta t} T(t)$, 若记 $\|S(t)\| \leqslant C$(正常数), 则有

$$\|T(t)\| \leqslant C\mathrm{e}^{-\delta t} \ (t \geqslant 0). \tag{6.4.14}$$

对任意实数 $\alpha > 0$, 由上式可知

$$\left\| \frac{1}{\Gamma(\alpha)} \int_0^\infty t^{\alpha-1} T(t) \mathrm{d}t \right\| \leqslant \frac{1}{\Gamma(\alpha)} \int_0^\infty t^{\alpha-1} \|T(t)\| \mathrm{d}t$$

$$\leqslant \frac{C}{\Gamma(\alpha)} \int_0^\infty t^{\alpha-1} \mathrm{e}^{-\delta t} \mathrm{d}t < \infty.$$

因而由 (6.4.13) 式定义的积分在 $L(X)$ 中收敛, 这证明了对任意实数 $\alpha > 0$, $(-A)^{-\alpha} \in L(X)$.

显然由 $(-A)^{-1}$ 可逆知, 对任正整数 n, $(-A)^{-n}$ 可逆, 从而可推出, 对任 $\alpha > 0$, $(-A)^{-\alpha}$ 亦是可逆的.

定义 6.4.5　设 $-A$ 是扇形算子, 对实数 $\alpha > 0$, 定义

$$(-A)^{\alpha} = ((-A)^{-\alpha})^{-1}, \quad (-A)^0 = I. \tag{6.4.15}$$

定理 6.4.5　设 $-A$ 是扇形算子, 则

(1) 当 $\alpha > 0$ 时, $(-A)^{\alpha}$ 是 X 上的稠定闭算子;

(2) 当 $\beta \leqslant \alpha$ 时, $D((-A)^{\alpha}) \subset D((-A)^{\beta})$;

(3) 对任意实数 α, β, 记 $\gamma = \max(\alpha, \beta, \alpha + \beta)$,

$$(-A)^{\alpha+\beta}x = (-A)^{-\alpha}(-A)^{\beta}x, \quad x \in D((-A)^{\gamma}). \tag{6.4.16}$$

证明参看文献 [58].

定理 6.4.6　设 $-A$ 是扇形算子, $T(t)$ 是由算子 A 生成的解析半群, 当 $\alpha \geqslant 0$ 时, 有

(1) $T(t) : X \to D((-A)^{\alpha})$, $t > 0$;

(2) $T(t)(-A)^{\alpha}x = (-A)^{\alpha}T(t)x$, $x \in D((-A)^{\alpha})$;

(3) 当 $t > 0$ 时, $(-A)^{\alpha}T(t) \in L(X)$, 并且存在常数 $\delta > 0$, 使得

$$\|(-A)^{\alpha}T(t)\| \leqslant M_{\alpha}t^{-\alpha}\mathrm{e}^{-\delta t}; \tag{6.4.17}$$

(4) 对 $0 < \alpha \leqslant 1, x \in D((-A)^{\alpha})$ 有

$$\|T(t)x - x\| \leqslant C_{\alpha}t^{\alpha}\|(-A)^{\alpha}x\|. \tag{6.4.18}$$

这里, (6.4.17) 式, (6.4.18) 式中的 M_{α}, C_{α} 都是依赖于 α 的正常数.

证明参看文献 [60].

定义 6.4.6　设 I 是一个区间, 一个抽象函数 $f : I \to X$ 称为关于指数 $\theta, 0 < \theta < 1$ 在 I 上是 Hölder 连续的, 如果存在常数 L, 使得

$$\|f(t) - f(s)\| \leqslant L|t - s|^{\theta}, \quad \text{对于 } s, t \in I \text{ 成立.}$$

而称 f 为局部 Hölder 连续的, 是指对每一点 $t \in I$, 均存在 t 的一个邻域 $O(t)$, 使得 f 在 $I \cap O(t)$ 上是 Hölder 连续的.

定理 6.4.7 设 A 是一个解析半群 $T(t)$ 的无穷小生成元. 设 $f \in L^1(0,T;X)$ 和对每一 $0 < t < T$, 存在 $\delta_t > 0$ 和一个连续的实函数 $W_t(\tau) : [0,\infty) \to [0,\infty)$, 使得

$$\|f(t) - f(s)\| \leqslant W_t(|t-s|) \tag{6.4.19}$$

和

$$\int_0^{\delta_t} \frac{W_t(\tau)}{\tau} \mathrm{d}\tau < \infty, \tag{6.4.20}$$

则对每一 $x \in X$, (6.2.7) 式的 mild 解是一个古典解.

证明 因为 $T(t)$ 是一个解析半群, 所以对于每一 $x \in X$, $T(t)x$ 是问题 (6.2.7) 齐次 (即 $f \equiv 0$) 初值问题的解, 所以由定理 6.2.3, 只需证明 $v(t) = \int_0^t T(t-s)f(s)\mathrm{d}s \in D(A), \forall\, t \in (0,T)$ 以及在 $(0,T)$ 上 $Av(t)$ 是连续的. 为此记

$$v(t) = v_1(t) + v_2(t)$$
$$= \int_0^t T(t-s)(f(s) - f(t))\mathrm{d}s + \int_0^t T(t-s)f(t)\mathrm{d}s. \tag{6.4.21}$$

由定理 6.1.2(b) 知, $v_2(t) \in D(A)$ 以及 $Av_2(t) = [T(t) - I]f(t)$. 由假设知 f 在 $(0,T)$ 上是连续的, 因此 $Av_2(t)$ 在 $(0,T)$ 上也是连续的. 为了证明 v_1 具有同样的结论, 定义

$$v_{1,\varepsilon}(t) = \int_0^{t-\varepsilon} T(t-s)(f(s) - f(t))\mathrm{d}s, \quad \forall\, t \geqslant \varepsilon, \tag{6.4.22}$$

$$v_{1,\varepsilon}(t) = 0, \quad \forall\, t < \varepsilon. \tag{6.4.23}$$

显然, 当 $\varepsilon \to 0$ 时, $v_{1,\varepsilon}(t) \to v_1(t)$. 同样显然地, $v_{1,\varepsilon}(t) \in D(A)$ 和对于 $t \geqslant \varepsilon$, 有

$$Av_{1,\varepsilon}(t) = \int_0^{t-\varepsilon} AT(t-s)(f(s) - f(t))\mathrm{d}s. \tag{6.4.24}$$

由 (6.4.19) 式和 (6.4.20) 式知, 对于 $t > 0$, 当 $\varepsilon \to 0$ 时 $Av_{1,\varepsilon}(t)$ 是收敛的, 而且

$$\lim_{\varepsilon \to 0} Av_{1,\varepsilon}(t) = \int_0^t AT(t-s)(f(s) - f(t))\mathrm{d}s.$$

又因 A 是闭的, 则对于 $t > 0$, 有 $v_1(t) \in D(A)$ 以及

$$Av_1(t) = \int_0^t AT(t-s)(f(s) - f(t))\mathrm{d}s. \tag{6.4.25}$$

还要指出 $Av_1(t)$ 在 $(0,T)$ 上是连续的. 对 $0 < \delta < t$, 有

$$Av_1(t) = \int_0^\delta AT(t-s)(f(s) - f(t))\mathrm{d}s$$
$$+ \int_\delta^t AT(t-s)(f(s) - f(t))\mathrm{d}s. \tag{6.4.26}$$

对于固定的 $\delta > 0$, (6.4.26) 式的右端第二项积分是 t 的一个连续函数, 而第一个积分对 t 是一致 $O(\delta)$. 从而 $Av_1(t)$ 是连续的. 综上所述, 得 $v(t) \in D(A)$ 以及在 $(0, T)$ 上 $Av(t)$ 是连续的.

下面证明, 对于 $t > 0$, $v(t)$ 是连续可微的. 由 (6.2.10) 式, 对任意的 $h > 0$, 有

$$h^{-1}(T(h) - I)v(t) = h^{-1}(v(t+h) - v(t)) - h^{-1} \int_t^{t+h} T(t+h-s)f(s)\mathrm{d}s, \quad (6.4.27)$$

由于 $v(t) \in D(A)$, 由上式可知, 在 t 处 $v(t)$ 有右导数 $D^+(t)$, 而且 $D^+v(t) = Av(t) + f(t)$. 因为由假设知 f 是连续的以及 $Av(t)$ 是连续的, 得 $D^+v(t)$ 是连续的, 此即 $v(t)$ 是连续可微的, 而且 $v'(t) = Av(t) + f(t)$.

定理 6.4.7 的一个直接推论如下.

推论 6.4.1　设 A 是一个解析半群 $T(t)$ 的无穷小生成元, 如果 $f \in L^1(0, T; X)$ 在 $(0, T]$ 上是局部 Hölder 连续的, 那么对每一 $x \in X$, 初值问题 (6.2.7) 有唯一的古典解.

不失一般性, 假设 $-A$ 是扇形算子, $0 < \alpha < 1$ 是常数, $(-A)^\alpha$ 是扇形算子的分数幂, $D((-A)^\alpha)$ 表示算子 $(-A)^\alpha$ 的定义域. 由定理 6.4.5 知, $(-A)^\alpha$ 是闭线性算子, 所以 $D((-A)^\alpha)$ 赋予图像范数 $|x|_\alpha = \|x\| + \|(-A)^\alpha x\|$ 后成为 Banach 空间. 由于 $(-A)^\alpha$ 是可逆算子, 且 $(-A)^{-\alpha} \in L(X)$, 因而范数 $|x|_\alpha$ 等价于 $\|x\|_\alpha = \|(-A)^\alpha x\|$, 这样, $D((-A)^\alpha)$ 在范数 $\|x\|_\alpha$ 下也是一个 Banach 空间, 记该空间为 X_α.

定理 6.4.8　设 $-A$ 是 X 上的扇形算子, $0 < \alpha < 1$, 对任给的 $y \in X_\alpha$, 存在 y 在 X_α 的邻域 V 以及 $t_1 > t_0$ 和常数 $L > 0, 0 < \theta \leqslant 1$, 使得对任给的 $t', t'' \in [t_0, t_1], y_1, y_2 \in V$, 下式成立

$$\|f(t', y_1) - f(t'', y_2)\| \leqslant L(|t' - t''|^\theta + \|y_1 - y_2\|_\alpha), \quad (6.4.28)$$

则对任给的 $y_0 \in X_\alpha$, 方程 (6.4.12) 存在唯一的局部古典解.

证明　设 $y_0 \in X_\alpha$ 是任给的, 根据定理假设, 存在 y_0 在 X_α 的邻域 $V = \{y \in X_\alpha : \|y - y_0\|_\alpha \leqslant \delta\}$ 及 $t_1 > t_0$, 使得 (6.4.28) 式成立. 由于 $-A$ 是扇形算子, 由定理 6.4.6 可知, 存在常数 $M_\alpha > 0$, 使得

$$\|(-A)^\alpha T(t)\| \leqslant \frac{M_\alpha}{t^\alpha} \quad (t > 0).$$

记 $K(t_1) = \max\limits_{t_0 \leqslant t \leqslant t_1} \|f(t, y_0)\|$. 选取 $t^* \in (t_0, t_1]$, 使得

$$\|T(t - t_0)(-A)^\alpha y_0 - (-A)^\alpha y_0\| \leqslant \frac{\delta}{2}, \quad t_0 \leqslant t \leqslant t^*, \quad (6.4.29)$$

$$M_\alpha(K(t_1) + L\delta)\frac{(t^* - t_0)^{1-\alpha}}{1 - \alpha} < \frac{\delta}{2}. \quad (6.4.30)$$

定义集合

$$B = \{y(\cdot) \in C([t_0, t^*]; X) : \|y(\cdot) - (-A)^\alpha y_0\|_C \leqslant \delta\},$$

其中 $\|\cdot\|_C$ 是在空间 $C([t_0, t^*]; X)$ 上的上确界范数. 在 B 上定义映射 J 为

$$(Jy)(t) = T(t - t_0)(-A)^\alpha y_0 + \int_{t_0}^t (-A)^\alpha T(t - s) f(s, (-A)^\alpha y(s)) \mathrm{d}s. \quad (6.4.31)$$

下面证明 J 是映 B 入 B 中的压缩映射. 事实上, 由于 $y_0 \in X_\alpha$ 以及 $y(\cdot) \in B$, 因而由定理 6.4.6 容易看出 $Jy(\cdot) \in C([t_0, t^*]; X)$. 对 $t_0 \leqslant t \leqslant t^*$, 有

$$\begin{aligned}
&\|(Jy)(t) - (-A)^\alpha y_0\| \\
\leqslant{}& \|T(t - t_0)(-A)^\alpha y_0 - (-A)^\alpha y_0\| \\
&+ \int_{t_0}^t \|(-A)^\alpha T(t - s)\| \|f(s, (-A)^{-\alpha}) y(s)\| \mathrm{d}s \\
\leqslant{}& \|T(t - t_0)(-A)^\alpha y_0 - (-A)^\alpha y_0\| \\
&+ \int_{t_0}^t \|(-A)^\alpha T(t - s)\| \|f(s, y_0)\| \mathrm{d}s \\
&+ \int_{t_0}^t \|(-A)^\alpha T(t - s)\| \|f(s, (-A)^{-\alpha} y(s)) - f(s, y_0)\| \mathrm{d}s \\
\leqslant{}& \frac{\delta}{2} + M_\alpha (K(t_1) + L\delta) \int_{t_0}^t (t - s)^{-\alpha} \mathrm{d}s \\
\leqslant{}& \frac{\delta}{2} + M_\alpha (K(t_1) + L\delta) \frac{(t^* - t_0)^{1-\alpha}}{1 - \alpha} \leqslant \delta. \quad (6.4.32)
\end{aligned}$$

因而 $\|(Jy)(\cdot) - (-A)^\alpha y_0\|_C \leqslant \delta$, 故 $JB \subset B$.

设 $y_1(\cdot), y_2(\cdot)$ 是 B 中任意两个元素, 当 $t_0 \leqslant t \leqslant t^*$ 时, 有

$$\begin{aligned}
&\|(Jy_1)(t) - (Jy_2)(t)\| \\
\leqslant{}& \int_{t_0}^t \|(-A)^\alpha T(t - s)\| \|f(s, (-A)^{-\alpha} y_1(s)) - f(s, (-A)^{-\alpha} y_2(s))\| \mathrm{d}s \\
\leqslant{}& M_\alpha L \int_{t_0}^t \|y_1(s) - y_2(s)\| (t - s)^{-\alpha} \mathrm{d}s \\
\leqslant{}& M_\alpha L \int_{t_0}^t (t - s)^{-\alpha} \mathrm{d}s \|y_1(\cdot) - y_2(\cdot)\|_C \\
\leqslant{}& M_\alpha L \frac{(t^* - t_0)^{1-\alpha}}{1 - \alpha} \|y_1(\cdot) - y_2(\cdot)\|_C \\
<{}& \frac{1}{2} \|y_1(\cdot) - y_2(\cdot)\|_C.
\end{aligned}$$

因而 J 是将 B 映入 B 中的压缩映射, 于是映射 J 在 B 上存在唯一的不动点 $y(\cdot)$, 即积分方程 (6.4.31) 存在唯一解 $y(\cdot) \in C([t_0, t^*]; X)$, 并且当 $t \in [t_0, t^*]$ 时, $\|y(t) - y_0\| \leqslant \delta$.

下面证明方程 (6.4.31) 的解 $y(\cdot)$ 在 $(t_0, t^*]$ 上是局部 Hölder 连续的. 为此, 设 $t_0 < t < t + h \leqslant t^*$, 由 (6.4.31) 式可知

$$
\begin{aligned}
y(t+h) - y(t) = {} & (T(h) - I)(-A)^\alpha T(t - t_0) y_0 \\
& + \int_{t_0}^t (T(h) - I)(-A)^\alpha T(t - s) f(s, (-A)^{-\alpha} y(s)) \mathrm{d}s \\
& + \int_t^{t+h} (-A)^\alpha T(t + h - s) f(s, (-A)^{-\alpha} y(s)) \mathrm{d}s. \quad (6.4.33)
\end{aligned}
$$

设 $0 < \beta < 1 - \alpha$, 由于 $y_0 \in X_\alpha$, 所以 $(-A)^\alpha T(t - t_0) y_0 = T(t - t_0)(-A)^\alpha y_0$, 又因为 $-A$ 是扇形算子, 对 $t > t_0$ 有 $T(t - t_0) X \subset D((-A)^\beta)$, 于是有 $(-A)^\alpha T(t - t_0) y_0 \in D((-A)^\beta)$. 根据定理 6.4.6, 存在常数 $C_\beta > 0$, 当 $x \in D((-A)^\beta)$ 时, 有

$$
\|T(t)x - x\| \leqslant C_\beta t^\beta \|(-A)^\beta x\|,
$$

从而对 (6.4.33) 式右边的第一项可作估计如下

$$
\begin{aligned}
(T(h) - I)(-A)^\alpha T(t - t_0) y_0 & \leqslant C_\beta h^\beta \|(-A)^{\alpha + \beta} T(t - t_0) y_0\| \\
& \leqslant C_\beta h^\beta M_{\alpha + \beta} \|y_0\| \frac{1}{(t - t_0)^{\alpha + \beta}}. \quad (6.4.34)
\end{aligned}
$$

关于 (6.4.33) 式右边的第二项有如下估计式

$$
\begin{aligned}
& \int_{t_0}^t \|(T(h) - I)(-A)^\alpha T(t - s) f(s, (-A)^{-\alpha} y(s))\| \mathrm{d}s \\
& \leqslant C_\beta h^\beta M_{\alpha + \beta} \int_{t_0}^t \|f(s, (-A)^{-\alpha} y(s))\| \frac{\mathrm{d}s}{(t - s)^{\alpha + \beta}} \\
& \leqslant C_\beta h^\beta M_{\alpha + \beta} \frac{(t^* - t_0)^{1 - \alpha - \beta}}{1 - \alpha - \beta} \|f(\cdot, (-A)^{-\alpha} y(\cdot))\|_C. \quad (6.4.35)
\end{aligned}
$$

关于 (6.4.33) 式右边的第三项可得估计

$$
\begin{aligned}
& \int_t^{t+h} \|(-A)^\alpha T(t + h - s)\| \|f(s, (-A)^{-\alpha} y(s))\| \mathrm{d}s \\
& \leqslant h^{1 - \alpha} \frac{M_\alpha}{1 - \alpha} \|f(\cdot, (-A)^{-\alpha} y(\cdot))\|_C \\
& \leqslant h^\beta \frac{M_\alpha}{1 - \alpha} \|f(\cdot, (-A)^{-\alpha} y(\cdot))\|_C. \quad (6.4.36)
\end{aligned}
$$

由 (6.4.34)~(6.4.36) 式得知, 对于任意的 $t' > t_0$, $y(\cdot)$ 在 $[t', t^*]$ 上是指数为 β 的 Hölder 连续函数, 即对 $t_0 < t' \leqslant t < t + h \leqslant t^*$, 有

$$\|y(t + h) - y(t)\| \leqslant C'h^\beta.$$

因而 $y(\cdot)$ 在 $(t_0, t^*]$ 上是局部 Hölder 连续函数, 再由条件 (6.4.28) 可知

$$\|f(t + h, (-A)^{-\alpha}y(t + h)) - f(t, (-A)^{-\alpha}y(t))\|$$
$$\leqslant L(h^\theta + \|y(t + h) - y(t)\|_\alpha) \leqslant L(h^\theta + C'h^\beta).$$

因而 $f(\cdot, y(\cdot))$ 是 $(t_0, t^*]$ 上的局部 Hölder 连续函数.

考虑下面的非齐次抽象 Cauchy 问题

$$\begin{cases} \dfrac{\mathrm{d}u(t)}{\mathrm{d}t} = Au(t) + f(t, (-A)^{-\alpha}y(t)), & t_0 < t \leqslant t^*, \\ u(t_0) = y_0, \end{cases} \tag{6.4.37}$$

由于非齐次项 $f(\cdot, y(\cdot))$ 满足推论 6.4.1 的条件, 因而上面非齐次方程在 $[t_0, t^*]$ 上存在唯一的经典解 $u(t)$, 并且

$$u(t) = T(t - t_0)y_0 + \int_{t_0}^t T(t - s)f(s, (-A)^{-\alpha}y(s))\mathrm{d}s, \quad t_0 \leqslant t \leqslant t^*. \tag{6.4.38}$$

因为 (6.4.38) 式右端的每一项都在 $D((-A)^\alpha)$ 中, 将 $(-A)^\alpha$ 作用上式两端可得 $u(t) = (-A)^{-\alpha}y(t)$, 即 $u(t)$ 满足

$$u(t) = T(t - t_0)y_0 + \int_{t_0}^t T(t - s)f(s, u(s))\mathrm{d}s.$$

从而 $u(t)$ 是方程 (6.4.12) 在 $[t_0, t^*]$ 上的古典解, 并且该古典解是唯一的.

定理 6.4.9 设 $-A$ 是 X 上的扇形算子, 非线性项 f 满足定理 6.4.8 中的条件, 并且将 $[t_0, \infty) \times X$ 中的有界集映成 X 中的有界集, 则对任给的 $y_0 \in X_\alpha$, 方程 (6.4.12) 的局部古典解 $y(\cdot)$ 存在一个最大的延展区间 $[t_0, \hat{t})$, 当 $\hat{t} < \infty$ 时, 存在一个序列 $t_n \in [t_0, \hat{t})$, 使得 $t_n \to \hat{t}$, 并且 $\lim\limits_{n \to \infty} \|y(t_n)\| = \infty$.

证明 定理 6.4.8 保证了方程 (6.4.12) 的局部古典解 $y(\cdot)$ 的存在唯一性, 该解进行延拓后可以得到解的最大延拓区间 $[t_0, \hat{t})$. 当 $\hat{t} < \infty$ 时, 若定理的结论不成立, 则存在常数 $N > 0$, 使得 $\|y(t)\| \leqslant N, t \in [t_0, \hat{t})$. 根据定理的假设, 定义 $B = \sup\{\|f(t, y)\| : t \in [t_0, \hat{t}), \|y\| \leqslant N\}$, 则 $B < \infty$. 当取 γ 满足 $\alpha < \gamma < 1$ 时, 对 $t \in [t_0, \hat{t})$ 有

$$\|y(t)\|_\gamma = \left\| T(t - t_0)y_0 + \int_{t_0}^t T(t - s)f(s, y(s))\mathrm{d}s \right\|_\gamma$$

$$= \left\| (-A)^{\gamma-\alpha} T(t-t_0)(-A)^\alpha y_0 + \int_{t_0}^t (-A)^\gamma T(t-s) f(s, y(s)) \mathrm{d}s \right\|$$

$$\leqslant \frac{M_{\gamma-\alpha}}{(t-t_0)^{\gamma-\alpha}} \|y_0\|_\alpha + B M_\gamma \frac{(\hat{t}-t_0)^{1-\gamma}}{1-\gamma}. \tag{6.4.39}$$

即 $y(t)$ 在 $t \in [t_0+\varepsilon, \hat{t})$ 中一致有界, 其中 ε 是任意小的正数. 当 $t_0+\varepsilon \leqslant t < t+h < \hat{t}$ 时,

$$\|y(t+h) - y(t)\|_\alpha \leqslant \|(T(h)-I)(-A)^\alpha y(t)\|$$

$$+ \int_t^{t+h} \|(-A)^\alpha T(t+h-s)\| \| f(s, y(s)) \mathrm{d}s\|. \tag{6.4.40}$$

由 (6.4.39) 式可知, 当 $t \in [t_0+\varepsilon, \hat{t})$ 时, $y(t) \in D((-A)^\gamma)$, 从而 $(-A)^\alpha y(t) \in D((-A)^{\gamma-\alpha})$, 再由定理 6.4.6 可知

$$\|(T(h)-I)(-A)^\alpha y(t)\| \leqslant M_{\gamma-\alpha} h^{\gamma-\alpha} \|(-A)^{\gamma-\alpha}((-A)^\alpha y(t))\|$$

$$\leqslant M_{\gamma-\alpha} h^{\gamma-\alpha} \|(-A)^{\gamma-\alpha} y(t)\|$$

$$= M_{\gamma-\alpha} h^{\gamma-\alpha} \|y(t)\|_\gamma. \tag{6.4.41}$$

又因为

$$\int_t^{t+h} \|(-A)^\alpha T(t+h-s)\| \| f(s, y(s))\| \mathrm{d}s \leqslant B M_\alpha \frac{h^\alpha}{1-\alpha}.$$

因而, 由 (6.4.40) 式可知

$$\|y(t+h) - y(t)\|_\alpha \leqslant M_{\gamma-\alpha} \|y(t)\|_\gamma + \frac{h^\alpha}{1-\alpha} B M_\alpha,$$

其中 $M_{\gamma-\alpha}, M_\alpha$ 都是确定的不依赖于 t, h 的常数, 由此可知, 当 $t \to \hat{t}$ 时, $y(t)$ 是 X_α 中的 Cauchy 序列, 因此存在 $y^* \in X_\alpha$, 使得 $\lim\limits_{t \uparrow \hat{t}} y(t) = y^*$. 根据定理 6.4.8, 可以以 $\hat{t}$ 为初始时刻, y^* 为初始状态, 再将 $y(\cdot)$ 向右延展, 这样会与假设 $[t_0, \hat{t})$ 是最大区间矛盾, 从而存在某个序列 $t_n \in [t_0, \hat{t})$, 使得 $t_n \uparrow t$, 并且有 $\|y(t_n)\| \to \infty (n \to \infty)$.

习　题　6.4

1. 证明 (6.3.18) 式定义的算子 A 是 $X = L^2(\Omega)$ 上一个解析半群的无穷小生成元.

2. 假设 A 为 Banach 空间 X 中的扇形算子, 且存在 $\delta > 0$, 使得 $\mathrm{Re}\,\lambda > \delta$ 对所有 $\lambda \in \sigma(A)$ 成立. 试证明: 对任意 $0 \leqslant \alpha < \beta < 1$, $A^{\alpha-\beta} = A^{-(\beta-\alpha)}$.

参 考 文 献

[1] 夏道行, 舒五昌, 严绍宗, 童裕孙. 泛函分析第二教程. 北京：高等教育出版社, 1987.

[2] 尤秉礼. 常微分方程补充教程. 北京：人民教育出版社, 1991.

[3] 周义仓, 靳祯, 秦军林. 常微分方程 —— 理论、方法、建模. 北京：科学出版社, 2003.

[4] 丁同仁, 李承治. 常微分方程教程 (第二版). 北京：高等教育出版社, 2004.

[5] 邓宗琦. 常微分方程边值问题和 Sturm 比较理论引论. 武汉：华中师范大学出版社, 1990.

[6] 燕居让. 常微分方程振动理论. 太原：山西教育出版社, 1992.

[7] 葛渭高, 李翠哲, 王宏洲. 常微分方程与边值问题. 北京：科学出版社, 2008.

[8] Yoshizawa T. Stability theory by Lyapunov's second method. Takyo: The Math. Soc. of Japan, 1966.

[9] 廖晓昕. 稳定性理论、方法和应用. 武汉：华中理工大学出版社, 1999.

[10] 廖晓昕. 动力系统稳定性理论和应用. 北京：国防工业出版社, 2001.

[11] 马知恩, 周义仓. 常微分方程定性与稳定性方法. 北京：科学出版社, 2001.

[12] 时宝, 张德存, 盖明久. 微分方程理论及其应用. 北京：国防工业出版社, 2005.

[13] 钱祥征, 戴斌祥, 刘开宇. 非线性常微分方程理论方法应用. 长沙：湖南大学出版社, 2006.

[14] Anthony N M, Hou L, Liu D. Stability of dynamical systems. Boston-Basel-Berlin: Birkhauser, 2007.

[15] Andronov A A, Leontovich E A, Gordon I E, Maier A G. Theory of bifurcations of dynamical systems on a plane. New York: Wiley, 1975.

[16] 蔡遂林, 钱祥征. 常微分方程定性理论引论. 北京：高等教育出版社, 1994.

[17] Chow S N, Hale J. Methods of bifurcation theory. New York: Springer-Verlag, 1982.

[18] Chow S N, Li C, Wang D. Normal form and bifurcations of planar vector fields. Cambridge: Cambridge University Press, 1994.

[19] Clark R R. 动力系统导论. 韩茂安, 邢业朋, 毕平译. 北京：机械工业出版社, 2007.

[20] Hale J K. Ordinary differential equations. 2nd ed.. Robert E. Krieger Publishing Co. Inc., Huntington, N.Y., 1980.

[21] Hale J K, Kocak H. Dynamics and bifurcations. New York: Springer-Verlag, 1991.

[22] 韩茂安. 动力系统的周期解与分支理论. 北京：科学出版社, 2002.

[23] Han M. Bifurcations of invariant tori and subharmonic solutions for periodic perturbed systems. Sci. China Ser., 1994, A37(11): 1325-1336.

[24] Han M. Global behavior of limit cycles in rotated vector fields. J. Differential Equations, 1999, 151(1): 20-35.

[25] Han M. Lyapunov constants and Hopf cyclicity of Liénard systems. Ann. Differential Equations, 1999, 15(2): 113-126.

[26] Han M. On Hopf cyclicity of planar systems. J. Math. Anal. Appl., 2000, 245: 404–422.

[27] Han M. Bifurcation theory of limit cycles of planar systems. HANDBOOK OF DIF-FERENTIAL EQUATIONS, Ordinary Differential Equations, Volume 3, Edited by Canada A, Drabek P and Fonda A, Elsevier B.V., 2006: 341-433.

[28] 韩茂安, 罗定军, 朱德明. 奇闭轨分支出极限环的唯一性 (I). 数学学报, 1992, 3: 407-417.

[29] Han M, Yang J, Tarta A A, Yang G. Limit cycles near homoclinic and heteroclinic loops. J Dyn Diff Equat, 2008, 20: 923-944.

[30] Han M, Yang J, Yu P. Hopf bifurcations for near-hamiltonian systems. International Journal of Bifurcation and Chaos, 2009, 19(12): 4117-4130.

[31] Han M, Zang H, Zhang T. A new proof to Bautin's theorem. Chaos, Solitons & Fractals, 2007, 31(1): 218-223.

[32] 韩茂安, 顾圣士. 非线性系统的理论和方法. 北京: 科学出版社, 2001.

[33] 韩茂安, 朱德明. 微分方程分支理论. 北京: 煤炭工业出版社, 1994.

[34] Hartman P. On local homeomorphisms of Euclidean spaces. Bol.Soc. Mat Mexicana, 1960, 5: 220-241.

[35] 李承治. 关于平面二次系统的两个问题. 中国科学 (A 辑), 1982, 12: 1087-1096.

[36] 李承治, 李伟固. 弱化希尔伯特第 16 问题及其研究现状. 数学进展 (待发表).

[37] 李继彬. 浑沌与 Melnikov 方法. 重庆: 重庆大学出版社, 1989.

[38] Li J. Hilbert's 16th problem and bifurcations of planar vector fields. Inter. J. Bifur. & Chaos, 2003, 13: 47-106.

[39] Li J, Chan H, Chung K. Investigations of bifurcations of limit cycles in Z_2-equivariant planar vector fields of degree 5. Internat. J. Bifur. Chaos Appl. Sci. Engrg., 2002, 12(10): 2137-2157.

[40] Li J, Chan H, Chung K. Bifurcations of limit cycles in a Z_6-equivariant planar vector field of degree 5. Sci. China Ser., 2002, A45(7): 817-826.

[41] Li J, Liu Z. Bifurcation set and compound eyes in a perturbed cubic Hamiltonian system. // Ordinary and Delay Differential Equations. Pitman Research Notes in Mathematics Ser. (Longman, England), 1991(272): 116-128.

[42] Li J, Liu Z. Bifurcation set and limit cycles forming compound eyes in a perturbed Hamiltonian system. Publ. Mat, 1991, 35(2): 487-506.

[43] Li J, Zhao X. Rotation symmetry groups of planar Hamiltonian systems. Ann. Diff Eqns., 1989(5): 25-33.

[44] 刘一戎, 李继彬. 平面向量场的若干经典问题. 北京: 科学出版社, 2011.

[45] Luo D, Wang X, Zhu D, Han M. Bifurcation theory and methods of dynamical

systems. Advanced Series in Dynamical Systems 15, World Scientic Publishing Co., Inc., River Edge, NJ, 1997.

[46] Palis J, Anddemelo W. Geometric theory of dynamical systems: An introduction. New York: Springer-Verlag, 1982.

[47] Robinson C. Dynamical systems. CRC Press, Inc., 1995.

[48] Roussarie R. On the number of limit cycles which appear by perturbation of separatrix loop of planar vector fields. Bol. Soc. Brasil. Mat., 1986, 17(2): 67-101.

[49] Vanderbauhede A, van Gils S A. Center manifolds and contractions on a scale of Banach spaces. J.Funct.Anal., 1987, 72: 209-324.

[50] 叶彦谦等. 极限环论. 上海科学技术出版社 (1965 年第一版, 1984 年第二版). 第二版英译本: Theory of limit cycles. Transl. Math. Monographs, Vol. 66, Amer. Math. Soc., Providence RI, 1986.

[51] 叶彦谦. 多项式系统定性理论. 上海：上海科学技术出版社, 1995.

[52] Yu P, Han M. Twelve limit cycles in a cubic order planar system with Z_2-symmetry. Communications on Pure and Applied Analysis, 2004, 3: 515-526.

[53] 张芷芬, 丁同仁, 黄文灶, 董镇喜. 微分方程定性理论. 北京：科学出版社, 1985. 英译本：Qualitative theory of differential equations. Transl. Math. Monographs, Vol. 101, Amer. Math. Soc., Providence RI, 1992.

[54] 张芷芬, 李承治, 郑志明, 李伟固. 向量场的分岔理论基础. 北京：高等教育出版社, 1997.

[55] 朱德明, 韩茂安. 光滑动力系统. 上海：华东师范大学出版社, 1993.

[56] Miklavčič M. Applied functional analysis and partial differential equations. Singapore: World Scientific, 1998.

[57] 陈恕行. 现代偏微分方程导论. 北京：科学出版社, 2005.

[58] Pazy A. Semigroups of linear operators and applications to partial differential equations. Springer-Verlag, 1983.

[59] 李延保, 秦国强, 王在华. 有界线性算子半群应用基础. 沈阳：辽宁科学技术出版社, 1992.

[60] 周鸿兴, 王连文. 线性算子半群理论及应用. 济南：山东科学技术出版社, 1994.

[61] Engel K J, Nagel R. One-parameter semigroups for linear evolution equations. New York: Springer-Verlag, 2000.

[62] 王明新. 算子半群与发展方程. 北京：科学出版社, 2006.

[63] 韩茂安. 中心与焦点判定定理证明之补充. 大学数学, 2011, 27(1): 142–147.

[64] Han M. Bifurcation theory of limit cycles. Beijing: Science Press, 2013.

[65] Han M, Yu P. Normal forms, Melnikov functions and bifurcations of limit cycles. Springer-Verlag, Applied Mathematical Sciences. 2012, 181.